Ford Escort
Gör-det-själv handbok

Steve Rendle
och John S Mead

Modeller som behandlas
Ford Escort framhjulsdrivna Kombi-Kupé, Cabriolet, Kombi, Express och andra varubilar, inklusive XR3, XR3i, RS Turbo och specialmodeller (dock ej motor och vissa utrustningsdetaljer på Escort LX tillverkad i Brasilien)

1117 cc, 1118 cc, 1296 cc, 1297 cc, 1392 cc & 1597 cc bensinmotorer

Behandlar ej dieselmotor, CTX (automatisk) växellåda, RS 1600i modeller eller ändrat Escort modellprogram, introducerat i September 1990

ABCDE
FGHIJ
KLM

3091-272-10AD2 / 0686-5Y12

© Haynes Publishing 2000

En bok i **Haynes serie Gör-det-själv handböcker**

ISBN 1 85960 091 3

British Library Cataloguing in Publication Data
En katalogpost för denna bok finns tillgänglig från British Library

Tryckt i USA

Haynes Publishing Nordiska AB
Box 1504, 751 45 UPPSALA, Sverige

Haynes Publishing
Sparkford, Yeovil, Somerset BA22 7JJ, England

Haynes North America, Inc
861 Lawrence Drive, Newbury Park, California 91320, USA

Editions Haynes
4, Rue de l'Abreuvoir
92415 COURBEVOIE CEDEX, France

Innehåll

INLEDANDE AVSNITT

RUTINMÄSSIGT UNDERHÅLL

REPARATIONER OCH ÖVERSYN

Några ord om denna bok

Målsättning

Målsättningen med denna handbok är att hjälpa dig att få ut mesta möjliga av din bil och den kan göra det på många sätt. Den kan hjälpa dig att avgöra vilka arbeten som måste utföras (även om du väljer att utföra dem på en verkstad), med information om rutinmässigt underhåll och service och hur man logiskt steg för steg felsöker eventuella defekter.

Emellertid hoppas vi att du använder denna handbok som hjälp vid eget reparationsarbete. Enkla arbeten kan ibland utföras snabbare än om du bokar tid på verkstad och åker dit två gånger för att lämna och hämta bilen. Kanske det allra viktigaste är de pengar som kan sparas genom att undvika verkstadens arbets- och driftskostnader.

Handboken har teckningar och beskrivningar av de olika komponenterna, för att man lättare skall kunna förstå deras

funktioner. Varje arbetsmoment är sedan fotograferat och beskrivet steg för steg så att även en nybörjare ska kunna utföra arbetet.

Handbokens uppläggning

Handboken är uppdelad i 12 kapitel som vart och ett upptar en viss funktion i bilen. Kapitlen är sedan uppdelade i avsnitt, numrerade med enkla siffror t ex 5; och avsnitten i punkter, med ordningsnummer som följer avsnittets siffra (t ex 5.1, 5.2, 5.3 etc).

Boken är rikligt illustrerad, speciellt i sådana avsnitt där ett arbete måste utföras i flera steg. Illustrationerna har samma nummer (individuellt eller i sammanhörande grupper) som det avsnitt och den punkt de tillhör, d v s bild 3.2 betyder att bilden hör till avsnitt 3, punkt 2.

Det finns ett alfabetiskt register sist i handboken såväl som en förteckning över

kapitlen i början av boken. Varje kapitel har också sin egen innehållsförteckning.

Anvisningar om höger (vänster) på bilen utgår ifrån en person som sitter i förarsätet och tittar framåt.

Om inget annat anges lossas muttrar och skruvar genom vridning moturs och dras åt genom vridning medurs.

Bilfabrikanterna ändrar kontinuerligt specifikationer och rekommendationer. När sådant tillkännages tas de med i handboken vid första lämpliga tillfälle.

Vår ambition är att informationen i denna handbok skall vara riktig och så fullständig som möjligt. Biltillverkarna inför dock vid vissa tillfällen ändringar i produktionen, om vilka vi ej informeras. Förlaget kan därför ej åtaga sig något ansvar för skada eller förlust beroende på felaktig eller ofullständig information i denna bok.

Presentation av Ford Escort

Ford Escort som introducerades i September 1980 etablerade sig snart som en av de bäst säljande bilarna i Europa.

Bilen har framhjulsdrift med tvärställd motor/växellåda, med individuell fjädring fram och bak på Sedan och Kombimodeller, tvåkrets bromssystem och fyr- eller femväxlad manuell växellåda eller trestegs automat-växellåda.

Modellprogrammet är omfattande och inkluderar tre- och femdörrars Kombi-kupé, Kombi, Cabriolet och Express med topp-ventilsmotorer eller överliggande kamaxel. Högprestandamodeller i serien är Escort XR3, XR3i med bränsleinsprutning och RS Turbo med bränsleinsprutning och turbo.

Omfattande ändringar genomfördes på alla modeller 1986, beträffande motorstorlekar och

specifikationer, ändrad formgivning och interiör samt ett antal förbättringar på styrning, fjädring och drivlinan. Under 1986 infördes Fords unika ABS-system (låsningsfria bromsar) som standardutrustning på RS Turbo modeller och som ett lågkostnadstillval på andra modeller.

Ford Escort XR3i (1986 års modell)

Ford Escort 5-dörrars Kombi

Dimensioner och vikter

Dimensioner

Längd:
  Modeller före 1986:

Sedan och Cabriolet	4068 mm
Kombi	4131 mm
Express	4129 mm

  Modeller fr o m 1986:

Sedan (utom XR3i och RS Turbo)	4049 mm
Cabriolet, XR3i och RS Turbo	4061 mm
Kombi	4107 mm
Express	4181 mm

Bredd:

Modeller före 1986	1640 till 1656 mm
Modeller fr o m 1986	1743 mm

Höjd:
  Modeller före 1986:

Sedan, Kombi och Cabriolet	1389 till 1400 mm
Express	1568 mm

  Modeller fr o m 1986:

Sedan, XR3i, RS Turbo och Cabriolet	1349 till 1371 mm
Kombi	1389 mm
Express	1594 mm

Hjulbas:

Sedan, Kombi och Cabriolet	2402 mm
Express	2501 mm

Spårvidd fram:

Modeller före 1986	1390 till 1400 mm
Modeller fr o m1986	1404 till 1423

Spårvidd bak:

Modeller före 1986	1384 till 1423 mm
Modeller fr o m 1986	1384 till 1439

Vikter

Nominell körklar vikt:

1,1 liter	855 till 905 kg
1,3 liter	870 till 915 kg
1,4 liter	875 till 930 kg
1,6 liter	885 till 995 kg

Max släpvagnsvikt:

1,1 liters modeller	245 kg
Övriga modeller	408 kg

Express, lastförmåga:

35 Express	491 kg
55 Express	772 kg
Max taklast	75 kg

Lyftning, bogsering och hjulbyte

Lyftning

Den medföljande domkraften ska bara användas då hjulbyte vid vägkanten erfordras, om inte också pallbockar används.

Då man använder en garagedomkraft eller annan typ av domkraft, kan den placeras under främre tvärbalken om ett format trästycke används som mellanlägg vid lyftning av framänden **(se bilder)**.

Vid lyftning av bakänden på Sedanmodeller (utom bränsleinsprutade varianter) eller Kombi,

placera domkraften under höger bärarmsinfästning med en skyddskudde av gummi emellan.

Vid lyftning av bakänden på Express, placera domkraften mitt under bakaxelröret, se till att ingenting kommer i beröring med bromskraftregulator eller bromsledningar.

Pallbockar skall endast placeras under sidobalkarna framtill på bilen, eller under domkraftfästena på tröskelbalkarna. Baktill (Sedan eller Kombi), placerar man pall-

bockarna under den del reaktionsstaget är infäst i. På Express placerar man pallbockarna under främre infästningen för bladfjädrarna.

Ska man bara hissa upp det ena bakhjulet kan man ställa domkraften under fjädersätet på Sedan och Kombi, på Express kan man lyfta under fjäderinfästningen på bakaxelröret.

Arbeta aldrig under, bredvid eller i närheten av en bil som inte är säkert uppallad på minst två punkter med pallbockar eller andra lämpliga anordningar.

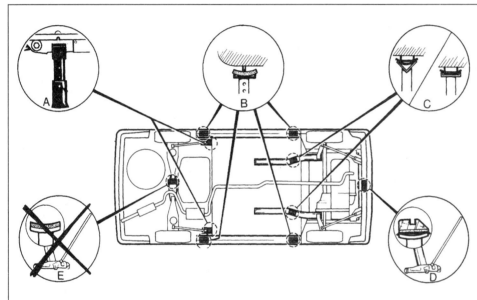

Lyft- och stödpunkter på bilens undersida (Sedan och Kombi)

A Placering av pallbockar (bak)
B Placering av pallbockar under tröskelbalkar (med träkloss eller gummimellanlägg)
C Placering av pallbockar (fram)
D Placering av domkraft vid upphissning av framänden (på modeller före 1986, använd formade klossar enligt bilden)
E Placering av domkraft vid upphissning av bakänden på förgasarmodeller (kan inte användas för bränsleinsprutade modeller på grund av bränslepumpens placering)

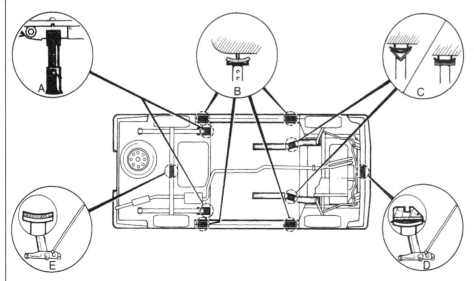

Lyft- och stödpunkter på bilens undersida (Express)

A Placering av pallbockar (bak)
B Placering av pallbockar under tröskelbalkar (med träkloss eller gummimellanlägg)
C Placering av pallbockar (fram)
D Placering av domkraft vid upphissning av framänden (på modeller före 1986, använd formade klossar enligt bilden)
E Placering av domkraft vid upphissning av bakänden

Lyftning, bogsering och hjulbyte (forts)

Bogsering

Bogseröglor för infästning av lina är monterade framtill och baktill på bilen **(se bild)**.

Kontrollera alltid att rattlåset är upplåst vid bogsering. Tänk på att servoassisterade bromsar kräver högre pedalkraft då inte motorn är igång.

Har bilen automatväxellåda måste växelväljaren stå i läge "N" vid bogsering. Bilen får inte bogseras längre sträcka än 20 km, hastigheten får inte överskrida 30 km/tim.

Hjulbyte

Domkrafterna som medföljer Sedan, Cabriolet och Kombi skiljer sig något i utförandet från den lite kraftigare domkraften för Express **(se bild)**.

Använd domkraftfästena på varje sida av bilen, under tröskelbalkarna.

Domkraften skall alltid stå på ett fast, plant underlag.

Dra åt handbromsen, lägg i ettans växel på manuell växellåda, läge "P" på automatlåda.

Se till att ingen person befinner sig i bilen då den lyfts eller är upphissad.

Lossa först hjulmuttrarna något med nyckeln som medföljer verktygssatsen.

Innan hjulet hissas upp, lägg någon form av stoppklossar vid det hjul som är diagonalt placerat i förhållande till det hjul som skall lyftas.

Med klossarna på plats, haka domkraften i det fäste som sitter närmast hjulet som skall lyftas.

Vrid runt domkraftens vev så att hjulet lyfts fritt från marken. Då hjulet väl går fritt, ta bort hjulmuttrarna och sedan hjulet.

Lossa reservhjulet från infästningen i bagageutrymmet.

Styr reservhjulet så att bultarna går i hålen, sätt sedan tillbaka hjulmuttrarna och dra åt dem så att hjulet hålls på plats.

Sänk ned bilen på marken och ta bort domkraften.

Dra slutligen åt hjulmuttrarna ordentligt. Använd inte foten för att öka kraften, inte heller ett rör som förlängning av dragskaftet, detta kan skada hjulbultarna.

Lägg tillbaka det demonterade hjulet, domkraften och verktygen på sina respektive platser.

Ta bort stoppklossarna.

Ställ växeln i neutralläge på modeller med manuell växellåda.

Kontrollera så snart som möjligt att hjulmuttrarna dragits till rätt moment.

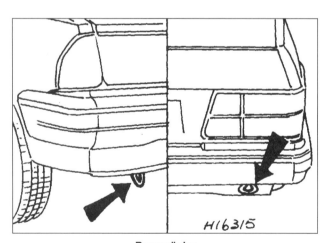

Bogseröglor

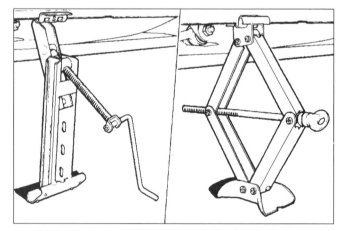

Domkraft som medföljer Sedan och Kombi (vänster) resp Express (höger)

Reservdelar och identifikationsnummer

Inköp av reservdelar

Reservdelar kan man köpa från många olika källor, inklusive auktoriserade verkstäder, tillbehörsaffärer och specialister. För att få rätt reservdel krävs ibland att man uppger bilens identifikationsnummer. Om det är möjligt är det också en god ide att ta med sig den gamla delen så att man kan jämföra. Detaljer som startmotorer och generatorer kan man ibland köpa som renoverade utbytesenheter - delar som lämnas i utbyte skall alltid vara rena.

Våra råd rörande inköp av reservdelar följande.

Auktoriserade verkstäder

Detta är det bästa inköpsstället för reservdelar och kan vara det enda ställe där vissa detaljer är tillgängliga (t ex växellådsdetaljer, emblem och klädseldetaljer). Det är också det enda ställe där du skall köpa reservdelar om fordonet har giltig garanti, då icke original-detaljer kan påverka garantins giltighet.

Tillbehörsaffärer

Här kan man hitta material och detaljer som behövs för rutinunderhåll (olje-, luft- och bränslefilter, tändstift, lampor, drivremmar, oljor och fett, bromsklossar, bättringsfärg etc). Sådana detaljer sålda av ett seriöst företag håller samma standard som de detaljer tillverkaren använder.

Förutom underhållsdetaljer säljer dessa affärer ofta verktyg och allmänna tillbehör, de har ofta generösa öppettider, lägre priser och ligger bra till. Vissa affärer säljer också (eller kan beställa hem) reservdelar för i stort sett vilket arbete som helst.

Specialister

Det finns många företag som specialiserat sig på att tillhandahålla bilreservdelar till både fackhandel och privatpersoner. Det kan vara svårt att dra gränsen mellan tillbehörsaffär och specialist många gånger, sortimentet kan vara nog så lika. Specialisterna kan dock vanligtvis leverera ett mer komplett sortiment av reservdelar och utbytesdetaljer, och till mindre populära modeller. De bör också ha ett bredare sortiment av detaljer som krävs för renovering (t ex bromsdetaljer, packningar, lager, kolvar,

ventiler, kolsatser etc). De kan ibland även utföra, eller förmedla, bearbetning av motor- och bromsdetaljer (t ex borrning av motorblock, slipning och balansering av vevaxlar etc).

Däckleverantörer och avgassystemspecialister

Däck och fälgar säljs ofta via specialister som gummiverkstäder, men kan också köpas på många bilverkstäder, tillbehörsfirmor, bensin-mackar etc. Avgassystem kan man också erhålla från många olika försäljningsställen. På vissa orter kan man också hitta specialister som kanske även levererar system till andra företag. Det kan löna sig att jämföra priser både på produkterna och de tjänster eller detaljer man betalar extra för (montering, balansering, vikter, ventiler, upphängningar etc).

Andra källor

Se upp med varor som erbjuds på marknader, via annonsblad eller som marknadsförs på ett sätt som annars verkar tvivelaktigt. Varorna är inte alltid av dålig kvalitet, men det krävs stora kunskaper för att kunna bedöma detta. Dessutom tillkommer problemet med gottgörelse om detaljerna inte håller måttet. Tänk också på att vissa detaljer måste uppfylla specifika krav på trafiksäkerhet och miljöskydd. Bromsbelägg är exempel på detaljer där man aldrig får låta ett lågt pris ersätta kvalitet och det finns många andra detaljer som påverkar säkerheten.

Begagnade delar från bilskrotar kan många gånger vara ett gott ekonomiskt alternativ, men även här krävs goda kunskaper.

Identifikationsnummer

Ändringar i produktionen är en kontinuerlig process, men uppmärksammas bara då större sådana påverkar utseende, prestanda, säkerhet o dyl. Reservdelskatalogen bygger på ett detaljnummersystem, där bilens identifikationsnummer utgör grunden för identifiering av rätt del.

Vid beställning av reservdelar bör man lämna så mycket information som möjligt. Tag med information om modell, tillverkningsår samt chassi- och motornummer.

Chassinumret är placerat på en plåt i motorrummet ovanför kylaren **(se bild)**. På denna plåt finns också information om färgnummer, slutväxelutväxling etc.

Motornumret är placerat på ett av följande ställen, beroende på motortyp:

Höger främre sida på motorblocket
Framsidan av motorblocket
Vänster främre sida av motorblocket
På motorblocket, ovanför kopplingskåpan

En skylt med inställningsdata bör också finnas under huven. Den ger de viktigaste inställningsvärden som krävs för att avgasreningen ska fungera tillfredsställande. Där återfinns elektrodavstånd för tändstift, tändläge, tomgångsvarvtal, CO-halt samt (i förekommande fall) ventilspel och kamvinkel (brytaravstånd).

På senare modeller kan chassinumret också finnas instansat i durkplåten mellan förarsätet och dörren. Det täcks då av en plastbit som kan vikas undan.

Placering av identifikationsplåt

1 *Typgodkännandenummer*
2 *Chassinummer*
3 *Totalvikt*
4 *Tågvikt*
5 *Tillåtet axeltryck fram*
6 *Tillåtet axeltryck bak*
7 *Rattens placering (vänsterstyrd/högerstyrd)*
8 *Motor*
9 *Transmission*
10 *Slutväxelns utväxling*
11 *Klädsel*
12 *Karosstyp*
13 *Specialversion för vissa områden*
14 *Färg*
15 *Vanligtvis avgasreningsversion (fr o m 1990)*

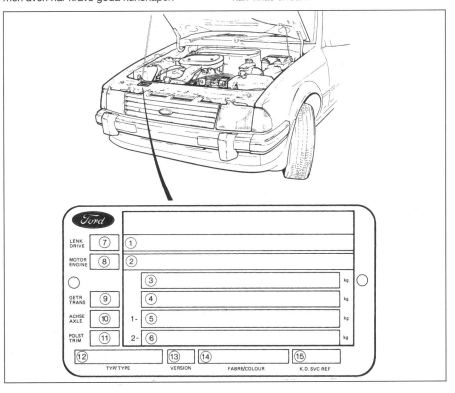

Säkerheten främst!

Att arbeta på din bil kan vara farligt. Den här sidan visar bara några potentiella risker och faror och har som mål att göra dig uppmärksam på och medveten om vikten av säkerhet i ditt arbete.

Allmänna faror

Skållning

• Ta aldrig av locket till kylare eller expansionskärl när motorn är varm.
• Motorolja, automatväxelolja och styrservovätska kan också vara farligt varma om motorn just har varit igång.

Brännskador

• Var försiktig så att du inte bränner dig på avgassystem och motor. Bromsskivor och trummor kan också vara extremt varma precis efter användning.

Lyftning av fordon

• Vid arbete nära eller under ett lyft fordon, använd alltid extra stöd i form av pallbockar, eller använd ramper. Arbeta aldrig under en bil som endast stöds av domkraft.
• Var försiktig vid lossande och åtdragning av skruvar/muttrar med högt åtdragningsmoment om bilen är stödd på domkraft. Inledande lossning och slutgiltig åtdragning skall alltid utföras med fordonet på marken.

Eld

• Bränsle är ytterst eldfarligt; bränsleångor är explosiva.
• Spill inte bränsle på en het motor.
• Rök inte och använd aldrig öppen låga i närheten när du utför arbete på bilen. Undvik också att orsaka gnistor (elektriskt eller via verktyg).
• Bränsleångor är tyngre än luft, så arbeta inte på bränslesystemet med bilen över in inspektionsgrop.
• Eld kan också orsakas av elektrisk överbelastning eller kortslutning. Var försiktig vid reparation eller ändring av bilens ledningar.
• Ha alltid en brandsläckare till hands, av den typ som är lämplig för bränder i bränsle- och elsystem.

Elektrisk stöt

• Tändningens högspänning kan vara farlig, speciellt för personer med hjärtproblem eller pacemaker. Arbeta inte nära tändsystemet med motorn igång eller tändningen på.
• Nätspänning är också farlig. Se till att all nätansluten utrustning är ordentligt jordad.

Giftiga gaser och ångor

• Avgasångor är giftiga; de innehåller koloxid vilket kan vara ytterst farligt vid inandning. Låt aldrig motorn vara igång i ett trångt utrymme (t ex garage) med dörren stängd.
• Bränsleångor är också giftiga, liksom ångor från vissa typer av rengöringsmedel och färgförtunning.

Giftiga och irriterande ämnen

• Undvik hudkontakt med batterisyra, bränsle, smörjmedel och vätskor, speciellt frostskyddsvätska och bromsvätska. Sug aldrig upp dem med munnen. Om någon av dessa ämnen sväljs eller kommer in i ögonen, kontakta läkare.
• Långvarig kontakt med använd motorolja kan orsaka hudcancer. Bär alltid handskar eller använd en skyddande kräm. Byt oljeindränkta kläder och förvara inte oljiga trasor i fickorna.
• Luftkonditioneringens kylmedel omvandlas till giftig gas om den exponeras för öppen låga (inklusive cigaretter). Det kan också orsaka brännskador vid hudkontakt.

Asbest

• Asbestdamm kan orsaka cancer om det inandas eller sväljs. Asbest kan finnas i packningar och i kopplings- och bromsbelägg. Vid hantering av sådana detaljer är det säkrast att alltid behandla dem som om de innehöll asbest.

Speciella faror

Fluorvätesyra

• Denna extremt frätande syra uppstår när vissa typer av gummi, som kan finnas i O-ringar, oljetätningar, bränsleslangar etc, utsätts för temperaturer över 400°C. Gummit förvandlas till en förkolnad eller kletig massa som innehåller den farliga syran. När fluorvätesyra en gång uppstått, är den farlig i flera år. Om den kommer i kontakt med huden kan det innebära att man måste amputera den utsatta kroppsdelen.
• Vid arbete med ett fordon, eller delar från ett fordon, som varit utsatt för brand, bär alltid skyddshandskar och kassera dem på ett säkert sätt efteråt.

Batteriet

• Batteriet innehåller svavelsyra, vilken angriper kläder, ögon och hud. Var försiktig vid påfyllning av batteriet och när du bär det.

• Den vätgas som batteriet avger är ytterst explosiv. Orsaka aldrig gnistor och använd aldrig öppen låga i närheten av batteriet. Var försiktig när batteriet kopplas till/från batteriladdare eller startkablar.

Airbag

• Airbags kan orsaka skada om de utlöses av misstag. Var försiktig vid demontering av ratt och/eller instrumentbräda. Speciell förvaring kan vara aktuell.

Diesel insprutning

• Diesel insprutningspumpar matar bränsle vid mycket högt tryck. Var försiktig vid arbete med bränsleinsprutare och bränslerör.

 Varning: Exponera aldrig händer eller annan del av kroppen för insprutarstråle; bränslet kan tränga igenom huden med ödesdigra följder

Kom ihåg...

Vad man bör göra

• Använd skyddsglasögon vid arbete med borrmaskiner, slipmaskiner etc, samt vid arbete under bilen.
• Använd handskar eller en skyddskräm när så behövs.
• Se till att någon regelbundet kontrollerar att allt står väl till när du arbetar ensam på ett fordon.
• Se till att inte löst sittande kläder eller långt hår kommer i vägen för rörliga delar.
• Ta alltid av ringar, klocka etc innan du börjar arbeta på ett fordon - speciellt med elsystemet.
• Försäkra dig om att lyftanordningar och domkraft klarar av den tyngd de utsätts för.

Vad man inte bör göra

• Försök inte lyfta delar som är tyngre än du orkar - skaffa hjälp.
• Jäkta inte för att slutföra ett arbete, ta inga genvägar.
• Använd inte verktyg som passar dåligt - de kan slinta och orsaka skada.
• Lämna inte verktyg eller delar utspridda, det är lätt att snubbla över dem. Torka alltid upp olja eller andra smörjmedel från golvet.
• Låt inte barn eller djur vistas i eller runt ett fordon utan tillsyn.

Allmänna reparationsanvisningar

När service-, reparationsarbeten eller renovering av detaljer utförs, är det viktigt att observera följande instruktioner. Detta för att reparationen ska utföras så effektivt och fackmannamässigt som möjligt.

Tätningsytor och packningar

När en packning används mellan två ytor, se till att den byts vid ihopsättning. Montera den torrt om inte annat anges. Se till att ytorna är rena och torra och att gammal packning är helt borttagen. Vid rengöring av en tätningsyta, använd ett verktyg som inte skadar ytan och ta bort grader och ojämnheter med bryne eller en fin fil.

Se till att gängade hål rengörs med borste och håll dem fria från tätningsmedel då sådant används, om inte annat anges.

Se till att alla öppningar, kanaler och rör är fria och blås igenom dem, helst med tryckluft.

Oljetätningar

När en oljetätning demonteras, antingen för sig eller som en del av en enhet, bör den bytas.

Den mycket fina tätningsläppen skadas lätt och kan inte täta om ytan den vidrör inte är helt ren och fri från grader, spår och gropar. Om tätningsytan inte kan återställas bör komponenten bytas. Skydda tätningsläppen från ytor och kanter som kan skada den under montering. Använd tejp eller en konisk hylsa, om möjligt. Smörj tätningsläppen med olja före montering och för dubbla tätningsläppar, fyll utrymmet mellan läpparna med fett.

Om inte annat anges måste tätningarna monteras med tätningsläppen mot smörjmedlet.

Använd en rörformad dorn eller ett trästycke av lämplig storlek för att montera tätningen. Om hållaren är försedd med skuldra, driv tätningen mot den. Om hållaren saknar skuldra bör tätningen monteras så att den går jäms med hållarens yta.

Skruvgängor och infästningar

Se till att alla gängade bottenhål är helt fria från olja, fett, vatten eller andra vätskor innan skruven eller pinnskruven monteras. I annat fall kan huset spricka p g a den hydrauleffekt som uppstår när skruven skruvas i.

När en kronmutter monteras, dra den till angivet moment när sådant finns, dra sedan vidare tills nästa urtag för saxpinnen passar för hålet. Lossa aldrig en mutter för passning av saxpinne om inte detta anges. Vid kontroll av åtdragningsmoment för en mutter eller bult, lossa den cirka ett kvarts varv och dra sedan åt den till angivet moment.

Låsmuttrar, låsbleck och brickor

Alla fästelement som roterar mot en komponent eller ett hus under åtdragningen skall alltid ha en bricka mellan sig och komponenten.

Fjäder- och låsbrickor bör alltid bytas när de används på kritiska komponenter såsom lageröverfall. Låsbleck som viks över mutter eller bult ska alltid bytas.

Självlåsande muttrar kan återanvändas vid mindre viktiga detaljer, under förutsättning att ett motstånd känns då låsdelen går över skruvgängan. Självlåsande muttrar tenderar dock att förlora sin effekt efter långvarig användning och de bör då bytas rutinmässigt.

Saxpinnar måste alltid bytas och rätt storlek i förhållande till hålet användas.

Specialverktyg

Vissa arbeten i denna handbok förutsätter användning av specialverktyg, som en press, två- eller trebent avdragare, fjäderkompressor etc. När så är möjligt beskrivs och visas lämpliga lättåtkomliga alternativ till tillverkarens specialverktyg. I vissa fall är inga alternativ möjliga, och det har varit nödvändigt att använda tillverkarens verktyg. Detta har gjorts med tanke på säkerhet såväl som på resultatet av reparationen. Om du inte är mycket skicklig och har stora kunskaper om det moment som beskrivs, försök aldrig använda annat än specialverktyg när sådant anges i anvisningarna. Det föreligger inte bara risk för kroppsskada, utan kostbara skador kan också uppstå på komponenterna.

Hänsyn till omgivningen och miljön

När du gör dig av med använd motorolja, bromsvätska, frostskyddsvätska o s v, vidta nödvändiga åtgärder för att skydda miljön. Häll t ex inte någon av ovan nämnda vätskor i det vanliga avloppssystemet, eller helt enkelt på marken. Om du inte kan göra dig av med avfallet hos någon soptipp eller verkstad med speciell hantering för dessa typer av vätskor, kontakta berörd myndighet i din kommun.

Det stiftas ständigt nya, strängare lagar gällande utsläpp av miljöfarliga ämnen från motorfordon. De mest nytillverkade bilarna har justersäkringar monterade över de mest avgörande justeringspunkterna för bränslesystemet. Dessa är monterade främst för att undvika att okvalificerade personer justerar bränsle/luftblandningen och därmed riskerar en ökning av giftiga utsläpp. Om sådana justersäkringar påträffas under reparationsarbete ska de, där så är möjligt, sättas tillbaka eller förnyas enligt tillverkarens anvisningar eller aktuell lagstiftning.

Verktyg och arbetsutrymmen

Introduktion

Ett urval av bra verktyg är ett grundläggande behov för den som överväger underhålls- och reparationsarbeten på ett fordon. För den som saknar sådana kommer inköp av dessa att bli en betydande utgift, som dock uppvägs till en del av vinsten med eget arbete. Om verktygen som anskaffas uppfyller grundläggande säkerhets- och kvalitetskrav, kommer dessa att hålla i många år och visa sig vara en värdefull investering. För att hjälpa bilägaren att välja de verktyg som krävs för att utföra de olika arbetena i denna handbok, har vi sammanställt tre sortiment under följande rubriker: Underhålls- och mindre reparationsarbeten, Reparation och renovering, samt Special.

Nybörjaren bör starta med det första sortimentet och begränsa sig till mindre arbeten på fordonet. Allt eftersom erfarenhet och självförtroende växer, kan man sedan prova svårare uppgifter och köpa fler verktyg när och om det behövs. På detta sätt kan ett sortiment för underhålls- och mindre reparationsarbeten byggas upp till en reparations- och renoveringssats under en längre tidsperiod utan några större kontantutlägg. Den erfarne gördet-självaren har redan en verktygssats lämplig för de flesta reparationer och kommer att välja verktyg från specialkategorin när han känner att utgiften är berättigad för den användning verktyget kan ha.

Underhålls- och mindre reparationsarbeten

Verktygen i den här listan kan anses vara ett minimum av vad som behövs för att utföra rutinmässigt underhåll, service- och mindre reparationsarbeten. Vi rekommenderar att man köper U-ringnycklar (ena änden öppen,

den andra sluten), även om de är dyrare än enbart öppna nycklar, eftersom man får båda sorternas fördelar.

- U-ringnycklar - 8, 9, 10, 11, 12, 13, 14, 15, 17 och 19 mm
- Skiftnyckel - 35 mm gap (ca)
- En sats Torxnycklar
- Tändstiftsnyckel (med gummiinlägg)
- Verktyg för justering av tändstiftens elektrodavstånd
- En sats bladmått
- Skruvmejslar:
  Spårmejsel - ca 100 mm lång x 6 mm dia
  Stjärnmejsel - ca 100 mm lång x 6 mm dia
- Kombinationstång
- Bågfil (liten)
- Däckpump
- Däcktrycksmätare
- Oljekanna
- Fin slipduk
- Stålborste (liten)
- Tratt (medelstor)

Reparation och renovering

Dessa verktyg är ovärderliga för alla som tar itu med något större reparationsarbete på motorfordon och tillkommer till de verktyg som angivits för Underhålls- och mindre reparationsarbeten. Denna lista inkluderar en grundläggande sats hylsor. Dessa kan vara dyra, men de kan också visa sig vara ovärderliga eftersom de är så användbara - särskilt om olika drivenheter inkluderas i satsen. Vi rekommenderar hylsor för halvtums fyrkant eftersom dessa kan användas med de flesta momentnycklar. Om du inte tycker att du har råd med en hylssats, även om de inköps i omgångar, så kan de billigare ringnycklarna användas.

Verktygen i denna lista kan ibland behöva

kompletteras med verktyg från listan för Specialverktyg.

- Hylsor (eller ringnycklar), dimensioner enligt föregående lista (se bild)
- Spärrskaft (för användning med hylsor)
- Förlängning, 250 mm (för användning med hylsor)
- Universalknut (för användning med hylsor)
- Momentnyckel (för användning med hylsor)
- Självlåsande tång - 8"
- Kulhammare
- Klubba med mjukt anslag (plast eller gummi)
- Skruvmejslar:
  Spårmejsel - en lång och kraftig, en kort (knubbig), och en smal (elektrikermejsel)
  Stjärnmejsel – en lång och kraftig, en kort (knubbig)
- Tänger:
  Spetsnostång
  Sidavbitare (elektrikertyp)
  Låsringstång (in- och utvändig)
- Huggmejsel - 25 mm
- Ritspets
- Skrapa
- Körnare
- Purr
- Bågfil
- Ventilslipningsverktyg
- Stålskala/linjal
- Insexnycklar
- Diverse filar
- Stålborste (stor)
- Pallbockar
- Domkraft (garagedomkraft eller stabil pelarmodell)

Specialverktyg

Verktygen i denna lista är sådana som inte används regelbundet, är dyra i inköp eller måste användas enligt tillverkarens anvisningar. Inköp av dessa verktyg är inte ekonomiskt försvarbart om inte svårare mekaniska arbeten utförs med viss regelbundenhet. Du kan också överväga att gå samman med någon vän (eller gå med i en motorklubb) och göra ett gemensamt inköp, hyra eller låna verktyg om så är möjligt.

Listan upptar endast verktyg och mätinstrument som är allmänt tillgängliga och inte sådana som tillverkas av bilfabrikanter speciellt för auktoriserade återförsäljare. Ibland nämns dock sådana verktyg i texten. I allmänhet anges en alternativ metod att utföra arbetet utan tillverkarens specialverktyg. Ibland finns emellertid inget alternativ annat än att använda dem. När så är fallet, då verktyget inte kan köpas eller lånas, har du inget annat val än att lämna bilen till en auktoriserad verkstad.

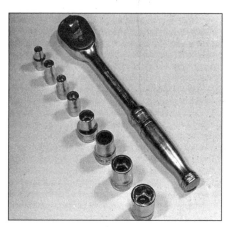
Hylsor och spärrskaft

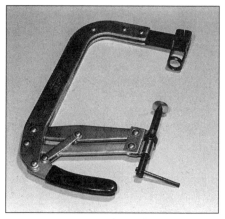
Ventilfjäderkompressor

Kolvringskompressor

Trebent avdragare för nav och lager

Mikrometer

* Ventilfjäderkompressor **(se bild)**
* Kolvringskompressor **(se bild)**
* Kulledsavdragare
* Universalavdragare (nav/lageravdragare) **(se bild)**
* Slagskruvmejsel
* Mikrometer och/eller skjutmått **(se bild)**
* Indikatorklocka
* Stroboskoplampa
* Varvräknare
* Multimeter
* Kompressionsprovare **(se bild)**
* Lyftblock
* Garagedomkraft
* Arbetslampa med skarvsladd

Inköp av verktyg

När det gäller inköp av verktyg är det i regel bättre att vända sig till en specialist som har ett större sortiment än t ex tillbehörsaffärer och bensinmackar. Emellertid kan tillbehörsaffärer och andra försäljningsställen erbjuda utmärkta verktyg till låga priser, så det kan löna sig att söka.

Det finns gott om bra verktyg till låga priser, men se till att verktygen uppfyller elementära krav på funktion och säkerhet. Fråga gärna någon kunnig person om råd före inköpet.

Vård och underhåll av verktyg

Då du skaffat ett antal verktyg är det nödvändigt att hålla dessa rena och i fullgott skick. Efter användning, torka alltid bort smuts, fett och metallpartiklar med en ren, torr trasa innan verktygen läggs undan. Låt dem inte ligga framme sedan de använts. En enkel upphängningsanordning på väggen för t ex skruvmejslar och tänger är en god idé. Förvara alla skruvnycklar och hylsor i en metallåda. Mätinstrument av alla slag måste förvaras väl skyddade mot skador och rostangrepp.

Lägg ner lite omsorg på de verktyg som används. Anslag på hammare kommer att få märken och skruvmejslar slits i spetsen efter någon tids användning. En slipduk eller en fil kan då återställa verktygen till fullt användbart skick.

Arbetsutrymmen

När man diskuterar verktyg får man inte glömma själva arbetsplatsen. Skall någonting annat än rent rutinmässigt underhåll utföras, måste man skaffa en lämplig arbetsplats.

Ibland händer det att man är tvungen att lyfta ur en motor eller andra större detaljer, utan tillgång till garage eller verkstad. När så är fallet skall alla reparationer på enheten utföras under tak.

När så är möjligt skall all isärtagning ske på en ren, plan arbetsyta, t ex en arbetsbänk med lämplig arbetshöjd.

En riktig arbetsbänk behöver ett skruvstycke: ett kraftigt skruvstycke med en öppning på 100 mm är lämpligt för de flesta arbeten. Som tidigare påpekats är torra förvaringsutrymmen för verktyg, smörjmedel, rengöringsmedel och bättringsfärg (som också måste förvaras frostfritt) nödvändiga.

Ett annat verktyg som kan behövas och som har mycket stort användningsområde rent allmänt, är en elektrisk borrmaskin med en kapacitet på minst 8 mm. En borrmaskin och ett bra sortiment spiralborrar är oumbärliga vid montering av tillbehör som speglar och backljus.

Sist men inte minst, se till att du har tillgång till gamla tidningar och rena, luddfria trasor, och försök hålla arbetsplatsen så ren som möjligt.

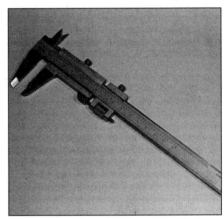

Skjutmått

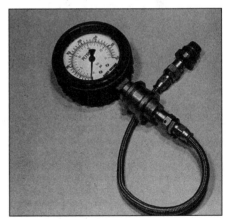

Kompressionsprovare

Starthjälp

När en bil startas med hjälp av ett laddningsbatteri, observera följande:

A) Innan det fulladdade batteriet ansluts, stäng av tändningen.

B) Se till att all elektrisk utrustning (lysen, värme, vindrutetorkare etc) är avslagen.

C) Kontrollera att laddningsbatteriet har samma spänning som det urladdade batteriet i bilen.

D) Om batteriet startas med startkablar från batteriet i en annan bil, får bilarna INTE VIDRÖRA varandra.

E) Växellådan skall vara i neutralt läge (PARK för automatväxellåda).

Tips
HAYNES
Start med startkablar löser ditt problem för stunden, men det är väsentligt att ta reda på vad som orsakade batteriets urladdning. Det finns tre möjligheter:

■ Batteriet har laddats ur efter ett flertal startförsök, eller för att lysen har lämnats på.

■ Laddningssystemet fungerar inte tillfredsställande (generatorns drivrem slak eller av, generatorns länkage eller generatorn själv defekt).

■ Batteriet defekt (utslitet eller låg elektrolytnivå.

1 Koppla den ena änden på den röda startkabeln till den positiva (+) anslutningen på det urladdade batteriet.

2 Koppla den andra änden på den röda kabeln till den positiva (+) anslutningen på det fulladdade batteriet.

3 Koppla den ena änden på den svarta startkabeln till den negativa (–) anslutningen på det fulladdade batteriet.

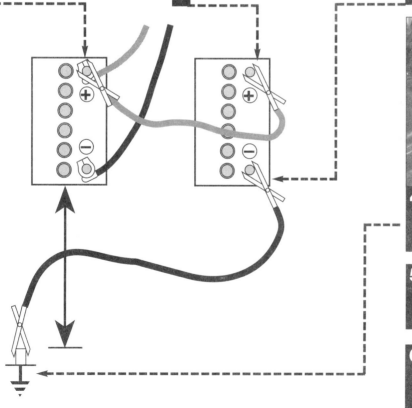

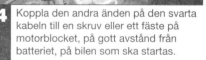

4 Koppla den andra änden på den svarta kabeln till en skruv eller ett fäste på motorblocket, på gott avstånd från batteriet, på bilen som ska startas.

5 Se till att startkablarna inte kommer i kontakt med fläkten, drivremmarna eller andra rörliga delar i motorn.

6 Starta motorn med laddningsbatteriet, sen med motorn på tomgång, koppla bort startkablarna i omvänd ordning mot anslutning.

Felsökning

Innehåll

Introduktion

Den bilägare som sköter sitt underhåll enligt rekommendationerna bör inte behöva använda det här avsnittet i boken särskilt ofta. Modern komponentkvalitet är så god att förutsatt att detaljer utsatta för slitage eller åldring kontrolleras och byts vid angivna tidpunkter, uppstår plötsliga fel mycket sällan. Fel inträffar sällan plötsligt, utan uppstår under en tidsperiod. Större mekaniska fel i synnerhet, föregås i regel av typiska varningar i hundratals eller t o m tusentals kilometer. De komponenter som ibland går sönder utan varning är oftast små och lätta att ha med sig i bilen.

All felsökning inleds med att man bestämmer sig var man skall börja. Ibland är det helt självklart, men vid andra tillfällen kan det krävas lite detektivarbete. Den bilägare som gör ett halvdussin justeringar och utbyten av detaljer på måfå kan mycket väl ha lagat felet (eller tagit bort symptomen), men om felet återkommer är han inte klokare och kan ha använt mer tid och pengar än nödvändigt. Att lugnt och logiskt ta sig an problemet kommer att visa sig vara långt mer tillfredsställande i längden. Ta alltid med alla varningssignaler i beräkningen och allt onormalt som kan ha noterats innan felet uppstod – kraftförlust, höga eller låga mätarvisningar, ovanliga ljud eller lukter etc. – och kom ihåg att trasiga säkringar eller defekta tändstift bara behöver vara symptom på något annat fel.

Sidorna som här följer utgör en enkel guide till de vanligaste problemen som kan uppstå vid användning av bilen. Dessa problem och troliga orsaker är samlade i avsnitt om olika komponenter och system, som Motor, Kylsystem etc. Det kapitel som behandlar problemet anges inom parentes. Vad felet än kan vara gäller vissa grundprinciper. Dessa är:

Definiera felet. Här rör det sig helt enkelt om att vara säker på att man vet vad symptomen är innan man börjar arbeta. Detta är speciellt viktigt om man undersöker ett fel för någon annans räkning och om denne kanske inte beskrivit felet riktigt.

Förbise inte det självklara. Om t ex fordonet inte vill starta, finns det bränsle i tanken? (lita inte på någons ord i detta speciella fall och lita inte heller på bränslemätaren!) Om felet är elektriskt, kontrollera beträffande lösa eller trasiga ledningar innan du tar fram testutrustningen.

Eliminera felet, inte symptomet. Att byta ett urladdat batteri mot ett fulladdat kan lösa problemen för stunden, men om någonting annat egentligen utgör problemet, kommer samma sak att hända med det nya batteriet. På samma sätt hjälper det att byta ut oljiga tändstift mot en omgång nya, men kom ihåg att orsaken (om det helt enkelt inte berodde på felaktiga tändstift) måste fastställas och åtgärdas.

Ta ingenting för givet. Tänk speciellt på att även en ny detalj kan vara felaktig (speciellt om den har skramlat runt i bagageutrymmet i månader) och bortse inte från att felsöka detaljer bara för att de är nya eller har bytts ut nyligen. När du till slut har hittat ett besvärligt fel, kommer du att inse att alla indikationer fanns där från början.

1 Motor

Motorn går inte runt vid startförsök

- Batterianslutningarna dåligt dragna eller korroderade (kapitel 1).
- Batteriet urladdat eller defekt (kapitel 5, del A).
- Avbrott i, eller bristfälligt anslutna/lösa kablar i startkretsen (kapitel 5, del A).
- Defekt startmotorsolenoid eller kontakt (kapitel 5, del A).
- Defekt startmotor (kapitel 5, del A).
- Startdrev eller startkrans har skadade kuggar eller sitter loss (kapitel 5, del A och kapitel 2).
- Motorns jordledning av eller har lossat (kapitel 5, del A).
- Automatväxellådan står inte i läge Park/Neutral - startspärrkontakt defekt (kapitel 7, del B).

Motorn går runt men startar inte

- Bränsletanken tom
- Batteriet urladdat (motorn roterar sakta) (kapitel 5, del A).
- Batterianslutningarna dåligt dragna eller korroderade (kapitel 1).
- Tändsystemets detaljer fuktiga eller skadade (kapitel 1 och kapitel 5, del B).
- Avbrott i, eller bristfälligt anslutna/lösa kablar i tändningskretsen (kapitel 1 och kapitel 5, del B).
- Slitna, defekta tändstift eller fel elektrodavstånd (kapitel 1).
- Fel på förgasare eller bränsleinsprutning (kapitel 4).
- Större mekaniskt fel (t ex kamdrivning) (kapitel 2).

Motorn svårstartad kall

- Batteriet urladdat (kapitel 5, del A).
- Batterianslutningarna dåligt dragna eller korroderade (kapitel 1).
- Slitna/defekta tändstift eller fel elektrodavstånd (kapitel 1).
- Fel på förgasare eller bränsleinsprutning (kapitel 4).
- Annat fel på tändsystemet (kapitel 1 och kapitel 5, del B).
- Dålig kompression (kapitel 2).
- Fel ventilspel - i förekommande fall (kapitel 2, del A).

Motorn svårstartad varm

- Luftfiltret smutsigt eller igensatt (kapitel 1).
- Fel på förgasare eller bränsleinsprutning (kapitel 4).
- Dålig kompression (kapitel 2).
- Fel ventilspel - i förekommande fall (kapitel 2, del A).

Missljud från startmotor eller ojämnt ingrepp

- Startdrev eller startkrans har skadade kuggar eller sitter löst (kapitel 5, del A och kapitel 2).
- Startmotorns fästskruvar loss eller saknas (kapitel 5, del A).
- Startmotorn skadad eller sliten invändigt (kapitel 5, del A).

Motorn startar men stannar omedelbart

- Avbrott i, eller bristfälligt anslutna/lösa kablar i tändningskretsen (kapitel 1 och kapitel 5, del B).
- Vakuumläckage vid förgasare/bränsleinsprutning eller insugningsrör (kapitel 4).
- Fel på förgasare eller bränsleinsprutning (kapitel 4).

Ojämn tomgång

- Luftfiltret igensatt (kapitel 1).
- Vakuumläckage vid förgasare/bränsleinsprutning eller insugningsrör och berörda slangar (kapitel 4).
- Slitna/defekta tändstift eller fel elektrodavstånd (kapitel 1).
- Ojämn eller låg kompression (kapitel 2).
- Slitna kamnockar (kapitel 2).
- Felaktig spänning av kamrem - i förekommande fall (kapitel 2, del B).
- Fel ventilspel - i förekommande fall (kapitel 2, del A).
- Fel på förgasare eller bränsleinsprutning (kapitel 4).

Motorn misständer på tomgång

- Slitna/defekta tändstift eller fel elektrodavstånd (kapitel 1).
- Defekta tändkablar (kapitel 1).
- Fel tändläge (kapitel 1).

- Vakuumläckage vid förgasare/bränsleinsprutning eller insugningsrör och berörda slangar (kapitel 4).
- Fördelarlock spräckt eller överslag invändigt - då fördelarlock finns (kapitel 1).
- Ojämn eller låg kompression (kapitel 2).
- Vevhusventilationsslangar loss eller defekta (kapitel 4, del E).
- Fel på förgasare eller bränsleinsprutning (kapitel 4).
- Fel ventilspel - i förekommande fall (kapitel 2, del A).

Motorn misständer över hela registret

- Bränslefiltret igensatt (kapitel 1).
- Bränslepumpen defekt eller lågt matningstryck (kapitel 4).
- Igensatt tankventilation eller strypningar i bränsleledningar (kapitel 4).
- Vakuumläckage vid förgasare/bränsleinsprutning eller insugningsrör och berörda slangar (kapitel 4).
- Slitna/defekta tändstift eller fel elektrodavstånd (kapitel 1).
- Defekta tändkablar (kapitel 1).
- Fördelarlock spräckt eller överslag invändigt - då fördelarlock finns (kapitel 1).
- Defekt tändspole eller DIS modul (kapitel 5, del B).
- Ojämn eller låg kompression (kapitel 2).
- Fel på förgasare eller bränsleinsprutning (kapitel 4).
- Fel ventilspel - i förekommande fall (kapitel 2, del A).

Motorn tvekar vid acceleration

- Slitna/defekta tändstift eller fel elektrodavstånd (kapitel 1).
- Vakuumläckage vid förgasare/bränsleinsprutning eller insugningsrör och berörda slangar (kapitel 4).
- Fel på förgasare eller bränsleinsprutning (kapitel 4).

Motorstopp

- Vakuumläckage vid förgasare/bränsleinsprutning eller insugningsrör och berörda slangar (kapitel 4).
- Bränslefiltret igensatt (kapitel 1).
- Bränslepumpen defekt eller lågt matningstryck (kapitel 4).
- Igensatt tankventilation eller strypningar i bränsleledningar (kapitel 4).
- Fel på förgasare eller bränsleinsprutning (kapitel 4).

Motorn kraftlös

- Fel tändläge (kapitel 1).
- Felmonterad kamrem eller fel remspänning (kapitel 2).
- Bränslefiltret igensatt (kapitel 1).
- Bränslepumpen defekt eller lågt matningstryck (kapitel 4).
- Ojämn eller låg kompression (kapitel 2).
- Slitna/defekta tändstift eller fel elektrodavstånd (kapitel 1).
- Vakuumläckage vid förgasare/bränsleinsprutning eller insugningsrör och berörda slangar (kapitel 4).
- Bromsarna ligger på (kapitel 1 och 9).
- Kopplingen slirar (kapitel 6).
- Fel oljenivå i automatväxellåda (kapitel 1).
- Fel på förgasare eller bränsleinsprutning (kapitel 4).

Motorn baktänder

- Fel tändläge (kapitel 1).
- Felaktigt monterad eller fel spänning på kamrem/-kedja (kapitel 2).
- Vakuumläckage vid förgasare/bränsleinsprutning eller insugningsrör och berörda slangar (kapitel 4).
- Fel på förgasare eller bränsleinsprutning (kapitel 4).

Varningslampan för oljetryck tänds då motorn är igång

- Låg oljenivå eller fel oljekvalitet (kapitel 1)
- Defekt oljetryckkontakt (kapitel 2).
- Slitna lager och/eller oljepump (kapitel 2).
- Hög kylvätsketemperatur (kapitel 3).
- Defekt tryckregulatorventil (kapitel 2).
- Igensatt oljesil (kapitel 2).

Motorn fortsätter att gå sedan tändningen stängts av

- Större koksansamlingar i motorn (kapitel 2).
- Hög kylvätsketemperatur (kapitel 3).
- Fel på förgasare eller bränsleinsprutning (kapitel 4).

Missljud från motor

För tidig tändning (spikningar) eller knack vid acceleration eller belastning

- Fel tändläge (kapitel 1).
- Fel bränslekvalitet (kapitel 1 och 4).
- Vakuumläckage vid förgasare/bränsleinsprutning eller insugningsrör och berörda slangar (kapitel 4).
- Stora koksavlagringar i motorn (kapitel 2).
- Sliten eller skadad strömfördelare (i förekommande fall) eller andra komponenter i tändsystemet (kapitel 5, del B).
- Fel på förgasare eller bränsleinsprutning (kapitel 4).

Visslande eller väsande ljud

- Läckande packning vid förgasare/bränsleinsprutning (kapitel 4).
- Läckande packning vid avgasgrenrör eller skarv vid främre avgasrör (kapitel 4, del E).
- Läckande vakuumslang (kapitel 4, 5 och 9).
- Topplockspackningen har gått (kapitel 2).

Lätta knackningar eller skrammel

- Sliten ventilmekanism eller kamaxel (kapitel 2).
- Fel på annat aggregat (vattenpump, generator etc) (kapitel 3, kapitel 5, del A och kapitel 10).

Knackningar eller dunkande ljud

- Slitna vevlager (regelbundna kraftiga knackningar, kan avta vid belastning) (kapitel 2).
- Slitna ramlager (malande missljud eller knackningar, kan tillta vid belastning) (kapitel 2).
- Kolvslammer (märks mest vid kall motor) (kapitel 2).
- Fel på annat aggregat (vattenpump, generator etc) (kapitel 3, kapitel 5, del A och kapitel 10).

2 Kylsystem

Motorn blir för varm

- Låg kylvätskenivå (kapitel 1).
- Defekt termostat (kapitel 3).
- Igensatt kylare eller grill (kapitel 3).
- Elkylfläkt eller termokontakt defekt (kapitel 3).
- Defekt trycklock (kapitel 3).
- Fel tändläge (kapitel 1).
- Defekt kylvätsketempgivare (kapitel 3).
- Luftficka i kylsystemet (kapitel 1).

Motorn blir inte varm

- Defekt termostat (kapitel 3).
- Defekt kylvätsketempgivare (kapitel 3).

Yttre kylvätskeläckage

- Åldrade eller skadade slangar eller slangklammor (kapitel 1).
- Läckande kylare eller värmepaket (kapitel 3).
- Defekt trycklock (kapitel 3).
- Läckande tätning för vattenpump (kapitel 3).
- Kokning p.g.a. överhettning (kapitel 3).
- Läckage vid frysbricka (kapitel 2).

Inre kylvätskeläckage

- Läckage vid topplockspackning (kapitel 2).
- Spricka i topplock eller motorblock (kapitel 2).

Korrosion

- För långa intervall mellan sköljningar (kapitel 1).
- Fel blandningsförhållande på kylvätska eller fel typ av frostskydd (kapitel 1).

3 Bränsle- och avgassystem

Hög bränsleförbrukning

- Luftfilter smutsigt eller igensatt (kapitel 1).
- Fel på förgasare eller bränsleinsprutning (kapitel 4).
- Fel tändläge (kapitel 1).
- Lågt däcktryck (kapitel 1).

Bränsleläckage och/eller bränslelukt

- Skador eller korrosion på bränsletank, ledningar eller anslutningar (kapitel 4).
- Fel på förgasare eller bränsleinsprutning (kapitel 4).

Högt avgasljud eller lukt från avgassystemet

- Läckande avgassystem eller grenrörsskarvar (kapitel 1 och kapitel 4, del E).
- Läckande, rostigt avgassystem (kapitel 1 och kapitel 4, del E).
- Skadade upphängningar som orsakar kontakt med kaross eller fjädring (kapitel 1).

4 Koppling

Pedalen går i botten - inget eller mycket litet motstånd

- Kopplingsvajern av (kapitel 6).
- Feljusterad koppling (kapitel 6).
- Defekt urtrampningslager eller gaffel (kapitel 6).
- Defekt solfjäder i koppling (kapitel 6).

Kopplar inte ur (växlar kan ej läggas i)

- Feljusterad koppling (kapitel 6).
- Lamellcentrum kärvar på ingående axeln (kapitel 6).
- Lamellcentrum kärvar mot svänghjul eller tryckplatta (kapitel 6).
- Defekt koppling (kapitel 6).
- Urtrampningsanordning sliten eller fel ihopsatt (kapitel 6).

Kopplingen slirar (motorvarvet ökar men inte hastigheten)

- Feljusterad koppling (kapitel 6).
- Lamellbeläggen kraftigt slitna (kapitel 6).

- Lamellbeläggen belagda med olja eller fett (kapitel 6).
- Defekt koppling eller svag solfjäder (kapitel 6).

Vibrationer vid ingrepp

- Lamellbeläggen belagda med olja eller fett (kapitel 6).
- Lamellbeläggen kraftigt slitna (kapitel 6).
- Kopplingsvajern kärvar eller har skadats (kapitel 6).
- Defekt eller skev tryckplatta eller solfjäder (kapitel 6).
- Slitna eller lösa upphängningar för motor eller växellåda (kapitel 2).
- Slitna splines i lamellcentrum eller på ingående axeln (kapitel 6).

Missljud då pedalen trycks ned eller släpps upp

- Slitet urtrampningslager (kapitel 6).
- Slitna eller osmorda pedalaxelbussningar (kapitel 6).
- Defekt koppling (kapitel 6).
- Defekt solfjäder (kapitel 6).
- Trasiga dämpfjädrar i lamellcentrumet (kapitel 6).

5 Manuell växellåda

Missljud i neutralläge då motorn är igång

• Ingående axelns lager slitna (missljud då kopplingen är i ingrepp, men inte frikopplad) (kapitel 7, del A).*
• Urtrampningslagret slitet (missljud i frikopplat läge, inte i ingrepp) (kapitel 6).

Missljud på speciell växel

• Slitna eller skadade kuggar (kapitel 7, del A).*

Svårt att lägga i växlar

• Defekt koppling (kapitel 6).
• Slitet eller skadat växellänkage (kapitel 7, del A).
• Feljusterat växellänkage (kapitel 7, del A).
• Sliten synkronisering (kapitel 7, del A).*

Växel hoppar ur

• Slitet eller skadat växellänkage (kapitel 7, del A).
• Feljusterat växellänkage (kapitel 7, del A).
• Sliten synkronisering (kapitel 7, del A).*
• Slitna växelförargafflar (kapitel 7, del A).*

Vibration

• Oljebrist (kapitel 1).
• Slitna lager (kapitel 7, del A).*

Läckage

• Tätning vid drivaxel (kapitel 7, del A).
• Läckage vid tätningsytor mellan husdelar (kapitel 7, del A).*
• Tätning för ingående axel (kapitel 7, del A).*

*Även om ovanstående misshälligheter inte kan åtgärdas av hemmamekanikern kan ovanstående beskrivning ge möjligheter till bättre kommunikation med verkstaden.

6 Automatväxellåda

Notera: Automatväxellådan är en komplicerad enhet och därför besvärlig att diagnosticera och reparera. För andra problem än de som beskrivs nedan bör man anlita en auktoriserad verkstad eller automatlådespecialist.

Läckage

• Automatväxelolja är vanligen mörkröd. Förväxla inte med motorolja som vid läckage lätt kan kastas över växellådan.
• För att kunna fastställa orsaken ska först växellådan tvättas med avfettningsmedel eller ånga. Kör sedan bilen i låg hastighet så att inte fartvinden blåser iväg oljan till fler ställen. Hissa upp och stöd bilen så att en grundlig kontroll kan göras. Läckage förekommer oftast på följande ställen.
a) Oljetråg.
b) Rör för mätsticka (kapitel 1).
c) Anslutningar för oljekylarrör (kapitel 7, del B).

Oljan är brun och luktar bränt

• Låg oljenivå eller oljan behöver bytas (kapitel 1).

Problem med val av växel

• kapitel 7, del B behandlar kontroll och justering av växelväljarmekanismen. Följande problem orsakas ofta av en feljusterad väljarvajer.

a) Motorn startar i andra lägen än Park eller Neutral.
b) Väljarindikatorn anger fel växel
c) Bilen rör sig i läge Park eller Neutral.
d) Växellådan växlar ojämnt
• Se kapitel 7, del B beträffande justering av väljarmekanismen.

Ingen nedväxling (kickdown) med gaspedalen helt nedtryckt

• Låg oljenivå (kapitel 1).
• Feljusterad väljarmekanism (kapitel 7, del B).

Motorn startar inte i läge Park eller Neutral, eller startar i andra lägen än Park eller Neutral

• Feljusterad startspärrkontakt (kapitel 7, del B).
• Feljusterad väljarmekanism (kapitel 7, del B).

Transmission slirar, växlar ryckigt, har missljud eller driver inte framåt eller bakåt.

• Dessa problem kan ha många orsaker, men hemmamekanikern ska inrikta sig på endast en möjlighet - oljenivå. Innan besök på verkstad bör man därför kontrollera nivå och kondition på oljan enligt beskrivning i kapitel 1. Fyll på olja vid behov eller byt olja och filter om så erfordras. Kontakta en fackman om felet kvarstår.

7 Drivaxlar

Klickande knackande ljud vid sväng (låg hastighet och fullt rattutslag)

• Smörjmedelsbrist i drivknut (kapitel 8).
• Sliten yttre drivknut (kapitel 8).

Vibration vid acceleration eller inbromsning

• Sliten inre drivknut (kapitel 8).
• Krokig eller vriden drivaxel (kapitel 8).

8 Bromssystem

Notera: *Innan man förutsätter ett fel på bromsarna, kontrollera att däcken är i rätt kondition och har rätt tryck samt att hjulinställningen är riktig och att bilen inte lastats ojämnt. Förutom kontroll av anslutningar för ledningar och slangar bör alla eventuella fel på det låsningsfria bromssystemet överlåtas för åtgärd till en auktoriserad Fordverkstad.*

Bilen drar åt något håll vid bromsning

- Slitna, skadade eller förorenade bromsklossar (fram) eller backar (bak) på en sida (kapitel 1 och 9).
- Bromsok eller hjulcylinder kärvar eller sitter fast (kapitel 1 och 9).
- Olika typer av belägg på höger resp vänster sida (kapitel 1 och 9).
- Fästskruvar till bromsok lösa (kapitel 9).
- Fästskruvar till bromssköld (bak) lösa (kapitel 9).
- Slitna eller skadade framvagnsdetaljer (kapitel 1 och 10).

Missljud (skrapningar eller skrik) vid bromsning

- Bromsbeläggen slitna till metallen (kapitel 1 och 9).
- Korrosion på skivor eller trummor. (Särskilt märkbart då bilen stått stilla någon tid, kapitel 1 och 9).
- Främmande föremål (stenar etc) som fastnat mellan skiva och sköld (kapitel 1 och 9).

Lång pedalväg

- Självjusteringen för bakbromsarna ur funktion (kapitel 1 och 9).
- Defekt huvudcylinder (kapitel 9).
- Luft i systemet (kapitel 1 och 9).
- Defekt bromsservo (kapitel 9).

Bromspedalen känns "svampig" vid bromsning

- Luft i systemet (kapitel 1 och 9).

- Dåliga bromsslangar (kapitel 1 och 9).
- Fästmuttrar för huvudcylinder loss (kapitel 9).
- Defekt huvudcylinder (kapitel 9).

Högt pedaltryck krävs vid bromsning

- Defekt bromsservo (kapitel 9).
- Vakuumslang till bromsservo lös, skadad eller dåligt ansluten (kapitel 9).
- Defekt primär eller sekundärkrets (kapitel 9).
- Bromsok eller hjulcylinder kärvar eller sitter fast (kapitel 9).
- Felmonterade klossar eller backar (kapitel 1 och 9).
- Fel typ av klossar eller backar monterade (kapitel 1 och 9).
- Förorenade bromsbelägg (kapitel 1 och 9).

Skakningar i bromspedal eller ratt vid bromsning

- För stort kast eller deformation på skivor eller trummor (kapitel 1 och 9).
- Slitna belägg (kapitel 1 och 9).
- Fästskruvar till bromsok (fram) eller bromssköld (bak) loss (kapitel 9).
- Slitna eller skadade framvagnsdetaljer (kapitel 1 och 10).

Bromsarna ligger på

- Bromsok eller hjulcylinder kärvar eller sitter fast (kapitel 9).
- Feljusterad handbroms (kapitel 9).
- Defekt huvudcylinder (kapitel 9).

Bakhjulen låser sig vid normal bromsning

- Beläggen på backarna bak förorenade (kapitel 1 och 9).
- Defekt bromskraftregulator (kapitel 9).

9 Fjädring och styrning

Notera: *Innan fel i styrning eller fjädring förutsätts, kontrollera att inte felet beror på fel däcktryck, däck av olika typ eller kärvande bromsar*

Bilen drar åt något håll

- Defekt däck (kapitel 1).
- Slitage i fjädringens eller styrningens detaljer (kapitel 1 och 10).
- Fel hjulinställning (kapitel 10).
- Skada på fjädring eller styrning (kapitel 1).

Hjulen skakar och vibrerar

- Framhjulen behöver balanseras (vibrationer känns i ratten) (kapitel 1 och 10).
- Bakhjulen behöver balanseras (vibrationer känns i bilen) (kapitel 1 och 10).
- Skadade eller skeva fälgar (kapitel 1 och 10).
- Defekt eller skadat däck (kapitel 1).
- Slitna leder, bussningar eller andra detaljer i styrning eller fjädring (kapitel 1 och 10).
- Hjulbultar lösa (kapitel 1 och 10).

Bilen niger och/eller kränger mycket vid bromsning eller kurvtagning

- Defekta stötdämpare kapitel 1 och 10).
- Brott på eller vek fjäder och/eller skada på annan detalj (kapitel 1 och 10).
- Sliten eller skadad krängningshämmare eller infästning (kapitel 10).

Bilen vandrar på vägen eller är instabil

- Felaktig framhjulsinställning (kapitel 10).
- Slitna leder, bussningar eller andra detaljer i styrning eller fjädring (kapitel 1 och 10).
- Hjulen behöver balanseras (kapitel 1 och 10).
- Defekt eller skadat däck (kapitel 1).
- Hjulbultar lösa (kapitel 1 och 10).
- Defekta stötdämpare kapitel 1 och 10).

Bilen är tungstyrd

- Smörjmedelsbrist i styrväxel (kapitel 10).
- Kärvande kulleder i styrning eller framvagn (kapitel 1 och 10).
- Trasig eller feljusterad drivrem (kapitel 1).
- Defekta stötdämpare kapitel 1 och 10).
- Kuggstång eller rattstång böjd eller skadad (kapitel 10).

Stort spel i styrning

- Sliten knut i rattstångens mellanaxel (kapitel 10).
- Slitna styrleder (kapitel 1 och 10).
- Sliten styrväxel (kapitel 10).
- Slitna leder, bussningar eller andra detaljer i styrning eller fjädring (kapitel 1 och 10).

Stort däckslitage

Däcken slitna på in- eller utsida

- Lågt däcktryck (bägge kanter slitna) (kapitel 1).
- Fel camber- eller castervinkel (endast en kant sliten) (kapitel 10).
- Slitna leder, bussningar eller andra detaljer i styrning eller fjädring (kapitel 1 och 10).
- Hård kurvtagning.
- Annan skada.

Däckmönstret har fått "sågtandmönster"

- Fel toe-inställning (kan dock även bero på däckets uppbyggnad) (kapitel 10).

Mönstret slitet i mitten

- Högt däcktryck (kapitel 1).

Mönstret slitet både på in- och utsida

- Lågt däcktryck (kapitel 1).

Däcken ojämnt slitna

- Hjulen behöver balanseras (kapitel 1).
- Stort kast hos hjul och/eller däck (kapitel 1).
- Slitna stötdämpare (kapitel 1 och 10).
- Defekt däck (kapitel 1).

10 Elsystem

Notera: *för problem med startsystemet, se rubriken "Motor" tidigare i kapitlet.*

Batteriet håller inte laddning mer än några dagar

- Fel i batteriet (kapitel 5, del A).
- Batterianslutningar dåligt dragna eller korroderade (kapitel 1).
- Drivrem sliten eller feljusterad (kapitel 1).
- Generatorn laddar inte fullt (kapitel 5, del A).
- Generatorn eller laddningsregulatorn defekt (kapitel 5, del A).
- Kortslutning laddar kontinuerligt ur batteriet (kapitel 5, del A och kapitel 12).

Laddningslampan tänd då motorn är igång

- Drivrem av, sliten eller feljusterad (kapitel 1).
- Generatorns kol slitna, kärvar eller är smutsiga (kapitel 5, del A).
- Kolens fjädrar veka eller har gått av (kapitel 5, del A).
- Annat fel på generator eller spänningsregulator (kapitel 5, del A).
- Avbrott på eller dåligt ansluten(-na) kabel(-ar) i laddningskretsen (kapitel 5, del A).

Laddningslampan tänds aldrig

- Trasig glödlampa (kapitel 12).
- Avbrott på eller dåligt ansluten kabel i lampans krets (kapitel 12).
- Defekt generator (kapitel 5, del A).

Ljuset fungerar inte

- Trasig glödlampa (kapitel 12).
- Korroderad lampsockel eller hållare (kapitel 12).
- Trasig säkring (kapitel 12).
- Defekt relä (kapitel 12).
- Avbrott på eller dåligt ansluten(-na) kabel(-ar) (kapitel 12).
- Defekt kontakt (kapitel 12).

Instrument visat fel

Instrumentets utslag varierar med motorns varvtal

- Defekt spänningsregulator (kapitel 12).

Bränsle- eller temperaturmätare ger inget utslag

- Defekt givare (kapitel 3 eller kapitel 4).
- Avbrott i ledning (kapitel 12).
- Defekt instrument (kapitel 12).

Bränsle- eller temperaturmätare ger hela tiden maximalt utslag

- Defekt givare (kapitel 3 eller kapitel 4).
- Kortslutning (kapitel 12).
- Defekt instrument (kapitel 12).

Signalhorn fungerar dåligt

Signalhornet tjuter hela tiden

- Signalknappen jordad eller har fastnat (kapitel 12).
- Kabel till knappen går i jord (kapitel 12).

Signalhornet fungerar inte

- Trasig säkring (kapitel 12).
- Kabel lös, skadad eller dåligt ansluten (kapitel 12).
- Defekt signalhorn (kapitel 12).

Signalhornet ger signal sporadiskt eller med fel ljud

- Kabelanslutningar lösa (kapitel 12).
- Signalhornet dåligt infäst (kapitel 12).
- Defekt signalhorn (kapitel 12).

Vind-/bakrutetorkare fungerar dåligt eller inte alls

Torkaren fungerar inte eller går mycket sakta

- Torkarbladen kärvar mot rutan eller länkaget kärvar (kapitel 12).
- Trasig säkring (kapitel 12).
- Kabel lös skadad eller dåligt ansluten (kapitel 12).
- Defekt relä (kapitel 12).
- Defekt torkarmotor (kapitel 12).

Torkarbladen sveper för stort eller för litet område på rutan

- Torkararmen felmonterad på axeln (kapitel 12).
- Stort slitage i länkaget (kapitel 12).
- Bristfällig infästning för torkarmotor eller länkage (kapitel 12).

Torkarna torkar inte rent

- Torkargummit slitet eller skadat (kapitel 12).
- Fjäder för torkararmen av, leder i arm/blad kärvar (kapitel 12).
- För lite rengöringsmedel i spolarvätskan (kapitel 1).

Vind-/bakrutespolare fungerar dåligt eller inte alls

Ett eller flera spolarmunstycken ur funktion

- Igensatt munstycke (kapitel 12).
- Spolarslang lös, igensatt eller veckad (kapitel 12).
- För lite spolarvätska i behållaren (kapitel 1).

Spolarpumpen går inte

- Kabel lös, skadad eller dåligt ansluten (kapitel 12).
- Trasig säkring (kapitel 12).
- Defekt spolarkontakt (kapitel 12).
- Defekt spolarpump (kapitel 12).

Pumpen måste gå en stund innan vätska kommer från munstyckena

- Defekt backventil i slangen (kapitel 12).

Centrallås fungerar dåligt eller inte alls

Systemet utslaget

- Trasig säkring (kapitel 12).
- Defekt relä (kapitel 12).
- Kabel lös, skadad eller dåligt ansluten (kapitel 12).
- Defekt styrenhet (kapitel 11).

Det går att låsa men inte att låsa upp eller tvärtom

- Defekt huvudkontakt (strömställare) (kapitel 12).
- Manöverstänger eller armar loss eller är trasiga (kapitel 11).
- Defekt relä (kapitel 12).
- Defekt styrenhet (kapitel 11).

En solenoid/motor fungerar inte

- Kabel lös, skadad eller dåligt ansluten (kapitel 12).
- Defekt solenoid/motor (kapitel 11).
- Manöverstänger eller armar loss, kärvar eller är trasiga (kapitel 11).
- Fel i låset (kapitel 11).

Elfönsterhissar fungerar dåligt eller inte alls

Rutan går bara i en riktning (upp eller ned)

- Defekt kontakt (kapitel 12)

Rutan går för sakta

- Feljusterad rutstyrning (kapitel 11).
- Hissen skadad, kärvar eller behöver smörjas (kapitel 11).
- Detaljer i dörren kommer i vägen (kapitel 11).
- Defekt motor (kapitel 11).

Rutan rör sig inte

- Feljusterad rutstyrning (kapitel 11).
- Trasig säkring (kapitel 12).
- Defekt relä (kapitel 12).
- Kabel lös, skadad eller dåligt ansluten (kapitel 12).
- Defekt motor (kapitel 11).

Kapitel 1
Rutinunderhåll och service

Innehåll

Svårighetsgrad

Enkelt, passar novisen med lite erfarenhet	Ganska enkelt, passar nybörjaren med viss erfarenhet	Ganska svårt, passar kompetent hemmamekaniker	Svårt, passar hemmamekaniker med erfarenhet	Mycket svårt, för professionell mekaniker

Specifikationer

Motor

Ventilspel (kall):
OHV motorer:
Insug	0,22 mm
Avgas	0,59 mm

HCS motorer:
Insug	0,22 mm
Avgas	0,32 mm

Kylsystem

Rekommenderat blandningsförhållande, frostskydd i kylvätska	45% (volym)

Bränslesystem

Tomgångsvarvtal:
Modeller med förgasare:
Alla utom Weber 2V TLDM förgasare	750 till 850 rpm
Weber 2V TLDM förgasare	700 till 800 rpm
Modeller med Bosch K-Jetronic bränsleinsprutning	750 till 850 rpm

Modeller med Bosch KE-Jetronic bränsleinsprutning:
1985 års modeller	800 till 900 rpm
Fr o m 1986 års modeller	920 till 960 rpm
Modeller med elektronisk bränsleinsprutning (EFI)	900 ± 50 rpm

CO-halt vid tomgång:
Modeller med Bosch K-Jetronic bränsleinsprutning	1,0 till 1,5 %

Modeller med Bosch KE-Jetronic bränsleinsprutning:
1985 års modeller	0,25 till 0,75%
Fr o m 1986 års modeller	0,5 till 1,1%
Modeller med elektronisk bränsleinsprutning (EFI)	0,8 ± 0,25% (kylfläkt igång)

Tändsystem

Brytaravstånd:
Bosch strömfördelare .... 0,40 till 0,50 mm
Lucas strömfördelare .... 0,40 till 0,59 mm
Kamvinkel (brytarsystem) .... 48° till 52°
Tändläge:*
OHV motorer:
Före 1984 (brytarsystem) .... 12° FÖDP vid tomgångsvarvtal
Fr o m 1984 (brytarsystem) och all elektronisk tändning .... 6° FÖDP vid tomgångsvarvtal
CVH motorer (alla modeller) .... 12° FÖDP vid tomgångsvarvtal

*Notera: *Tändläge på modeller med antingen Fördelarlöst system (DIS) eller ett programmerat system (ESC) kan ej justeras. Se kapitel 5, del B för vidare information.*

Bromsar

Min tjocklek, klossar fram .... 1,5 mm
Min tjocklek, belägg bak .... 1,0 mm

Däck

Däcktryck - kalla i bar:	Fram	Bak
Sedan och Kombi:		
145 SR 13 (modeller före 1986):		
Upp till 3 personer	1,8	1,8
Fullastad	2,0	2,3
145 SR 13 (fr o m 1986):		
Upp till 3 personer	1,6	2,0
Fullastad	2,0	2,3
155 SR/TR 13 (modeller med manuell växellåda):		
Upp till 3 personer	1,6	2,0
Fullastad	2,0	2,3
155 SR/TR 13 (modeller med automatväxellåda):		
Upp till 3 personer	1,8	2,0
Fullastad	2,0	2,3
175/70 SR/HR 13:		
Upp till 3 personer	1,8	1,8
Fullastad	2,0	2,3
175/65 HR 14:		
Upp till 3 personer	1,6	2,0
Fullastad	2,0	2,3
185/60 HR 13:		
Upp till 3 personer	1,8	1,8
Fullastad	2,0	2,3
185/60 HR 14:		
Upp till 3 personer	1,6	2,0
Fullastad	2,0	2,3
195/50 VR 15:		
Upp till 3 personer	1,8	1,8
Fullastad	1,8	2,0
Express:		
155 SR 13:		
Upp till 3 personer	1,8	1,8
Fullastad	1,8	2,6
165 SR 13:		
Upp till 3 personer	1,8	1,8
Fullastad	1,8	3,0

Öka ovanstående tryck med 0,1 bar för varje 10 km/tim över 160 km/tim vid längre körningar

Åtdragningsmoment

	Nm
Avgasgrenrör, muttrar - RS Turbo modeller	14 till 17
Turbo till grenrör muttrar	21 till 26
Tändstift:	
OHV och HCS motorer	13 till 20
CVH motorer	25 till 38
Säkerhetsbälten, infästningar	29 till 41
Hjulbultar	70 till 100

Smörjmedel, vätskor och volymer

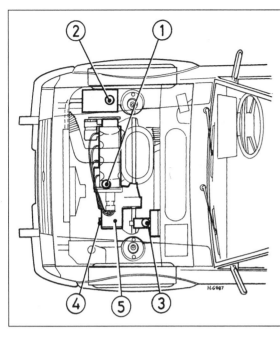

Smörjmedel och vätskor

Komponent eller system	Smörjmedel typ/specifikation
1 Motor	Multigrade motorolja, viskositet SAE10W/30 - 20W/50 API SG/CD
2 Kylsystem	Frostskyddsvätska enligt Ford specifikation SSM-97B-9103-A
3 Bromssystem	Bromsvätska enligt Ford specifikation SAM-6C 9103-A
4 Manuell växellåda	Hypoid gear oil, viskositet SAE 80EP enligt Ford specifikation SQM-2C 9008-A
5 Automatväxellåda Växellådsnummer prefix:	
E3RP	ATF enligt Ford specifikation SQM-2C 9010-A or ESP-M2C 138-CJ
E6RP	ATF enligt Ford specifikation ESP-M2C 166-H

Volymer

Motorolja (avtappning och påfyllning)

OHV motor:
Med filterbyte	3,25 liter
Utan filterbyte	2,75 liter

CVH motor:

Förgasarmotorer med filterbyte:
Före juli 1982	3,75 liter
Fr o m juli 1982	3,50 liter

Förgasarmotorer utan filterbyte:
Före juli 1982	3,50 liter
Fr o m juli 1982	3,25 liter
Bränsleinsprutade motorer med filterbyte	3,85 liter
Bränsleinsprutade motorer utan filterbyte	3,60 liter

Bränsletank

All modeller (utom XR3i och Express) före maj 1983	40 liter
Alla andra modeller utom Express	48 liter
Express	50 liter

Kylsystem

1,1 liters OHV motor	6,7 liter

1,1 liters CVH motor:
Med liten kylare	6,2 liter
Med stor kylare	7,2 liter
1,3 liters OHV motor	7,1 liter

1,3 liters CVH motor:
Före 1986	7,1 liter
Fr o m 1986	7,6 liter
1,4 liters CVH motor	7,6 liter

1,6 liters CVH motor:
Före 1986	6,9 liter
Fr o m 1986	7,8 liter

Växellåda

4-växlad manuell	2,8 liter
5-växlad manuell	3,1 liter
Automatväxellåda	7,9 liter

Underhållsschema

Underhållsschemat i boken förutsätter att bilägaren, inte verkstaden, utför arbetet. Detta är de minimiintervaller för underhåll som rekommenderas av tillverkaren för bilar som körs dagligen. För att hålla bilen i bästa skick kan man utföra en del av dessa arbeten oftare. Vi uppmanar till täta servicekontroller, eftersom detta förbättrar effektivitet, prestanda och andrahandsvärde på bilen.

Om bilen körs i dammiga områden, används för att dra släpvagn, eller regelbundet körs i låga hastigheter (på tomgång i tät trafik) eller används för korta körsträckor, rekommenderas kortare intervaller.

Då bilen är ny bör service utföras hos en auktoriserad verkstad, så att garantin bibehålls.

Var 400 km eller en gång i veckan

* Motorolja, nivåkontroll (avsnitt 3)
* Kylvätska, nivåkontroll (avsnitt 3)
* Bromsvätska, nivåkontroll (avsnitt 3)
* Spolvätska, nivåkontroll (avsnitt 3)
* Däcktryck, kontroll och justering vid behov (avsnitt 4)
* Kontrollera däck beträffande slitage och skador (avsnitt 4)
* Kontrollera funktionen för all belysning, torkare och spolare (avsnitt 5)

Var 10 000 km eller var 6:e månad - vilket som först inträffar

Utöver de punkter som ingår i 400 km service, utför även följande:
* Byt motorolja och filter (avsnitt 6)
* På OHV och HCS motorer, demontera och rengör oljepåfyllningslock (avsnitt 7)
* Kontrollera slangar, slangklammor och synliga skarvar med packningar beträffande läckage samt tecken på korrosion eller andra skador (avsnitt 8)
* Kontrollera bränslerör och slangar beträffande fastsättning, skavning, läckage eller korrosion (avsnitt 8)
* Kontrollera bränsletanken beträffande läckage samt andra skador eller korrsion (avsnitt 8)
* På RS Turbo modeller, kontrollera avgasgrenrörets åtdragning (avsnitt 9)
* Kontrollera, justera vid behov, tomgångsvarvtal och blandningsförhållande (avsnitt 10)
* Rengör strömfördelarlock, spolens ovansida samt tändkablar, kontrollera tecken på överslag (avsnitt 11)
* För brytarsystem, smörj strömfördelaraxel och kam (avsnitt 12)
* För brytarsystem, kontrollera, justera vid behov, brytaravstånd (kamvinkel), kontrollera sedan tändläge (avsnitten 13 och 14)
* På RS Turbo modeller, byt tändstift (avsnitt 15)
* Kontrollera tjocklek på främre bromsklossar (avsnitt 16)
* Kontrollera beläggens tjocklek på bromsbackarna bak (avsnitt 17)
* Kontrollera detaljer i styrning och fjädring beträffande tecken på skador eller slitage (avsnitt 18)

* Kontrollera bärarmarnas kulleder (avsnitt 18)
* Kontrollera säkerhetsbältenas remmar beträffande skär- eller andra skador, kontrollera även bältenas funktion (avsnitt 19)
* Kontrollera omsorgsfullt lacken beträffande skador samt karossen beträffande korrosion (kapitel 11)
* Kontrollera generatorremmens kondition, justera vid behov (avsnitt 20)

Var 20 000 km eller var 12:e månad - vilket som först inträffar

Utöver de punkter som ingår i 10 000 km service, utför även följande:
* På OHV och HCS motorer, kontrollera och justera vid behov ventilspelet (avsnitt 21)
* Kontrollera avgassystemets kondition och fastsättning (avsnitt 22)
* På RS Turbo modeller, kontrollera Turboaggregatets åtdragning (avsnitt 23)
* Byt tändstift (avsnitts 24 och 15)
* På brytarsystem, byt brytarspetsar (avsnitt 25)
* Kontrollera oljenivå i manuell växellåda, fyll på vid behov (avsnitt 26)
* Kontrollera oljenivå i automatväxellåda, fyll på vid behov (avsnitt 27)
* Kontrollera automatväxellådans väljarmekanism (avsnitt 28)
* Kontrollera drivaxlar beträffande skador eller formändring, kontrollera knutarnas damasker (avsnitt 29)
* Kontrollera fälgarna beträffande skador (avsnitt 30)
* Kontrollera hjulens åtdragning (avsnitt 30)
* Smörj alla gångjärn, dörrlås, dörrstopp samt huvspärren (avsnitt 31)
* Kontrollera funktionen hos alla dörrar, baklucka, huvlås samt fönsterhissar (avsnitt 31)
* Provkör (avsnitt 32)

Var 40 000 km eller var annat år - vilket som först inträffar

Utöver de punkter som ingår i 20 000 km och 10 000 km service, utför även följande:
* Byt kylvätska (avsnitt 33)
* Byt luftfilter (avsnitt 34)
* På CVH motorer, byt vevhusventilationens filter (avsnitt 35)
* På bränsleinsprutade motorer, byt bränslefilter (avsnitt 36)

Var 60 000 km eller vart 3:e år - vilket som först inträffar

Utöver punkter i ovanstående avsnitt, utför även följande:
* På CVH motorer, byt kamrem (avsnitt 37)
* Gör en grundlig inspektion av bromssystemets detaljer och tätningar beträffande läckage, skador och slitage (avsnitt 38)
* Byt bromsvätska (avsnitt 39)

Motorrum och komponenter på 1986 års 1,4 liters modeller (luftrenare demonterad för ökad tydlighet)

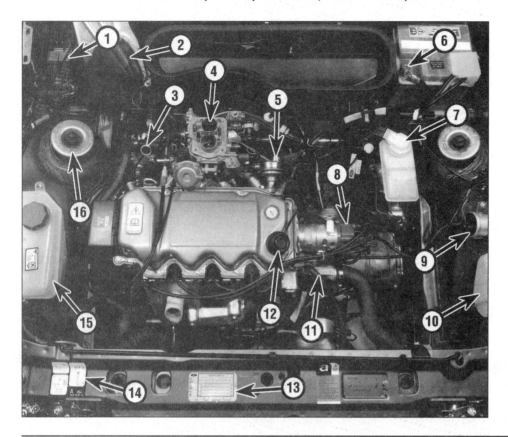

1 Säkrings- och relädosa
2 Vindrutetorkarmotor
3 Oljesticka
4 Förgasare
5 Bränslepump
6 Batteriets minusanslutning
7 Bromsvätskebehållare
8 Strömfördelare
9 Tändspole
10 Spolarbehållare
11 Termostathus
12 Oljepåfyllningslock
13 Chassinummerplåt
14 Motorinställningsdata
15 Expansionskärl
16 Övre fjäderbensinfästning

Motor och komponenter på 1986 års RS Turbo modeller

1 Säkrings- och relädosa
2 Vindrutetorkarmotor
3 Filter, vevhusventilation
4 Oljesticka
5 Gasspjällhus
6 Insugningsgrenrör
7 Gasspjällägesgivare
8 Laddluftgivare
9 Strömfördelare
10 Bromsvätskebehållare
11 Batteriets minuskabel
12 Tändspole
13 Bränslefilter
14 Spolarbehållare
15 Luftrenare
16 Bränslefördelare
17 Insugsluftkanal
18 Turboaggregat
19 Chassinummerplåt
20 Motorinställningsdata
21 Expansionskärl
22 Övre fjäderbensinfästning

Motorrum och detaljer på 1989 års 1,3 liters HCS modeller (luftrenaren demonterad för ökad tydlighet)

1 Luftintag
2 Batteri
3 Huvgångjärn
4 Övre fjäderbensinfästning
5 Bromsvätskebehållare
6 Tändmodul ESC system
7 Lock för vindrutespolarbehållare
8 Växellådshus
9 Kopplingsarm
10 Kylfläktmotor
11 Startmotor
12 Motorolja, påfyllning (lock borttaget)
13 Sköld, avgasgrenrör
14 Generator
15 Termostat och kylfläktkontakt
16 Expansionskärl
17 Tändkablar
18 Oljesticka
19 Gasvajer
20 Chokevajer
21 Förgasare
22 Säkringsdosa
23 Vindrutetorkarmotor

Framvagn sedd underifrån på 1986 års 1,4 liters Sedan

1 Krampa, krängningshämmare
2 Krängningshämmare
3 Bärarm
4 Styrstag
5 Växellådsbalk
6 Växelstång
7 Stabiliseringsstag
8 Drivaxel
9 Avtappningsplugg, motorolja
10 Bromsok
11 Generator
12 Främre avgasrör
13 Startmotor

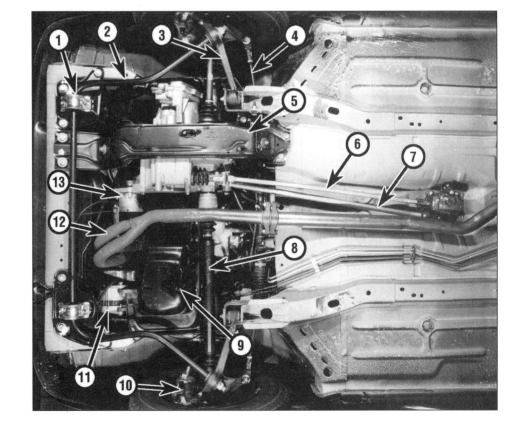

Bakvagn sedd underifrån på 1986 års 1,4 liters Sedan

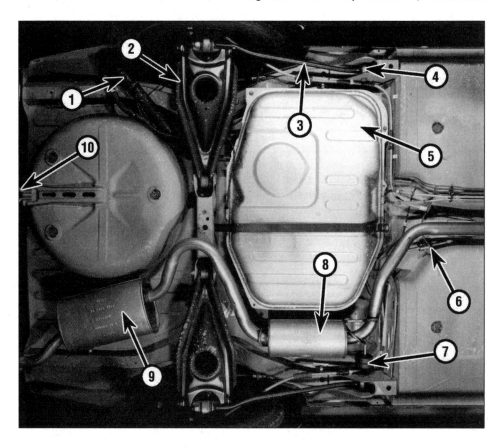

1 Bränslepåfyllningsrör
2 Bärarm
3 Reaktionsstag
4 Främre infästning, reaktionsstag
5 Bränsletank
6 Justering, handbromsvajer
7 Avgasupphängning
8 Mittre ljuddämpare
9 Bakre ljuddämpare
10 Bakre bogseringsögla

1 Inledning

Kapitlet har utformats för att hjälpa hemmamekanikern underhålla bilen för säkerhet, ekonomi, livslängd och prestanda. Kapitlet innehåller underhållsschema följt av avsnitt som i detalj behandlar varje operation. Visuella kontroller, justering, byte av detaljer och annan nyttig information har behandlats. Se även illustrationer av motorrum och bilens undersida beträffande placering av detaljer.

Service enligt serviceschema samt vid de miltal eller tid som föreskrivs, bör ge bästa livslängd och tillförlitlighet. Schemat bör följas i sin helhet, då underhåll av endast några utvalda detaljer inte ger samma resultat. Då man utför service upptäcker man att vissa arbeten kan och bör grupperas tillsammans eftersom de hör ihop, eller därför att olika detaljer kan sitta bredvid varandra även om de inte har något annat samröre. Om bilen till exempel av någon anledning hissas upp, kan avgassystemet kontrolleras samtidigt som fjädring och styrning. Första steget är att förbereda arbetet. Läs igenom alla avsnitt som berör momentet, gör sedan en lista och skaffa fram nödvändiga delar och verktyg. Skulle problem uppstå, sök hjälp hos en fackman.

2 Intensivunderhåll

Om bilen underhålls regelbundet från det den är ny och täta kontroller görs av vätskenivåer och detaljer utsatta för slitage enligt anvisningar i boken, bör motorn hålla sig i gott skick och behovet av andra arbeten vara litet.

Det kan inträffa att motorn vid något tillfälle går dåligt på grund av försummat regelbundet underhåll. Detta är ännu troligare om man köper en begagnad bil som inte fått den omsorg den behöver. I sådana fall måste även andra åtgärder vidtas vid behov.

Om man misstänker att motorn är sliten ger ett kompressionsprov viktig information beträffande motorns kondition. Ett sådant prov kan användas för att bedöma hur mycket arbete som behöver utföras. Om kompressionsprovet tyder på kraftigt slitage, kommer inte underhåll enligt beskrivning i detta kapitel att avsevärt förbättra situationen. Det kan tvärt om vara slöseri med tid och pengar om inte motorn renoveras först.

Följande arbeten är de mest vanligt förekommande för att få rätsida på en motor som allmänt går dåligt.

a) Rengör och kontrollera batteriet (avsnitt 5).
b) Kontrollera alla berörda vätskenivåer (avsnitt 3).
c) Kontrollera kondition och spänning för generatorns drivrem (avsnitt 20).
d) Kontrollera tändstiften, byt vid behov (avsnitt 15).
e) Kontrollera luftfiltret, byt vid behov (avsnitt 34).
f) Kontrollera alla slangar, kontrollera beträffande slitage.
g) Kontrollera tomgångsvarvtal, justera vid behov (där så är möjligt) (avsnitt 10).

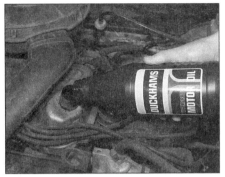

3.5 Påfyllning av motorolja

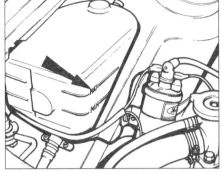

3.9 Nivåmärken för kylvätska på expansionskärlet

3.10 Påfyllning av systemet, endast genom expansionskärl

3 Vätskenivåkontroller

Motorolja

1 Motoroljan kontrolleras med en mätsticka som sticker upp ur ett rör och även ner i oljetråget undertill på motorn. Mätstickan är placerad i motorns högra bakre hörn.
2 Nivån ska kontrolleras då bilen står på plan mark innan körning, eller sedan motorn varit avstängd minst fem minuter. Om nivån kontrolleras omedelbart efter körning kommer en del av oljan inte att ha runnit tillbaka till tråget, vilket ger en felaktig avläsning.
3 Dra ut mätstickan och torka den ren med en ren trasa eller en bit papper. Sätt tillbaka mätstickan så långt det går, dra sedan ut den igen. Kontrollera att oljenivån är mellan "MAX" och "MIN" markeringarna. Fyll på vid behov.
4 Håll alltid nivån mellan "MAX" och "MIN" markeringarna. Om nivån tillåts falla under "MIN" markeringen kan detta leda till dålig smörjning och allvarlig motorskada. Om för mycket olja fylls på kan detta ge oljeläckage och skadade tätningar.
5 Använd alltid rätt typ av olja enligt beskrivning i *"Smörjmedel, vätskor och volymer"* **(se bild).**

Kylvätska

 Varning: Ta aldrig av expansionskärlets trycklock då motorn är het, risk för brännskador föreligger. Låt inte frostskyddsvätska komma i kontakt med huden, eller med bilens lackerade ytor. Skölj omedelbart bort spill med rikliga vattenmängder. Låt aldrig frostskyddsvätska stå i en öppen behållare, eller samlas i pölar på golvet. Barn och husdjur attraheras av den sötaktiga doften, men frostskyddsvätska kan vara dödligt giftig om den sväljs.

6 Alla bilar beskrivna i denna bok har kylsystem med övertryck. Ett expansionskärl är placerat på höger sida i motorrummet. På tidiga 1,1 liters modeller sitter trycklocket på termostathuset, expansionskärlet har då inget

övertryck. På alla andra modeller sitter trycklocket på expansionskärlet, som då har ett kontinuerligt flöde av kylvätska för att avlufta kylsystemet.
7 Kylvätskenivån i expansionskärlet ska regelbundet kontrolleras, detta ska alltid ske med kall motor.
8 Vänta tills motorn är kall, lossa sedan sakta trycklocket på expansionskärl eller termostathus. Låt övertrycket försvinna innan locket tas bort helt.
9 Då motorn är kall ska kylvätskenivån i expansionskärlet vara vid "MAX" markeringen **(se bild).**
10 Vid påfyllning, använd en blandning av frostskyddsvätska (se avsnitt 33). Fyll på tills kylvätskenivån är riktig (dra helt enkelt bort expansionskärlets lock på modeller med trycklock på termostathuset). Fyll alltid på genom expansionskärlet, **inte** genom termostathuset **(se bild).** Sätt tillbaka och dra åt trycklocket.
11 Med ett slutet kylsystem behöver man sällan fylla kylvätska ofta. Skulle nivån ofta behöva justeras, tyder detta på läckage i systemet. Kontrollera kylare, samtliga slangar och skarvar beträffande fläckar eller läckande kylvätska, åtgärda vid behov. Om inget läckage påträffas bör trycklock och hela kylsystemet kontrolleras av en fackman eftersom mindre läckor kanske inte kan upptäckas utan övertryck.

Bromsvätska

 Varning: Bromsvätskan är giftig; tvätta omedelbart och grundligt bort vätska som kommer i kontakt med huden, sök läkarhjälp om bromsvätska råkar sväljas eller kommer in i ögonen. Vissa typer av bromsvätska är eldfarlig och kan antändas av heta föremål; vid arbeten på bromssystemet, är det bäst att anta att vätskan är eldfarlig samt att vidta nödvändiga åtgärder mot brand som om det vore bensin man arbetade med. Bromsvätska är också ett effektivt färgborttagningsmedel, den angriper även plast; eventuellt spill ska omedelbart sköljas bort med rikliga mängder rent vatten. Slutligen, den är hygroskopisk (den tar upp fukt från luften) - gammal

bromsvätska kan vara förorenad och olämplig för sitt ändamål. Vid påfyllning eller byte av bromsvätska, använd alltid rekommenderad typ (se "Smörjmedel, vätskor och volymer"), se också till att vätskan kommer från en nyöppnad behållare, där förseglingen är intakt.

12 Bromsvätskebehållaren är placerad ovanpå huvudbromscylindern, som i sin tur sitter framtill på vakuumservoenheten baktill i motorrummet.
13 Märken för max och min nivå finns på sidan av behållaren, vätskenivån ska alltid hållas mellan dessa märken.
14 Bromsvätskan i behållaren är väl synlig. Då bilen står på plan mark ska den vara ovanför "MIN" markeringen (FARA) och helst vid eller nära "MAX" markeringen. Notera att slitage av bromsbeläggen får vätskenivån att gradvis falla, då beläggen byts återställs ursprunglig nivå. Man behöver inte fylla på vätska som kompensation för en smärre minskning, nivån måste däremot alltid hållas ovanför "MIN" markeringen.
15 Vid påfyllning, torka först rent området runt locket med en ren trasa innan locket tas bort. Tillsätt vätska försiktigt, undvik spill på omgivande lackerade ytor. Använd endast rekommenderad typ av bromsvätska, blandning av olika typer kan orsaka skador i systemet. Se *"Smörjmedel, vätskor och volymer"* i början av kapitlet.
16 Vid påfyllning av vätska kan man passa på att kontrollera behållaren beträffande föroreningar. Systemet bör tappas av och fyllas på om beläggningar, smuts eller andra föroreningar finns i vätskan.
17 Efter påfyllning till rätt nivå, se till att locket sitter ordentligt för att undvika läckage eller att smuts kommer in. Om vätska ofta behöver fyllas på, tyder detta på läckage någonstans i systemet. Detta ska omedelbart kontrolleras.

Spolarvätska

18 Spolvätskebehållaren är placerad i vänster främre hörn i motorrummet. I förekommande fall är spolvätskebehållaren för bakrutan placerad i bagageutrymmet.
19 Kontrollera att nivån befinner sig ca 25 mm under påfyllningsrörets undre kant, fyll på vid behov. Tillsats av rengöringsmedel samt, vid behov frostskyddsmedel, rekommenderas.

4 Däck - kontroll

1 Originaldäcken kan vara försedda med slitagevarnare som, då de går jäms med slitbanan, visar att mönsterdjupet är 1,6 mm. Man kan även kontrollera mönsterdjupet med ett billigt verktyg **(se bild)**.
2 Hjul och däck bör inte vålla några större problem förutsatt att man kontrollerar dem beträffande slitage och skador. Man bör därför beakta följande.
3 Kontrollera regelbundet och håll däcktrycken vid angivet värde. Kontrollen ska utföras då däcken är kalla, inte omedelbart sedan bilen använts **(se bild)**. Om man kontrollerar då däcken är varma får man ett för högt värde. Man får under inga omständigheter släppa ut trycket i ett varmt däck till det värde som gäller för kalla, detta ger för lågt däcktryck.
4 Kontrollera däcken beträffande snedslitning **(se bild)**. Oregelbundenheter så som sågtandmönster, punktförslitning eller mer slitage på ena sidan än den andra tyder på felaktig hjulinställning och/eller balansproblem. Om sådana skador noterats ska de åtgärdas så fort som möjligt.
5 För låga däcktryck orsakar överhettning på grund av för stora rörelser i korden, dessutom träffar inte däckmönstret vägen på rätt sätt. Detta leder till sämre väggrepp och stort slitage, för att inte tala om faran av en däckexplosion på grund av överhettning.

4.1 Kontroll av däckens mönsterdjup

6 För högt däcktryck orsakar snabbt slitage i slitbanans mitt i förening med försämrat väggrepp, stötig gång och risken för skador på korden.
7 Kontrollera däcken regelbundet beträffande skärsår eller bulor, speciellt i däcksidorna. Ta bort spikar eller stenar som fastnat i slitbanan innan de orsakar punktering. Om det visar sig att punktering redan har uppstått om man tar bort en spik, sätt tillbaka den som markering för var skadan är. Byt sedan omedelbart hjul och se till att det skadade blir reparerat. Kör inte på ett däck med denna skada. I många fall kan en punktering repareras, i värsta fall kan man kanske lägga i en slang, se dock till att ta bort orsaken till skadan först. Kontrollera vid behov konsekvenserna av en skada med en fackman.

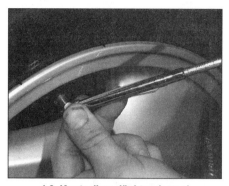

4.3 Kontroll av däcktryck med mätinstrument

8 Ta regelbundet av hjulen och rengör in och utsida från smuts. Kontrollera fälgarna beträffande tecken på rost, korrosion eller andra skador. Lättmetallfälgar skadas lätt av trottoarkanter vid parkering, även stålfälgar kan på samma sätt erhålla skador. Byte av fälg är ofta enda möjligheten till åtgärd.
9 Hjul och däck måste balanseras för att undvika slitage, inte bara på däcken utan även på detaljer i fjädring och styrning. Obalans yttrar sig ofta som vibrationer i karossen, även om det i många fall är särskilt märkbart genom ratten. Omvänt kan också slitage eller skador på detaljer i fjädring och styrning orsaka däckslitage. Orunda eller skevande däck, skadade/feljusterade hjullager hör också hit. Balansering kan vanligtvis inte korrigera sådant slitage.

Kondition	Trolig orsak	Åtgärd	Kondition	Trolig orsak	Åtgärd
Slitage på sidorna	• Lågt däcktryck (slitage på båda sidorna) • Felaktig cambervinkel (slitage på en sida) • Hård kurvtagning	• Mäta och justera däcktrycket • Reparera eller byt ut fjädringsdetaljer • Sänk hastigheten	Sågtandsmönster Toe-förslitning	• Felaktig toe-inställning	• Justera framhjulsinställningen
Slitage i mitten	• För högt däcktryck	• Mäta och justera däcktrycket	Ojämnt slitage	• Felaktig camber- eller castervinkel • Defekt fjädring •Obalanserade hjul • Skev bromsskiva/trumma	• Reparera eller byt ut fjädringsdetaljer • Reparera eller byt ut fjädringsdetaljer • Balansera hjulen • Maskinbehandla eller byt ut bromsskiva/trumma

4.4 Däckslitage och orsaker

10 Hjulen kan balanseras antingen på bilen eller demonterade. Vid balansering på bilen, kontrollera att fälgens läge på navet märks ut så att hjulet kan sättas tillbaka på samma sätt om det behöver tas bort.

11 Allmänt däckslitage påverkas till stor del av körsättet. Kraftig inbromsning och acceleration eller snabb kurvtagning sliter på däcken. Skiftning av plats för däcken kan jämna ut slitaget, man bör dock komma ihåg att alla fyra däcken då kommer att behöva bytas samtidigt, vilket naturligtvis är mera kostsamt.

12 Framdäcken kan slitas ojämnt vid felaktiga hjulvinklar. Framhjulen bör alltid ha rätt inställning.

13 Myndigheterna ställer också krav på däckens kondition och utrustning. Krav på belastnings- och hastighetsklasser måste uppfyllas. Kontrollera vid behov med vägverket eller en fackman.

5 Elsystem - kontroll

1 Kontrollera batteriets poler, finns det tecken på korrosion, lossa och rengör dem omsorgsfullt. Smörj in kabelskor och poler med vaselin innan plastlocken sätts tillbaka. Är batteribrickan korroderad, ta bort batteriet, ta sedan bort beläggningarna och behandla metallen med rostborttagande medel. Måla brickan i originalfärg.

2 Från och med 1982 har gradvis införts underhållsfria batterier. Vissa typer kan vara helt underhållsfria och kräver då ingen påfyllning av destillerat vatten **(se bild)**. Underhållet inskränker sig till kontroll av anslutningar beträffande fastsättning och korrosion.

3 På tidiga modeller med lågunderhållsbatteri, eller då sådant batteri senare monterats, ska elektrolytnivån regelbundet kontrolleras. Elektrolyten ska gott och väl täcka bly-plattorna, det kan även finnas ett nivåmärke på sidan av batteriets hölje. Vid påfyllning, använd destillerat vatten sedan locket i cellen skruvats bort eller eventuell lucka öppnats.

4 Kontrollera funktionen hos alla elektriska kretsar (dvs lampor, körriktningsvisare, signalhorn). Se berörda avsnitt i kapitel 12 beträffande detaljer om någon krets inte fungerar.

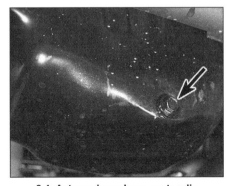

6.4 Avtappningsplugg, motorolja (vid pilen) - CVH motor

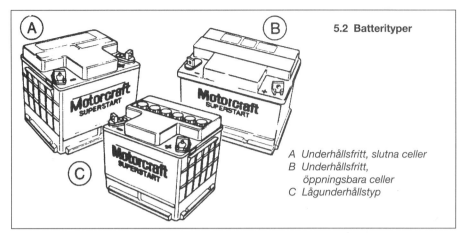

5.2 Batterityper

A Underhållsfritt, slutna celler
B Underhållsfritt, öppningsbara celler
C Lågunderhållstyp

5 Kontrollera alla åtkomliga anslutningar, kablar och klammor beträffande fastsättning eller skador. Åtgärda eventuella fel.

6 Motorolja och filter - byte

1 Täta och regelbundna byten av olja och filter är den viktigaste underhållsåtgärden man själv kan företa. Då motoroljan åldras, blir den utspädd och förorenad, vilket leder till motorslitage.

2 Innan arbetet påbörjas, ta fram alla nödvändiga verktyg och detaljer. Se till att det finns rikligt med rena trasor och tidningar för att torka upp spill. Helst ska motoroljan vara varm, eftersom den då rinner lättare och tar med sig mer föroreningar. Vidrör dock inte avgassystem eller andra heta detaljer vid arbete under bilen. För att undvika brännskador och skydda mot hudirritation eller liknande, bör man använda gummihandskar i detta arbete. Arbetet underlättas betydligt om bilen kan ställas på en lyft, köras upp på ramper eller hissas med domkraft och stödjas med pallbockar (se "Lyftning, bogsering och hjulbyte"). Vilken metod man än väljer, se till att bilen fortfarande står plant, så att all olja kan tappas av.

3 Demontera påfyllningslocket från ventilkåpan, ställ sedan en lämplig behållare under tråget.

4 Rengör avtappningspluggen och området runt den, lossa sedan med lämpligt verktyg **(se bild)**. Tryck, om möjligt, pluggen mot tråget då den skruvas loss för hand det sista varvet. Då pluggen lossar från gängorna, för den snabbt åt sidan så att oljan rinner ner i behållaren och inte i ärmen!

5 Låt den gamla oljan rinna ut helt, notera att behållaren kan behöva flyttas då flödet avtar.

6 Då all olja runnit ut, torka ren pluggen med en ren trasa och kontrollera tätningsbrickan. Byt bricka vid behov. Rengör området runt pluggen ordentligt, sätt sedan tillbaka pluggen och dra till angivet moment.

7 Placera behållaren under oljefiltret. Oljefiltret är placerat baktill på motorblocket, åtkomligt underifrån **(se bild)**.

8 Använd lämpligt verktyg för att ta bort filtret, lossa det lite grann. Vira en trasa löst runt filtret, skruva sedan bort det och vänd det omedelbart så att öppningen är uppåt för att hindra spill. Ta bort filtret och töm ut oljan i behållaren.

9 Använd en ren trasa för att ta bort olja, smuts och avlagringar från filtrets anslutningsyta på motorn. Kontrollera att tätningsringen från det gamla filtret inte sitter fast på blocket. Ta i sådana fall bort den.

10 Stryk ett tunt lager motorolja på det nya filtrets tätning, skruva sedan filtret på plats. Dra åt filtret ordentligt för hand - använd inte verktyg. Torka sedan rent filtret på utsidan.

11 Ta bort gammal olja från alla verktyg och under bilen, sänk sedan ner bilen på marken om den varit upphissad.

12 Fyll sedan på rätt mängd motorolja av rätt typ enligt specifikation tidigare i kapitlet. Fyll på olja sakta, annars kan den rinna över. Kontrollera nivån med mätstickan (se avsnitt 3), sätt sedan tillbaka och dra åt påfyllnings-locket.

13 Kör motorn några minuter, kontrollera att inget läckage förekommer vid filter och avtappningsplugg.

14 Stäng av motorn och vänta några minuter så att oljan rinner tillbaka i tråget. Då oljan nu pumpats runt och filtret är fullt, kontrollera på nytt oljenivån med mätstickan, fyll på vid behov.

15 Ta hand om motoroljan enligt anvisning i "Allmänna reparationsanvisningar" i början av boken.

6.7 Placering av oljefilter - CVH motor

7 Oljepåfyllningslock, rengöring - OHV och HCS motorer

1 Dra loss påfyllningslocket från ventilkåpan, lossa slang (-ar) i förekommande fall.
2 Kontrollera locket, rengör vid behov med bensin.
3 Se till att locket är helt torrt innan det monteras.

8 Vätskeläckage, kontroll

1 Kontrollera skarvar, packningar och tätningar beträffande tecken på läckage av kylvätska eller olja. Var speciellt noga med området runt ventilkåpa, topplock, oljefilter och oljetråg. Med tiden kan man förvänta sig att lite vätska läcker ut, det man ska kontrollera är tecken på större läckage. Förekommer läckage, byt berörd packning eller tätning enligt beskrivning i respektive avsnitt.
2 Kontrollera på samma sätt växellådan beträffande oljeläckage, undersök och åtgärda eventuella problem.
3 Kontrollera fastsättning och kondition för alla rör och slangar på motorn. Kontrollera att buntband och klammor är på plats och i god kondition. Klammor som är trasiga eller har fallit bort kan orsaka skavning på slangar, rör och kablar som i sin tur orsakar allvarligare problem i framtiden.
4 Kontrollera konditionen hos kylvätske-, bränsle- och bromsslangar. Byt slangar som är spruckna, svullna eller har andra skador. Sprickor syns bättre om man trycker ihop slangen. Var noga med klammorna som fäster slangarna till andra detaljer. Slangklammor kan klämma åt eller punktera slangar, vilket resulterar i läckage. Om klammor av trådtyp används, bör man byta dessa till skruvbara bandklammor.
5 Hissa upp bilen, kontrollera sedan bränsletank och påfyllningsrör beträffande hål, sprickor eller andra skador. Anslutningen mellan påfyllningsrör och tank är speciellt kritisk. Ibland läcker ett påfyllningsrör av gummi eller anslutningsslang beroende på att klamman är loss eller gummit skadat.
6 Kontrollera på liknande sätt alla bromsslangar och rör. Om skador upptäcks, kör inte bilen utan att reparation utförts. Byt skadade slangar eller rör.
7 Kontrollera alla slangar och rör i bränslesystemet, börja vid bränsletanken. Kontrollera att anslutningarna är dragna, att slangarna inte är skadade, rören hoptryckta eller har andra skador. Var noga med ventilationsrör och slangar som ofta går i en krok runt påfyllningsröret och kan sättas igen eller kan tryckas samman. Följ ledningarna framåt och kontrollera dem i hela dess längd. Byt skadade detaljer vid behov.
8 Kontrollera i motorrummet infästning för alla bränsleslangar och ledningar, kontrollera bränsle- och vakuumslangar beträffande veck, skavning eller andra skador.

9 Kontrollera även slangar och ledningar för oljekylaren där sådant förekommer.
10 Kontrollera alla synliga kabelstammar.
11 Kontrollera också motor och växellåda beträffande läckage.

9 Muttrar för avgasgrenrör, kontroll - RS Turbo modeller

Kontrollera med momentnyckel, muttrar för avgasgrenröret.

10 Tomgångsvarvtal och blandningsförhållande, justering

Notera: *Innan justering av förgasaren, kontrollera brytarspetsar, tändläge och tändstiftens elektrodavstånd samt att strömfördelaren arbetar korrekt (beroende på tändsystem). Vid justering krävs en korrekt varvräknare, en avgasanalysator (CO- mätare) är också att föredra. Notera också att alla berörda modellera av svenskt utförande har någon form av avgasreningssystem. Eventuella åtgärder som företas får därför inte påverka avgassystemets funktion.*

⚠️ **Varning: Vissa justeringar på bränslesystemet skyddas av justersäkringar, pluggar eller tätningar. Sådana tätningar ska vara hela och fylla sin funktion vid alla tillfällen. Efter justering som syftar till att säkerställa avgasreningssystemets funktion måste ny justersäkring monteras.**

Modeller med Ford VV förgasare

Tomgångsvarvtal

1 Motorn ska ha normal arbetstemperatur, anslut sedan en varvräknare enligt tillverkarens anvisning.
2 Lossa kontaktstycket till kylfläktens termostatkontakt i termostathuset, kortslut de två stiften i kontaktstycket med en lämplig kabel. Detta är nödvändigt för att kylfläkten hela tiden ska vara igång vid justering.
3 På modeller med automatväxellåda, lossa justerskruven på gasspjällaxelns arm så att ett avstånd på 2-3 mm erhålls - se kapitel 7, del B.
4 Kontrollera att luftrenaren är monterad och att vakuumslangarna inte är blockerade eller hoptryckta, speciellt mellan luftrenare och förgasarens övre del.
5 Låt motorn gå med 3000 rpm i 30 sekunder, låt den sedan gå på tomgång, notera varvtalet. Vid användning av avgasanalysator bör CO-halten till en början öka något, men sedan falla och stabilisera sig efter en period på 5-25 sekunder. CO-halten bör vara enligt specifikationen.

Blandningsförhållande

6 Justera, vid behov, tomgångsvarvtalet till angivet värde **(se bild)**.

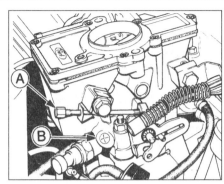

10.6 Tomgångsskruv (A) och blandningsskruv (B) - Ford VV förgasare

7 Justering av CO-halten behövs normalt inte vid rutinunderhåll, men om avläsningen i punkt 5 inte överensstämmer med specifikationerna måste man ta bort justersäkringen med en skruvmejsel.
8 Låt motorn gå med 3000 rpm i 30 sekunder, låt den sedan gå på tomgång. Justera med blandningsskruven inom 10 till 30 sekunder. Krävs ytterligare justering, låt motorn gå på 3000 varv ytterligare i 30 sekunder.
9 Justera på nytt tomgångsvarvtalet vid behov, kontrollera sedan åter CO-halten.
10 Montera justersäkring på skruven efter avslutat arbete. Justering av CO-halten kan inte utföras utan CO-mätare.
11 Då arbetet avslutats, koppla loss instrumenten, ta bort kabeln mellan kontaktstiften.
12 På modeller med automatväxellåda, justera växellänkaget enligt beskrivning i kapitel 7, del B.

Modeller med Weber 2V förgasare

13 Arbetet går till på samma sätt som för Ford VV förgasare enligt tidigare beskrivning, men justerskruvarna sitter på andra ställen **(se bilder)**.

Modeller med Bosch K-Jetronic bränsleinsprutning

14 Justering av tomgångsvarvtal och blandningsförhållande krävs normalt bara sedan detaljer utbytts. Se varningstexten i början av avsnittet innan arbetet påbörjas.

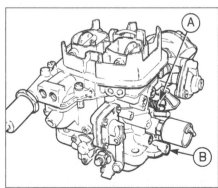

10.13a Weber 2V förgasare, tomgångsskruv (A) och blandningsskruv (B) - XR3 och 1,4 liters modeller

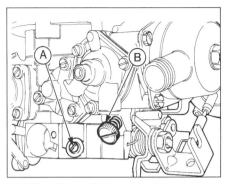

10.13b Weber 2V förgasare, blandnings-skruv (A) och tomgångsskruv (B) - 1,6 liters modeller

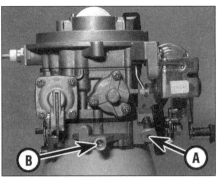

10.13c Tomgångsskruv (A) och blandningsskruv (B) på Weber 2V TLDM förgasare (1,1 och 1,3 HCS motorer)

10.15 Tomgångsskruv (vid pilen) på tidiga K-Jetronic system

15 På tidiga modeller är tomgångsskruven placerad baktill på gasspjällhuset, men åtkomligheten är begränsad, såvida inte förvärmningskammarens lock demonteras enligt beskrivning i kapitel 4, del B **(se bild)**.

16 På senare modeller är tomgångsskruven placerad upptill på gasspjällhuset under en justersäkring **(se bild)**. Dra loss pluggen med ett vasst spetsigt verktyg.

17 Innan justering vidtas, låt motorn gå tills den har normal arbetstemperatur och anslut en varvräknare enligt tillverkarens anvisningar.

18 Öka motorvarvtalet till 3000 rpm och behåll detta i 30 sekunder, låt sedan motorn gå på tomgång, kontrollera motorns varvtal med varvräknaren, justera, vid behov, tomgångsvarvet med justerskruven.

19 Vid kontroll av blandningsförhållande

krävs en avgasanalysator som ska anslutas enligt tillverkarens anvisningar. En 3 mm insexnyckel krävs också för justering.

20 Innan någon justering görs, kontrollera att tomgångsvarvtalet är riktigt.

21 Ta bort justersäkringen upptill på blandningsskruvens rör upptill på bränslefördelaren **(se bild)**.

22 Låt avgaserna stabiliseras enligt beskrivning i punkt 18.

23 Sätt in insexnyckeln i röret för blandningsskruven så att blandningsskruven kan röras. Vrid så som erfodras för att erhålla rätt CO-halt, justera sedan på nytt tomgångsvarv vid behov.

24 Om justeringen inte kan slutföras inom 30 sekunder sedan avgaserna stabiliserats, upprepa punkt 18 innan vidare justering företas.

25 Efter avslutat arbete, montera ny justersäkring och koppla bort varvräknare samt avgasanalysator.

Modeller med Bosch KE-Jetronic bränsleinsprutning

26 Tomgångsvarvtal och bränsleblandning behöver normalt endast justeras efter byte av komponenter.

27 Justerskruv för tomgångsvarvtal är placerad på sidan av gasspjällhuset **(se bild)**.

28 Innan någon justering företas, låt motorn gå tills den har normal arbetstemperatur och anslut en varvräknare enligt tillverkarens anvisningar.

29 Lossa kontaktstycket vid tryckomvandlaren på sidan av bränslefördelaren **(se bild)**.

30 Låt motorn gå med 3000 rpm och behåll detta varvtal i 30 sekunder, låt sedan motorn gå på tomgång. Kontrollera varvräknaren och justera vid behov tomgångsvarvtalet med justerskruven.

31 Vid kontroll av blandningsförhållande krävs en avgasanalysator som ska anslutas enligt tillverkarens instruktioner. En 3 mm insexnyckel krävs också för justering.

32 Innan någon justering företas, kontrollera att tomgångsvarvtalet är riktigt.

33 Skruva bort justersäkringen från öppningen för blandningsskruven upptill på bränslefördelaren **(se bild)**.

34 Stabilisera avgaserna enligt beskrivning i punkt 30.

35 För in insexnyckeln i öppningen och tryck den nedåt så att den griper in i justerskruven.

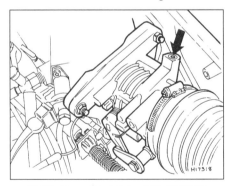

10.16 Tomgångsskruv (vid pilen) för K-Jetronic system på senare modeller

10.21 Placering av blandningsskruv på K-Jetronic system (vid pilen)

10.27 Tomgångsskruv (vid pilen) på KE-Jetronic system

10.29 Tryckomvandlarens kontaktstycke (vid pilen) - KE-Jetronic system

10.33 Justersäkring för blandningsskruv på KE-Jetronic (vid pilen)

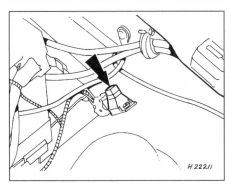

10.45 Placering av CO-potentiometer (vid pilen) - 1,6 liters EFI motor

Vrid justerskruven medurs för att öka CO-halten, moturs för att sänka den. Ta bort insexnyckeln, sätt igen öppningen och kontrollera CO- halten.

36 Om justeringen inte kan slutföras inom 30 sekunder sedan avgaserna stabiliserats, upprepa på nytt punkt 30 innan vidare justering företas. Se till att insexnyckeln tas bort innan motorvarvtalet ökas, annars kommer bränslefördelaren att skadas.

37 Fortsätt arbetet tills rätt CO-halt erhålls, justera sedan på nytt tomgångsvarvtalet vid behov.

38 Skruva tillbaka justersäkringen och anslut tryckomvandlarens kontaktstycke. Koppla bort varvräknare och avgasanalysator.

Modeller med Central (single-point) bränsleinsprutning (CFI)

39 Både tomgångsvarvtal och blandnings-förhållande regleras av motorns styrsystem. Justering kräver specialutrustning. Om man misstänker att tomgångsvarvtalet inte är rätt, måste bilen tas till en Fordverkstad för kontroll och, vid behov, justering.

Modeller med Elektronisk bränsleinsprutning (EFI) system

40 Tomgångsvarvtalet regleras av EEC IV och kan inte justeras.

41 Vid justering av CO-halt, låt först motorn gå tills den har normal arbetstemperatur.

42 Anslut en CO-mätare och en varvräknare enligt tillverkarens anvisningar.

43 Bränn av eventuellt överskottsbränsle i insugningsröret genom att låta motorn gå med 3000 rpm i ungefär 15 sekunder, låt den sedan gå på tomgång.

44 Vänta tills instrumenten stabiliserats, avläs sedan CO-halt och tomgångsvarvtal.

45 Om justering av CO-halten krävs, ta bort justersäkringen från CO-potentiometern (placerad på innerflygeln bakom vänster fjädertorn) och justera så att rätt CO-halt erhålls vid rätt tomgångsvarvtal **(se bild)**. Notera att justeringen måste utföras inom 30 sekunder sedan instrumenten stabiliserats, annars måste proceduren i punkt 43 upprepas.

46 Efter avslutat arbete, stanna motorn och koppla bort testutrustningen. Montera ny justersäkring på CO-potentiometern.

11 Tändsystem - kontroll

1 I förekommande fall, ta bort strömfördelar-locket och rengör det grundligt på in- och utsidan med en trasa som inte luddar. Kontrollera de fyra högspänningssegmenten inuti locket. Om segmenten är brända eller har större gropar, byt locket. Se till att kolborsten i mitten på locket kan röra sig fritt och att det sticker ut tillräckligt från hållaren.

2 Kontrollera strömfördelarlocket beträffande tecken på överslag (detta visar sig som tunna svarta linjer på ytan). Byt lock om överslag förekommer.

3 Torka rent tändkablar och anslutningar på locket.

4 Kontrollera kondition och fastsättning för alla kablar som hör ihop med tändsystemet. Se till att kablarna inte är skavda samt att alla anslutningar sitter säkert, är rena och fria från korrosion.

12 Strömfördelare, smörjning - modeller med brytarsystem

1 Ta bort strömfördelarlock och rotor.

2 Lägg några droppar tunn olja på filtkudden upptill på fördelaraxeln.

3 Torka rent strömfördelarkammen, stryk sedan tunt med värmetåligt fett på de fyra nockarna.

4 Sätt tillbaka rotor och strömfördelarlock.

13 Brytarspetsar, justering - modeller med brytarsystem

1 Lossa klammorna eller skruvarna för strömfördelarlocket.

2 Ta bort rotorn från fördelaraxeln.

3 Använd en skruvmejsel, öppna försiktigt brytarspetsarna med den och inspektera kontaktytorna. Är de ojämna, har gropar eller är smutsiga ska de bytas enligt beskrivning i följande avsnitt.

4 Om spetsarna är användbara ska nu brytaravståndet kontrolleras och vid behov justeras. Detta kan göras med bladmått enligt

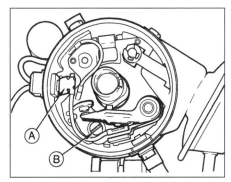

13.6a Brytarspetsarnas detaljer - Bosch strömfördelare
A Lågspänningsanslutning
B Fästskruv

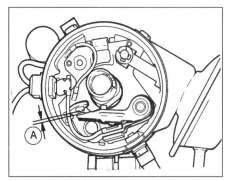

13.5a Brytaravstånd (A) - Bosch strömfördelare

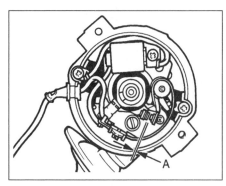

13.5b Brytaravstånd (A) - Lucas strömfördelare

beskrivning i följande, eller helst genom användning av en kamvinkelmätare enligt beskrivning i punkt 8, eftersom detta ger ett noggrannare resultat.

5 Vid justering med bladmått, vrid vevaxeln med en nyckel på vevaxelremskivans skruv så att klacken på brytararmen befinner sig mot toppen på en av de fyra nockarna på fördelaraxeln och brytarspetsen är fullt öppen. Ett bladmått, lika tjockt som brytaravståndet enligt uppgift i specifikationerna, ska nu kunna föras in mellan kontakterna **(se bilder)**.

6 Om justering erfordras, lossa fästskruven något och för den rörliga spetsen så att rätt avstånd erhålls **(se bilder)**. Efter justering, dra åt skruven och kontrollera på nytt avståndet.

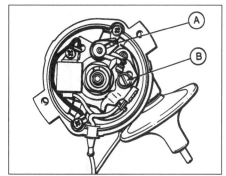

13.6b Brytarspetsarnas detaljer - Lucas strömfördelare
A Kam och stift för sekundärrörelse
B Fästskruv

Tips
HAYNES

Spetsarna kan lätt röras med en skruvmejsel i spåret i änden på den fasta spetsen och mot ett motsvarande spår eller en upphöjning i basplattan.

7 Sätt tillbaka rotor och strömfördelarlock.

8 Om en kamvinkelmätare är tillgänglig, justera brytarspetsarna genom att mäta kamvinkeln enligt följande.

9 Kamvinkeln är de antalet grader av strömfördelarens rotation som brytarspetsarna är stängda; det vill säga den period som förflyter sedan spetsarna slutits och innan de öppnas av nästa nock. Fördelarna med denna metod för justering är att eventuellt slitage på nockarna räknas med i resultatet samt att de olägenheter som följer med användning av bladmått elimineras. På 1,1 liter CVH motorer har det statiska tändläget justerats i produktionen och vidare justering tagits bort från underhållsschemat. Därför är justering av kamvinkel än mer betydelsefull på dessa motorer.

10 Generellt ska instrumentet användas enligt tillverkarens anvisningar. Beskrivning för den typ av instrument följer här.

11 Demontera strömfördelarlock och rotor, anslut kamvinkelmätarens ena ledning till spolens "plus"-anslutning och den andra till spolens "minus"-anslutning.

12 Låt någon köra runt motorn med startmotorn, avläs undertiden kamvinkelmätaren. Det avlästa värdet ska överensstämma med värdet i specifikationerna.

13 Om kamvinkeln är för liten ska brytaravståndet minskas, är kamvinkeln för stor ska brytaravståndet ökas.

14 Justera spetsarna då motorn går runt enligt beskrivning i punkt 6. Då kamvinkeln är riktig, lossa mätaren, sätt sedan tillbaka rotor och strömfördelarlock.

15 Kontrollera tändläget enligt beskrivning i avsnitt 14.

14 Tändläge, kontroll - modeller med brytarsystem

Notera: *Med moderna tändsystem kan man endast riktigt kontrollera tändläget med hjälp av stroboskoplampa. Man kan dock provisoriskt (det vill säga efter större renovering, eller om tändinställningen annars på annat sätt helt gått förlorat) ställa tändningen så att motorn går att starta. Då motorn är i gång ska sedan tändläget kontrolleras med stroposkoplampa. Innan följande arbete utförs, kontrollera att brytarspetsarna är rätt justerade enligt avsnitt 13.*

1 För att motorn ska kunna gå på ett riktigt sätt måste gnista bildas vid tändstiften, som kan antända bränsleblandningen i just rätt läge på kolven under kompressionslaget. Detta exakta läge då gnistan ska bildas benämns tändläge och anges som ett antal grader före övre dödpunkt (FÖDP).

2 Om tändläget kontrolleras rutinmässigt vid

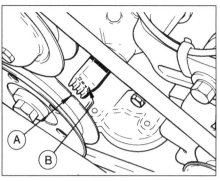

14.5a Tändinställningsmärken - OHV motorer

A Spår på vevaxelns remskiva
B Skala ingjuten i transmissionskåpa

service, se punkt 11 och framåt. Om strömfördelaren har tagits bort eller bytts, eller om dess läge i förhållande till motorn ändrats, ställ tändläget provisoriskt enligt följande.

Statisk inställning

3 Ta bort tändkabeln och sedan tändstift nr 1 (närmast vevaxelns remskiva).

4 Lägg ett finger över tändstifthålet och vrid vevaxeln i normal rotationsriktning medurs sett från vevaxelns remskiva tills ett tryck känns i cylinder nr 1. Detta visar att kolven är på väg uppåt i kompressionsslaget. Vevaxeln kan nu vridas med en nyckel på remskivans skruv.

5 Fortsätt att vrida vevaxeln tills spåret på remskivan står mitt för motsvarande märke på skalan (se specifikationer). På OHV motorer är skalan injuten i transmissionskåpan just ovanför och till höger om remskivan. På CVH motorer återfinns skalan på kamremkåpan alldeles ovanför remskivan. För alla motorer gäller att "O" märket på skalan motsvarar övre dödpunkt (ÖDP) och de upphöjda sektionerna till vänster om ÖDP innebär ökningar om 4° FÖDP **(se bilder)**.

6 Ta bort strömfördelarlocket och kontrollera att rotorarmen pekar mot segmentet för tändstift nr 1.

7 Lossa strömfördelarens klämskruv (OHV motorer) eller de tre fästskruvarna (CVH motorer) **(se bild)**.

8 Vrid strömfördelarhuset moturs något tills brytarspetsarna har stängt, vrid sakta strömfördelarhuset medurs tills spetsarna just öppnar. Håll strömfördelarhuset i detta läge och dra åt klämskruv eller fästskruvar.

9 Montera strömfördelarlock, tändstift nr 1 och tändkabel.

10 Det ska nu gå att starta och köra motorn så att tändningen kan ställas in dynamiskt enligt följande.

Stroboskoplampa

11 Kontrollera tändläget i specifikationerna för den motor som gäller, förtydliga sedan märket på skalan och spåret i remskivan med en klick vit färg (se också punkt 5).

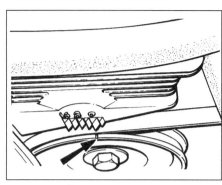

14.5b Spår i remskivan (vid pilen) och skala - CVH motor

12 Anslut stroboskoplampan till motorn enligt tillverkarens anvisning (vanligtvis mellan tändstift nr 1 och tändkabeln).

13 Lossa slangen vid strömfördelarens vakuumklocka och plugga sedan slangen.

14 Starta motorn och låt den gå på tomgång.

15 Rikta lampan mot inställningsmärkena. Remskivans spår förefaller nu stå stilla mot något av märkena på skalan.

16 Om justering erfodras, det vill säga om märkena inte står mitt för varandra, lossa strömfördelarens klämskruv eller fästskruvar, vrid sedan strömfördelarhuset så att märkena överensstämmer. Dra åt klämskruv eller fästskruvar efter avslutad inställning.

17 Man kan också använda stroboskoplampan för att kontrollera att centrifugal- och vakuumförställning fungerar tillfredsställande.

18 Dessa prov ger naturligtvis inte så exakta resultat som de gjorda med sofistikerad utrustning, men visar ändå om detaljerna fungerar.

19 Låt motorn gå på tomgång med stroboskoplampan ansluten och vakuumröret lossat och pluggat enligt beskrivning i föregående punkter, höj motorvarvtalet till 2000 rpm och notera hur långt tändläget flyttar sig i förhållande till skalan.

20 Anslut vakuumröret till strömfördelaren och gör om provet på samma sätt genom att öka varvtalet, skillnaden ska nu bli större än tidigare.

21 Om märkena inte förefaller flytta sig under provet, tyder detta på fel i strömfördelarens

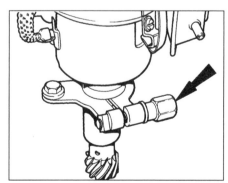

14.7 Placering av strömfördelarens klämskruv (vid pilen) - OHV motorer

15.3 Verktyg för demontering av tändstift, justering av gap och montering

15.9 Uppmätning av tändstiftgap med bladmått

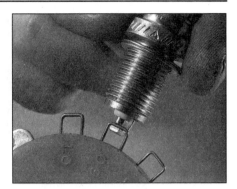

15.10a Uppmätning av tändstiftgap med trådmått . . .

centrifugalförställning. Om förställningen inte ändras mer vid det andra provet tyder detta på defekt membran i fördelarens vakuumklocka, eller läckage i vakuumledningen.

22 Efter avslutade prov och justeringar, slå av motorn och lossa stroboskoplampan.

15 Tändstift, byte - RS Turbo modeller

1 Det är ytterst viktigt att tändsystemet fungerar riktigt om motorn ska kunna fungera på ett effektivt sätt. Rätt tändstift för motortypen måste också vara monterade. Om rätt tändstift är använt och motorn är i god kondition, bör inte tändstiften kräva något underhåll mellan bytesintervallen. Rengöring av tändstift krävs sällan och bör inte företas om man inte har speciell utrustning eftersom tändstiftets elektroder lätt kan skadas.

2 Vid demontering av tändstift, märk först tändkablarna så att de kan sättas tillbaka på samma plats, lossa dem sedan från stiften. Vid demontering av tändkablar dra i anslutningen i änden på kabeln - inte i själva kabeln.

3 Använd en tändstiftsnyckel eller en lämplig djup hylsa och vridskaft, lossa sedan tändstiften och ta bort dem **(se bild)**.

4 Tändstiftens kondition säger också mycket om hur motorn mår.

5 Om isolatorspetsen är ren och vit, utan avlagringar, tyder detta på mager blandning, eller ett för varmt tändstift (varmt tändstift

avleder värme från elektroderna långsamt - ett kallt tändstift leder värme snabbt).

6 Om isolatorspetsen är täckt med en hård svart beläggning, tyder detta på fet blandning. Är isolatorspetsen både svart och oljig, är det troligt att motorn är ganska sliten, och dessutom går med fet blandning.

7 Om isolatorspetsen är täckt med en ljus brun eller gråaktig beläggning, är blandningsförhållandet riktigt och motorn är i god kondition.

8 Tändstiftsgapet är av stor betydelse. Är det för stort eller för litet kommer gnistan och dess effektivitet att påverkas.

9 Vid inställning, mät gapet med bladmått, böj sedan sidoelektroden så att rätt avstånd erhålls **(se bild)**. Mittelektroden ska aldrig böjas eftersom isolatorn då kan spricka vilket medför att tändstiftet blir defekt, om inte något värre.

10 Speciella verktyg för justering av tändstiftsgap är tillgängliga från de flesta verktygsaffärer **(se bilder)**.

11 Innan stiften monteras, kontrollera att gängorna och tätningsytan på topplocket är rena, torra och fria från koksbeläggningar.

12 Skruva i tändstiften för hand till en början, dra sedan slutligen till angivet moment. Om momentnyckel inte är tillgänglig, dra skruvarna tills ett motstånd känns, dra sedan ytterligare 1/16 varv för konisk gänga på OHV motorer, eller 1/4 varv för tändstift med tätnings-bricka på CVH motorer. Dra inte tändstiften för hårt, skador kan då uppstå på gängorna, dessutom

blir stiften mycket svåra att ta bort i framtiden.

13 Sätt tillbaka tändkablarna i rätt ordning, se till att de sitter säkert på kontakterna. Torka emellanåt rent tändkablarna för att minska risken för överslag, ta även bort tecken på korrosion på tändstiftsanslutningarna.

16 Bromsklossar fram - kontroll

1 För in en spegel mellan fälg och ok och kontrollera beläggens tjocklek på klossarna **(se bild)**. Om materialet har slitits under gränsvärdet, måste klossarna bytas på bägge framhjulen (fyra klossar).

2 För en grundligare kontroll bör bromsklossarna tas bort och rengöras. Man kan samtidigt då kontrollera okets funktion, samt bromsskivans kondition på båda sidor. Se kapitel 9 för vidare information.

17 Bromsbelägg bak - kontroll

1 På grund av att bakre bromstrummorna är kombinerade med navet, vilket gör demontering av trummorna mer komplicerat, kan bromsbeläggen kontrolleras med hjälp av öppningar i bromssköldarna, täckta av pluggar. Beläggen kan då kontrolleras genom hålen med hjälp av en spegel **(se bilder)**.

15.10b . . . och justering av gap med speciellt verktyg

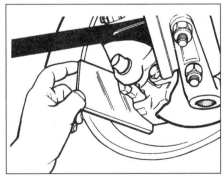

16.1 Kontroll av bromsklossarnas slitage fram med hjälp av spegel

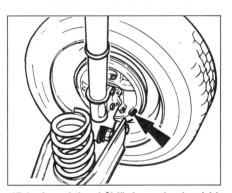

17.1a Inspektionshål för bromsbackar (vid pilen)

17.1b Kontroll av slitage hos bromsbackar bak med hjälp av spegel

2 Beläggen på backarna får inte slitas för långt. Är de slitna till min mått, byt backarna.
3 Försök inte byta belägg på backarna själv, skaffa utbytesbackar i stället.
4 Byt alla fyra backarna bak samtidigt, även om endast en har slitits till gränsen.

18 Fjädring och styrning - kontroll

Framfjädring och styrning, kontroll

1 Hissa upp framänden på bilen, stöd den på pallbockar (se "Lyftning, bogsering och hjulbyte").
2 Kontrollera kulledernas dammskydd samt styrväxelns damasker beträffande sprickor, skavning eller andra skador **(se bild)**. Slitage här orsakar förlust av smörjmedel, förutom att smuts och vatten kan komma in vilket medför snabb förslitning av kulleder och styrväxel.
3 Ta tag i hjulet klockan 12 och klockan 6 och försök att vicka på det **(se bild)**. Ett litet spel kan tolereras, men om spelet är större måste vidare undersökning företas för att bestämma orsaken. Fortsätt att vicka på hjulet samtidigt som någon trampar ner bromsen. Om spelet nu försvinner eller minskas avsevärt, är det troligt att hjullagren är felaktiga. Om spelet fortfarande kan kännas då bromsen trycks ner, är framfjädringens leder eller infästningar slitna.
4 Ta nu tag i hjulet klockan 9 och klockan 3 istället och försök vicka på det som förut.

18.3 Ruska på hjulen för att kontrollera detaljerna i fjädring/styrning

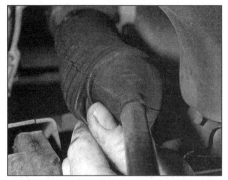

18.2 Kontroll av styrväxelns damask

Eventuellt spel kan nu antingen erhållas från hjullager eller styrleder. Om yttre eller inre led är sliten kan man tydligt se rörelsen.
5 Använd en stor skruvmejsel eller en plan stång, kontrollera med hjälp av denna slitaget hos bussningarna genom att bryta mellan fjädringsdetaljen och infästningen. Lite rörelse förekommer alltid eftersom infästningarna är av gummi, men stort spel märks tydligt. Kontrollera också synliga gummibussningar beträffande sprickor, sår eller andra skador.
6 Med bilen stående på hjulen, låt någon styra ratten fram och tillbaka ungefär ett åttondels varv åt varje håll. Det ska finnas ett litet, om något alls, spel mellan rattens rörelse och hjulens. Om detta inte är fallet, kontrollera leder och infästningar enligt tidigare beskrivning, men kontrollera även nu styraxelns knutar beträffande slitage, samt slitage hos själva styrväxeln.
7 Kontrollera att bärarmarna sitter rätt mot navet, se till att klämskruven (Torxskalle) sitter rätt i spåret på kulledens tapp.

Kontroll av fjäderben/stötdämpare

8 Kontrollera beträffande vätskeläckage runt fjäderben, stötdämpare, eller från gummi-damasker runt kolvstången. Finns här läckage, är fjäderben/stötdämpare defekt invändigt och bör bytas. **Notera:** *Fjäderben/stötdämpare ska alltid bytas parvis på samma axel.*
9 Man kan kontrollera fjäderben/stötdämpare

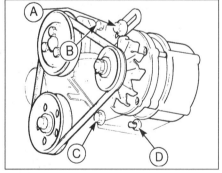

20.2 Skruvar för generatorinfästning och justerlänk
A Skruv för justerlänk till generator
B Skruv för justerlänk till motor
C och D Generatorns fästskruvar

genom att gunga bilen i varje hörn. Generellt ska karossen återta normalt läge och stanna där sedan man har tryckt ner och släppt. Om den först fjädrar upp och sedan går något tillbaka, kan man misstänka fjäderben/stötdämpare. Kontrollera också övre infästning för fjäderben/stötdämpare beträffande tecken på slitage.

19 Säkerhetsbälten - kontroll

1 Kontrollera med jämna mellanrum bältena beträffande fransbildning eller andra skador. Finns sådana, byt bältet.
2 Om säkerhetsbältena blir smutsiga, torka dem rena med en trasa fuktad med lite rengöringsmedel.
3 Kontrollera infästningsskruvarnas åtdragning. Skulle de någonsin tas bort, se till att få rätt ordning på brickor, bussningar och plåtar vid åtdragningen.

20 Generatorrem - kontroll

1 En konventionell kilrem används för att driva generator och vattenpump på OHV och HCS motorer. På CVH motorer drivs endast generator. Kraften tas från en remskiva på motorns vevaxel.
2 Vid demontering av drivrem, lossa generatorns fästskruvar samt skruvarna på justerlänken något, tryck sedan generatorn in mot motorn så långt det går **(se bild)**.
3 Ta bort remmen från remskivorna. I vissa fall måste man också ta bort skruven för justerlänk till generator för att undvika att remmen överbelastas.
4 Montera ny rem genom att föra den över remskivornas kanter. Ta vid behov bort skruven för justerlänk till generator, om detta inte redan gjorts, så att remmen går att sätta på. Fall inte för frestelsen att demontera och montera remmen genom att bryta den över remskivans kant, eftersom korden då kan skadas.
5 Vid spänning av drivrem, dra generatorn bort från motorn så att remmen är ganska

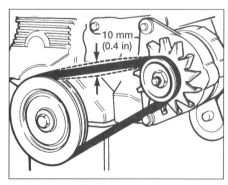

20.5a Kontrollpunkter för remspänning - CVH motorer

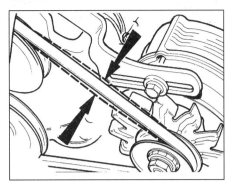

20.5b Kontrollpunkter för remspänning - OHV motorer

spänd, dra sedan åt justerlänken mot generatorn. Kontrollera att remmen kan tryckas ner med ett finger halvvägs mellan generatorn och vevaxelns eller vattenpumpens remskiva, ca 10 mm **(se bilder)**. Man kan behöva prova lite för att få rätt spänning. Är remmen för slak kommer den att slira och snart vara blanksliten eller bränd. Detta åtföljs ofta av ett skrikande ljud då motorn varvas upp, speciellt när strålkastare eller andra elektriska förbrukare är påslagna. Om remmen är allt för spänd belastas lagren i vattenpump och/eller generator för mycket och blir snart utslitna.

6 Då spänningen är riktig, dra åt den andra skruven för justerlänken, samt främre och bakre infästning för generatorn i nämnd ordning.

7 Om ny rem monterats ska remspänningen kontrolleras och vid behov justeras sedan motorn gått ca 10 minuter.

21 Ventilspel, justering - OHV och HCS motorer

OHV motorer

1 Detta arbete ska utföras med motorn kall och luftrenare samt ventilkåpa demonterade.

2 Använd en nyckel eller hylsa på skruven för vevaxelns remskiva, vrid sedan vevaxeln medurs tills kolv nr 1 är i läge ÖDP på kompressionsslaget. Detta kan kontrolleras genom att märket på remskivan står mot rätt märke på transmissionskåpan samt att ventilerna för cylinder nr 4 står och väger. Då ventilerna väger menar man att vid minsta vridning av vevaxeln så kommer ena ventilen att vrida sig uppåt och den andra nedåt.

3 Om man utgår från termostathuset i änden på topplocket kan man identifiera ventilerna enligt följande.

Ventil nr		Cylinder nr
1	Avgas	1
2	Insug	1
3	Avgas	2
4	Insug	2
5	Avgas	3
6	Insug	3
7	Avgas	4
8	Insug	4

21.5 Justering av ventilspel

4 Justera ventilspelen i den ordning som följande tabell anger. Vrid vevaxeln 180 grader (ett halvt varv) sedan ett par justerats;

Ventiler som väger	Ventiler som justeras
7 och 8	1 (Avgas), 2 (Insug)
5 och 6	3 (Avgas), 4 (Insug)
1 och 2	7 (Avgas), 8 (Insug)
3 och 4	5 (Avgas), 6 (Insug)

5 Insug- och avgasventiler har olika spel (se specifikationerna). Använd bladmått av rätt tjocklek för att kontrollera ventilspel mellan ventilskaft och vipparm. Bladmåttet ska passa styvt. Vrid, i annat fall, justerskruven med en nyckel. Skruvarna har gänglåsning och kräver ingen låsmutter. Vrid skruven medurs för att minska spelet, moturs för att öka det **(se bild)**.

6 Sätt tillbaka luftrenare och ventilkåpa efter avslutat arbete.

HCS motorer

7 Proceduren sker enligt beskrivning för OHV motorer, men notera att ventilerna har flyttats enligt nedanstående schema. Se till att ventilkåpans skruvar inte dras för hårt eftersom detta kan medföra läckage

Ventil nr		Cylinder nr
1	Avgas	1
2	Insug	1
3	Avgas	2
4	Insug	2
5	Insug	3
6	Avgas	3
7	Insug	4
8	Avgas	4

22.1 Ljuddämparens upphängning

22 Avgassystem - kontroll

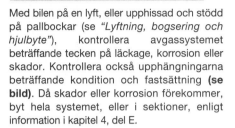

Med bilen på en lyft, eller upphissad och stödd på pallbockar (se *"Lyftning, bogsering och hjulbyte"*), kontrollera avgassystemet beträffande tecken på läckage, korrosion eller skador. Kontrollera också upphängningarna beträffande kondition och fastsättning **(se bild)**. Då skador eller korrosion förekommer, byt hela systemet, eller i sektioner, enligt information i kapitel 4, del E.

23 Muttrar för turbo, kontroll - RS Turbo modeller

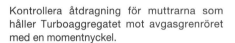

Kontrollera åtdragning för muttrarna som håller Turboaggregatet mot avgasgrenröret med en momentnyckel.

24 Tändstift - byte

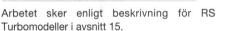

Arbetet sker enligt beskrivning för RS Turbomodeller i avsnitt 15.

25 Brytarspetsar - byte

1 Lossa klammorna eller skruvarna och ta bort strömfördelarlocket.

2 Ta bort rotorn från strömfördelaraxeln.

3 På Bosch strömfördelare, lossa brytarspetsarnas lågspänningsledning vid flatstiftkontakten. På Lucas strömfördelare, lossa brytarens fjädrar försiktigt från plastisolatorn och på Lucas strömfördelare, böj försiktigt undan fjäderarmen från plastisolatorn och ta bort den kombinerade ledningen för lågspänning och kondensator från den böjda delen på fjäderarmen.

4 Lossa fästskruven och ta bort brytarspetsarna från basplattan. Se till att inte skruv och bricka faller ner i strömfördelaren under demontering och montering. Använd helst en magnetisk skruvmejsel, alternativt kan man hålla fast skruven med skruvmejsel med en klick fett.

5 Torka rent strömfördelarnockarna, stryk sedan på tunt lager fett med hög smältpunkt. För OHV motorer ska man också lägga ett par droppar tunn olja på filtkudden upptill på fördelaraxeln.

6 Placera de nya brytarspetsarna på basplattan och säkra med fästskruven, dra endast åt lite grann i detta läge. På Lucas strömfördelare, kontrollera att kammen för sekundärrörelse är hakad runt stiftet, samt att bägge brickorna sitter på fästskruven **(se bild 13.6b)**.

7 Anslut lågspänningskabeln, se sedan punkt 13 för justering av brytaravstånd.

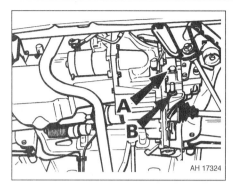

26.1a Växellådans påfyllningsplugg (A) och mutter för väljararmens spärrmekanism (B)

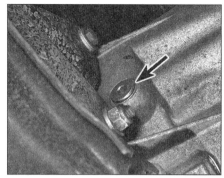

26.1b Växellådsplugg med insexfattning (vid pilen) på senare modeller

26.6 Mutter för väljararmens spärrmekanism (vid pilen)

26 Oljenivå, manuell växellåda - kontroll

1 Med bilen på plan mark, torka rent runt påfyllningspluggen, lossa sedan pluggen med en nyckel, på senare modeller krävs Torx eller insexverktyg. Pluggen är åtkomlig både uppifrån och underifrån (se bilder).
2 Leta reda på skylten med växellådsnumret som finns på en av växellådans övre fästskruvar, notera växellådsnumret på skylten. Om den sista bokstaven i numret är D, är växellådan tillverkad före augusti 1985. Växellådor tillverkade från och med augusti 1985 har ett E som sista bokstav.
3 På tidiga typer av växellåda (D) ska oljenivån ligga mellan 5 och 10 mm under kanten för påfyllningshålet.
4 För senare växellådor (E) ska oljenivån hållas mellan 0 och 5 mm under kanten på påfyllningshålet.
5 För att underlätta kontrollen kan man göra en mätsticka av en tråd bockad i rät vinkel och med filade markingar på ena "benet" med 5 mm intervall. Låt det omärkta benet vila mot undre kanten av påfyllningshålet så att det andra benet är nedsänkt i oljan. Ta upp mätstickan, läs av och fyll vid behov på rätt typ av olja. Sätt tillbaka pluggen efter avslutat arbete.
6 Byte av oljan i automatväxellåda ingår inte i det ordinarie serviceprogrammen, men om oljan måste tappas av på grund av till exempel renovering, placera en lämplig behållare under muttern för väljaraxeln spärrmekanism placerad alldeles under påfyllningspluggen (se bild). Lossa muttern, ta bort fjäder och låsstift, låt sedan oljan rinna ut.

⚠️ *Varning: Var försiktig då muttern skruvas loss, eftersom fjäderns spänning kan få stiftet att flyga iväg då man tar bort muttern.*
Sätt tillbaka stift, fjäder och mutter då oljan runnit ut, stryk lite tätningsmedel på gängorna (se specifikationer). Notera att från och med 1986 och framåt täcks muttern av växellådsbalken och kan inte demonteras med denna på plats. Oljan kan därför tappas av växellådan endast efter demontering på dessa modeller.

27 Automatväxelolja - kontroll

1 Automatväxellådans oljenivå måste kontrolleras när motor och växellåda har normal arbetstemperatur; helst efter en kortare resa.
2 Ställ bilen på plan mark, dra sedan åt handbromsen ordentligt.
3 Låt motorn gå på normalt tomgångsvarvtal, håll bromsen nedtryckt, rör växelväljaren mellan alla växellägen minst tre gånger, för den sedan tillbaka till läge P. Låt motorn gå på tomgång ytterligare 1 minut.
4 Med motorn fortfarande på tomgångsvarv, ta ut mätstickan för växellådsoljan och torka den torr med en ren trasa som inte luddar. Sätt tillbaka mätstickan och dra ut den igen, avläs sedan vätskenivån. Den ska vara mellan "MAX" och "MIN" markeringarna (se bild).
5 Om påfyllning erfordras, använd endast vätska av rekommenderad typ, fyll på genom hålet för mätstickan men se till att nivån inte blir för hög. Nivån får inte överstiga "MAX" markeringen.
6 Förbättrad växellådsolja används på senare modeller, se därför till innan påfyllning att rätt växellådsolja används.
7 Leta reda på växellådsnumret som finns instansat på en metallbricka fäst vid övre delen av ventilhuset (se bild). Om slutet på andra raden i växellådsnumret har betäckningen E3RP, är växellådan av tidigt utförande. Är märkningen däremot E6RP- är växellådan av senare utförande. Senare växellådor kan också identifieras genom att de har en svart mätsticka med uppgifter om oljans specifikation och typ. Då man bestämt vilken växellåda bilen har, hittar man rätt olja i specifikationerna. *Använd*

aldrig senare typ av växellådsolja i tidig typ av växellåda eller tvärt om.
8 Om oljenivån är under "MIN" markeringen eller ofta behöver fyllas på, kontrollera växellådan beträffande tecken på läckage. Påträffas sådant ska det åtgärdas utan dröjsmål.
9 Om växellådsoljan är mörkbrun eller svart tyder detta på slitna bromsband eller kopplingar. Låt då en fackman snarast kontrollera växellådan.

28 Växelväljarmekanism (automatlåda) - kontroll

Gör en grundlig provkörning, kontrollera att alla växlingar sker mjukt och utan ryck och dessutom utan att motorvarvet ökar vid växlingstillfället. Kontrollera att alla växellägen kan väljas och motsvarar läget på väljarspaken då fordonet står stilla. Kontrollera att parkeringsspärren fungerar då läge "P" används.

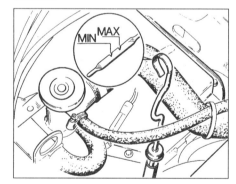

27.4 Mätsticka för växellådsolja och nivåmarkeringar

27.7 Växellådsnummer på märkskylt

29 Drivaxlar - kontroll

1 Kontrollera drivaxlar och knutar grundligt enligt följande.
2 Hissa upp bilen, stöd den på pallbockar (se "Lyftning, bogsering och hjulbyte").
3 Snurra sakta på hjulen och kontrollera de yttre damaskerna. Kontrollera beträffande tecken på sprickor, eller andra skador på gummit som tillåter smörjmedel att komma ut samt vatten och smuts att komma in (se bild). Kontrollera också att klammorna sitter säkert och är oskadade. Gör på samma sätt med de inre knutarna. Om skador återfinns ska damaskerna bytas enligt beskrivning i kapitel 8.
4 Fortsätt att snurra på hjulen och kontrollera beträffande krokiga eller skadade drivaxlar. Kontrollera spelet i knutarna genom att först hålla fast drivaxeln och försöka vrida hjulet. Håll sedan fast den inre knuten och försök att vrida drivaxeln. Påtagligt spel tyder på slitna knutar, slitage i drivaxelns splines eller dåligt åtdragen drivaxelmutter.
5 Provkör bilen och lyssna efter ett metalliskt klickande ljud framifrån då bilen sakta körs runt i cirkel med fullt styrutslag. Hör man ett klickande ljud tyder detta på slitage i de yttre knutarna, och är orsakat av stort spel mellan kulor och uttagen de arbetar i. Demontera och kontrollera knuten enligt beskrivning i kapitel 8.
6 Om man upplever en vibration vid konstant hastighet då bilen accelererar, kan detta bero på slitage hos inre knuten. I detta fall måste den inre knuten bytas.

30 Fälgar - kontroll

Kontrollera fälgarna beträffande distorsion, skador eller kast. Se också till att balanseringsvikterna sitter ordentligt och att inga tecken tyder på att något fattas.
Kontrollera hjulbultarnas åtdragning.

31 Gångjärn och lås - kontroll och smörjning

1 Smörj gångjärn i huv, dörrar och baklucka med tunn maskinolja.
2 Smörj huvens spärrmekansim och friliggande delar av innervajern med fett.
3 Kontrollera säkerhet och funktion hos alla gångjärn och låsspärrar, justera vid behov. I förekommande fall, kontrollera att centrallåset fungerar.
4 Kontrollera kondition och funktion för bakluckans basfjädrar, byt dem om de läcker eller om de inte längre orkar stöda bakluckan i öppnat läge.

29.3 Kontroll av drivaxelns yttre damask

32 Provkörning

Instrument och elutrustning

1 Kontrollera funktionen för alla instrument och all elutrustning.
2 Se till att alla instrument visar rätt värde, slå också på all elektrisk utrustning i tur och ordning och kontrollera att de fungerar ordentligt.

Styrning och fjädring

3 Kontrollera beträffande felaktigheter i styrning, fjädring, väghållning och hur bilen känns att köra.
4 Kör bilen, kontrollera att det inte finns ovanliga vibrationer eller missljud.
5 Kontrollera att styrningen känns säker och exakt, utan kärvning. Kontrollera beträffande missljud från fjädring vid kurvtagning eller då man kör över gupp.

Drivlina

6 Kontrollera funktionen hos motor, koppling, växellåda och drivaxlar.
7 Lyssna beträffande ovanliga ljud från motor, koppling och växellåda.
8 Se till att motorn går jämt på tomgång och att ingen tvekan förekommer vid acceleration.
9 Kontrollera, i förekommande fall, att kopplingen griper in mjukt och inte slirar, se också till att pedalvägen inte är för stor. Lyssna också beträffande missljud då kopplingspedalen trycks ned.
10 Kontrollera att alla växlar kan väljas utan problem och missljud samt att växellägena är distinkta och inte kärvar.
11 Lyssna efter ett metalliskt klickande ljud framifrån bilen då den körs runt i cirkel med fullt styrutslag. Kontrollera åt bägge håll. Om ett klickande ljud hörs tyder detta på slitna drivknutar, vilket betyder att hela drivaxeln måste bytas (se kapitel 8).

Kontroll av bromssystem

12 Se till att bilen inte drar snett vid bromsning samt att hjulen inte låser sig för tidigt vid hård inbromsning.
13 Kontrollera att inga vibrationer känns genom ratten vid inbromsning.

14 Kontrollera att handbromsen fungerar korrekt, samt att spakrörelsen inte är för stor. Se också till att den kan hålla bilen stilla i sluttning.
15 Kontrollera funktionen hos bromsservo enligt följande. Stäng av motorn, tryck ner fotbromsen fyra eller fem gånger så att vakuumreserven förbrukas. Starta motorn, håll bromspedalen nedtryckt. Då motorn startar ska pedalen svikta märkbart då nytt vakuum byggs upp. Låt motorn gå minst två minuter, stäng sedan av den. Om bromspedalen nu trampas ner ska man höra ett väsande ljud från bromsservon. Efter att ha trampat fyra eller fem gånger ska väsandet upphöra och pedalen ska kännas betydligt fastare.

33 Kylvätska - byte

Kylsystem, avtappning

1 Kylsystemet bör tappas av då kylvätskan är kall. Om den måste tappas av het, avlasta trycket genom locket på termostathuset (eller expansionskärlet på senare modeller). Öppna mycket sakta, använd också en trasa vid öppningen för att undvika brännskador. Då trycket avlastats, ta bort locket.
2 Ställ värmereglaget i läge max värme.
3 Kontrollera om det finns en avtappningsplugg i nedre vänstra kanten på kylaren. Ställ i så fall en lämplig behållare under kylaren, lossa pluggen och låt kylvätskan rinna ut (se bild).
4 Om det inte finns någon avtappningsplugg, ställ behållaren under undre kylarslangen. Lossa slangklamman och sedan slangen, låt kylvätskan rinna ut.
5 Det finns på vissa modeller även en avtappningsplugg på motorblocket, placerad på den sida som är vänd framåt, mot svänghjulet. Lossa i så fall även denna plugg och låt vätskan rinna ur motorblocket ner i behållaren (se bilder).

Kylsystem, spolning

6 Om kylvätskan har bestått av frost-skyddsvätska och vatten i rätt blandningsförhållande bör inte systemet behöva spolas utan kan omedelbart fyllas på enligt beskrivning i följande punkter.

33.3 Placering av avtappningsplugg på kylare (vid pilen)

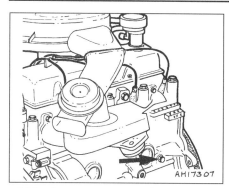

33.5a Avtappningsplugg på motorblock (vid pilen) - OHV motorer

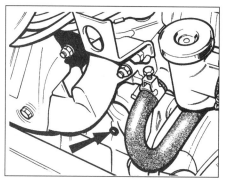

33.5b Avtappningsplugg på motorblock (vid pilen) - CVH motorer

34.1a Demontering av luftrenarens fästskruvar på 1,3 liters CVH motor . . .

7 Då systemet misskötts, eller då rost eller avlagringar syns vid avtappningen, bör systemet spolas med kallt vatten från slang införd i termostathuset (termostaten borttagen - se kapitel 3). Fortsätt spola tills rent vatten kommer ur den lossade kylarslangen, avtappningspluggen på kylaren och cylinderblocket, vilket som gäller. Om man efter en stunds spolning fortfarande inte får fram rent vatten, kan kylaren sköljas med speciella rengöringsmedel.

8 Om man misstänker att kylaren är igensatt, spola då kylaren omvänt enligt beskrivning i kapitel 3.

9 Vid byte av kylvätska bör man lossa överströmningsröret från expansionskärlet och tappa av kylvätskan från kärlet. Är kärlet smutsigt, ta bort det och rengör det ordentligt.

10 Efter avtappning och spolning, sätt tillbaka alla slangar och pluggar.

Kylsystem, påfyllning

11 Blanda rätt proportioner vatten och frostskryddsvätska (se senare beskrivning) fyll sedan på kylvätska genom öppningen på termostathuset sakta tills vätskan nästan rinner över. Vänta en liten stund så att innesluten luft försvinner, fyll sedan på mer kylvätska. Fortsätt så tills nivån inte längre sjunker. Fyll sedan kylvätska i samma blandningsförhållande även i expansionskärlet till "MAX" markeringen, sätt sedan tillbaka locket.

12 De modeller som har skruvlock på expansionskärlet ska fyllas på samma sätt

men genom expansionskärlet istället för termostathuset.

13 För alla modeller, starta motorn och låt den gå tills den har normal arbetstemperatur, stäng sedan av den. Då den svalnat, kontrollera på nytt och justera vid behov vätskenivån genom att fylla på endast i expansionskärlet.

Frostskyddsvätska, blandning

14 Använd aldrig enbart vatten i kylsystemet. Förutom risken för frysning vid kall väderlek, skyddar även frostskyddsvätskan mot rost och minskar korrosionen.

15 Kylvätskan måste bytas vid angivna intervall. Även om vätskan bevarar sina frostskyddande egenskaper, så påverkas effektiviteten hos rost- och korrosionsskydd med tiden.

16 Man bör använda Ford Super Plus frostskryddsvätska vid byte och påfyllning, den har tagits fram speciellt med tanke på de metaller som använts (se "Rekommmenderade smörjmedel och vätskor").

17 Kylvätskan ska innehålla 45% frostskyddsvätska året runt för att ge tillräckligt skydd mot frost, rost och korrosion. Då frostskyddsvätska fylls på bör en etikett fästas på kylaren med uppgifter om typ av frostskyddsvätska och datum då den fylldes på.

18 Eventuell påfyllning av systemet ska göras med samma typ av frostskyddsvätska och i samma blandningsförhållande.

19 Använd aldrig frostskyddsvätska (glykol) i

vindrutespolarsystemet eftersom detta kommer att skada lacken. Lämplig frostskyddsvätska för spolanläggningen finns på de flesta ställen.

34 Luftfilter - byte

Förgasare och Central bränsleinsprutning (CFI) modeller

1 Ta bort fästskruvar och skruvar upptill på luftrenarlocket (se bilder).

2 Lossa även klammorna där sådana förekommer på sidan av luftrenaren (se bild).

3 Lyft bort locket, ta bort och kasta luftfiltret, torka sedan ren luftrenare och lock invändigt (se bild).

4 Sätt i ett nytt luftfilter och sätt tillbaka locket.

Modeller med Bosch K-Jetronic bränsleinsprutning

5 Lossa batteriets minuskabel.

6 Lossa fästbandet för plattan mellan luftkanal och givare, dela sedan enheterna (se bilder).

7 Dra försiktigt loss slangen för avstängningsventilen från anslutningen på luftkanalen. Slangen sitter hårt (se bild).

8 Lossa de sex skruvarna som håller givarplattan till luftrenaren, men låt plattan sitta kvar så länge.

9 Lossa luftrenarlockets klammor, lossa även slangen från locket i framkant (se bild).

10 Lyft försiktigt bort givarplattan tillsammans med packning, vik den bakåt så den kommer

34.1b . . . och placering av luftrenarens fästskruvar på 1,4 liters CVH motor

34.2 Lossa klammorna för luftrenaren där sådana förekommer

34.3 Demontering av luftfiltret

34.6a Lossa de två bandskruvarna ...

34.6b ... och lyft bort luftkanalen från givarplattan - K-Jetronic system

34.7 Lossa slangen för avstängningsventilen - K-Jetronic system

34.9 Lossa slangen framtill på luftrenarlocket - K-Jetronic system

34.10a Lyft bort givarplattan ...

34.10b ... dra lossa avstängningsventilen ...

ur vägen. Dra bort avstängningsventilen från bakre delen på luftrenarlocket, ta sedan bort locket och filtret från huset **(se bilder)**.

11 Om luftrenarhuset ska demonteras måste man lossa bränslefiltret som sitter på sidan av huset (låt bränsleanslutningarna sitta kvar) samt insugningsslangen från framänden på huset. Lossa och ta bort husets fästmuttrar från innerflygeln och ta sedan bort huset.

12 Montera i omvänd ordning. Torka rent huset innan nytt filter monteras. Vid montering av givarplatta på locket, kontrollera att packningen är i god kondition och sitter rätt **(se bild)**.

13 Kontrollera att alla anslutningar sitter säkert.

Modeller med Bosch KE-Jetronic bränsleinsprutning

14 Ta bort de två skruvarna som håller luftrenare till luftmängdmätaren, demontera sedan luftrenaren **(se bild)**.

15 Lossa klammorna och ta av locket. Ta sedan bort filtret.

16 Rengör luftrenaren invändigt, montera sedan nytt filter. Lägg locket i läge och fäst med klammorna.

17 Sätt sedan tillbaka renaren på luftmängdmätaren och fäst med de två skruvarna.

Modeller med elektronisk bränsleinsprutning (EFI)

18 Följ beskrivningen i punkterna 15 och 16.

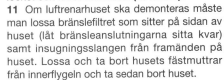

34.10c ... lyft bort locket ...

34.10d ... och ta bort filtret - K-Jetronic system

34.12 Placering av givarens packning

34.14 Fästskruvar (vid pilen) för KE-Jetronic luftrenare

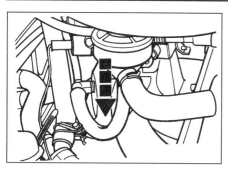

35.2 Vevhusventilationsfilter, byte på CVH motorer med förgasare

35 Vevhusventilationsfilter, byte - CVH motorer

Förgasare och motorer med Central bränsleinsprutning (CFI)

1 Vevhusventilationsfiltret är placerat undertill på luftrenaren i förekommande fall.
2 Filtret kan bytas genom att man drar loss det ur luftrenaren och lossar slangarna (se bild).
3 Kontrollera att tätningen är i läge på luftrenaren innan det nya filtret trycks på plats.

Motor med Bosch K-Jetronic och KE-Jetronic bränsleinsprutning

4 Filtret är placerat på höger sida av motorn och kan demonteras sedan slangarna lossats (se bild). På tidigare versioner, får man lossa filtret från fästet.
5 Montera i omvänd ordning, kontrollera att alla slangar är ordentligt anslutna.

Motorer med Elektronisk bränsleinsprutning (EFI)

6 Filtret är placerat i slangen som går till luftrenaren. Notera hur slangarna är anslutna så de kan sättas tillbaka rätt.

36 Bränslefilter, byte - bränsleinsprutade motorer

⚠️ **Varning: Arbetet kan medföra bränslespill. Innan något arbete företas på bränslesystemet, se föreskrifterna i avsnittet Säkerheten främst! i början av boken, följ dem noga. Bensin är en mycket farlig och lättflyktig vätska, man kan inte vara nog försiktig vid hantering.**

Modell med Bosch K-Jetronic och KE-Jetronic bränsleinsprutning

1 Lossa batteriets minuskabel.
2 Avlasta trycket i systemet enligt beskrivning i kapitel 4, del B.
3 Placera trasor under filtret och lossa sedan inlopp och utlopp (se bild).
4 Lossa klamman och ta bort filtret från fästet.
5 Montera i omvänd ordning, men se till att pilarna på filtret pekar i bränsleflödets riktning, dvs mot utloppet. Kontrollera sedan beträffande läckage då motorn är igång.

35.4 Vevhusventilationsfiltrets placering (vid pilen) på KE-Jetronic bränsleinsprutade motorer

Central bränsleinsprutning (CFI) modeller

6 Lossa batteriets minuskabel.
7 Ställ en lämplig behållare under bränslefiltret för att samla upp spill, lossa sedan försiktigt anslutningen för matarledningen, låt bränslet i ledningen rinna ut. Då bränslet runnit ut, lossa anslutningar för inlopp och utlopp. Vidta tillräckliga försiktighetsmått mot brand.
8 Notera märkena för flödesriktning på filterhuset, ta sedan bort klämskruv och filter från bilen. Notera att filtret innehåller bränsle, försök att undvika spill.
9 Montera i omvänd ordning, men kontrollera att flödesmärkena på filterhuset kommer rätt, dra sedan anslutningarna till angivet moment.
10 Efter avslutat arbete, slå på och av tändningen minst fem gånger och kontrollera beträffande läckage.

Modeller med elektronisk bränsleinsprutning (EFI)

11 Filtret är placerat i motorrummet.
12 Avlasta bränsletrycket enligt beskrivning i kapitel 4, del D, lossa sedan anslutningarna för in- och utlopp från filtret.
13 Notera riktningen på märkena för flöde på filterhuset, ta sedan bort klämskruven och filtret från bilen. Notera att filtret innehåller bränsle, försök att undvika spill.
14 Montera i omvänd ordning, men notera att flödesmärkena kommer rätt, dra sedan anslutningarna till angivet moment.
15 Efter avslutat arbete, slå på och av tändningen minst fem gånger och kontrollera beträffande läckage.

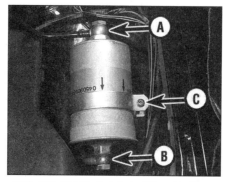

36.3 Bränslefiltrets inlopp (A), och utlopp (B) samt klämskruv (C)

37 Kamrem, byte - CVH motorer

Se kapitel 2, del B.

38 Bromssystem - kontroll av detaljer

1 Kontrollera beläggens tjocklek på bromsklossar och bromsbackar (enligt beskrivning tidigare i kapitlet) vid det intervall som anges.
2 Bromsledningar och slangar bör inspekteras beträffande läckage och skador regelbundet. Även om bromsrören är plastbelagda för att förebygga korrosion, kontrollera beträffande skador som orsakats av stenar, oförsiktig användning av domkraft eller om man kör på ojämn mark.
3 Böj bromsslangarna tvärt mellan fingrarna och kontrollera ytan beträffande tecken på sprickor eller andra skador. Byt om sådana förekommer.
4 Byt bromsvätska vid angivna intervall och kontrollera alla gummidetaljer (inklusive tätningar för huvudcylinder och kolvar), byt vid behov.

39 Bromsvätska - byte

⚠️ **Varning: Bromsvätska kan skada ögon och lack, var därför extra försiktig vid hantering. Använd inte vätska som har stått utan lock någon tid eftersom den upptar fuktighet från luften. För mycket fuktighet i vätskan kan försämra bromsarnas effektivitet.**

1 Proceduren sker på samma sätt som vid luftning av systemet enligt beskrivning i kapitel 9, förutom att bromsvätskan ska sugas ur huvudcylindern med ett lämpligt verktyg innan arbetet påbörjas. Man ska också se till att den gamla vätskan kan tryckas ut vid luftning av en krets.
2 Arbeta enligt beskrivning i kapitel 9, öppna först luftningsskruven och pumpa försiktigt med pedalen till så gott som all annan vätska har försvunnit från huvudcylindern. Fyll upp till "MAX" nivå med ny vätska, fortsätt sedan tills endast ny, ren bromsvätska finns i behållaren och man kan se ny bromsvätska komma ut från luftningsnippeln. Dra åt skruven, fyll på behållaren till "MAX" nivå.
3 Gammal bromsvätska är alltid mörkare än ny, det är lätt att se skillnad på den.
4 Gör på samma sätt med luftningsskruvarna i tur och ordning tills ny vätska kommer ut från dem. Se till att nivån i huvudcylindern alltid hålls ovanför "MIN" märket, annars kan luft komma in i systemet och förlänga arbetet.
5 Då arbetet är utfört, kontrollera att alla luftningsnycklar är ordentligt åtdragna samt att dammskydden är monterade. Tvätta bort allt spill och kontrollera att bromsvätskenivån är riktig.
6 Kontrollera att bromsarna fungerar innan bilen körs på vägen.

Kapitel 2 Del A:
OHV och HCS motorer

Innehåll

Svårighetsgrad

Enkelt, passar novisen med lite erfarenhet	Ganska enkelt, passar nybörjaren med viss erfarenhet	Ganska svårt, passar kompetent hemmamekaniker	Svårt, passar hemmamekaniker med erfarenhet	Mycket svårt, för professionell mekaniker

Specifikationer

Allmänt

Motor typ	Fyrcylindrig radmotor med toppventiler
Cylindervolym:	
1,1 liter:	
OHV motorer	1117 cc
HCS motorer	1118 cc
1,3 liter	1297 cc
Cylinderdiameter:	
Alla utom 1,1 liter HCS motor	73,96 mm
1,1 liter HCS motor	68,68 mm
Slaglängd:	
Alla utom 1,1 liter OHV motor	75,48 mm
1,1 liter OHV motor	64,98 mm
Kompressionsförhållande:	
1,1 liter OHV motorer (före 1986)	9,15:1
1,1 liter OHV motorer (fr o m 1986)	9,5:1
1,1 liter HCS motorer	9,5:1
1,3 liter OHV motorer	9,3:1
1,3 liter HCS motorer	9,5:1
Tändföljd	1-2-4-3 (Nr 1 närmast kamdrivning)

Motorblock

Material	Gjutjärn
Antal ramlager:	
1,1 liter	3
1,3 liter	5
Cylinderdiameter:	
Alla utom 1,1 liter HCS motorer:	
Standard (1)	73,940 till 73,950 mm
Standard (2)	73,950 till 73,960 mm
Standard (3)	73,960 till 73,970 mm
Standard (4) - alla utom HCS motorer	73,970 till 73,980 mm
Överdimension 0,5 mm	74,500 till 74,510 mm
Överdimension 1,0 mm	75,000 till 75,010 mm

Cylinderdiameter (forts):
  1,1 liter HCS motor:

Standard (1)	68,680 till 68,690 mm
Standard (2)	68,690 till 68,700 mm
Standard (3)	68,700 till 68,710 mm
Överdimension 0,5 mm	69,200 till 69,210 mm
Överdimension 1,0 mm	69,700 till 69,710 mm

Ramlagerskål innerdiameter:

Standard	57,009 till 57,036 mm
0,254 mm underdimension	56,755 till 56,782 mm
0,508 mm underdimension	56,501 till 56,528 mm
0,762 mm underdimension	56,247 till 56,274 mm
Kamaxellager innerdiameter	39,662 till 39,682 mm

Vevaxel

Ramlagertapp diameter:

Standard	56,990 till 57,000 mm
Standard med gul märkning (endast 1,1 liter)	56,980 till 56,990 mm
0,254 mm underdimension	56,726 till 56,746 mm
0,508 mm underdimension	56,472 till 56,492 mm
0,762 mm underdimension	56,218 till 56,238 mm

Ramlagerspel:

Alla utom 1,3 liter HCS motor	0,009 till 0,046 mm
1,3 liter HCS motor	0,009 till 0,056 mm

Vevlagertapp diameter:
  OHV motorer:

Standard	42,99 till 43,01 mm
0,254 mm underdimension	42,74 till 42,76 mm
0,508 mm underdimension	42,49 till 42,51 mm
0,762 mm underdimension	42,24 till 42,26 mm

  HCS motorer:

Standard	40,99 till 41,01 mm
0,254 mm underdimension	40,74 till 40,76 mm
0,508 mm underdimension	40,49 till 40,51 mm
0,762 mm underdimension	40,24 till 40,26 mm

Tryckbricka tjocklek:

Standard	2,80 till 2,85 mm
Överdimension	2,99 till 3,04 mm

Vevaxel axialspel:

OHV motorer	0,079 till 0,279 mm
HCS motorer	0,075 till 0,285 mm
Max ovalitet och konicitet för lagertappar	0,0254 mm

Kamaxel

Antal lager	3
Drivning	Enkel kedja
Tryckbricka tjocklek	4,457 till 4,508 mm
Kamaxellager diameter	39,615 till 39,636 mm
Kamaxellagerbussning innerdiameter	39,662 till 39,682 mm
Kamaxel axialspel	0,02 till 0,19 mm
Kamkedja - antal länkar/längd	46/438,15 mm

Kolvar och kolvringar

Diameter:
  Alla utom 1,1 liter HCS motorer:

Standard (1)	73,910 till 73,920 mm
Standard (2)	73,920 till 73,930 mm
Standard (3)	73,930 till 73,940 mm
Standard (4)	73,940 till 73,950 mm
0,5 mm överdimension	74,460 till 74,485 mm
1,0 mm överdimension	74,960 till 74,985 mm

  1,1 liter HCS motorer:

Standard (1)	68,65 till 68,66 mm
Standard (2)	68,66 till 68,67 mm
Standard (3)	68,67 till 68,68 mm
0,5 mm överdimension	69,20 till 69,21 mm
1,0 mm överdimension	69,70 till 69,71 mm
Kolvspel	0,015 till 0,050 mm

Ringgap:

Kompression	0,25 till 0,45 mm
Oljering	0,20 till 0,40 mm

Topplock

Material	Gjutjärn
Max tillåten skevhet mätt över hela längden	0,15 mm
Min förbränningsrumsdjup efter planing:	
OHV motorer	9,07 mm
HCS motorer	14,4 ± 0,15 mm
Ventilsätesvinkel	45°
Ventilsätesbredd:	
OHV motorer:	
Insug	1,20 till 1,75 mm
Avgas	1,20 till 1,70 mm
HCS motorer (insug och avgas)	1,18 till 1,75 mm
Fräsvinkel, justersnitt:	
Övre	30°
Nedre	75°
Ventilstyrning innerdiam (standard)	7,907 till 7,938 mm

Ventiler - allmänt

Manövrering	Lyftare och stötstänger
Ventiltider:	
OHV motorer före 1986:	
Insug öppnar	21° FÖDP
Insug stänger	55° EUDP
Avgas öppnar	70° FUDP
Avgas stänger	22° EÖDP
OHV motorer 1986 och framåt:	
Insug öppnar	14° FÖDP
Insug stänger	46° EUDP
Avgas öppnar	65° FUDP
Avgas stänger	11° EÖDP
1,1 liter HCS motorer:	
Insug öppnar	14° FÖDP
Insug stänger	46° EUDP
Avgas öppnar	49° FUDP
Avgas stänger	11° EÖDP
1,3 liter HCS motorer:	
Insug öppnar	16° FÖDP
Insug stänger	44° EUDP
Avgas öppnar	51° FUDP
Avgas stänger	9° EÖDP
Ventilspel (kall):	
Insug	0,22 mm
Avgas:	
OHV motorer	0,59 mm
HCS motorer	0,32 mm
Lyftare diameter	13,081 till 13,094 mm
Lyftare spel i lopp	0,016 till 0,062 mm
Ventilfjäder fri längd:	
OHV motorer:	
Före 1986	42,0 mm
Fr o m 1986:	
1,1 liter	41,2 mm
1,3 liter	42,4 mm
HCS motorer	41,0 mm

Insugningsventil

Längd:	
OHV motorer	105,45 till 106,45 mm
HCS motorer	103,70 till 104,40 mm
Skalldiameter:	
OHV motorer:	
före 1986	38,02 till 38,28 mm
fr o m 1986:	
1,1 liter	32,89 till 33,15 mm
1,3 liter	38,02 till 38,28 mm
HCS motorer:	
1,1 liter	32,90 till 33,10 mm
1,3 liter	34,40 till 34,60 mm

Insugningsventil (forts)

Skaftdiameter:
  OHV motorer:
    Standard . . . . 7,866 till 7,868 mm
    0,076 mm överdimension . . . . 7,944 till 7,962 mm
    0,38 mm överdimension . . . . 8,249 till 8,267 mm
  HCS motorer:
    Standard . . . . 7,025 till 7,043 mm
    0,076 mm överdimension . . . . 7,225 till 7,243 mm
    0,381 mm överdimension . . . . 7,425 till 7,443 mm
Spel i styrning . . . . 0,021 till 0,070 mm

Avgasventil

Längd:
  OHV motorer:
    Före 1986 . . . . 105,15 till 106,15 mm
    Fr o m 1986 . . . . 106,04 till 107,04 mm
  HCS motorer . . . . 104,02 till 104,72 mm
Skalldiameter:
  OHV motorer . . . . 29,01 till 29,27 mm
  HCS motorer . . . . 28,90 till 29,10 mm
Skaftdiameter:
  OHV motorer:
    Standard . . . . 7,846 till 7,864 mm
    0,076 mm överdimension . . . . 7,922 till 7,940 mm
    0,38 mm överdimension . . . . 8,227 till 8,245 mm
  HCS motorer:
    Standard . . . . 6,999 till 7,017 mm
    0,076 mm överdimension . . . . 7,199 till 7,217 mm
    0,381 mm överdimension . . . . 7,399 till 7,417 mm
Spel i styrning . . . . 0,043 till 0,092 mm

Smörjsystem

Oljepump typ . . . . Rotor, externt driven av drev på kamaxeln
Min oljetryck vid 80°C:
  Motorvarv 750 rpm . . . . 0,6 bar
  Motorvarv 2000 rpm . . . . 1,5 bar
Varningslampan för oljetryck tänds . . . . 0,32 till 0,53 bar
Avlastningsventil öppnar . . . . 2,41 till 2,75 bar
Oljepump spel:
  Yttre rotor till hus . . . . 0,14 till 0,26 mm
  Inre till yttre rotor . . . . 0,051 till 0,127 mm
  Rotor axialspel . . . . 0,025 till 0,06 mm

Åtdragningsmoment

Nm

Ramlageröverfall . . . . 88 till 102
Vevlageröverfall:
  OHV motorer . . . . 29 till 36
  HCS motorer:
    Steg 1 4
    Steg 2 . . . . Dra ytterligare 90°
Bakre tätningshållare . . . . 16 till 20
Svänghjul . . . . 64 till 70
Kedjespännare . . . . 7 till 9
Kamaxel tryckbricka . . . . 4 till 5
Kamdrev . . . . 16 till 20
Transmissionskåpa . . . . 7 till 10
Remskiva, vevaxel:
  OHV motorer . . . . 54 till 59
  HCS motorer . . . . 100 till 120
Oljepump till vevhus . . . . 16 till 20
Oljepumplock . . . . 8 till 12
Oljetråg:
  Steg 1 . . . . 6 till 8
  Steg 2 . . . . 8 till 11
  Steg 3 . . . . 8 till 11
Oljetråg avtappningsplugg . . . . 21 till 28
  Oljetryckkontakt . . . . 13 till 15

Åtdragningsmoment (forts)

	Nm
Kamlagerbockar	40 till 46
Topplocksskruvar:	
OHV motorer:	
Steg 1	10 till 15
Steg 2	40 till 50
Steg 3	80 till 90
Steg 4 (efter 10 till 20 minuter)	100 till 110
HCS motorer:	
Steg 1	30
Steg 2	Dra ytterligare 90°
Steg 3	Dra ytterligare 90°
Ventilkåpa	4 till 5
Motor till växellåda	35 till 45
Höger motorfäste till kaross	41 till 58
Höger motorfäste till motor	54 till 72
Höger motorfäste, gummikudde till fästen	70 till 95
Främre fäste till växellåda (före 1986 års modeller)	41 till 51
Främre och bakre växellådsfästen (före 1986 års modeller)	52 till 64
Växellådsfästen till växellåda (fr o m 1986 års modeller)	80 till 100
Växellådsbalk till kaross (fr o m 1986 års modeller)	52

1 Allmänt

OHV motorer

1,1 och 1,3 liters motorerna är fyrcylindriga radmotorer med toppventiler (beteckningen OHV från engelskans overhead valve), monterade tvärställda tillsammans med växellådan framtill i bilen.

Vevaxeln på 1,1 liters motorn stödjs av tre ramlager, medan 1,3 liters motorn har fem ramlager. Förutom denna skillnad och vissa mindre ändringar är motorerna i stort sett lika.

Vevlagren är horisontellt delade och kolvbulten sitter med presspassning. Aluminiumkolvarna har tre kolvringar; två kompressions- och en oljering.

Kamaxeln drivs med kedja från vevaxeln och manövrerar ventilerna med hjälp av stötstänger och vipparmar. Insug- och avgasventiler har enkla ventilfjädrar och arbetar i styrningar bearbetade direkt i topplocket. Oljepumpen och fördelaren drivs av en vinkelväxel på kamaxeln, en excenter på kamaxeln manövrerar bränslepumpen.

Oljepumpen sitter utvändigt på motorblocket alldeles under strömfördelaren, oljefiltret av fullflödestyp är skruvat på oljepumpen. Motoroljan i tråget tas via en sugledning till oljepumpen som är av rotortyp. Oljan trycks sedan till fullflödesfiltret som är av engångstyp. Oljetrycket styrs av en regulatorventil inbyggd i pumpen. Oljan styrs via kanaler till alla lagerytor. En borrning i vevstaken säkerställer smörjning av kolvbultar och cylinderlopp. Kamkedja och drev smörjs av olja från ett speciellt munstycke.

HCS motorer

1,1 och 1,3 liters HCS motorer (High Compression Swirl) introducerades i början av 1989 och monteras i vissa 1,1 liters Escort och i alla 1,3 liter Escort, inklusive Express och Kombi. Den ersätter då den tidigare OHV motorn.

HCS motorn är ytterligare en utveckling av Fords "lean burn" princip, och den liknar OHV motorn, med fyra cylindrar och toppventiler. Nästan varje detalj i motorn är annars omkonstruerad. Större skillnader finns i topplocket, där insugningskanaler och förbränningsrum har formgivits för att ge stark virvelbindning för den inkommande bränsleblandningen. Ventilarrangemanget är också ändrat, spegelvänt kring motorns mittpunkt, så att insugningsventilerna i de mellersta cylindrarna ligger intill varandra. Kombinerat med DIS elektroniskt tändsystem som inte har några rörliga delar, resulterar detta i en ekonomisk motor med renare avgaser och som kan köras på blyfritt bränsle utan justering av tändsystemet.

Även om de flesta detaljer på HCS motorn har ändrats, sker service och renovering i stort sätt på samma sätt som tidigare, utom där så anges.

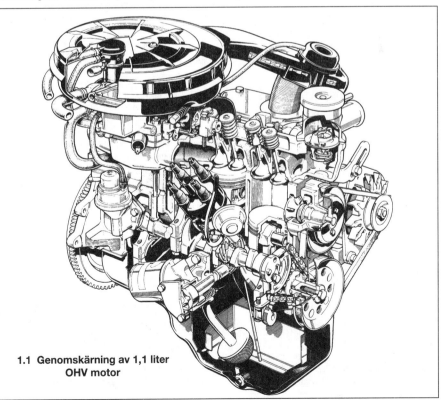

1.1 Genomskärning av 1,1 liter OHV motor

2 Större arbeten som kan utföras med motorn i bilen

Följande arbeten kan utföras med motorn på plats i bilen:
a) *Topplock - demontering och montering.*
b) *Ventilspel - justering (se kapitel 1).*
c) *Oljetråg - demontering och montering.*
d) *Vipparmsaggregat - renovering*
e) *Vevaxel, främre oljetätning - byte.*
f) *Kolvar/vevstakar - demontering och montering.*
g) *Motorfästen - byte.*
h) *Oljefilter - demontering och montering*
l) *Oljepump - demontering och montering.*

3 Större arbeten som kräver demontering av motorn

Följande arbeten kräver demontering av motorn.
a) *Vevlager - byte*
b) *Vevaxel - demontering och montering.*
c) *Svänghjul - demontering och montering.*
d) *Vevaxel, bakre tätning - byte*
e) *Kamaxel - demontering och montering.*
f) *Kamdrev och kedja - demontering och montering*

4 Topplock - demontering och montering

Demontering

Notera: *På HCS motorer kan topplocks-skruven användas totalt tre gånger (inklusive montering i fabrik), och de måste märkas på lämpligt sätt varje gång de demonteras. Ny topplockspackning måste användas vid montering.*

1 Om motorn är på plats i bilen, utför förberedelserna i punkterna 2 till 16.
2 Lossa batteriets minuskabel.
3 Se kapitel 4 del A och demontera luftrenaren.
4 Se kapitel 1 och tappa av kylsystemet.
5 Lossa slangarna från termostathuset.
6 Lossa värmeslangarna från övriga anslutningar för automatchoke eller insugningsrör **(se bilder)**.
7 Lossa gasvajern från förgasarens manöverarm genom att ta bort fjäderklamman och demontera skruven för infästningen **(se bild)**.
8 På modeller med manuell choke, lossa chokevajern från länkarm och infästning.
9 Lossa bränsle- och vakuumledningar från förgasaren.
10 Lossa ventilationsslangen från insugnings-röret.
11 På bilar med servobromsar, lossa vakuumslangen från insugningsröret.
12 Lossa tändkablarna från tändstiften.
13 Lossa elledningarna från tempgivaren, el-

4.6a Värmeslangens anslutning på chokehuset

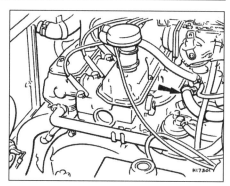

4.6b Värmeslangens anslutning vid insugningsröret

tomgångsmunstycket på förgasaren samt termokontakten för kylfläkten.
14 Skruva loss och ta bort värmestosen från avgasgrenröret.
15 Lossa främre avgasröret från grenröret genom att ta bort skruvarna i flänsen. Stöd avgassystemet i framänden.
16 Ta bort oljepåfyllningslock tillsammans med ventilationsslang.
17 Ta bort de fyra skruvarna och sedan ventilkåpan.
18 Lossa och ta bort de fyra fästskruvarna och sedan vipparmsaggregatet från topplocket.
19 Ta bort stötstängerna, sortera dem i den ordning de sitter. Ett enkelt sätt är att trycka hål i en kartongbit och numrera dem 1-8 från termostathuset räknat.
20 Demontera tändstiften.
21 Lossa topplocksskruvarna lite i taget i omvänd ordning mot åtdragning **(se bild 4.27)**. Ta bort topplocket.
22 För isärtagning av topplock, se avsnitt 13.

Montering

23 Innan montering av topplocket, ta bort alla rester av koks, gammal packning eller smuts från tätningsytorna på topplock och block. Låt inte borttaget material falla ner i cylindrar eller kylkanaler, skulle så inträffa, ta bort det. Då topplocket demonteras sotar man normalt förbränningsrum och kanaler, samt slipar ventiler enligt beskrivning i avsnitt 14. Rengör gängorna på topplocksskruvarna och ta bort

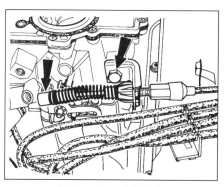

4.7 Gasvajerns infästning

olja från skruvhålen i motorblocket. I extremfall kan locket spricka om man drar en skruv i ett hål fyllt med olja.
24 Om konditionen hos insug- och avgasgrenrörspackningar kan misstänkas, lossa grenrören och montera nya packningar på helt rengjorda tätningsytor.
25 Lägg den nya topplockspackningen på motorblocket, se till att den passar mot skruvhål, kylvätskekanaler och oljekanaler.
26 Sätt försiktigt topplocket på plats.
27 Dra åt alla skruvar med fingrarna och sedan enligt angivna steg (se specifikationer), samt i rätt ordningsföljd **(se bild)**. Notera att på alla motorer utom HCS med M11 (och reducerad diameter mellan skruvskalle och den gängade delen) ska topplocksskruvarna dras i fyra steg. M11 skruvar enligt tidigare beskrivning på HCS motorer ska dras i tre steg.
28 Sätt tillbaka stötstängerna där de tidigare suttit.
29 Sätt vipparmsaggregatet på plats, se till att justerskruvarna går i skålen på stötstängerna.
30 Dra åt skruvarna för lagerbockarna med fingrarna. Nu kommer några vipparmar att utsättas för ventilfjädertrycket och några lagerbockar kommer inte att gå ner mot topplocket. Detta korrigeras dock när man drar skruvarna till angivet moment vilket nu kan utföras.
31 Justera ventilspelen enligt beskrivning i kapitel 1.

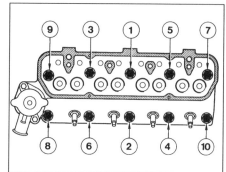

4.27 Åtdragningsföljd för topplocksskruvar

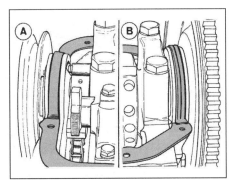

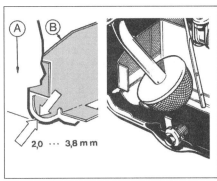

5.6a Trågpackningens fästdetaljer vid kamdrivning (A) och svänghjul (B)

5.6b Montering av trågpackningens tätningsremsor så att de överlappar ändarna på packningen

5.7 Oljetråg och skvalpplåt

A Oljetråg   *B Skvalpplåt*

32 Montera ventilkåpan, använd ny packning. Överskrid inte angivet moment för skruvarna; detta kan orsaka oljeläckage mellan ventilkåpa och topplock.
33 Montera oljepåfyllningslock och ventilationsslang samt tändstift. Dra dessa till angivet moment. De har koniska säten, ingen tätningsbricka används.
34 Anslut främre avgasröret och värmestosen.
35 Anslut alla elledningar, vakuum- och kylvätskeslangar.
36 Anslut gas- och chokevajrar enligt beskrivning i kapitel 4, del A.
37 Montera luftrenaren enligt beskrivning i kapitel 4 del A, fyll kylsystemet enligt beskrivning i kapitel 1.
38 Anslut batteriets minuskabel.

5 Oljetråg - demontering och montering

Notera: *Nya packningar och tätningsremsor måste användas.*

Demontering

1 Lossa batteriets minuskabel och tappa av motoroljan (se kapitel 1).
2 Se kapitel 5, del A, demontera sedan startmotorn.
3 Lossa och ta bort plåten på kopplingskåpan.
4 Ta bort oljetrågets skruvar och sedan oljetråget. Sitter det fast, bryt försiktigt med en skruvmejsel men använd inte för stor kraft. Sitter det mycket hårt, skär runt packningen med en vass kniv.

Montering

5 Innan montering av oljetråget, demontera tätningsremsorna fram och baktill samt packningarna. Rengör ytorna på oljetråg och motorblock.
6 Sätt fast de nya packningarna på blocket med fett, lägg sedan nya tätningsremsor på plats i spåren så att de överlappar packningarna **(se bilder).**
7 Innan oljetråget sätts på plats, se till att spalten mellan oljetråg och skvalpplåt är mellan 2,0 och 3,8 mm **(se bild).**

8 Dra i oljetrågets skruvar, dra dem sedan i tre steg till angivet moment i angiven ordning **(se bild).**
a) Steg 1 - i alfabetisk ordning
b) Steg 2 - i numerisk ordning
c) Steg 3 - i alfabetisk ordning
9 Det är viktigt att man följer denna procedur för att packningen ska täta ordentligt.
10 Montera plåten på kopplingskåpan samt startmotor, anslut batteriets minuskabel.
11 Fyll motorn med rätt mängd olja av angiven kvalitet.

6 Vipparmsaggregat - isärtagning och ihopsättning

Isärtagning

1 Med ventilkåpan demonterad enligt beskrivning i avsnitt 4, ta bort saxpinnen från ena änden av vipparmsaxeln **(se bild).**
2 Ta bort fjädern och planbrickorna från änden på axeln.
3 Dra bort vipparmar, lagerbockar och fjädrar, sortera dem i den ordning de sitter. Rengör alla oljehål.

Ihopsättning

4 Stryk motorolja på vipparmsaxeln innan ihopsättningen, se till att de plana ytorna i änden på axeln är på samma sida som vipparmarnas justerskruvar. Detta är viktigt för rätt smörjning.

7 Vevaxel, främre oljetätning - byte

1 Lossa batteriets minuskabel.
2 Lossa skruvarna för generatorn, tryck sedan generatorn in mot motorn, ta bort drivremmen.
3 Lossa och ta bort skruven för vevaxelns remskiva. Hindra att vevaxeln vrider sig, lås därför fast startdrevet på svänghjulet. Demontera då först plåten på kopplingskåpan (kapitel 5, del A).
4 Demontera vevaxelns remskiva. Den bör gå att ta bort för hand, men sitter den hårt fast, bryt försiktigt med två spakar på ömse sidor så långt in som möjligt.

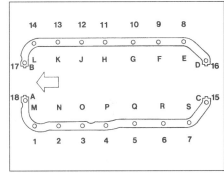

5.8 Oljetrågets åtdragningsföljd

5 Bryt ut den defekta tätningen med lämpligt verktyg, torka rent läget.
6 Montera den nya tätningen med hjälp av lämplig distans, remskivan och skruven. Om tätningen knackas på plats kan den missformas eller också kan transmissionskåpan spricka.
7 Då tätningen är på plats, ta bort remskiva och skruv, stryk lite tätningsmedel på remskivan där den går emot tätningen, sätt sedan tillbaka remskivan och dra skruven till angivet moment.
8 Sätt tillbaka plåten på kopplingskåpan eller startmotorn.
9 Montera och spänn drivremmen enligt beskrivning i kapitel 1, anslut batteriet.

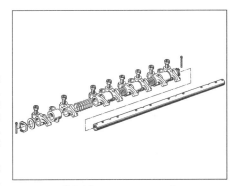

6.1 Vipparmsaggregat

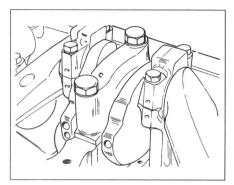

8.2 Vevstakens märkning i storänden

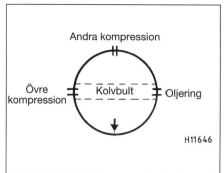

8.9 Ringgapens placering

8.12 Montering av kolv/vevstake med ringkompressor

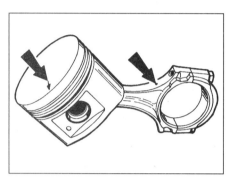

8.13a Inbördes läge för pilen på kolvtoppen och oljehålet i vevstaken

8 Kolvar/vevstakar - demontering och montering

Notera: *En kolvringskompressor erfordras för detta arbete.*

Demontering

1 Demontera topplock och oljetråg enligt beskrivning i avsnitt 4 respektive 5. Ta inte bort sil eller sugrör, de sitter med presspassning.
2 Notera märkningen på vevstakens storände och lageröverfall och hur de är vända. Nr 1 sitter närmast transmissionskåpan, märkningen ska vara vänd mot kamaxeln (se bild).
3 Vrid vevaxeln med hjälp av skruven till remskivan så att åtkomligheten för vevstake nr 1 blir så bra som möjligt. Lossa och ta bort skruvarna samt lageröverfallet komplett med lagerskål. Om överfallet är svårt att ta bort, knacka försiktigt på det med en plastklubba.
4 Skall lagren användas på nytt (se avsnitt 13), tejpa fast lagret i överfallet.
5 Känn upptill i cylinderloppet om det finns en vändkant. Är detta fallet bör den tas bort innan kolv/vevstake trycks ut ur cylinderloppet. Var försiktig så att cylindern inte skadas i övrigt.
6 Tryck kolv/vevstake ut ur motorblocket, se till att lagerskålen stannar kvar i vevstaken om den ska återanvändas.
7 Isärtagning av kolv/vevstake behandlas i avsnitt 13.
8 Gör på samma sätt med övriga cylindrar.

Montering

9 Vid montering av kolv/vevstake, förskjut ringgapen enligt anvisning, olja in ringarna och sätt på en kolvringskompressor (se bild). Tryck isär kolvringarna.
10 Olja in cylinderloppet.
11 Torka rent lagerläget i vevstaken och sätt lagerskålen på plats.
12 Sänk ner kolv/vevstake i cylindern tills undre delen av kolvringskompressorn står mot översidan på blocket (se bild).
13 Se till att riktningspilen på kolvtoppen pekar mot kamdrivningen, knacka sedan med ett hammarskaft av trä på kolvtoppen (se bilder). Slå kraftiga slag så att kolven drivs ner i cylindern.
14 Olja in vevlagertappen och sätt vevstaken på plats på denna. Kontrollera att lagerskålen är i rätt läge.
15 Torka ren lagersätet i överfallet, sätt lagerskålen på plats.
16 Montera överfallet, sätt i skruvarna och dra till angivet moment.
17 Gör på samma sätt med övriga cylindrar.
18 Montera oljetråget (avsnitt 5) samt topplocket (avsnitt 4). Fyll på motorolja och kylvätska.

9 Motor-/växellådsfästen - demontering och montering

Före 1986

1 Motorfästena kan tas bort om vikten av motor/växellåda avlastas på något av tre följande sätt.
2 Stöd antingen motorn under oljetråget med hjälp av en domkraft och en träbit, eller fäst en lyftanordning i lyftöglorna. Man kan också göra en stång med ändstycken som passar i flygelkanterna i motorrummet. Med hjälp av en justerbar krok och en kedja ansluten till motorns lyftöglor kan motorns vikt avlastas från fästena.

Bakre fästen

Demontering

3 Lossa fästet från motor eller växellåda. Då fästet tagits bort kan centrumskruven lossas och gummiupphängningen tas bort (se bilder).

8.13b Pilen på kolvtoppen måste peka mot kamdrivningen

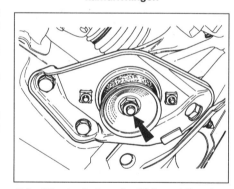

9.3a Vänster bakre växellådsupphängning och fäste - före 1986

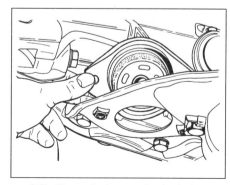

9.3b Demontering av vänster bakre växellådsupphängning - före 1986

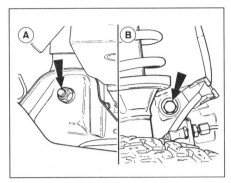

9.3c Höger bakre motorupphängning - före 1986

A Upphängning till sidobalk
B Upphängning till innerflygel

Montering

4 Montera i omvänd ordning. Se till att brickor och plåtar kommer i rätt ordning.

Främre fäste, vänster sida

Demontering

5 Demontering av främre fäste från växellådan kräver en annan procedur. Ta bort centrumskruven, använd sedan en av metoderna som tidigare beskrivits, höj sedan växellådan precis så mycket att man kan lossa och ta bort gummiupphängningens skruvar och sedan gummiupphängningen **(se bild)**.

Montering

6 Montera i omvänd ordning. Se till att brickor och plåtar kommer i samma ordning.

1986 och framåt

Demontering

7 Från och med 1986 finns en längsgående balk under växellådan, främre och bakre, vänster fästen är monterade till denna. Montering av höger fäste sker enligt tidigare beskrivning, men demontera främre och bakre fästen på vänster sida enligt följande.
8 Stöd motorn med en av metoderna beskrivna i punkterna 1 och 2.
9 Lossa muttrarna som håller fästena till balken samt till fästena på växellådan.
10 Lossa balken i fram- och bakkant och ta bort den. Demontera respektive fäste.

Montering

11 Montera i omvänd ordning. Se till att brickor och plåtar kommer i rätt ordning.

10 Oljepump - demontering och montering

Notera: Ny packning måste användas vid montering.

Demontering

1 Oljepumpen sitter på utsidan av vevhuset, vänd bakåt.
2 Använd lämpligt verktyg, skruva sedan loss och ta bort oljefiltret. Använd det inte igen.
3 Lossa de tre fästskruvarna och ta bort

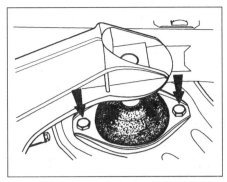

9.5 Vänster främre växellådsupphängning - före 1986

oljepumpen från motorn **(se bild)**.
4 Ta bort rester av gammal packning.

Montering

5 Om ny pump monteras ska den först fyllas med motorolja. Vrid då runt axeln, häll samtidigt ren motorolja i pumpen.
6 Lägg den nya packningen på pumpens tätningsyta, sätt i pumpaxel, skruva fast pumpen.
7 Stryk fett på det nya filtrets gummitätningsring och skruva filtret på plats med handkraft, använd inte verktyg.
8 Fyll på motorolja till rätt nivå.

11 Motor/växellåda - demontering och delning

Notera: Lämplig lyftanordning krävs för detta arbete.

OHV motorer

Demontering

1 Motorn demonteras komplett med växellåda nedåt, den kan sedan dras bort från bilen framåt.
2 Lossa batteriets negativa kabel.
3 Lägg i fyrans eller femmans växel, eller backväxeln på en femväxlad låda, som hjälp vid justering av länkage vid montering. På modeller producerade från och med februari 1987, lägg i tvåans växel på fyrväxlad låda, eller fyrans växel på femväxlad låda.

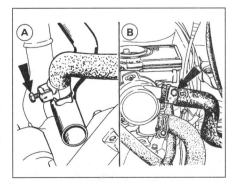

10.3 Demontering av oljepump

4 Se kapitel 11, demontera huven.
5 Se kapitel 4, del A, demontera luftrenaren.
6 Se kapitel 1, tappa av kylsystemet.
7 Lossa övre- och undre kylarslangar samt expansionskärlets slang vid termostathuset.
8 Lossa värmeslangarna från stosen på tvärröret, automatchokehuset eller insugningsröret, vilket som gäller **(se bild)**.
9 Lossa chokevajer (i förekommande fall) samt gasvajer från förgasaren. Lossa vajerinfästningen och bind upp vajern så att den är ur vägen.
10 Lossa bränsleledningen från bränslepumpen, plugga ledningen.
11 På modeller med servobromsar, lossa vakuumledningen från insugningsröret.
12 Lossa elledningarna från följande detaljer.
  a) Generator och tempkontakt för elkylfläkt.
  b) Oljetrycksgivare.
  c) Kylvätsketempgivare.
  d) Backljuskontakt.
  e) Elektriskt tomgångsmunstycke.
13 Lossa tändkabeln samt övriga ledningar från tändspolen.
14 Lossa hastighetsmätarvajern från växellådan och lossa ventilationsslangen.
15 Lossa kopplingsvajern från urtrampningsarmen samt från infästningen på växellådan.
16 Lossa och ta bort värmestosen från avgasgrenröret.
17 Lossa främre avgasröret från grenröret genom att ta bort de två skruvarna. Stöd främre avgasröret så att det inte belastas.
18 Framänden ska nu hissas upp och placeras på pallbockar så att tillräckligt utrymme finns för att ta ner motor/växellåda. Ett avstånd på 690 mm rekommenderas mellan golv och undre delen på frontpanelen.
19 Lossa avgassystemet från upphängningarna och ta bort det helt.
20 Lossa kablarna från startmotorn, även jordledningen.
21 Koppla loss växelstången från väljaraxeln genom att lossa klämskruven och dra bort stången. Bind upp den mot stödröret och växellådan.
22 Ta bort skruven och lossa stödröret från växellådshuset, notera brickan mellan stödröret och växellådan **(se bild)**.
23 Ta bort drivaxlarna från växellådan enligt

11.8 Värmeslangens anslutning vid tvärrör (A) och automatchokehus (B)

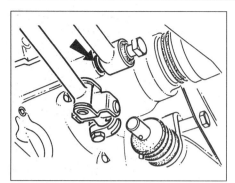

11.22 Punkter där växelstång och stödrör ska lossas - brickan bakom stödröret vid pilen

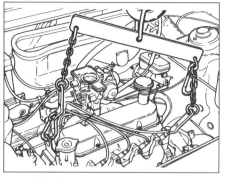

11.24 Typexempel på lyftanordning ansluten till motorn

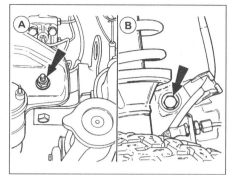

11.26 Höger motorupphängningens infästning i sidobalk (A) och innerflygel (B)

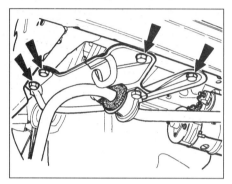

11.27 Demontera krängnings- hämmarfästen på båda sidor - före 1986

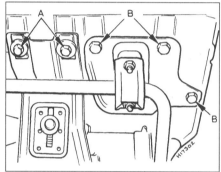

11.28a Skruvar (A) för främre upphängning till växellådsbalk och skruvar för krängningshämmarinfästning (B) - 1986 och framåt

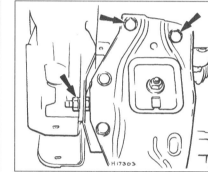

11.28b Skruvar för växellådsbalkens infästning - 1986 och framåt

beskrivning för demontering av växellåda i kapitel 7, del A. Notera, på modeller för 1986 med krängningshämmare, att höger infästning för denna också ska lossas och krängningshämmaren tas ned tillsammans med bärarmarna.

24 Anslut lämplig lyftanordning till motorn med kedjor och fästen **(se bild)**.

25 Avlasta nätt och jämt vikten av motor/växellåda så fästena blir spänningsfria.

26 Lossa höger bakre motorfäste (komplett med stöd för kylvätskeslang på tidiga modeller) från sidobalk och innerflygel **(se bild)**.

27 På modeller före 1986, lossa de främre och bakre fästena från infästningarna, ta sedan bort de främre krängnings- hämmarfästena från karossen på båda sidor **(se bild)**.

28 På modeller från och med 1986, lossa muttrar och skruvar som håller växellåds- balken till karossen **(se bilder)**. Balken demonteras tillsammans med motor/ växellåda.

29 Sänk försiktigt ner motor/växellåda och ta fram dem på golvet.

 Tips **HAYNES** *För att det ska bli lättare att dra fram motorn, sänk ner motor/ växellåda på en liggbräda eller en kraftig kartong som vilar på några rörbitar.*

Delning

30 Lossa och ta bort startmotorns skruvar, sedan startmotorn.

31 Lossa och ta bort plåten från nedre delen av kopplingskåpan.

32 Lossa och ta bort skruvarna mellan kopplingskåpa och motor.

33 Dra bort växellådan från motorn. Stöd växellådan så att inte kopplingen deformeras då ingående axel fortfarande är i ingrepp med navets splines.

HCS motorer

Demontering

34 Motorn kan lyftas från motorrummet under förutsättning att kylare och vissa andra detaljer först demonteras så att man får plats att manövrera. Dessa detaljer anges i anvisningen för demontering.

35 Innan arbetet påbörjas måste man göra två lyftöglor av 6 mm plattjärn, cirka 75 mm långa och 12 mm breda, de ska ha två stycken 38 mm hål **(se bild)**.

36 Demontera huven enligt beskrivning i kapitel 11.

37 Lossa batteriets minuskabel.

38 Demontera luftrenare enligt beskrivning i kapitel 4, del A.

39 Tappa av motoroljan (kapitel 1).

40 Tappa av kylvätskan (kapitel 1).

41 Demontera kylaren (kapitel 3) **(se bilder)**.

42 Lossa värmeslangarna från insugningsrör och vattenpump.

43 Lossa kabeln till det elektriska tomgångsmunstycket på förgasaren.

44 Lossa gasvajern (se kapitel 4, del A).

45 Lossa chokevajern (se kapitel 4, del A).

46 Lossa matarledningen (blå klamma) och utloppet (grön klamma) från bränslepumpen (se kapitel 4, del A).

47 Lossa bromsservons vakuumslang från insugningsröret. Tryck ner flänskragen mot grenröret på senare modeller, dra sedan loss slangen **(se bild)**. Dra slangen rakt ut, använd inte heller för stor kraft, slangen kan då låsas fast.

11.35 Hemmagjord lyftögla - HCS motor

11.41a Skruv för nedre kylarinfästning . . .

11.41b . . . och övre styrstift - HCS motor

11.41c Demontering av kylare - HCS motor

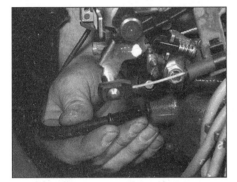

11.47 Slangen för bromsservovakuum lossas - HCS motor

11.49a Anslutning för fläktens termokontakt lossas . . .

11.49b . . . och kylvätsketempgivaren - HCS motor

48 Lossa jordkabeln från insugningsröret.
49 Lossa följande elektriska anslutningar:
a) Kylfläktens termokontakt på termostathuset (se bild).
b) Kylvätsketempgivare (se bild).
c) Generator.
d) Tändspolen (DIS) (se kapitel 5, del B).
e) Oljetryckkontakt.
f) Kylvätsketempgivare för motor (se kapitel 5, del B).
g) Varvtalsgivare (se kapitel 5, del B).
h) Backljuskontakt (se kapitel 7, del A).
l) Kablar till växellådshus.
50 Lossa hastighetsmätarvajern (se bild).
51 Lossa främre avgasröret från grenröret. Muttrarna är lättare åtkomliga underifrån. Då röret lossats, stöd det med en tråd.
52 Lossa kablarna till startmotorn, även jordledningen, som sitter under en av

11.50 Hastighetsmätarvajern lossas - HCS motor

startmotorns skruvar (kapitel 5, del A).
53 Demontera stödet på kablarna från växellådshuset.
54 Lossa växelmekanismen (kapitel 7, del A).
55 Demontera drivaxlarna (kapitel 8). Notera: Då drivaxlarna demonterats, tryck in en rund träbit i hålet där drivaxeltapparna suttit så att inte differentialdreven kommer ur läge. Ett kvastskaft går bra, men måste normalt slipas ned något.
56 Stöd höger sida av motorn på en garagedomkraft och avlasta tyngden.
57 Demontera höger motorfäste genom att lossa den övre muttern på flygelpanelen, sedan en skruv åtkomlig inuti hjulhuset samt de tre skruvarna som håller fästet till motorn (se bilder).
58 Då fästet är borta, lossa Torxskruven som håller gummikudden till fästet (se bild).

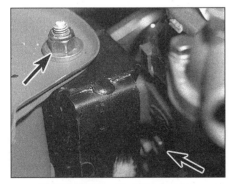

11.57a Skruvar för höger motor-upphängning (vid pil) - HCS motor

11.57b En skruv (vid pilen) är åtkomlig inifrån hjulhuset - HCS motor

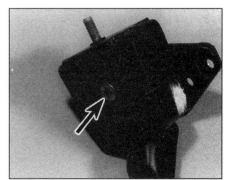

11.58 Torxskruven (vid pilen) säkrar upphängningen till fästet - HCS motor

11.59 Lyftöglan (vid pilen) skruvad till infästningen för höger upphängning på motorblocket . . .

11.60 . . . och på växellådshuset - HCS motor

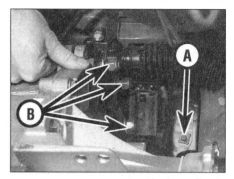

11.65a Upphängningens mutter (A) och fästets (B) - HCS motor

11.65b Demontering av fästet för upphängningen - HCS motor

59 Sätt tillbaka fästet till motorblocket och sätt fast en av de tillverkade lyftöglorna i fästet med en av skruvarna (se bild).
60 Montera den andra lyftöglan på växellådshuset (se bild).
61 Fäst lyftanordningen till motorn och hissa så mycket att tyngden precis känns. Notera: Om förgasaren kommer i vägen för lyftanordningen, demontera förgasaren enligt Kapitel 4, del A.
62 Demontera generatorn (kapitel 5, del A) för att få bättre utrymme.
63 Dra loss transmissionens ventilationsslang från flygelpanelen.
64 Demontera muttern från vänster främre motorfäste.
65 Demontera muttern från vänster bakre motorfäste, ta också bort skruvarna som håller

fästet till växellådshuset, ta sedan bort fästet (se bilder).
66 Lyft försiktigt motorn, kontrollera att alla detaljer har lossats samt att motorn inte skadar andra detaljer då den lyfts. Sväng och vicka på motorn så att den går fri (se bilder).
67 Då motorn lyfts ur motorrummet, sväng den så att den kan sänkas ned på en lämplig arbetsplats.

Delning

68 Följ beskrivningen för OHV motorer.

12 Motor - fullständig isärtagning

OHV motorer

1 Behovet av isärtagning styrs i de flesta fall av oljud eller slitage. Även om det inte finns någon anledning att endast delvis skruva isär motorn vid byte av detaljer som kamkedja eller bakre vevaxeltätning, rekommenderas en fullständig isärtagning om ram- eller vevlager har knackat och speciellt om bilen har gått långt. Detta ger tillfälle att kontrollera detaljerna enligt beskrivning i avsnitt 13.
2 Ställ motorn upprätt på en arbetsbänk eller annan lämplig arbetsyta. Är motorn mycket smutsig utvändigt bör den rengöras med avfettningsmedel och en styv borste innan isärtagning.
3 Demontera kylvätskeledningen från sidan på motorn genom att lossa slangklammorna

och fästskruven.
4 Tappa av motoroljan om inte detta redan gjorts.
5 Ta bort oljemätstickan, skruva bort oljefiltret- det ska inte användas på nytt.
6 Lossa tändkablarna från tändstiften, lossa fördelarlocket och ta bort det komplett med kablar.
7 Lossa och ta bort tändstiften.
8 Lossa ventilationsslangen från insugningsröret och ta bort den tillsammans med oljepåfyllningslocket.
9 Lossa bränsle- och vakuumledningar från förgasaren, lossa sedan och ta bort förgasaren (se kapitel 4, del A).
10 Lossa termostathuslocket, ta bort den tillsammans med termostaten (se kapitel 3).
11 Ta bort ventilkåpan.
12 Demontera vipparmsaxeln (fyra skruvar).
13 Ta bort stötstängerna, sortera dem så som de suttit (se bild).
14 Demontera topplocket, komplett med grenrör enligt beskrivning i avsnitt 4.
15 Demontera strömfördelaren enligt beskrivning i kapitel 5, del B.
16 Lossa och ta bort bränslepumpen.
17 Demontera oljepumpen (avsnitt 10).
18 Kläm ihop remmen runt vattenpumpens remskiva så att den inte snurrar, lossa sedan skruvarna.
19 Lossa fäst- och justerskruvar för generatorn, tryck mot motorn och ta bort drivremmen.
20 Lossa generatorfästet, ta sedan bort generatorn.

11.66a Motor och växellåda lyfts upp . . .

11.66b . . . ut ur motorrummet

12.13 Sortera stötstängerna i den ordning de monteras

12.28 Demontering av kedjespännare

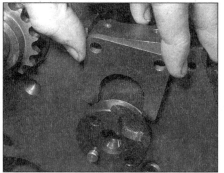

12.31 Kamaxelns tryckbricka demonteras

12.33 Kamaxeln dras ut framåt ur motorn

21 Lossa och ta bort vattenpumpen.
22 Lossa skruven för vevaxelns remskiva. Håll fast vevaxeln med hjälp av startkransen. Håll fast vevaxeln genom att spärra startkransen.
23 Demontera vevaxelns remskiva. Om den inte lossar för handkraft, använd försiktigt två brytspakar mitt för varandra bakom skivan.
24 Lägg motorn på sidan och ta bort oljetråget. Vänd inte motorn upp och ner, smuts och spån kan då komma in i oljekanalerna.
25 Lossa och ta bort transmissionskåpan.
26 Ta bort oljeavkastaren framtill på vevaxeldrevet.
27 Dra loss kedjespännarens arm från ledtappen på det främre ramlageröverfallet.
28 Lossa och ta bort kedjespännaren (se bild).
29 Böj undan låsblecken på kamdreven, lossa sedan och ta bort skruvarna.
30 Ta bort drevet komplett med kedja.
31 Lossa och ta bort kamaxelns tryckbricka (se bild).
32 Vrid kamaxeln så att varje lyftare trycks in i sitt hål av respektive kamnock.
33 Dra ut kamaxeln, se till att inte lagren skadas (se bild).
34 Dra ut alla lyftarna, sortera dem i den ordning de suttit med hjälp av numrerade lappar eller en låda med fack (se bild).
35 Dra loss vevaxeldrevet med hjälp av en tvåbent avdragare.
36 Kontrollera att ramlageröverfallen är märkta f (främre), c (mittre) och r (bakre). Överfallen har också en pil som pekar mot

kamdrivningen, detta bör man lägga märke till vid monteringen.
37 Kontrollera att vevstakar och lageröverfall har motsvarande märkning på den sida som vätter mot kamaxeln. Nr 1 sitter närmast kamkedjan. Om märkningar saknas eller är svåra att läsa, gör egna märken med snabbtorkande färg (se bild).
38 Lossa och ta bort vevlageröverfallen. Om lagren ska återanvändas, tejpa fast dem i överfallet.
39 Kontrollera nu cylindrarnas överkant beträffande vändkanter. Finns sådana bör de avlägsnas med ett skavstål innan kolv/vevstake trycks ut ur cylindern.
40 Demontera kolv/vevstake genom att trycka ut den upptill ur motorblocket. Tejpa fast lagerskålen i vevstaken.
41 Gör på samma sätt med de tre andra cylindrarna.
42 Lossa kopplingen från svänghjulet. Lossa skruvarna jämnt, lite i taget tills fjäderkraften avlastats innan skruvarna tas bort helt. Fånga upp lamellcentrumet då kopplingen tas bort.
43 Lossa och ta bort svänghjulet. Det är tungt, tappa det inte. Vid behov kan man hålla fast svänghjulet med hjälp av startkransen. Svänghjulets läge i förhållande till vevaxeln behöver inte märkas eftersom den endast kan monteras på ett sätt. Lossa adapterplåten på motorns baksida.
44 Lossa och ta bort vevaxelns bakre tätningshållare.
45 Lossa ramlageröverfallen. Ta bort överfallen, knacka loss dem med en plastklubba vid behov. Förvara lagerskålarna

tillsammans med respektive överfall om lagren ska användas igen. Återanvändning rekommenderas dock inte annat än om motorn gått mycket lite (se avsnitt 13). För att förbättra åtkomligheten för skruvarna till ramlager 2 på 1,3 liters motorer, kan man knacka loss oljepumpens sugrör. Vid montering måste man använda ett nytt sugrör och lämpligt lim.
46 Lyft vevaxeln från vevhuset och ta bort de övre lagerskålarna, notera tryckbrickorna på ömse sidor om det mittre lagret. Förvara lagren tillsammans med respektive överfall, märk dem så att de kan sättas tillbaka på samma plats om de används igen.
47 Då motorn nu är helt isärtagen, kontrollera varje detalj enligt beskrivning i avsnitt 13 innan ihopsättningen påbörjas.

HCS motorer

48 Arbetet utförs enligt beskrivning för OHV motorer, notera dock följande.
a) Det finns inget kylvätskerör framtill på motorn.
b) Lossa och ta bort tändkablarna enligt kapitel 5 del B.
c) Det finns ingen fördelare att ta bort. Demontering av DIS spolen beskrivs i kapitel 5 del B.
d) Ramlageröverfallen hålls av torxskruvar.
e) Demontera givaren för motorvarv enligt beskrivning i kapitel 5, del B innan svänghjulet tas bort., så att givaren inte skadas.
f) 1,1 liters motorer har tre ramlager, 1,3 liters motorer har fem. Från kamkedjan räknat numreras lagren 1-3 eller respektive 1-5. De har också en pil som ska peka mot kamkedjan.
g) Vevaxelns trycklager sitter fortfarande på ömse sidor om mittre ramlagret.
h) Bakre tätningshållaren hålls av torxskruvar.

13 Undersökning och renovering

1 Rengör alla detaljer med avfettningsmedel och en styv borste, utom vevaxeln som ska torkas ren. Oljekanalerna ska rengöras med en bit tråd.
2 Förutsätt aldrig att en detalj inte är sliten

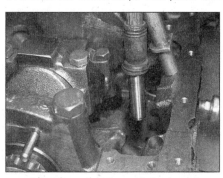

12.34 Demontering av lyftare med sugkoppen till ett ventilslipverktyg

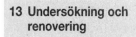

12.37 Märkning på vevstake och överfall

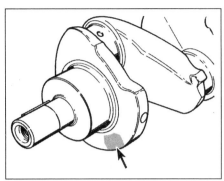

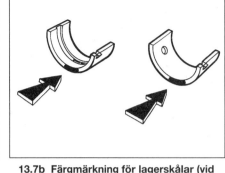

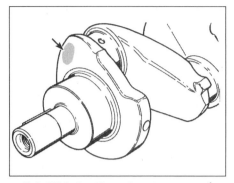

13.7a Märkning på balansvikten för ramlagertapparna (vid pilen)

13.7b Färgmärkning för lagerskålar (vid pilarna)

13.8 Märkning för vevlagertapparna på vevslängen

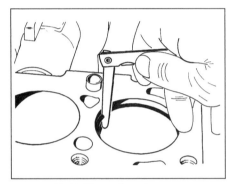

13.14 Kontroll av ringgapp

därför att den ser korrekt ut. Efter det arbete som lagts ner på att ta ner motorn, är montering av slitna detaljer slöseri med tid och pengar. Beroende på slitage, budget samt bilens förväntade livslängd, kan man montera detaljer som endast är lite slitna, men är man tveksam är det dock bäst att byta.

Vevaxel, ram- och vevlager

3 Behovet att byta ramlager eller att slipa vevaxeln har vanligtvis bestämts under senaste tidens körning, kanske på grund av knackningar från motorn, eller att oljetryckslampan visar dåligt oljetryck orsakat av slitna lager.
4 Även utan dessa symptom bör lagertappen på en motor som gått långt kontrolleras beträffande ovalitet och konicitet. Det krävs en mikrometer för mätning av ram- och vevlagertappar på flera ställen. En fackman kan naturligtvis utföra detta. Om det visar sig att gränsen för ovalitet eller konicitet överskrids (se specifikation), bör vevaxeln slipas så att lager av underdimension kan monteras. Normalt levererar företaget som utför slipningar lager av lämplig dimension.
5 Om vevaxeln är i gott skick är det dock tillrådligt att byta lager eftersom de gamla förmodligen är slitna. Detta syns ofta som repor på lagerytorna eller att övre lagret slitits bort så att den underliggande metallen syns.
6 Varje lager är på baksidan märkt med detaljnummer. Underdimensionen är i förekommande fall också märkt på baksidan.

7 Standard vevaxel som har ramlagertappar med tolerans mot den nedre gränsen, är märkta med en gul punkt framtill på balansvikten. Med en annan typ av vevaxel monteras ett lager av standardtyp i vevhuset, men ett gulmärkt lager i lageröverfallet (se bilder).
8 Om en grön märkning finns på vevaxeln visar detta att vevlagren har 0,25 mm underdimension (se bild).

Cylinderlopp, kolvar, ringar och vevstakar

9 Slitage i cylindrarna syns vanligen som rök från avgasröret då bilen körs, tillsammans med hög oljeförbrukning och oljiga tändstift.
10 Motorns livslängd kan förlängas genom montering av speciella oljeringar. Dessa annonseras ofta och ger möjlighet till åtskilliga mil utan omborrning, även om detta naturligtvis krävs. Väljer man denna väg, demontera kolvar/vevstakar enligt beskrivning i avsnitt 8, montera sedan nya ringar enligt tillverkarens beskrivning.
11 Då man önskar en mer permanent lösning kan motorblocket borras av en fackman. Cylinderloppen mäts beträffande ovalitet och konicitet för bedömning av vilken grad av borrning som krävs. Passande kolvar levereras då.
12 Beroende på utrustning för värme och specialverktyg för demontering och montering av kolvbultar med presspassning, bör detta arbete överlåtas till en fackman, helst en Fordverkstad.
13 Demontering och montering av kolvringar ligger däremot inom möjligheterna för hemmamekanikern. Använd då två eller tre gamla bladmått runt om kolven, instoppade bakom övre kompressionsringen på jämna avstånd. Ringen kan nu föras över bladen uppåt och demonteras. Gör på samma sätt med andra ringen och sedan oljeringen. Detta hindrar inte bara ringarna att falla ner i tomma spår, man undviker också att ringarna bryts av.
14 Även då nya ringar levererats till kolvarna, kontrollera att de inte sitter för hårt i spåren, kontrollera också ringgapen genom att trycka ner ringarna vinkelrätt mot loppet och mäta

med ett bladmått (se bild). Justering av ringgapet görs genom försiktig slipning.
15 Om nya ringar monterats på en gammal kolv, ta alltid bort koksrester i spåren. Det bästa verktyget för detta arbete är änden på en avbruten kolvring. Se till att du inte skär dig, kolvringskanterna är vassa. Glansen i cylinderloppet bör brytas med fint slippapper så att de nya ringarna kan arbeta sig in ordentligt.

Kamdrev och kedja

16 Tänderna på kamdrevet slits sällan, men kontrollera i alla fall beträffande avbrutna eller krokiga tänder.
17 Kamkedjan bör alltid bytas när motorn renoveras. En sliten kedja böjer sig märkbart och den hålls horisontellt i bägge ändar.
18 Kontrollera till slut gummikutsen på spännarens bladfjäder. Är den spårig eller sliten, byt den.

Svänghjul

19 Kontrollera startdrevet på svänghjulet beträffande skadade eller brutna kuggar. Är drevet skadat bör det bytas enligt följande. Borra genom drevet på två ställen, diameter 7 eller 8 mm och något förskjutna. Borra inte för djupt eftersom svänghjulet då skadas.
20 Knacka sedan drevet nedåt från läget och ta bort det.
21 Lägg svänghjulet i frysen cirka en timme, värm sedan det nya drevet till mellan 260 och 280 C° i ugnen. Värm inte över 290 C°, hårdheten går då förlorad.
22 Sätt startkransen på svänghjulet, knacka den försiktigt på plats mot ansatsen. Låt den kallna av sig själv.
23 Kontrollera friktionsytan på svänghjulet beträffande spår eller fina sprickor, det senare orsakas av överhettning. Finns sådana defekter kan svänghjulet möjligen bearbetas. Annars måste ett nytt svänghjul monteras. Kontakta en Fordverkstad om detta krävs.

Oljepump

24 Oljepumpen ska kontrolleras beträffande slitage. Ta bort locket och O-ringen och kontrollera följande toleranser (se bilder):
   a) Spel mellan yttre rotor och pumphus.

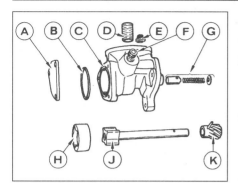

13.24a Sprängskiss av oljepump

A Pumplock
B O-ring
C Pumphus
D Gängad stos
E Överströmnings-
　ventil, filter

F Blindplugg
G Tryckavlastnings-
　ventil
H Yttre rotor
J Inre rotor
K Drev

b) Spel mellan inre och yttre rotor.
c) Rotorns axialspel (använd bladmått och en
　linjal tvärs över pumphuset).
25 Använd bladmått vid kontroll av spelen,
överskrider spelen gränsvärdena, byt pump
(se bild).

Oljetätningar och packningar

26 Byt oljetätning i transmissionskåpan och
vevaxelns bakre tätningshållare rutinmässigt
vid renovering. Oljetätningar är billiga, det är
däremot inte olja! Använd en rörbit för
demontering och montering. Stryk lite fett på
tätningsläpparna och kontrollera att fjädern i
tätningarna inte kommit ur läge vid
monteringen.
27 Byt alla packningar genom att skaffa en
"sotningssats", lösa packningar eller en
komplett sats för renovering av motor.
Oljetätningar kan följa med dessa satser.

Vevhus

28 Rengör kanalerna med en bit tråd eller
med tryckluft. Rengör på samma sätt
kylvätskekanalerna. Detta görs bäst genom att
spola med kallt vatten. Kontrollera
motorblocket beträffande hål med skadade
gängor; förekommer sådana kan man montera
gänginsatser.
29 Byt alla frysbrickor som kan misstänkas
läcka eller om de är rostiga.
30 Sprickor i gjutgodset kan åtgärdas av en
specialist genom svetsning, eller med ett
flertal andra metoder.

Kamaxel och lager

31 Kontrollera kamdrev och kamnockar
beträffande skador eller slitage. Finns sådana
måste kamaxeln bytas. Renoverade kamaxlar
förekommer också.
32 Man bör kontrollera att lagrens
innerdiameter inte överskrider de angivna i
specifikationerna, med hjälp av lämpligt
verktyg; kontrollera annars kamaxelns rörelse i

**13.24b Ta bort oljepumplocket och
demontera O-ringen**

förhållande till lagret, slitna lager bör bytas av
en fackman.
33 Kontrollera kamaxelns axialspel genom att
tillfälligt montera kamaxel och tryckbricka. Om
axialspelet överskrider specifikationerna, byt
tryckbricka.

Lyftare

34 Lyftarna slits sällan i loppen, men efter
lång körsträcka är det troligt att friktionsytan
mot kamnocken är sliten eller spårig.
35 I detta fall ska lyftarna bytas. Slipning av
lyftarna, vilket måste göras i fixtur eftersom
undersidan är aningen konvex, reducerar
endast härdskiktet och påskyndar slitaget.

Topplock och vipparmsaggregat

36 Topplocket tas vanligen isär för sotning
och slipning av ventiler. Se därför anvisningar i
avsnitt 14, förutom beskrivning beträffande
isärtagning här nedan. Demontera först
grenröret.
37 Använd en ventilfjädertång, tryck ihop
fjädern för ventil nr 1 (ventilen närmast
kamdrivningen). Tryck inte ihop ventilfjädern
för långt, ventilskaftet kan krokna. Om
tryckbrickan inte vill släppa då fjädern pressas
samman, ta bort kompressorn och placera en
rörbit på tryckbrickan så att den inte berör
knastren, slå sedan mot änden på rörbiten
med ett skarpt slag med en hammare. Sätt
tillbaka kompressorn och tryck ihop fjädern.
38 Ta bort knastren, släpp sedan försiktigt
kompressorn och ta bort den **(se bild)**.
39 Ta bort fjäderns tryckbricka, fjädern och
oljetätningen **(se bild)**.
40 Ta bort ventilen **(se bild)**.
41 Gör på samma sätt med återstående
ventiler. Sortera ventilerna i den ordning de
suttit genom att placera dem i en kartongbit
med hål, numrera 1-8 (från kamdrivningen).
42 Placera ventilerna, i tur och ordning, i sina
styrningar så att ungefär en tredjedel av
skaftet går in i styrningen. Vicka ventilen fram
och tillbaka. Om något mer än knappt
märkbart spel förekommer, måste
styrningarna brotschas, från förbrännings-
rummen, och ventiler med över-
dimensionsskaft monteras. Har man inte rätt
brotsch (verktyg nr 21-242), överlåt arbetet till
en Fordverkstad.

**13.25 Kontrollera spelet mellan rotor och
hus (a) och mellan yttre och inre rotor (b)**

**13.38 Tryck ihop ventilfjädern och
demontera knastren**

13.39 Demontera tryckbricka och fjäder. . .

13.40 . . . och sedan ventilen

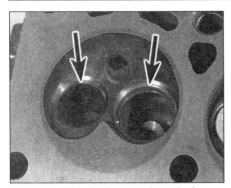

14.14a Förbränningsrum i topplocket, ventilsäten vid pilarna - HCS motor

43 Kontrollera ventilsätena. Ventilsätena slits normalt inte, men ventilerna kan vara brända. Nya ventiler kan då slipas in enligt beskrivning i följande avsnitt. Om sätena kräver bearbetning, använd ett fräsverktyg som kan köpas från verktygsleverantörer eller liknande företag.

44 Byte av ett spräckt ventilsäte eller arbeten förutom fräsningen, bör definitivt överlåtas åt en fackman.

45 Misstänker man att topplocket är skevt exempelvis genom kylvätskeläckage vid packningen, kan locket kontrolleras och vid behov planas av en fackman. Topplock av gjutjärn blir dock sällan skeva.

46 Kontrollera vipparmsaxeln och vipparmarnas anliggningsyta mot ventilskaftet beträffande slitage och repor, kontrollera också att inte någon ventilfjäder är trasig. Byt de detaljer som erfordras efter isärtagning enligt beskrivning i avsnitt 6. Om ventilfjädrarna har gått mer än 80 000 km bör de bytas.

47 Sätt ihop topplocket genom att först montera oljetätningar för ventilerna. Installera ventil nr 1 (anoljad) i styrningen, montera sedan ventilfjädern med de tätare fjädervarven mot topplocket, sedan tryckbrickan. Tryck ihop fjädern och sätt knastren på plats i uttagen på ventilskaftet. Håll dem i läge då ventilfjädertången försiktigt avlastas och tas bort.

48 Gör på samma sätt med återstående ventiler, se till att ventilerna hamnar där de tidigare suttit, eller om nya ventiler används, i det säte de slipats samman med.

49 Lägg topplocket på en träbit i varje ände, slå sedan på änden av ventilskaftet med en plast- eller kopparklubba, ett lätt slag räcker för att detaljerna ska sätta sig.

14 Topplock och kolvar - sotning

OHV motorer

1 Med topplocket demonterat enligt beskrivning i avsnitt 4, bör man ta bort koksrester med hjälp av en skrapa eller en stålborste monterad i en borrmaskin. Se till att inte ventilskallarna skadas, i övrigt krävs inte

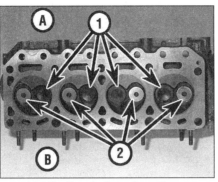

14.14b Topplock med ventilerna monterade - HCS motor

A Insugssida   1 Insugsventiler
B Avgassida   2 Avgasventiler

några speciella åtgärder eftersom topplocket är av gjutjärn.

2 Då ett grundligare arbete ska utföras bör topplocket tas isär enligt beskrivning i föregående avsnitt, så att ventilerna kan slipas in och portar och förbränningsrum rengöras sedan grenrören demonterats.

3 Innan ventilerna slipas in, ta bort alla koksrester från skalle och skaft. Detta går vanligtvis lätt med en insugningsventil, skrapa helt enkelt bort koksresterna med en slö kniv och avsluta med stålborste. Avlagringarna sitter mycket hårdare på avgasventilerna och man kan till och med behöva slipa skallen med grovt slippapper innan de försvinner.

 Tips HAYNES *Ett gammalt stämjärn är användbart för borttagning av kokslager.*

4 Se till att ventilskallarna är helt rena, annars fäster inte sugkoppen som används vid inslipning av ventilerna.

5 Innan inslipningen påbörjas, placera topplocket så att det finns tillräcklig plats för ventilskaften.

6 Ta den första ventilen, stryk lite grov slippasta på ytan som ska utgöra sätet. Sätt ventilen i styrningen och sätt fast sugkoppen på inslipningsverktyget. Snurra verktyget mellan handflatorna fram och tillbaka så att ventil och säte slipas samman. Lyft ventilen

med jämna mellanrum och vrid den något. Gör på samma sätt med fin slippasta, torka sedan bort alla rester av slippasta och kontrollera sätet och ventilen. En matt silverfärgad ring ska finnas på bägge, utan tecken på svarta fläckar. Finns sådana kvar, gör om processen tills de har försvunnit. Ett par droppar fotogen i kontaktytorna påskyndar inslipningen, men låt inte slippasta komma ner i ventilstyrningen. Torka bort alla rester av slippasta efter arbetet med en ren trasa fuktad i fotogen.

7 Gör på samma sätt med återstående ventiler, blanda inte ihop dem.

8 Montering av ventiler beskrivs i avsnitt 13.

9 En viktig del av sotningen är borttagning av koksrester på kolvtopparna. Vrid därför vevaxeln så att två av kolvarna är i övre läge, tryck sedan in lite fett mellan dessa kolvar och cylinderväggarna. Detta hindrar kokspartiklar att ramla ner i kolvringsspåren. Sätt igen de övriga två cylindrarna med trasor.

10 Täck för olje- och kylkanaler med maskeringstejp, använd sedan en trubbig skrapa för att ta bort koksrester på kolvtopparna.

11 Vrid vevaxeln ett halvt varv och gör på samma sätt med återstående kolvar.

12 Torka bort fett och koksrester som samlats upptill i loppen.

13 Rengör motorblockets tätningsyta genom att skrapa den ren.

HCS motorer

14 Arbetet utförs enligt beskrivning för OHV motorer, notera dock följande.

a) *Vid rengöring av förbränningsrummen måste man vara extra försiktig så att inte ventilsätena skadas, speciellt om man använder elverktyg* **(se bild)**.
b) *Ventilerna är annorlunda placerade, spegelvänt kring mittpunkten, därför sitter insugningsventilerna för cylinder nr 2 och 3 bredvid varandra* **(se bild)**.
c) *Vid montering av oljetätningar för ventilerna, tejpa änden på ventilskaftet då det trycks igenom tätningen, använd en lång hylsa eller en rörbit för att trycka ner tätningarna ordentligt* **(se bilder)**. *Ta sedan bort tejpen.*
d) *Ventilsätena kan inte bearbetas med vanliga verktyg.*

14.14c Linda tejp om ventilskaftet innan tätningen monteras - HCS motor

14.14d Tätningen pressas på plats med hjälp av en djup hylsa - HCS motor

15.3 Säkra låsblecken för tryckbrickans skruvar

15.4 Montera övre ramlagerskål och tryckbrickorna (vid pilarna) vid mittre ramlagret

15.9 Kontroll av vevaxelns axialspel med bladmått

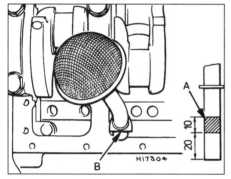

15.10 Oljepumpens sugledning på 1,3 liters motor

A Stryk tätningsmedel här
B Kanten måste vara parallell med motorns längdaxel

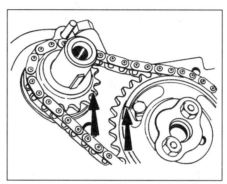

15.12a Sammanhörande märken för drev på vev- och kamaxel

15.12b Montera kamkedja och kamaxeldrev . . .

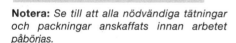
15 Motor - ihopsättning

Notera: *Se till att alla nödvändiga tätningar och packningar anskaffats innan arbetet påbörjas.*

OHV motorer

1 Då allt är rengjort, börja ihopsättningen genom att olja in loppen för lyftarna, placera sedan lyftarna där de tidigare suttit.
2 Smörj kamaxellagren och sätt kamaxeln på plats från framänden av motorn.
3 Montera tryckbrickan och dra skruvarna till angivet moment. Axialspelet ska redan ha kontrollerats enligt beskrivning i avsnitt 13. Lås skruvarna med låsblecken **(se bild)**.
4 Torka rent lagerlägena i vevhuset och montera lagerskålarna. Använd lite fett, sätt sedan fast de halvmånformade tryckbrickorna på ömse sidor om mittre ramlagret så att oljespåren är synliga **(se bild)**.
5 Kontrollera att Woodruffkilen är på plats framtill i vevaxeln, knacka sedan vevaxeldrevet på plats med hjälp av en rörbit.
6 Olja in lagren och sätt vevaxeln på plats.
7 Torka rent lagerlägena i ramlageröverfallen, montera sedan lagerskålarna. Montera överfallen så att märkningarna är rätt placerade enligt beskrivning i avsnitt 12.

8 Sätt i skruvarna och dra till angivet moment.
9 Kontrollera nu vevaxelns axialspel. Helst ska en mätklocka användas, men man kan också använda bladmått mellan tryckbrickan och den bearbetade flänsen på vevaxelns balanseringsvikt. För då vevaxeln så långt det går åt ena hållet, sedan det andra **(se bild)**. Om tryckbrickorna byts mot nya bör axialspelet ligga inom toleranserna. I annat fall måste tryckbrickor med överdimension användas (se specifikationer).
10 Om oljepumpens sugledning demonterats på 1,3 liters motorer, måste nytt rör monteras. Använd lämpligt lim (tillgängligt från Ford) på den yta som visas. Montera rören så att den plana delen på flänsen är parallell med längdaxeln på motorn **(se bild)**.
11 Vrid vevaxeln så att inställningsmärkena på drevet står rakt mot centrum på kamaxeldrevets fläns.
12 Sätt kamaxeldrevet på plats i kamkedjan och haka kedjan runt tänderna på vevaxeldrevet. Tryck kamaxeldrevet på monteringsflänsen. Kamdrevets hål ska nu stå mitt för hålen i kamaxelflänsen och märkena mitt för varandra. Vrid vid behov kamaxeln, man kan också behöva flytta kamaxeldrevet i kedjan. Man kan få försöka några gånger innan inställningen blir riktig **(se bilder)**.
13 Sätt i skruvarna för kamdrevet, dra till angivet moment och lås med låsblecken **(se bild)**.
14 Montera kedjespännaren; dra tillbaka spännarens fjäder, för sedan spännaren men

15.12c . . . med inställningsmärkena i linje med axlarnas centrum

15.13 Fäst kamdrevet med låsblecken

15.14 Montera kedjespännare och arm

15.15 Montera oljeavkastaren med den konvexa sidan mot drevet

15.16 Montering av transmissionskåpa

15.17 Montering av vevaxelns bakre tätningshållare

överled stiftet. Släpp spännaren så att den trycker mot armen **(se bild)**.

15 Montera oljeavkastaren framtill på vevaxeldrevet så att den konvexa sidan är vänd mot drevet **(se bild)**.

16 Använd ny packning, montera transmissionskåpan, som redan ska ha fått ny oljetätning (avsnitt 13) **(se bild)**. En skruv bör lämnas för tillfället, eftersom den också håller vattenpumpen. Smörj tätningsläpparna och montera vevaxelns remskiva. Dra skruven till angivet moment.

17 Använd ny packning, skruva sedan fast vevaxelns bakre tätningshållare. Dra skruvarna till angivet moment **(se bild)**.

18 Montera motorns bakre adapterplatta över styrpinnarna, därefter svänghjulet **(se bilder)**.

19 Sätt i och dra svänghjulets skruvar till angivet moment. För att hindra att svänghjulet vrider sig kan man spärra startkransen eller lägga en träbit mellan en balanseringsvikt och vevhuset.

20 Montera kopplingen, centrera lamell-centrumet enligt beskrivning i kapitel 6.

21 Kolvar/vevstakar ska nu monteras. Även om nu nya kolvar monterats av någon annan, se avsnitt 13, kan det vara värt att kontrollera att kolvarna är rätt vända. Pilen på kolvtoppen ska peka mot kamdrivningen, oljehålet i vevstaken ska då vara vänt åt vänster **(se bild 8.13a)**. Olja in cylinderloppen.

22 Installera kolvar/vevstakar enligt beskrivning i avsnitt 8.

23 Montera oljetråget enligt beskrivning i avsnitt 5.

24 Montera oljetryckgivaren, om den tagits bort.

25 Vrid vevaxeln så att kolv nr 1 är vid ÖDP (tredje märket på vevaxelns remskiva ska stå mot märket på transmissionskåpan), montera oljepumpen komplett med ny packning och nytt oljefilter, enligt beskrivning i avsnitt 10.

26 Montera oljepumpen, använd ny packning. Om isolatorn lossats från vevhuset vid demonteringen, se till att montera ny packning på båda sidor.

27 Montera vattenpumpen med ny packning.

28 Montera topplocket enligt beskrivning i avsnitt 4.

29 Montera stötstängerna där de tidigare suttit, samt vipparmsaggregatet enligt beskrivning i avsnitt 4.

30 Justera ventilspelen (kapitel 1) sätt sedan tillbaka ventilkåpan med ny packning.

31 Montera insug- och avgasgrenrör, med nya packningar, dra bultarna till angivet moment (kapitel 4, del E).

32 Montera förgasaren med ny flänspackning, anslut bränsleröret från pumpen (kapitel 4, del A).

33 Sätt i tändstiften och kylvätsketemp-givaren (om den tagits bort).

34 Montera termostat och termostatlock.

35 Montera remskivan på vattenpumpens drivfläns.

36 Montera generator och drivrem, spänn remmen enligt beskrivning i kapitel 1.

37 Montera fördelaren enligt beskrivning i kapitel 5, del B.

38 Montera fördelarlocket, sätt tillbaka tändkablarna.

39 Skruva dit och anslut kylvätskeröret på sidan av motorn.

40 Montera ventilationsröret från olje-påfyllningslocket till insugningsröret, sätt sedan på locket.

41 Kontrollera att oljetrågets avtappnings-plugg är åtdragen. Ny tätning bör regelbundet monteras för att förhindra läckage. Sätt tillbaka mätstickan.

42 Olja bör inte fyllas på innan motorn monterats i bilen.

HCS motorer

43 Proceduren sker enligt beskrivning för OHV motorer, notera dock följande.

  a) *Dra ramlageröverfallen till angivet moment innan montering av pumpens sugrör.*

  b) *Vid montering av sugröret, använd en nyckel på de plana ytorna för att ställa in läget **(se bild)**.*

  c) *Svänghjulet har styrtappar till vevaxeln och kan inte monteras snett **(se bild)**.*

  d) *Vevaxellagren vinkeldras efter dragning till visst moment (se specifikationen). Använd ett korrekt verktyg eller ett av kartong med märkning för vinkeln **(se bilder)**.*

  e) *Förutom inställning av kamaxel och vevaxel så att ventiltiderna blir rätt, finns inga tändningsmärken att bekymra sig om.*

  f) *Montera ventilkåpan med ny packning. Dra inte skruvarna över angivet moment; detta kan orsaka oljeläckage.*

15.18a Placera adapterplattan över styrpinnarna (vid pilarna) . . .

15.18b . . . montera sedan och dra fast svänghjulet

15.43a Ställ flänsen rätt med hjälp av en fast nyckel - HCS motor

15.43b Montering av svänghjul till vevaxeln (styrstift vid pilen) - HCS motor

15.43c Professionellt verktyg . . .

15.43d . . . och ett hemmagjort av kartong för vinkeldragning av vevlageröverfallen - HCS motor

16 Motor/växellåda - ihopmontering och installation

1 Arbetet sker i omvänd ordning i förhållande till tidigare beskrivning för demontering och delning. Se till att inte kylaren eller flyglarna skadas vid montering.

Ihopmontering

2 Arbetet sker i omvänd ordning i förhållande till delning, men om kopplingen tagits isär, kontrollera att lamellcentrumet centrerats enligt beskrivning i kapitel 6.

Installation

OHV motorer

3 Kontrollera först att oljetrågets avtappningsplugg är åtdragen, och sätt där så krävs tillbaka muttern på väljaraxeln, som tagits bort vid avtappning av oljan, tillsammans med fjäder och låsstift. Stryk tätningsmedel på mutterns gängor vid montering, se specifikationer kapitel 7, del A.
4 Skjut in motor/växellåda under bilen och anslut lyftanordningen. Hissa motor/växellåda försiktigt tills högre bakre motorfäste kan kopplas ihop. Dra bara mutter och skruv löst vid detta tillfälle.
5 På modeller före 1986, montera främre fäste och krängningshämmarfästen, montera sedan vänster främre och bakre fästen löst.
6 Från 1986 och framåt, montera växellådsbalken.
7 Sänk lyftanordningen och låt drivaggregatet vila i fästena. Se till att fästena inte snedbelastas, dra sedan åt muttrar och skruvar, ta bort lyftanordningen.
8 Drivaxlar och bärarmar ska nu monteras enligt beskrivning i kapitel 7, del A.
9 Anslut och justera växellänkaget enligt beskrivning i Kapitel 7, del A.
10 Montera startmotorns ledningar.
11 Anslut motorns jordledning.

12 Montera avgassystemet och skruva främre röret mot grenröret. Sätt tillbaka värmestosen som är förbunden med luftrenaren.
13 Sätt tillbaka kopplingsvajern.
14 Anslut elektriska ledningar, bränsleledningar, bromsvakuumslang samt hastighetsmätarvajer.
15 Anslut gasvajer- och chokevajer (i förekommande fall) enligt beskrivning i kapitel 4, del A.
16 Anslut kylarslangar och värmeslangar.
17 Fyll på motorolja, växellådsolja och kylvätska, anslut sedan batteriet (se foto).
18 Montera huven, skruva gångjärnen till märkningarna som gjorts. Anslut vindrutespolarledningen.
19 Montera luftrenaren och anslut slangarna samt inloppet till luftrenaren.
20 Då motorn är igång, kontrollera kamvinkel, tändläge, tomgångsvarv och blandningsförhållande (se kapitel 1).
21 Om nya detaljer monterats, låt motorn gå med begränsat varvtal några tiotal mil så att komponenterna kan slitas in. Man bör även byta motorolja och filter efter inkörningsperioden.

HCS motorer

22 Montering sker i omvänd ordning mot beskrivningen i avsnitt 11.

Noteringar

Kapitel 2 Del B:
CVH motorer

Innehåll

Svårighetsgrad

| Enkelt, passar novisen med lite erfarenhet | Ganska enkelt, passar nybörjaren med viss erfarenhet | Ganska svårt, passar kompetent hemmamekaniker | Svårt, passar hemmamekaniker med erfarenhet | Mycket svårt, för professionell mekaniker |

Specifikationer

Allmänt

Motortyp	Fyrcylindrig radmotor med överliggande kamaxel
Cylindervolym:	
1,1 liter	1117 cc
1,3 liter	1296 cc
1,4 liter	1392 cc
1,6 liter	1597 cc
Cylinderdiameter:	
1,1 liter	73,96 mm
1,3 och 1,6 liter	79,96 mm
1,4 liter	77,24 mm
Slaglängd:	
1,1 liter	64,98 mm
1,3 liter	64,52 mm
1,4 liter	74,30 mm
1,6 liter	79,52 mm
Kompressionsförhållande:	
Alla utom 1,6 liter Turbo	9,5:1
1,6 liter Turbo	8,3:1
Tändföljd	1-3-4-2 (Nr 1 vid kamrem)

Motorblock

Material	Gjutjärn
Antal ramlager	5
Cylinderdiameter:	
1,1 liter:	
Standard (1)	73,94 till 73,95 mm
Standard (2)	73,95 till 73,96 mm
Standard (3)	73,96 till 73,97 mm
Standard (4)	73,97 till 73,98 mm
Överdimension (A)	74,23 till 74,24 mm
Överdimension (B)	74,24 till 74,25 mm
Överdimension (C)	74,25 till 74,26 mm

Cylinderdiameter (forts):
  1,3 och 1,6 liter:
    Standard (1) . . . . 79,94 till 79,95 mm
    Standard (2) . . . . 79,95 till 79,96 mm
    Standard (3) . . . . 79,96 till 79,97 mm
    Standard (4) . . . . 79,97 till 79,98 mm
    Överdimension (A) . . . . 80,23 till 80,24 mm
    Överdimension (B) . . . . 80,24 till 80,25 mm
    Överdimension (C) . . . . 80,25 till 80,26 mm
  1,4 liter:
    Standard (1) . . . . 77,22 till 77,23 mm
    Standard (2) . . . . 77,23 till 77,24 mm
    Standard (3) . . . . 77,24 till 77,25 mm
    Standard (4) . . . . 77,25 till 77,26 mm
    Överdimension (A) . . . . 77,51 till 77,52 mm
    Överdimension (B) . . . . 77,52 till 77,53 mm
    Överdimension (C) . . . . 77,53 till 77,54 mm
Ramlagerskål innerdiameter:
  Standard . . . . 58,011 till 58,038 mm
  Underdimension 0,25 mm . . . . 57,761 till 57,788 mm
  Underdimension 0,50 mm . . . . 57,511 till 57,538 mm
  Underdimension 0,75 mm . . . . 57,261 till 57,288 mm

Vevaxel

Ramlagertapp diameter:
  Standard . . . . 57,98 till 58,00 mm
  Underdimension 0,25 mm . . . . 57,73 till 57,75 mm
  Underdimension 0,50 mm . . . . 57,48 till 57,50 mm
  Underdimension 0,75 mm . . . . 57,23 till 57,25 mm
Ramlagerspel . . . . 0,011 till 0,058 mm
Tryckbricka tjocklek:
  Standard . . . . 2,301 till 2,351 mm
  Överdimension . . . . 2,491 till 2,541 mm
Vevaxel axialspel . . . . 0,09 till 0,30 mm
Vevlagertapp diameter:
  1,1 liters motorer:
    Standard . . . . 42,99 till 43,01 mm
    Underdimension 0,25 mm . . . . 42,74 till 42,76 mm
    Underdimension 0,50 mm . . . . 42,49 till 42,51 mm
    Underdimension 0,75 mm . . . . 42,24 till 42,26 mm
    Underdimension 1,00 mm . . . . 41,99 till 42,01 mm
  1,3 1,4 och 1,6 liters motorer:
    Standard . . . . 47,89 till 47,91 mm
    Underdimension 0,25 mm . . . . 47,64 till 47,66 mm
    Underdimension 0,50 mm . . . . 47,39 till 47,41 mm
    Underdimension 0,75 mm . . . . 47,14 till 47,16 mm
    Underdimension 1,00 mm . . . . 46,89 till 46,91 mm
Vevlagerspel . . . . 0,006 till 0,060 mm

Kamaxel

Antal lager 5
Drivning . . . . Kamrem
Kamaxel, tryckbrickans tjocklek . . . . 4,99 till 5,01 mm
Kamaxellager diameter:
  1 . . . . 44,75 mm
  2 . . . . 45,00 mm
  3 . . . . 45,25 mm
  4 . . . . 45,50 mm
  5 . . . . 45,75 mm
Kamaxel axialspel . . . . 0,05 till 0,15 mm

Kolvar och kolvringar

Diameter 1,1 liter:
  Standard 1 . . . . 73,910 till 73,920 mm
  Standard 2 . . . . 73,920 till 73,930 mm
  Standard 3 . . . . 73,930 till 73,940 mm
  Standard 4 . . . . 73,940 till 73,950 mm
  Standard service . . . . 73,930 till 73,955 mm
  Överdimension 0,29 mm . . . . 74,210 till 74,235 mm
  Överdimension 0,50 mm . . . . 74,460 till 74,485 mm

Kolvar och kolvringar (forts)

Diameter - 1,3 och 1,6 liter:
Standard 1	79,910 till 79,920 mm
Standard 2	79,920 till 79,930 mm
Standard 3	79,930 till 79,940 mm
Standard 4	79,940 till 79,950 mm
Standard service	79,930 till 79,955 mm
Överdimension 0,29 mm	80,210 till 80,235 mm
Överdimension 0,50 mm	80,430 till 80,455 mm

Diameter - 1,4 liter:
Standard 1	77,190 till 77,200 mm
Standard 2	77,200 till 77,210 mm
Standard 3	77,210 till 77,220 mm
Standard 4	77,220 till 77,230 mm
Standard service	77,210 till 77,235 mm
Överdimension 0,29 mm	77,490 till 77,515 mm
Överdimension 0,50 mm	77,710 till 77,735 mm
Kolvspel	0,010 till 0,045 mm

Ringgap:
1,1 liter:
Kompressionsringar	0,25 till 0,45 mm
Oljering	0,20 till 0,40 mm

1,3 1,4 och 1,6 liter:
Kompressionsringar	0,30 till 0,50 mm
Oljering	0,40 till 1,40 mm

Vevstake

Vevlagerläge diameter:
1,1 liter	46,685 till 46,705 mm
1,3 1,4 och 1,6 liter	50,890 till 50,910 mm
Kolvbultläge diameter	20,589 till 20,609 mm

Vevlager innerdiameter:
1,1 liter:
Standard	43,016 till 43,050 mm
Underdimension 0,25 mm	42,766 till 42,800 mm
Underdimension 0,50 mm	42,516 till 42,550 mm
Underdimension 0,75 mm	42,266 till 42,300 mm
Underdimension 1,00 mm	42,016 till 42,050 mm

1,3, 1,4 och 1,6 liter:
Standard	47,916 till 47,950 mm
Underdimension 0,25 mm	47,666 till 47,700 mm
Underdimension 0,50 mm	47,416 till 47,450 mm
Underdimension 0,75 mm	47,166 till 47,200 mm
Underdimension 1,00 mm	46,916 till 46,950 mm
Vevlagerspel	0,006 till 0,060 mm

Topplock

Material	Lättmetall
Max tillåten skevhet över hela längden	0,15 mm

Min förbränningsrumsdjup efter planing:
1,1 liter	18,22 mm
1,3 och 1,6 liter	19,60 mm
1,4 liter	17,40 mm
Ventilsätesvinkel	45°
Ventilsätesbredd	1,75 till 2,32 mm

Fräsvinkel, justersnitt:
Övre	18°

Nedre:
1,1 liter	80° (insug), 70° (avgas)
1,3 1,4 och 1,6 liter	75° (insug), 70° (avgas)

Ventilstyrning innerdiameter:
Standard	8,063 till 8,094 mm
Överdimension 0,2 mm	8,263 till 8,294 mm
Överdimension 0,4 mm	8,463 till 8,494 mm

Ventiler - allmänt

Manövrering	Vipparmar och hydraullyftare

Ventiltider
1,1 och 1,3 liter:
Insug öppnar	13° EÖDP
Insug stänger	28° EUDP

Ventiltider (forts):
Avgas öppnar	30° FUDP
Avgas stänger	15° FÖDP

1,4 liter:
Insug öppnar	15° EÖDP
Insug stänger	30° EUDP
Avgas öppnar	28° FUDP
Avgas stänger	13° FÖDP

1,6 liter (utom förgasarversioner fr o m 1986):
Insug öppnar	8° EÖDP
Insug stänger	36° EUDP
Avgas öppnar	34° FUDP
Avgas stänger	6° FÖDP

1,6 liter (förgasarversioner - fr o m 1986):
Insug öppnar	4° EÖDP
Insug stänger	32° EUDP
Avgas öppnar	38° FUDP
Avgas stänger	10° FÖDP

Lyfthöjd:

Insug:
1,1 1,3 och 1,4 liter	9,56 mm
1,6 liter	10,09 mm

Avgas:
1,1 1,3 och 1,4 liter	9,52 mm
1,6 liter	10,06 mm
Ventilfjäder fri längd	47,2 mm

Insugningsventil

Längd:
1,1 liter	135,74 till 136,20 mm
1,3 och 1,6 liter	134,54 till 135,0 mm
1,4 liter	136,29 till 136,75 mm

Skalldiameter:
1,1 liter	37,9 till 38,1 mm
1,3 och 1,6 liter	41,9 till 42,1 mm
1,4 liter	39,9 till 40,1 mm

Skaftdiameter:
Standard	8,025 till 8,043 mm
0,20 mm överdimension	8,225 till 8,243 mm
0,40 mm överdimension	8,425 till 8,443 mm
Spel i styrning	0,020 till 0,063 mm

Avgasventil

Längd:
1,1 liter	132,62 till 133,08 mm
1,3 liter	131,17 till 131.63 mm
1,4 liter	132,97 till 133,43 mm
1,6 liter	131,57 till 132,03 mm

Skalldiameter:
1,1 liter	32,1 till 32,3 mm
1,3 liter	33,9 till 34,1 mm
1,4 liter	33.9 till 34,1 mm
1,6 liter	36.9 till 37,1 mm

Skaftdiameter:
Standard	7,999 till 8,017 mm
0,20 mm överdimension	8,199 till 8,217 mm
0,40 mm överdimension	8,399 till 8,417 mm
Spel i styrning	0,046 till 0,089 mm

Smörjning

Olja typ/specifikation	Multigrade motorolja, viskositet SAE 10W/30 (eller multigrade motorolja med lämplig viskositet i förhållande till temperaturen i området) - se rekommendationer från resp leverantör

Oljepump typ:
Före 1986	Drevtyp driven av vevaxeln
Fr o m 1986	Rotortyp driven av vevaxeln

Min oljetryck vid 80°C:
Vid 750 rpm	1,0 bar
Vid 2000 rpm	2,8 bar
Varningslampan för oljetryck tänds	0,3 till 0,5 bar

Smörjning (forts)

Avlastningsventil öppnar	4,0 bar
Oljepump spel (endast rotorpump):	
Yttre rotor till hus	0,060 till 0,190 mm
Inre till yttre rotor	0,05 till 0,18 mm
Rotor axialspel	0,014 till 0,100 mm

Åtdragningsmoment

	Nm
Ramlageröverfall	90 till 100
Vevstaksöverfall	30 till 36
Oljepump till vevhus	8 till 11
Oljepumplock	8 till 11
Oljepump sugledning till block	17 till 23
Oljepump sugledning till pump	8 till 11
Oljekylarens gängade stos till block	55 till 60
Bakre tätningshållare	8 till 11
Oljetråg med delad packning:	
Steg 1	8 till 11
Steg 2	8 till 11
Oljetråg med hel packning:	
Steg 1	5 till 8
Steg 2	5 till 8
Svänghjul till vevaxel	82 till 92
Drivplatta (för momentomvandlare) till vevaxel	80 till 88
Remskiva, vevaxel	100 till 115
Topplocksskruvar:	
Steg 1	25
Steg 2	55
Steg 3	Dra ytterligare 90°
Steg 4	Dra ytterligare 90°
Kamaxel tryckbricka	9 till 13
Kamdrev	54 till 59
Remspännare	16 till 20
Vipparmsskruvar i topplock:	
Vanlig skruv	10 till 15
Med nyloninlägg	18 till 23
Vipparmsmutter	25 till 29
Ventilkåpa	6 till 8
Remkåpa	9 till 11
Oljetråg avtappningsplugg	21 till 28
Motor till manuell växellåda	35 till 45
Motor till automatisk växellåda	30 till 50
Höger motorfäste till kaross	41 till 58
Höger motorfäste till motor	76 till 104
Höger motorfäste, gummikudde till fäste	41 till 58
Främre fäste till växellåda (före 1986 års modeller)	41 till 51
Främre och bakre transmissionsfäste (före 1986 års modeller)	52 till 64
Fästen till växellåda (1986 och framåt)	80 till 100
Växellådsbalk till kaross (1986 och framåt)	52
Oljetryckkontakt	18 till 22

1 Allmän information

1,1 liter, 1,3 liter, 1,4 liter och 1,6 liter CVH motorer (Compound Valve angle, Hemisfäriska förbränningsrum) är raka fyrcylindriga motorer med överliggande kamaxel, monterade tvärställda tillsammans med växellådan framtill i bilen (se bilder).

Vevaxeln stöds av fem ramlager och motorblocket är av gjutjärn.

Topplocket är av lättmetall, kamaxeln löper i fem lager. Kamaxeln drivs av en kuggrem, från ett drev från vevaxeln. Strömfördelaren (i förekommande fall) drivs från bakänden (svänghjulet) på motorn av kamaxeln.

Ventillyftarna är hydrauliska, vilket gör att ventilspelen ej behöver justeras. Om motorn gått på tomgång någon tid, eller efter renovering, kan man höra ventilslammer då motorn startas. Detta är normalt och försvinner vanligtvis efter några minuter då lyftarna fyllts med olja.

Vattenpumpen är monterad i samma ände på motorn som kamdrivningen, den drivs också av kuggremmen.

Oljepumpen är av rotortyp, monterad i samma ände som kamdrivningen. Den drivs av vevaxeln.

Ett fullflödes engångsoljefilter är monterat på sidan av vevhuset.

En oljekylare är placerad under oljefiltret på modeller med bränsleinsprutning och automatväxellåda.

2 Större arbeten som kan utföras med motorn på plats i bilen

Följande arbeten kan utföras med motorn på plats i bilen.

a) Kamrem - byte.
b) Kamaxel, oljetätning - byte.
c) Kamaxel - demontering och montering.
d) Topplock - demontering och montering.
e) Vevaxel främre oljetätning - byte.
f) Oljetråg - demontering och montering.
g) Kolv/vevstake - demontering och montering.
h) Motor-/växellådsfästen - demontering och montering.

3 Större arbeten som kräver demontering av motorn

Följande arbeten kan endast utföras efter demontering av motorn.

a) Vevlager - byte.
b) Vevaxel - demontering och montering.
c) Svänghjul - demontering och montering.
d) Vevaxelns bakre tätning - byte.
e) Oljepump - demontering och montering.

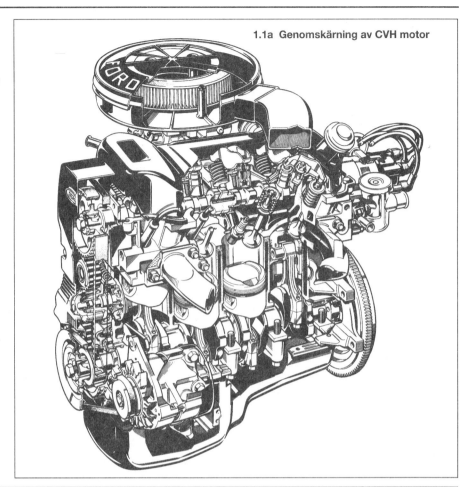

1.1a Genomskärning av CVH motor

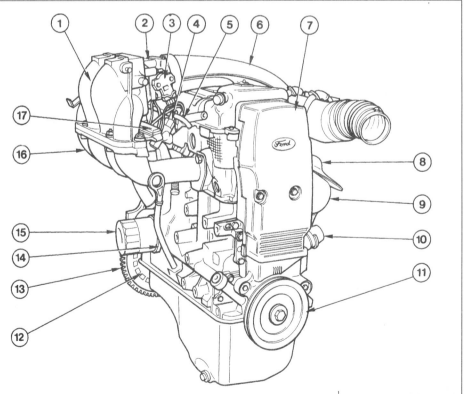

1.1b 1,6 liter EFI motor

1 Insugningsrör (övre)
2 Gasspjällhus
3 Gasspjällägesgivare
4 Bränslematarledning
5 Bränsleslang
6 Luftkanal
7 Kamremkåpa
8 Värmesköld, avgas
9 Avgasgrenrör
10 Kylvätskeinlopp
11 Vevaxelns remskiva
12 Upphöjningar
13 Svänghjul
14 Oljekylare
15 Oljefilter
16 Insugningsrör (nedre)
17 Kabelstam, bränsleinsprutning

4.3a Spår i vevaxelns remskiva (vid pil) mitt för ÖDP (O) märket på kåpans skala

4.3b Kamaxeldrevets läge vid ÖDP

4.4a Då kamremkåpan är i två delar, lossa skruvarna . . .

4.4b . . . och demontera övre halvan

4.6 Håll fast svänghjulet med hjälp av en kraftig mejsel i startkransen

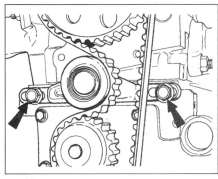

4.7 Remspännarens skruvar (vid pilarna)

---

4 Kamrem - demontering, montering och justering

Demontering

Notera: *Från och med april 1988 (kod JG) introducerades en ny remspännare där spännrullen har större diameter, från och med oktober 1988 används en förbättrad kamrem. Då kamremmen ska bytas, får endast den senaste, förbättrade remmen användas (den tidigare typen är inte längre tillgänglig). På modeller producerade före april 1988 innebär detta också byte av spännrulle.*

1 Lossa batteriets minuskabel.

2 Lossa fäst- och justerskruvar för generatorn, tryck generatorn mot motorn och ta bort drivremmen.

3 Vrid vevaxeln med hjälp av en nyckel på remskivans skruv tills spåret i remskivan står mot ÖDP (O) märket på remkåpans skala. På modeller med strömfördelare, ta nu bort fördelarlocket och kontrollera att rotorarmen pekar mot anslutningen för cylinder nr 1 i locket. Om rotorarmen pekar mot cylinder nr 4, vrid vevaxeln ett helt varv och ställ på nytt märket för ÖDP markeringen. På EFI (bränsleinsprutning) motorer (se kapitel 4, del B), kontrollera att inställningsmärket på kamaxeldrevet står mitt för ÖDP märket på topplocket **(se bilder)**.

4 På tidiga modeller, lossa de fyra skruvarna och ta bort remkåpan som är i ett stycke. På

senare modeller med delad kåpa, lossa de två övre skruvarna och ta bort övre delen, ta sedan bort de två nedre skruvarna. Den nedre kåpan kan inte tas bort än **(se bilder)**.

5 Lossa skruvarna och ta bort höger stänkplåt för motorn.

6 Lossa skruven för vevaxelns remskiva med ringnyckel. Demontera startmotorn enligt beskrivning i kapitel 5, del A och håll fast svänghjulet med en huggmejsel eller dylikt i startkransen så att inte vevaxeln vrider sig **(se bild)**. Ta bort remskivan, sedan nedre delen av remkåpan på senare modeller.

7 Lossa de två skruvarna som håller remspännaren, bryt sedan spännaren åt sidan med hjälp av en stor skruvmejsel så att

remmen slackas **(se bild)**. Om spännaren är fjäderbelastad, dra åt en av skruvarna så att remmen inte spänns.

8 Om originalremmen ska användas på nytt, märk rotationsriktningen och också kuggarnas läge i förhållande till de tre dreven.

9 Ta bort remmen från kamaxel-, vattenpump- och vevaxelns drev.

Montering

10 Innan montering, kontrollera att vevaxeln fortfarande står i läge ÖDP (en liten upphöjning på främre kanten av drevet ska stå mot märkningen för ÖDP på oljepumpen) samt att inställningsmärket på kamaxeldrevet står mitt för märket på topplocket **(se bilder)**. Justera

4.10a Upphöjningen på vevaxeldrevet (vid pilen) mitt för ÖDP-märket på oljepumphuset . . .

4.10b . . . och kamaxeldrevets märke mitt för ÖDP-märket på topplocket

4.11 Sätt kamremmen på plats

lite vid behov, men vrid inte för mycket då remmen är demonterad, eftersom kolvtoppar och ventiler kan gå emot varandra.
11 Haka remmen över vevaxeldrevet, dra sedan vertikalt och i den högra parten. Håll den spänd och haka i kuggarna på kamaxeldrevet. Kontrollera att remskivorna inte ändrat läge **(se bild)**.
12 Lägg remmen över kamaxeldrevet, runt och under spännaren samt över vatten-pumpens drev.
13 Sätt tillbaka vevaxelns remskiva och dra åt skruven, använd samma metod som tidigare för att hålla vevaxeln stilla. På senare modeller, se till att undre delen av remkåpan är på plats innan remskivan monteras.

Justering

Notera: *Korrekt justering av remmen fodrar specialverktyg från Ford. En ungefärlig inställning kan erhållas med den metod som beskrivs nedan, men man bör överlåta slutgiltig spänning till fackman efter arbetets slut.*
14 För justering av remmen, slacka spännanordningen och för den framåt (i bilens riktning) så att remmen spänns. Lås spännaren i detta läge.
15 Rotera vevaxeln medurs två hela varv, ställ sedan åter in läge ÖDP. Kontrollera att kamaxeldrevet också står vid ÖDP-märkningen enligt tidigare beskrivning.
16 Fatta tag om remmen mellan tumme och pekfinger halvvägs mellan vevaxel och kamaxeldrev på remmens raka sida. Då spänningen är riktig ska man just kunna vrida remmen 90 grader vid denna punkt. Slacka spännanordningen och använd en stor skruvmejsel som brytspak, flytta så spännrullen tills remmens spänning är riktig. Dra åt spännarens skruvar, vrid på nytt runt motorn så remmen sätter sig, kontrollera sedan spänningen på nytt. Man kan vara tvungen att göra detta ett par tre gånger innan det blir bra.
17 Det bör understrykas att detta endast är en preliminär inställning, den bör kontrolleras av en Fordverkstad så snart som möjligt.
18 Montera startmotorn, motorns stänkplåt, strömfördelarlock och remkåpa/- or.
19 Montera generatorns rem och justera spänningen enligt beskrivning i kapitel 1.
20 Anslut batteriet.

5 Oljetätningar - byte

Kamaxelns oljetätning

Notera: *Låsvätska krävs vid montering av kamdrevet.*
1 Lossa batteriets minuskabel.
2 Lossa kamremmen från kamdrevet enligt beskrivning i avsnitt 4.
3 För en stång genom ett av hålen i kamdrevet så att det kan hållas stilla då skruven lossas. Ta bort drevet.
4 Använd ett lämpligt verktyg, haka i ena änden och bryt ut oljetätningen **(se bild)**.
5 Stryk lite fett på den nya tätningens läppar och dra dem på plats med hjälp av skruven för kamdrevet och ett lämpligt mellanlägg.
6 Montera drevet, dra skruven till angivet moment. Låsvätska ska strykas på skruvens gängor.
7 Montera och spänn kamremmen enligt beskrivning i avsnitt 4.
8 Anslut batteriet.

Vevaxels främre oljetätning

9 Lossa batteriets minuskabel.
10 Lossa generatorns fäst- och justerskruvar, tryck generatorn mot motorn och ta bort drivremmen från remskivorna.
11 Lossa och ta bort kamremkåpa. På modeller med delad kåpa kan endast övre halvan tas bort nu.
12 Vrid vevaxeln med hjälp av en nyckel på remskivans skruv i normal rotationsriktning tills inställningsmärkena på vevaxeldrevet och topplocket står rätt.
13 Nu behöver man ta bort vevaxelns remskiva. För att hindra vevaxeln att vrida sig, lägg i en växel och låt någon trampa på bromsen, man kan också demontera startmotorn så att man kan hålla fast startkransen med en huggmejsel eller liknande. Skruva loss skruven i vevaxeln och ta bort brickan. Då remkåpan är i två delar, ta bort den nedre halvan nu.
14 Lossa remspännarens skruvar, bryt spännaren åt sidan och dra åt skruvarna. Då remmen är slak kan den tas bort från dreven. Innan remmen tas bort, märk dess läge på

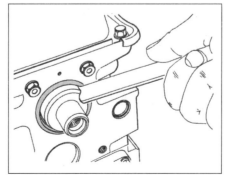

5.4 Demontering av kamaxelns oljetätning

dreven (märk kuggarna med snabbtorkande färg), märk också ut rotationsriktningen.
15 Ta bort vevaxeldrevet. Sitter det hårt krävs en speciell avdragare, men på grund av platsbrist kan man vara tvungen att sänka ner motorn från fästet på den sidan. Innan detta görs, försök bryta loss drevet med ett par skruvmejslar. Om motorfästet ska lossas, följ beskrivningen i del A i detta kapitel.
16 Ta bort den kupade brickan från vevaxeln, notera att den konkava sidan sitter mot tätningen.
17 Använd en lämplig krok, bryt sedan ut oljetätningen från oljepumphuset.
18 Smörj läpparna på den nya tätningen med lite fett och tryck den i läge med hjälp av remskivans skruv och ett lämpligt mellanlägg gjort av en rörbit.
19 Montera tryckbrickan (den konkava sidan mot oljetätningen), drevet samt remskivan. På modeller med delad remkåpa, sätt den undre delen på plats innan remskivan monteras.
20 Montera och spänn kamremmen enligt beskrivning i avsnitt 4.
21 Montera remkåpan.
22 Sätt tillbaka och spänn generatorns drivrem (kapitel 1).
23 Ta bort eventuell anordning som spärrat startdrevet, sätt tillbaka startmotorn och anslut batteriet.

6 Kamaxel - demontering och montering

Förgasarmotorer

Notera: *Låsvätska krävs vid montering av kamdrev.*

Demontering

1 Lossa batteriets minuskabel.
2 Se kapitel 4, demontera luftrenare och bränslepump.
3 Lossa gas- och i förekommande fall chokevajer från förgasaren, lossa sedan skruvarna och för kabeln och infästningen åt sidan.
4 I förekommande fall, se kapitel 5, del B, ta sedan bort strömfördelaren.
5 Demontera skruvarna för remkåpan till topplocket.
6 Lossa vevhusventilationsslangarna på ventilkåpan, lossa och ta bort skruvar och brickor samt själva kåpan.
7 Lossa fästmuttrarna och ta bort vipparmar och styrningar. Sortera detaljerna i den ordning de tidigare suttit så att de kan installeras på samma ställe, använd numrerade lappar eller en avdelad låda.
8 Ta ut hydraullyftarna, håll även här ordning på dem.
9 Lossa skruvarna för generatorns infästning och justering, fäll sedan generatorn in mot motorn och ta av drivremmarna.
10 Lossa och ta bort kamremkåpan (endast övre delen på senare modeller) och vrid vevaxeln så att inställningsmärket på

6.12 Demontering av kamaxeldrev

6.13a Lossa skruvarna för kamaxelns tryckbricka . . .

6.13b . . . ta sedan bort brickan

6.14 Kamaxeln tas bort

kamaxeldrevet står mot märket på topplocket.

11 Lossa skruvarna på remspännaren, bryt remspännaren mot fjäderkraften och dra på nytt åt skruvarna. Då remmen är slak, ta bort den från kamaxeldrevet.

12 För en stång genom ett av de stora hålen i kamdrevet för att hålla fast det då skruven lossas. Ta sedan bort drevet **(se bild)**.

13 Ta bort de två skruvarna och sedan kamaxelns tryckbricka **(se bilder)**.

14 Ta försiktigt bort kamaxeln genom gaveln där strömfördelaren sitter **(se bild)**.

Montering

15 Montering sker i omvänd ordning, observera dock följande.

16 Smörj kamaxellagren innan montering.

17 Ny oljetätning bör alltid monteras då

kamaxeln är på plats (se föregående avsnitt). Stryk låsvätska på drevets skruvar. Dra skruvarna till angivet moment.

18 Montera och spänn kamremmen enligt beskrivning i avsnitt 4.

19 Olja in hydraullyftarna med hypoidolja innan de sätts på plats i loppen.

20 Sätt tillbaka vipparmar och styrningar i ursprungligt läge, använd nya muttrar och dra till angivet moment. Vrid kamaxeln (med hjälp av skruven för vevaxelns remskiva) så att detta kan göras.

21 Använd ny packning för ventilkåpan, se till att den tätar ordentligt, kontrollera att styrspåret är fritt från olja, fett och gammal packning. Lite tätningsmedel bör läggas i spåret där kåpan går samman med remkåpan. Då kåpan är ordentligt på plats, dra skruvarna till angivet moment.

22 Demontera övriga detaljer enligt anvisningarna i respektive kapitel. Glöm inte skruvarna för remkåpan.

Bränsleinsprutade motorer

Notera: Låsvätska krävs vid montering av kamdrev.

Demontering

23 Lossa batteriets minuskabel.

24 Vid behov, lossa slangar och kablar som begränsar åtkomligheten för remkåpa eller ventilkåpa. Vid behov, se beskrivning för berörda detaljer i kapitel 4 och 5.

25 På XR3i och Cabrioletmodeller med mekanisk (Bosch K-Jetronic) bränsle-

insprutning, lossa luftkanalen mellan bränsle-fördelare och gasspjällhus, fäst upp den så den är ur vägen.

26 På RS Turbomodeller, lossa luftledningen och den lilla slangen vid intaget, lossa sedan de två skruvarna från intaget och demontera intaget från ventilkåpan.

27 Följ sedan beskrivningen i punktera 4-14.

Montering

28 Följ beskrivningen i punkterna 15-22.

7 Topplock - demontering och montering

Förgasarmotorer

Demontering

Notera: Topplocket får endast demonteras då motorn är kall. Nya topplocksskruvar och ny packning måste användas vid montering.

1 Lossa batteriets minuskabel.

2 Demontera luftrenaren enligt beskrivning i kapitel 4, del A.

3 Tappa av kylsystemet enligt beskrivning i kapitel 1.

4 Lossa kylvätskeslangarna från termostathus, automatchoke och insugningsrör **(se bild)**.

5 Lossa gas- och i förekommande fall chokevajer från förgasaren, lossa sedan de två skruvarna och för undan vajerfästet **(se bild)**.

6 Lossa bränsleledningen från bränslepumpen **(se bild)**.

7.4 Lossa kylvätskeslangen från termostathuset - förgasarmotor

7.5 Chokevajerns infästning i spjällarmen (vid pilen) - förgasarmotor

7.6 Bränslepumpens matarledning lossas - förgasarmotor

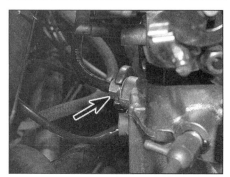

7.7 Bromsservovakuumslangen lossas (vid pilen) - 1,4 liter förgasarmotor

7.8 Bränslereturledningens placering (vid pilen) - 1,4 liter förgasarmotor

7.9 Vakuumslangens anslutning på insugningsröret - 1,4 liter förgasarmotor

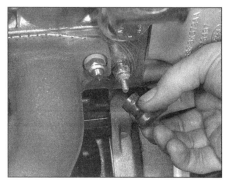

7.10a Anslutningen för tempgivaren lossas ...

7.10b ... samt för elektriskt tomgångsmunstycke och spärrsolenoid i förekommande fall - 1,4 liter förgasarmotor

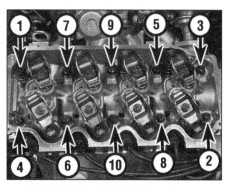

7.18 Ordningsföljd vid lossning av topplocksskruvar

7 Lossa (i förekommande fall) vakuumservoslangen från insugningsröret **(se bild)**.
8 Lossa returledningen (då sådan förekommer) från förgasaren **(se bild)**.
9 Lossa återstående vakuumslangar vid förgasare och insugningsrör, notera var de ska sitta **(se bild)**.
10 Lossa kablarna från tempgivare, tändspole, elektriskt tomgångsmunstycke och, i förekommande fall, elektrisk choke och spärrsolenoid **(se bilder)**.
11 Lossa främre avgasröret från grenröret genom att lossa skruvarna. Bind upp röret med tråd.
12 Lossa generatorns fäst- och justerskruvar, tryck generatorn mot motorn och ta bort drivremmen från remskivorna.
13 Lossa och ta bort kamremkåpan (övre kåpa på senare modeller).
14 Lossa remspännarens skruvar, bryt spännaren åt sidan mot fjädertrycket, dra sedan åt skruvarna.
15 Då remmen är slak, ta bort den från kamdrevet.
16 Lossa tändkablarna från tändstiften, skruva sedan loss och ta bort dem.
17 Demontera ventilkåpa.
18 Lossa topplocksskruvarna, lite i taget i den ordning som visas **(se bild)**. Skruvarna ska inte användas igen vid monteringen.
19 Demontera topplock komplett med grenrör.

Tips HAYNES *Använd grenrören som handtag då topplocket lossas från blocket. Försök inte knacka topplocket i sidled eftersom det sitter på styrpinnar, bryt inte heller mellan lock och block eftersom detta kan orsaka skador.*

Montering

20 Innan montering av topplocket, se till att tätningsytor på topplock och block är helt rena samt att styrpinnarna är på plats, rengör skruvhålen från olja. I extremfall kan locket spricka på grund av hydraultrycket som uppstår då man drar i skruvarna.
21 Vrid vevaxeln så att kolv nr 1 är cirka 20 mm nedanför ÖDP.

7.22 Ovansidan på topplockspackningen är märkt OBEN-TOP (vid pilen)

22 Lägg den nya packningen på motorblocket och sedan topplocket över styrstiften. Ovansidan på packningen är märkt OBEN-TOP **(se bild)**.
23 Sätt i och dra åt de nya topplocksskruvarna, dra dem i fyra steg (se specifikationer). Efter de två första stegen ska skruvskallarna markeras med en klick snabbtorkande färg så att märkena pekar åt samma håll. Dra nu skruvarna (steg tre) ytterligare 90 grader, följd av ytterligare 90 grader (steg fyra). Dra skruvarna enligt varje steg endast i den ordning som visas innan nästa steg påbörjas. Om alla skruvarna dragits lika, ska nu färgmärkningen fortfarande peka åt samma håll **(se bilder)**.
24 Montera kamremmen enligt beskrivning i avsnitt 4.

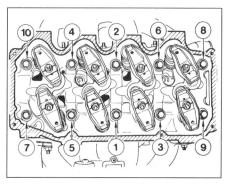

7.23a Ordningsföljd vid åtdragning av topplocksskruvar

7.23b Åtdragning av topplocksskruvar

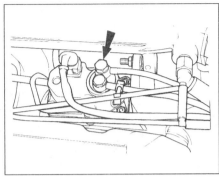

7.33 Bränsleledningens inlopp vid varm-körningsregulatorn - XR3i och Kabriolet

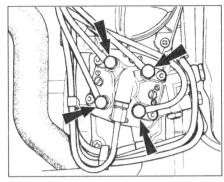

7.35 Bränslerörens anslutning vid bränslefördelaren - XR3i och Kabriolet

25 Montering och sammankoppling av alla övriga komponenter sker i omvänd ordning, se också berörda kapitel.
26 Fyll sedan kylsystemet enligt beskrivning i kapitel 1.

Bränsleinsprutade motorer

Notera: *Topplocket får endast monteras då motorn är kall. Nya topplocksskruvar och ny packning måste användas vid montering.*

XR3i och Kabrioletmodeller med mekanisk (Bosch K-Jetronic) bränsleinsprutning

27 Lossa batteriets minuskabel.
28 Lossa luftkanalen vid spjällhuset.
29 Tappa av kylsystemet enligt beskrivning i kapitel 1.
30 Lossa vevhusventilationsslangarna från insugningsrör och ventilkåpa.
31 Lossa kylslangarna från termostathus, insugningsrör och rörets mellanfläns.
32 Lossa gasvajern från spjällhuset.
33 Avlasta bränsletrycket genom att *sakta* lossa bränsleanslutningen vid varm-körningsregulatorn **(se bild)**. Samla upp bränslespill med en trasa. Se beskrivning av bränsleinsprutningen i kapitel 4, del B eller D, vilket som gäller, för ytterligare förklaringar.
34 Lossa vakuumservoslangen från insug-ningsröret.
35 Lossa de två bränsleledningarna vid varmkörningsregulatorn, den enda ledningen till kallstartventilen och de fyra insprutarrören vid bränslefördelaren **(se bild)**. Ta vara på tätningsbrickorna som ligger på ömse sidor om banjokopplingarna, plugga alla losstagna ledningar och öppningar så att inte smuts kommer in.
36 Lossa vakuumslangarna från spjällhuset, märk först ut hur de ska sitta.
37 Lossa kontaktstycket vid kallstartventil, varmkörningsregulator och tillsatsluftslid, lossa sedan jordkabeln för gasspjällstoppet **(se bild)**.
38 Lossa tändkablarna från tändstiften, ta bort fördelarlocket. Lossa fördelarens kontaktstycke.
39 Återstående demontering och montering sker på samma sätt som beskrivits för förgasarmotorer i punkterna 11-26.

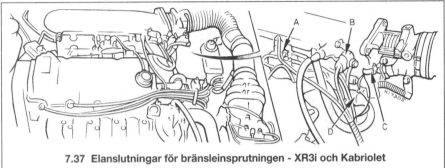

7.37 Elanslutningar för bränsleinsprutningen - XR3i och Kabriolet

A *Varmkörningsregulator*
B *Kallstartventil*
C *Spjällstoppets jordkabel*
D *Tillsatsluftslid*

1,4 CFI (Central bränsleinsprutning) och 1,6 EFI (Elektronisk bränsleinsprutning) motorer

40 Lossa batteriets minuskabel.
41 Lossa de slangar, rör och kablar som krävs för att underlätta demonteringen av topplocket. Se berörda avsnitt i kapitlen 4 och 5.
42 Lossa gasvajrarna enligt beskrivning i kapitel 4, Del C eller D.
43 Resten av demonteringsarbetet sker enligt beskrivning för förgasarmotorer i punkterna 11 till 26.

RS Turbo modeller

44 Lossa batteriets minuskabel.

7.46 Luftkanalens fästklamma (A) kontaktstycke för laddlufttempgivare (B) och kontaktstycke för spjällägesgivare (C) på RS Turbomodeller

45 Tappa av kylsystemet enligt beskrivning i kapitel 1.
46 Lossa luftledningen och slanganslutningen vid intaget, lossa sedan de två skruvarna och för intaget bort från ventilkåpan. Lossa givarens kontaktstycke **(se bild)**.
47 Lossa kylvätskeslangarna från termostat-hus, insugningsrör och insugningsrörets mellanfläns.
48 Lossa vevhusventilationsslangen vid ventilkåpan och de två vakuumslangarna från insugningsröret. Lossa även slangarna från deras klammor.
49 Lossa bromsservoslangen vid insug-ningsröret **(se bild)**.
50 Lossa gasvajern från spjällhuset.
51 Se kapitel 4, del B, ta sedan bort turbo-aggregatet.
52 Avlasta bränslesystemet genom att *sakta* lossa bränsleanslutningen upptill på bränslefördelaren **(se bild)**. Samla upp bränslespill med en trasa. Se beskrivning av bränsleinsprutningssystem i kapitel 4, del B vid förklaring av komponenternas placering.
53 Lossa bränsleledningarna vid insprutarna och kallstartventilen **(se bild)**. Ta reda på tätningsbrickorna på ömse sidor om banjokopplingarna, plugga alla ledningar och kopplingar så att inte smuts kommer in. Ta bort ledningarna från topplocket.
54 Lossa kontaktstyckena för tempgivare, tändspole, gaspjällägesgivare, solenoidventil, kylvätsketempgivare, termotidkontakt, kall-startventil och tillsatsluftslid.

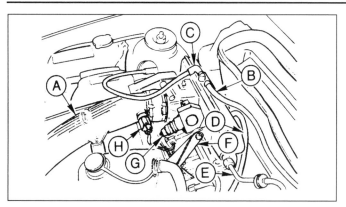

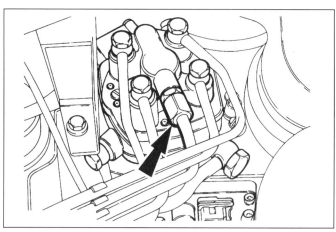

7.49 El- och slanganslutningar för bränsleinsprutning - RS Turbo

A Luftkanal
B Vakuumslang
C Vevhusventilationsventilens
   slang
D Tillsatsluftslid

E Vakuumservoslang
F Upphängning
G Kontaktstycke, spjällägesgivare
H Kontaktstycke,
   laddlufttempgivare

7.52 Kallstartventilens anslutning på bränslefördelaren - RS Turbo

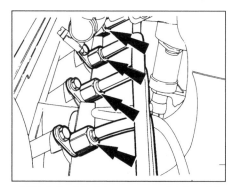

7.53 Bränsleledningarnas anslutning vid bränslefördelaren - RS Turbo

55 Lossa tändkablarna från tändstiften, ta bort fördelarlocket.
56 Återstående demontering och montering sker på samma sätt som beskrivits för förgasarmotorer i punkterna 12-26.

8 Oljetråg - demontering och montering

Notera: *Nya packningar och tätningsremsor måste användas vid montering.*

Demontering

1 Lossa batteriets minuskabel.
2 Tappa av motorolja.
3 Demontera startmotorn enligt beskrivning i kapitel 5, del A.
4 Lossa handbromsen, hissa upp framänden och stöd den på pallbockar (se *"Lyftning bogsering och hjulbyte"*).
5 Lossa och ta bort plåten på kopplingskåpan **(se bild)**.
6 Lossa och ta bort motorns stänkplåt på höger sida **(se bild)**.
7 Lossa oljetrågets fästskruvar lite i taget och ta bort dem.
8 Demontera oljetråget och skrapa bort packning och tätningsremsor.

Montering

9 Se till att tätningsytorna på tråg och block är helt rena, montera sedan nya tätningsremsor i spåren och fäst de nya sidopackningarna med ett fett. Packningarnas ändar skall överlappa tätningsremsorna. På senare modeller används en hel trågpackning. Innan den monteras, stryk tätningsmedel i skarvarna för motorblock och bakre tätningshållare, samt motorblock och oljepumphus (fyra ställen). Utan att använda ytterligare tätningsmedel, placera packningen i spåren på tätningshållare och oljepump **(se bilder)**. För att hålla packningen på plats, sätt i ett par, tre pinnskruvar vid behov, ta sedan bort dem när oljetråget är på plats.
10 För upp oljetråget, se till att packningen inte rubbas, sätt sedan i skruvarna. Dra skruvarna i två steg till angivet moment enligt specifikationerna.
11 Sätt tillbaka plåten på kopplingskåpan och sedan stänkplåten.
12 Montera startmotorn.
13 Fyll på motorolja och anslut batteriet.

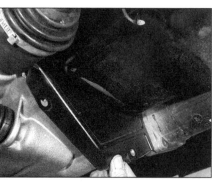

8.5 Demontera plåten på kopplingskåpan . . .

8.6 . . . och höger stänkplåt

8.9a Montering av oljetrågets tätningsremsor . . .

8.9b . . . följda av sidopackningarna så att ändarna överlappar

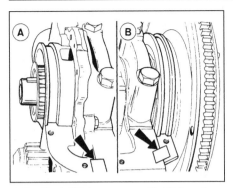

8.9c Stryk tätningsmassa där bilden visar då trågpackning i ett stycke används
A Oljepump mot block
B Bakre tätningshållare mot block

9 Kolvar/vevstakar - demontering och montering

Notera: *En kolvringkompressor krävs för detta arbete.*

Demontering

1 Demontera oljetråget enligt avsnitt 8 och topplocket enligt beskrivning i avsnitt 7.
2 Kontrollera att vevstake och vevstaks-överfall har motsvarande märkning i storänden som utvisar placeringen. Nr 1 är närmast kamdrivningen **(se bild)**.
3 Ställ första kolven i nedre läge genom att vrida vevaxeln med hjälp av skruven för remskivan, kontrollera sedan vändkanten upptill i loppet. Om sådan finns bör den först tas bort med ett skavstål, se till att inte cylinderloppet skadas.
4 Lossa vevstaksskruvarna och ta bort dem.
5 Knacka loss lageröverfallet. Om lagret ska användas på nytt, se till att det stannar kvar i överfallet. Notera de två spännstiften som styr överfallet.
6 Tryck kolv/vevstake ut uppåt ur blocket. Om lagret ska användas igen, se till att det stannar kvar i vevstaken.
7 Gör på samma sätt med övriga kolvar/vevstakar.
8 Isärtagning av kolv/vevstake behandlas i avsnitt 13.

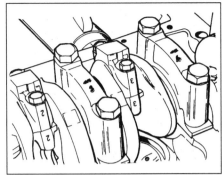

9.2 Sammanhörande märkning på vevstakar och ramlager

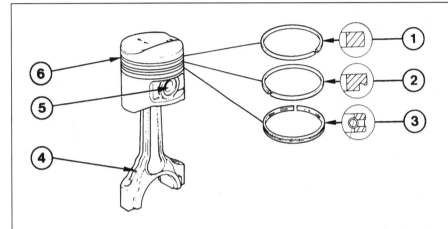

9.9b Kolvringarnas profil och hur de ska vändas - 1,6 liter EFI motor

1 Övre kompressionsring
2 Andra kompressionsring
3 Oljering
4 Oljehål
5 Kolvbult
6 Kolvringspår

Montering

9 Vid montering av kolvar/vevstakar, se till att ringgapen är förskjutna enligt beskrivning **(se bilder)**. Olja in ringarna och montera en kolvringkompressor, tryck ihop ringarna.
10 Olja in cylinderloppen.
11 Torka rent lagerläget i vevstaken och sätt in lagerskålen **(se bild)**.
12 För in kolv/vevstake uppifrån i cylindern tills undre delen på kolvringkompressorn vilar plant mot blocket.

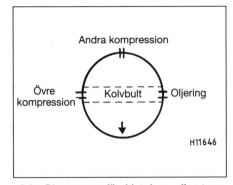

9.9a Ringgapens förskjutning - alla utom 1,6 liter EFI motorer

13 Kontrollera att pilen på kolvtoppen pekar mot kamdrivningen, knacka sedan med ett hammarskaft på kolvtoppen. Slå skarpa slag så att kolven drivs in i cylindern och lämnar ringkompressorn **(se bilder)**.
14 Olja in vevlagertappen och för vevstaken på plats. Se till att lagerskålen fortfarande är på plats.
15 Torka rent lagerläget i lageröverfallet och sätt lagerskålen på plats.
16 Smörj lagren med olja, sätt sedan

9.11 Montering av lagerskål i vevstaken

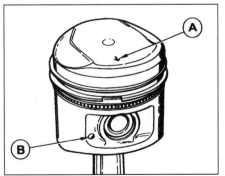

9.13a Pil (A) eller gjutvårta (B) måste vara vänd mot kamdrivningen

9.13b Montering av kolv/vevstake

överfallen på plats, se till att märkningarna kommer på samma sida, sätt i skruvarna och dra dem till angivet moment **(se bilder)**.
17 Gör på samma sätt med övriga kolvar/vevstakar.
18 Montera oljetråget (avsnitt 8) och topplocket (avsnitt 7). Fyll på motorolja och kylvätska.

10 Motor-/växellådsfästen - demontering och montering

Se del A, avsnitt 11.

11 Motor/växellåda - demontering och delning

Notera: *Lämplig lyftanordning krävs för detta arbete.*

Förgasarmotorer

Demontering

1 Motorn demonteras komplett med växellåda nedåt, den kan sedan dras fram.
2 Lossa batteriets minuskabel.
3 Lägg i fyrans växel på fyrväxlade modeller eller backväxeln på femväxlade, detta underlättar justering av länkaget vid montering. Modeller producerade från och med 1987, lägg i tvåans växel på fyrväxlade versioner och fyran på femväxlade.

9.16a Montering av överfall till vevstaken

4 Se kapitel 11, ta bort huven.
5 Se kapitel 4, del B, ta bort luftrenaren.
6 Se kapitel 1, tappa av kylsystemen.
7 Lossa kylarslangarna och slangen för expansionskärlet vid termostathuset.
8 Lossa värmeslangarna från automatchoke, termostathus och insugningsrör så som erfordras.
9 Lossa gasvajer och i förekommande fall chokevajer från förgasarens spjällarmar **(se bild)**. Lossa vajerfästet och för fäste och vajrar åt sidan.
10 Lossa bränsleledningen från bränslepumpen, plugga ledningen. Lossa i förekommande fall bränslereturslang vid förgasaren.
11 Lossa därefter bromsservoslangen från

9.16b Dra vevlagerskruvarna till rätt moment

insugningsröret.
12 Lossa ledningarna från följande elektriska komponenter.
a) *Generator (se bild).*
b) *Kylfläktens temperaturkontakt och tempgivare (se bilder).*
c) *Oljetryckkontakt (se bild).*
d) *Backljuskontakt (se bild).*
e) *Tomgångsmunstycke (se bild) och spärrsolenoid (i förekommande fall).*
f) *Elektrisk choke (i förekommande fall).*
g) *Tändspole.*
h) *Fördelare (se bild).*
l) *Startmotorsolenoid (se bild).*
13 Lossa hastighetsmätarvajern från växellådan och dra bort ventilationsslangen **(se bild)**.

11.9 Gasvajern lossas (1,3 liter förgasarmotor)

11.12a Kontaktstyckena lossas för generator . . .

11.12b . . . kylfläktkontakt . . .

11.12c . . . tempgivare . . .

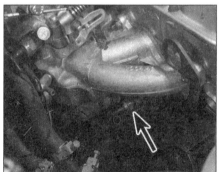

11.12d . . . oljetryckkontakt . . .

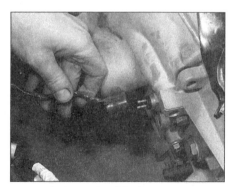

11.12e . . . backljuskontakt . . .

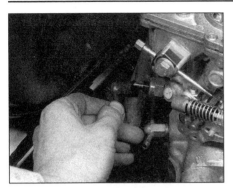

11.12f ... el-tomgångsmunstycke ...

11.12g ... strömfördelare ...

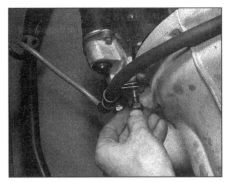

11.12h ... och ledningarna till startmotorn på 1,3 liter förgasarmotor

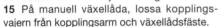

11.13 Lossa hastighetsmätarvajern (vid pilen) från växellådan

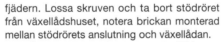

11.19 Lossa växelstången vid väljaraxelns klamma

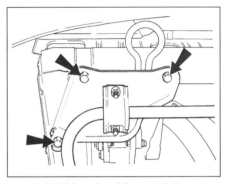

11.23 Krängningshämmarplattans infästning - 1986 och framåt

14 Lossa växellådans jordledning.
15 På manuell växellåda, lossa kopplings-vajern från kopplingsarm och växellådsfäste.
16 Lossa främre avgasröret från grenröret, stöd systemet så att det inte belastas.
17 Dra åt handbromsen, hissa upp framänden och stöd den på pallbockar så att tillräckligt utrymme finns för att ta ner motor/växellåda. Ett avstånd på 690 mm rekommenderas mellan golv och undre delen av frontpanelen.
18 Lossa avgassystemet från upp-hängningarna och ta bort hela systemet.
19 På modeller med manuell växellåda, lossa växelstången från växellådans väljaraxel genom att lossa klämskruven och dra loss stången (se bild). Bind upp stången mot stödröret och (i förekommande fall) haka loss

fjädern. Lossa skruven och ta bort stödröret från växellådshuset, notera brickan monterad mellan stödrörets anslutning och växellådan.
20 På modeller med automatväxellåda, se kapitel 7, del B, lossa sedan kablarna för startspärrkontakten, väljarvajern och ned-växellänkaget.
21 Demontera drivaxlarna från växellådan enligt beskrivning i kapitel 8.
22 På modeller före 1986 med krängnings-hämmare, lossa de två skruvarna på varje sida som håller krängnings-hämmarens infästning, ta sedan bort infästningarna.
23 På modeller från och med 1986, lossa de tre skruvarna på var sida som håller infästningarna till karossen (se bild).
24 På modeller med automatväxellåda, lossa ledningarna till oljekylaren och ta bort

ledningarna. Plugga öppningarna så att inte smuts kommer in.
25 Ta loss stänkplåtarna på höger och vänster sida (se bilder).
26 På modeller med låsningsfria bromsar (ABS) lossa skruven till hydraulledningarnas fäste (se bild). Lossa modulatorns klämskruv och ledbult på varje sida, bind sedan upp modulatorn mot chassit (se kapitel 9).
27 Anslut en lämplig lyftanordning till motorn med hjälp av kedjor till lyftöglorna på topp-locket.
28 Avlasta nätt och jämt vikten av motor/växellåda.
29 Lossa höger bakre motorfäste (komplett med fäste för kylvätskeslangar på tidiga modeller) från sidobalken och från innerflygeln (se bilder).

11.25a Demontera höger stänkplåt ...

11.25b ... och vänster (vid pilen)

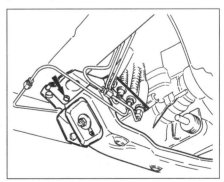

11.26 Placering av rörfäste för de låsningsfria bromsarna (ABS) (vid pilen)

30 På modeller före 1986, lossa vänster främre och bakre gummikuddar från fästena och ta bort främre fäste och krängningshämmarfäste från karossen på bägge sidor **(se bild)**.

31 På modeller från och med 1986, lossa muttrar och skruvar som håller växellådsbalken till karossen **(se bild)**. Balken demonteras tillsammans med motor/växellåda.

32 Sänk försiktigt ner motorn och dra fram den. För att underlätta detta, sänk ner den på en liggbräda eller en kraftig kartong placerad på några rörstumpar **(se bild)**.

Delning (modeller med manuell växellåda)

33 Lossa och ta bort startmotorns skruvar, sedan startmotorn.

34 Lossa och ta bort plåten på nedre delen av kopplingskåpan.

35 Lossa och ta bort skruvarna mellan kopplingskåpa och motor.

36 Dra bort växellådan från motorn. Stöd växellådan så att inte kopplingen deformeras då ingående axel fortfarande är i ingrepp med lamellcentrumets nav.

Delning (modeller med automatväxellåda)

37 Lossa och ta bort startmotorns skruvar, sedan startmotorn.

38 Lossa de två skruvarna, ta sedan bort täckplåten för momentomvandlaren.

39 Arbeta genom hålet där täckplattan satt,

skruva loss och ta bort de fyra muttrarna som håller drivplattan till momentomvandlaren. Man måste vrida vevaxeln mellan varje mutter för att detta ska fungera. Lossa muttrarna växelvis, ett varv i taget tills de kan tas bort.

40 Lossa och ta bort skruvarna mellan motor och växellåda, separera sedan enheterna, men se till att inte momentomvandlarens tappar hakar upp sig i drivplattan. Momentomvandlaren sitter löst, se till att den sitter på plats under och efter demonteringen.

Bränsleinsprutade motorer

Demontering

XR3i och Cabrioletmodeller med mekanisk (Bosch K-Jetronic) bränsleinsprutning

41 Motorn demonteras komplett med växellåda nedåt och kan sedan tas fram på golvet.

42 Lossa batteriets minuskabel.

43 Lägg i fyrans växel på fyrväxlade modeller eller backväxeln på femväxlade för att underlätta justeringen av växellänkaget vid monteringen. På modeller producerade från och med februari 1987, lägg i tvåans växel på fyrväxlade modeller, eller fyrans växel på femväxlade modeller.

44 Se kapitel 11, demontera huven.

45 Se kapitel 1, tappa av kylsystemet.

46 Demontera luftslangen mellan bränslefördelare och gasspjällhus.

47 Lossa övre och undre kylarslangar samt expansionskärlets slang vid termostathuset.

48 Lossa värmeslangarna från termostathus,

och trevägsanslutningen på oljekylaren.

49 Lossa gasvajern från gasspjällarmen, lossa också kabelinfästningen från gasspjällarmen.

50 Avlasta bränsletrycket genom att *sakta* lossa bränsleanslutningen på varmkörningsregulatorn. Samla upp bränslespill med en trasa. Se beskrivning för bränslesystemet i kapitel 4, del B beträffande placering av detaljer.

51 Lossa vakuumservoslangen från insugningsröret.

52 Lossa de två bränsleanslutningarna vid varmkörningsregulatorn, bränsleanslutningen för kallstartventilen samt matarledningarna för insprutarrören på bränslefördelaren. Ta vara på tätningsbrickorna på ömse sidor om banjoanslutningarna, plugga alla lossade ledningar och öppningar så att inte smuts kommer in.

53 Lossa kablarna till följande elektriska detaljer.

a) Generator.
b) Kylfläktens temperaturkontakt.
c) Oljetryckgivare.
d) Backljuskontakt.
e) Tändspole.
f) Strömfördelare.
g) Startmotorsolenoid.
h) Kallstartventil.
j) Varmkörningsregulator.
k) Tillsatsluftslid.
l) Spjällstoppets jordkabel.

54 Lossa hastighetsmätarvajern från växellådan, lossa även ventilationsslangen.

11.29a Bakre höger motorinfästning (vid pilen) i sidobalken . . .

11.29b . . . och i innerflygeln

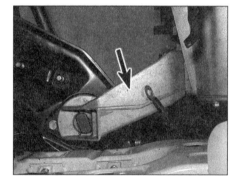

11.30a Lossa vänster främre (vid pilen) . . .

11.30b . . . och vänster bakre växellådsfästen - före 1986

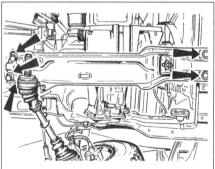

11.31 Placering av skruvar för växellådsbalken - 1986 och framåt

11.32 Motor/växellåda nedsänkt på golvet

11.66 Luftrenarens fästskruvar (vid pilarna) på RS Turbo

55 Lossa transmissionens jordledning.
56 Lossa kopplingsvajern från kopplings-armen samt från fästet på växellådan.
57 Återstående demontering sker enligt tidigare beskrivning för förgasarmotorer i punkterna 16-32.

1,4 CFI (Centralinsprutning) och 1,6 EFI (Elektronisk bränsleinsprutning) motorer
58 Följ beskrivningen i punkterna 41-49, bortse från hänvisningar för bränslefördelare.
59 Lossa alla berörda slangar, rör och kablar för att underlätta demonteringen, se därför berörda delar av kapitel 4 och 5.
60 Följ därefter beskrivningen i punkterna 54-57

RS Turbo modeller
61 Lossa batteriets minuskabel.
62 Lägg i bakväxeln för att underlätta justering av växellänkaget vid monteringen. På modeller från och med februari 1987, lägg i fyrans växel.
63 Se Kapitel 11, demontera huven.
64 Se Kapitel 1, tappa av kylsystemet.
65 Lossa luftslangen och stosen vid luftintaget. Lossa kontaktstycket till tempgivaren för laddluft, lossa de två skruvarna till luftintaget på ventilkåpan, ta sedan bort intaget.
66 Lossa de två skruvarna, ta bort luftrenaren från bränslefördelaren **(se bild)**.
67 Lossa övre och undre och kylarslangar vid termostathuset, kylare och returledning från turboaggregatet, vilket som gäller.
68 Lossa värmeslangarna från termostathus, trevägsanslutning och insugningsrör, vilket som gäller.
69 Se kapitel 4, del B, demontera turbo-aggregatet.
70 Lossa vevhusventilationsslangen vid ventilkåpan samt de två vakuumslangarna upptill på insugningsröret **(se bild)**. Lossa slangarna från klämmorna.
71 Lossa vakuumservoslangen från insug-ningsröret.
72 Lossa slangen vid solenoidventilen.
73 Lossa gasvajern vid gasspjällhuset.
74 Avlasta bränsletrycket genom att *sakta* lossa anslutningen för kallstartventilen upptill på bränslefördelaren. Samla upp bränslespill med en trasa **(se bild)**.

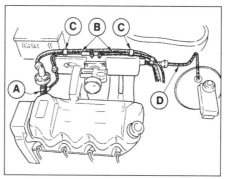

11.70 Anslutning av vakuum- och ventilationsslangar - RS Turbo

A Vevhusventilationsslang vid ventilkåpa
B Vakuumslangar vid insugningsrör
C Fästklammor
D Vakuumservoslan

75 Lossa alla bränsleledningar vid insprutarna och vid kallstartventilen. Ta vara på tätningsbrickorna på ömse sidor om banjokopplingarna, plugga alla ledningar och öppningar så att inte smuts kommer in. För undan bränsleledningarna från motorn.
76 Lossa kontaktstyckena för tempgivare, tändspole, gasspjällägesgivare, solenoidventil, kylvätsketempgivare, termotidkontakt, kall-startventil, oljetryckkontakt och tillsatsluftslid **(se bild)**.
77 Lossa hastighetsmätarvajern från växel-lådan samt kontaktstycket från bränsledatorn (i förekommande fall).
78 Lossa växellådans jordledning.
79 Lossa kopplingsvajern från kopplings-armen samt från fästet på växellådan.
80 Resten av arbetet utförs enligt beskrivning för förgasarmotorer i punkterna 17-32.

Delning (alla modeller)
81 Delning från manuell eller automatväxellåda sker enligt beskrivning för förgasarmotorer.

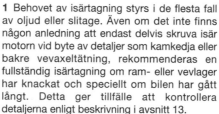

12 Motor - fullständig isärtagning

1 Behovet av isärtagning styrs i de flesta fall av oljud eller slitage. Även om det inte finns någon anledning att endast delvis skruva isär motorn vid byte av detaljer som kamkedja eller bakre vevaxeltätning, rekommenderas en fullständig isärtagning om ram- eller vevlager har knackat och speciellt om bilen har gått långt. Detta ger tillfälle att kontrollera detaljerna enligt beskrivning i avsnitt 13.
2 Ställ motorn upprätt på en arbetsbänk eller annan lämplig arbetsyta. Är motorn mycket smutsig utvändigt, bör den rengöras med avfettningsmedel och en styv borste innan isärtagning.
3 Demontera generatorn, fäste och värmesköld för avgasröret samt justerlänk **(se bild)**.
4 Lossa värmeslangen från vattenpumpen.

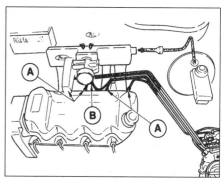

11.74 Bränsleledningarnas anslutning - RS Turbo

A Insprutare   B Kallstartventil

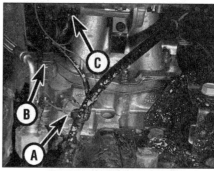

11.76 Konstaktstycken för kylvätsketempgivare (A) termotidkontakt (B) och tillsatsluftslid (C) på RS Turbo

5 Tappa av motoroljan, ta bort filtret och oljekylaren där sådan finns.
6 Håll fast svänghjulet med hjälp av startkransen, lossa sedan skruven för vevaxelns remskiva. Ta bort remskivan.
7 Lossa och ta bort kamremkåpan (fyra skruvar) **(se bild)**. Notera att kåpan är i två delar på senare modeller.
8 Lossa de två skruvarna för remspännaren, bryt undan spännaren mot fjädertrycket, dra åt skruvarna så den hålls på plats.
9 Då remmen nu är slak, märk ut rotationsriktningen, märk också samman-hörande kuggar och kuggluckor med en klick snabbtorkande färg. Detta fordras inte om remmen ska bytas.

12.3 Demontering av generatorns värmesköld

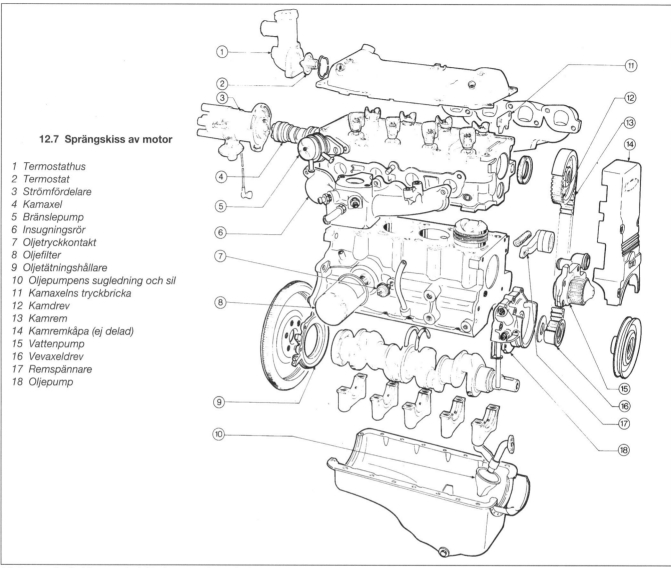

12.7 Sprängskiss av motor

1 Termostathus
2 Termostat
3 Strömfördelare
4 Kamaxel
5 Bränslepump
6 Insugningsrör
7 Oljetryckkontakt
8 Oljefilter
9 Oljetätningshållare
10 Oljepumpens sugledning och sil
11 Kamaxelns tryckbricka
12 Kamdrev
13 Kamrem
14 Kamremkåpa (ej delad)
15 Vattenpump
16 Vevaxeldrev
17 Remspännare
18 Oljepump

10 Lossa tändkablarna och, i förekommande fall, ta bort strömfördelarlocket komplett med tändkablar (om detta inte redan gjorts).
11 Lossa och ta bort tändstiftet.
12 Lossa vevhusventilationsslangen från anslutningen på vevhuset.
13 Demontera ventilkåpan **(se bild)**.
14 Lossa topplocksskruvarna i den ordning **bild 7.18** visar, skruvarna ska inte återanvändas. Nya skruvar måste användas vid ihopsättningen.
15 Demontera topplocket komplett med grenrör.
16 Lägg motorn på sidan. Vänd den inte upp och ner eftersom smuts i oljetråget kan komma in i oljekanalerna. Demontera oljetrågets skruvar, ta bort oljetråget och rengör från packningsrester.
17 Demontera skruvarna för kopplingen lite i taget tills fjädertrycket är avlastat, ta sedan bort kopplingen, se till att inte lamellcentrum faller ner på golvet.
18 Lossa och ta bort svänghjulen. Skruvhålen är förskjutna så de passar endast på ett sätt.

19 Demontera motorns adapterplatta.
20 Lossa och ta bort vevaxelns bakre tätningshållare.
21 Lossa och ta bort remspännaren, ta ut spiralfjädern (denna fjäder används inte på alla modeller).
22 Lossa och ta bort vattenpumpen.

23 Lossa remdrevet på vevaxeln för hand eller med en tvåbent avdragare. Ta bort tryckbrickan.
24 Lossa oljepump och sugledning, ta sedan bort dem tillsammans.
25 Lossa och ta bort oljetryckkontakten **(se bild)**.

12.13 Demontera ventilkåpan

12.25 Skruva loss oljetryckkontakten

26 Vrid vevaxeln så att kolvarna står halvvägs ner i loppen, känn efter om det finns en vändkant upptill i cylindrarna. Finns sådan, ta bort den med ett skavstål, se till att inte loppen skadas.

27 Kontrollera att vev- och ramlageröverfall är märkta. Ramlagren ska vara märkta 1-5 och ha en pil som pekar mot kamdrivningen. Vevstaksöverfallen och vevstakarna ska ha sammanhörande nummer, nr 1 är närmast kamdrivningen. Gör egna märken vid behov.

28 Lossa skruvarna för den första vevstaken, ta bort överfallet. Överfallet styrs av två fjäderstift, om överfallet därför behöver knackas loss, knacka inte i sidled.

29 Förvara lagerskålen tillsammans med överfallet om lagret ska användas igen.

30 Tryck kolv/vevstake uppåt ut ur motorblocket, förvara även här lagerskålen tillsammans med vevstaken om lagret ska användas igen.

31 Demontera återstående kolvar/vevstakar på samma sätt.

32 Demontera ramlageröverfallen, förvara lagerskålarna tillsammans med överfallen om lagren ska användas igen. Lyft bort vevaxeln.

33 Ta bort lagerskålarna från vevhuset, notera de halvmånformade tryckbrickorna på ömse sidor om mittre lagret. Märk lagren så de kan sättas tillbaks på samma ställe om de ska användas igen.

34 Tryck in de fjädrande armarna på vevhusventilationens skvalpplåt, ta bort den från vevhuset, alldeles under ventilations-slangens anslutning.

35 Motorn är nu helt isärtagen och varje detalj kan kontrolleras enligt beskrivning i avsnitt 13 före ihopsättning.

13 Undersökning och renovering

Vevaxel, lager, cylinderlopp och kolvar

1 Se avsnitt 13 i del A i detta kapitel. Informationen gäller även CVH motor utom att vevaxeln enligt standardmått saknar märkning och följande skillnader i kolvringar.

2 De övre ringarna är belagda med molybden. Se till att beläggningen inte skadas vid montering av ringarna.

3 Den nedre ringen (oljeringen) måste monteras så att tillverkarens märkning är vänd mot kolvtoppen, eller spåret mot kolvbulten. Se till att sidostyckena på oljeringen går mot varandra utan att överlappa.

Kamdrev och kamrem

4 Det är mycket ovanligt att drevens tänder nöts, men man bör se över spännrullen. Den måste snurra fritt och jämt, sakna spår och inte vibrera i lagret. Byt i annat fall spännrulle.

5 Byt alltid spiralfjäder (om sådan förekommer) i spännanordningen. Om motorn har gått 60 000 km är det viktigt att ny kamrem monteras, även om den gamla förefaller vara i gott skick.

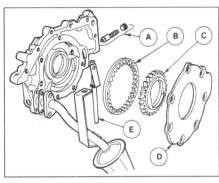

13.7a Oljepump av drevtyp

A Tryckreduceringsventil D Oljepumplock
B Hjul   E Returledning
C Drev

Svänghjul

6 Se avsnitt 13 i del A, detta kapitel.

Oljepump

7 Oljepumpen på modeller före 1986 är av drevtyp och innehåller en halvmånformad distans. Från och med 1986 används en lågfriktions rotortyp. Även om inte slitagegräns anges, finns specifikationer för pumpar av drevtyp. Om dreven är tydligt slitna, eller har tecken på repor eller slitåsar, bör pumpen bytas (se bilder). Om en motor som gått långt renoveras bör man montera ny pump. Kontroll av rotorpumpen beskrivs i avsnitt 13, del A i detta kapitel.

Oljetätningar och packningar

8 Byt oljetätningarna i oljepumpen och bakre tätningshållaren rutinmässigt då motorn tas isär. De nya tätningarna bör pressas på plats med hjälp av en mutter och skruv med distanser, hellre än att knackas på plats. Detta minskar risken för deformation av gjutgodset.

9 Byt kamaxelns oljetätning sedan kamaxeln satts på plats

10 Stryk alltid in läpparna på de nya oljetätningarna med fett, kontrollera att den lilla spännfjädern i tätningen inte kommit fel vid installationen.

11 Byt alla packningar genom att köpa en packningssats för motorrenovering, denna inkluderar vanligtvis oljetätningar.

Vevhus

12 Se avsnitt 13 i del A, detta kapitel.

Kamaxel och lager

13 Kontrollera kamdrev och nockar beträffande slitage eller skador. Finns sådana måste ny kamaxel anskaffas, renoverade kamaxlar kan även förekomma.

14 Lagrens innerdiameter i topplocket bör kontrolleras mot uppgifterna i speci-fikationerna. Om lämplig mätutrustning finns, kontrollera annars spel mellan kam och lager. Är lagren slitna måste nytt topplock anskaffas eftersom lagren är bearbetade direkt i godset.

15 Kontrollera kamaxelns axialspel genom att

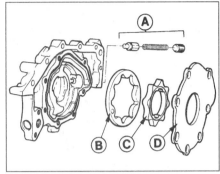

13.7b Oljepump av rotortyp

A Tryckreduceringsventil C Inre rotor
B Yttre rotor   D Oljepumplock

temporärt montera kamaxel och tryckbricka. Om spelet överskrider det specificerade, byt tryckbricka.

Lyftare

16 Hydraullyftarna nöts sällan i loppen. Är loppen slitna måste nytt topplock anskaffas.

17 Om kontaktytan mot kamnockarna visar tecken på intryckning, eller spårbildning, ger slitningen av ytan inte bara tunnare härdskikt utan kan också reducera lyftarens längd så att förmågan att ta upp ventilspelet går förlorad, detta medför ventiloljud.

18 Lyftarna kan inte tas isär, är de slitna efter lång körsträcka måste de bytas. Vid montering behöver man endast smörja in utsidan med ren motorolja eftersom den fyller sig själv med olja då motorn startat. Till en början kan de dock slamra lite.

Topplock och vipparmar

19 Vanligtvis tar man isär topplocket för sotning och slipning av ventiler. Se därför avsnitt 14 som tillägg till följande beskrivning.

20 Demontera insugnings- och avgasgrenrör samt deras packningar (kapitel 4, del E) demontera även termostathuset (kapitel 3).

21 Lossa muttrarna från vipparmarna, muttrarna ska inte användas igen. Nya muttrar måste användas vid hopsättningen.

22 Demontera vipparmar och hydraullyftare. Sortera dem i den ordning de tidigare suttit. Håll ordning på vipparmsstyrningar och distansskivor.

23 Kamaxeln behöver inte tas bort, men om detta görs, demontera först tryckbrickan och ta bort kamaxeln från topplocket.

24 Ventilfjädrarna ska nu tryckas ihop. En vanlig ventilfjädertång går normalt att använda, men ett gaffelverktyg (detalj nr 21-097) kan köpas eller tillverkas som passar över vipparmens pinnbult, fjädrarna kan sedan tryckas ner med hjälp av en mutter och en distans.

25 Tryck ihop ventilfjädern och ta bort knastren. Tryck inte ihop fjädern för mycket, ventilskaftet kan krokna. Om tryckbrickan inte vill släppa taget då fjädern trycks samman, ta

13.35 Montering ventiltätning med hjälp av en hylsa

13.36 Ventilen förs in i styrningen

13.37a Montera ventilfjäder . . .

12.37b . . . och tryckbricka

13.38 Tryck ihop fjädern och montera knastren

bort tryckverktyget och ställ en rörbit på tryckbrickan så att den inte vidrör knastren, lägg en träbit under ventilskallen. Se till att topplocket ligger plant på bänken, slå sedan ett skarpt slag på rörbiten med en hammare. Sätt tillbaka fjäderverktyget och tryck ihop fjädern.

26 Ta bort knastren, släpp sedan försiktigt fjäderverktyget och ta bort det.

27 Demontera tryckbricka, fjäder och oljetätningen. Ta bort ventilen.

28 Man bör börja med ventil nr 1 (närmast kamdrivningen). Håll ordning på ventiler och övriga detaljer genom att placera dem i en bit kartong med hål, numrerade 1-8.

29 Vid kontroll av slitage i styrningar, sätt i ventilerna i tur och ordning i respektive styrning så att ungefär en tredjedel av ventilskaftet går in i styrningen. Vicka ventilen från sida till sida - endast ytterst lite glapp får förekomma. Styrningarna måste annars brotschas (från förbränningsrummet) och ventiler med överdimensionsskaft monteras. Om inte den brotsch som erfordras finns tillgänglig (verktyg nr 21-071 till 21-074), lämna arbetet till en Fordverkstad.

30 Kontrollera ventilsätena. Sätena slits normalt inte, men ventilerna kan brännas, ventilerna måste då slipas enligt beskrivning i nästa avsnitt. Om sätena behöver bearbetas, använd ett vanligt fräsverktyg, som kan köpas från de flesta verktygsaffärer

31 Byte av ett sprucket ventilsäte eller liknande bör definitivt överlåtas åt en fackman.

32 Om vipparmarnas pinnbultar måste

demonteras av någon anledning, krävs speciella åtgärder. Värm övre änden på pinnbulten med en kraftig värmepistol eller liknande (inte ett svetsmunstycke) innan de skruvas bort. Rengör gängorna i topplocket med en M10 gängtapp, ta även bort eventuell olja eller fett. De gamla pinnbultarna kan inte användas, skaffa nya, som är behandlade med låsvätska eller också har ett nyloninlägg. Skruva i pinnbultarna utan att göra något avbrott, annars kommer låsvätskan att härda och pinnbulten går inte att dra i.

33 Om man misstänker att topplocket är skevt kan det kontrolleras och bearbetas av en fackman. Topplocket kan slå sig eftersom det är av lättmetall, om inte åtdragningsföljden iakttas exakt, eller om motorn har överhettats kraftigt.

34 Kontrollera vipparmens kontaktytor beträffande slitage. Byt ventilfjädrarna om de har varit i bruk mer än 80 000 km.

35 Börja ihopsättningen av topplocket genom att montera nya tätningar på ventilstyrningarna (se bild).

36 Olja in ventilskaftet på ventil nr 1 och sätt den på plats i styrningen (se bild).

37 Montera ventilfjädern (de tätare fjädervarven mot topplocket), sedan tryckbrickan (se bilder).

38 Tryck ihop fjädern och sätt knastren på plats i uttaget på ventilspindeln. Håll dem i läge då fjädern släpps upp (se bild).

39 Gör på samma sätt med återstående ventiler, se till att ventilerna hamnar i rätt styrning, eller om ventilerna byts, i det säte de slipats ihop med.

13.42 Montering av lyftare

13.43a Montera vipparmens distans . . .

13.43b . . . och sedan vipparm och styrning

40 Då alla ventilerna är på plats, lägg ändarna på topplocket på två träbitar, slå sedan på änden av ventilskaftet med en plast- eller kopparhammare, det krävs bara ett lätt slag för att komponenterna ska sätta sig.

41 Montera kamaxeln (om den tagits bort) med ny oljetätning enligt beskrivning i avsnitt 6.

42 Smörj in hydraullyftarna med hypoidolja för slutväxlar, sätt dem sedan på plats där de tidigare suttit **(se bild)**.

43 Montera vipparmarna tillsammans med styrningar och distansplåtar, använd nya muttrar och dra till angivet moment. Det är viktigt att vipparmarna installeras endast då lyftaren är i sitt understa läge (då den går mot kammens bascirkel) **(se bilder)**.

44 Montera avgas- och insugningsgrenrör samt termostathus, använd nya packningar.

14 Topplock och kolvar - sotning

1 Med topplocket demonterat enligt beskrivning i avsnitt 7, kan koksrester tas bort från förbränningsrummen med en trubbig skrapa. Var försiktig, eftersom topplocket är av lättmetall, använd inte roterande borstar.

2 Då ett grundligare arbete ska utföras bör topplocket tas isär enligt beskrivning i avsnitt 13, så att ventilerna kan slipas in samt portar och förbränningsrum rengöras och blåsas rena sedan grenrören tagits bort.

3 Innan ventilerna slipas in, ta bort koksrester från skalle och skaft. Detta går oftast lätt med

en insugningsventil, skrapa helt enkelt bort avlagringarna med en trubbig kniv och avsluta med en stålborste. På avgasventilerna sitter avlagringarna hårdare och ventilskallen kan behövas slitas med grovt slippapper för att få bort dem helt. Ett gammalt stämjärn är ett användbart verktyg att ta bort de värsta avlagringarna med.

4 Se till att ventilskallarna är helt rena, annars fäster inte sugkoppen på inslipningsverktyget.

5 Innan inslipningen startar, stöd topplocket så att det finns tillräckligt utrymme för ventilskaftet undertill, annars kan den inte slipas in ordentligt.

6 Ta den första ventilen, stryk på lite grov slippasta på skallens säte. Sätt ventilen i styrningen och sätt fast sugkoppen på skallen. Vrid verktyget mellan handflatorna fram och tillbaka så att ventilen slipas in. Lyft ventilen och vrid den något emellanåt. Gör på samma sätt med fin slippasta, torka sedan bort alla rester av slippastan och undersök sätesytan på ventil och säte. En matt silverfärgad ring ska synas på bägge, utan svarta fläckar. Om sådana fläckar kvarstår, slipa på nytt tills de har försvunnit. En droppe fotogen eller två på kontaktytorna snabbar på inslipningen, men se till att ingen slippasta kommer ner i ventilstyrningen. Efter avslutat arbete, torka bort alla rester av slippastan med en trasa fuktad med fotogen.

7 Gör på samma sätt med återstående ventiler, blanda inte ihop ventilerna.

8 En viktig del av sotningen är att ta bort avlagringar på kolvtopparna. För att göra detta

(med motorn på plats i bilen), vrid vevaxeln så att två av kolvarna står i sitt översta läge, tryck sedan in lite fett mellan kolvar och cylinderväggar. Detta hindrar kokspartiklar att falla ner i kolvringspåret. Sätt igen de övriga cylindrarna med trasor.

9 Täck över olje- och kylvätskepassagen med maskeringstejp, använd sedan en trubbig skrapa för att ta bort koksresterna på koltopparna. Se till att topparna inte repas eftersom de är mjuka, skada inte heller cylinderloppen.

10 Vrid vevaxeln så att de andra två kolvarna kommer i sitt översta läge, gör sedan på samma sätt med dem.

11 Torka bort ringen av fett och koksrester ifrån cylinderloppet.

12 Rengör tätningsytorna på topplock och motorblock omsorgsfullt.

15 Motor - ihopsättning

Notera: *Se till att alla nya oljetätningar och packningar har anskaffats innan arbetet påbörjas.*

1 Då allt är rent och berörda delar bytts vid behov, börja ihopsättningen genom att sätta skvalpplåten för ventilationen på plats. Se till att fjäderarmarna hakar fast ordentligt **(se bild)**.

2 Sätt lagerskålarna på plats i vevhuset, se till att lagerlägena är helt rena **(se bild)**.

3 Sätt fast de halvmånformade tryckbrickorna på ömse sidor om mittre ramlagret med fett. Se till att oljekanalerna är vända utåt **(se bild)**.

4 Anolja lagren och lägg vevaxeln på plats.

5 Sätt i lagerskålarna i överfallen, se till att lagerlägena är helt rena. Olja in lagren och sätt överfallen på rätt plats, pilen ska peka mot kamdrivningen **(se bilder)**.

6 Dra ramlageröverfallen till angivet moment.

7 Kontrollera vevaxelns axialspel. Helst ska en mätklocka användas, men bladmått duger också, och det ska då föras in mellan tryckbrickan och den bearbetade delan på vevaxeln. Skjut först vevaxeln så långt det går åt ena hållet, sedan det andra **(se bild)**. Om tryckbrickorna har bytts bör axialspelet vara enligt specifikationen. I annat fall krävs tryckbrickor av överdimension (se specifikationen).

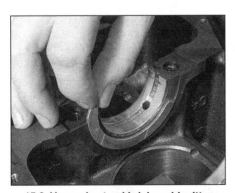

15.1 Vevhusventilationens skvalpplåt

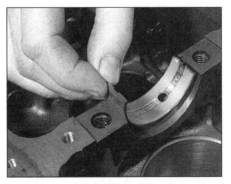

15.2 Ramlagerskålen sätts på plats i vevhuset

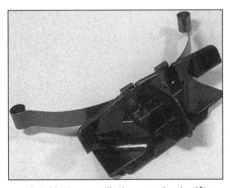

15.3 Vevaxelns tryckbrickor vid mittre ramlagret

15.5a Montera överfallen på rätt ställe enligt märkning . . .

15.5b . . . med pilarna på överfallen pekande mot kamdrivningen

15.7 Kontroll av vevaxelns axialspel med ett bladmått

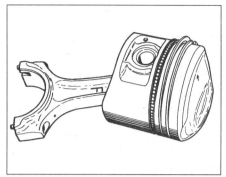

15.8 Kolv/vevstake i rätt inbördes läge

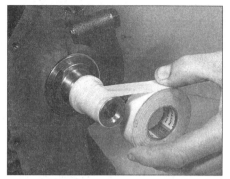

15.11 Använd maskeringstejp för att jämna ut ansatsen på vevaxeln

8 Kolvar/vevstakar ska nu monteras. Även om nya kolvar har monterats i stakarna av en fackman (på grund av att specialverktyg krävs), kan det vara värt att kontrollera att pilen på kolvtoppen eller gjutningen i oljeuttaget pekar mot kamdrivningen, märket "f" på vevstaken eller oljehålet i storänden ska vara enligt avbildning **(se bild)**.

9 Olja in cylinderloppen, montera sedan kolvar/vevstakar enligt beskrivning i avsnitt 9.

10 Montera oljetryckkontakten.

11 Innan oljepumpen monteras måste man se till att oljepumpens tätning inte skadas av ansatsen framtill på vevaxeln. Ta först bort Woodruffkilen, bygg sedan upp främre delen av vevaxeln med tejp så att en jämn yta bildas som inte skadar eller rubbar oljetätningen vid montering **(se bild)**.

12 Om oljepumpen är ny, fyll den med olja

innan montering, så att oljetrycket kommer så fort som möjligt då motorn startas **(se bild)**.

13 Ställ de plana ytorna på pumpdrevet mot motsvarande på vevaxeln, montera sedan pumpen komplett med packning. Dra skruvarna till angivet moment.

14 Ta bort tejpen och sätt tillbaka Woodruffkilen.

15 Skruva fast pumpens sugledning **(se bild)**.

16 Montera sedan tryckbrickan (rem-styrningen) framtill på vevaxeln, den konkava sidan vänd mot pumpen **(se bild)**.

17 Montera vevaxeldrevet. Är det kärvt, dra det på plats med hjälp av centrumskruven och ett distansstycke. Se till att flänsen på drevet är vänt mot änden på vevaxeln, samt att framänden på axeln smörjs med lite fett innan montering **(se bild)**.

18 Montera vattenpumpen med ny packning och dra skruvarna till angivet moment **(se bild)**.

19 Montera remspännare och spiralfjäder (i förekommande fall). Bryt undan spännaren helt mot fjädertrycket, dra sedan tillfälligt åt skruvarna.

20 Använd ny packning, montera sedan bakre tätningshållaren, som ska ha ny oljetätning med lite fett på tätningsläpparna **(se bild)**.

21 Sätt adapterplattan över styrstiften, sätt sedan fast svänghjulet. De passar bara på ett sätt. Sätt i nya skruvar och dra till angivet moment **(se bilder)**. Skruvarna ska ha låsvätska på gängorna.

22 Montera kopplingen och centrera lamellcentrumet (se kapitel 6).

15.12 Fyll oljepumpen med olja innan montering

15.15 Montering av oljepumpens sugledning

15.16 Montera remstyrningen med den konkava sidan mot pumpen

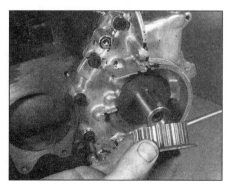

15.17 Montering av vevaxeldrev med flänsen utåt

15.18 Montering av vattenpump

15.20 Vevaxelns bakre tätningshållare med ny tätning innan montering

15.21a Placera adapterplattan över styrningarna . . .

15.21b . . . och montera svänghjulet till vevaxeln

15.24a Montera insugningsrörspackning . . .

23 Låt motorn ligga på sidan (inte upp och ner så vida man inte är säker på att kolvarna inte sticker ut från blocket), montera oljetråg, packningar och tätningsremsor enligt beskrivning i avsnitt 8.
24 Montera topplocket enligt beskrivning i avsnitt 7, använd nya skruvar. Sätt tillbaka grenrören **(se bilder)**.
25 Montera och spänn kamremmen enligt beskrivning i avsnitt 4.
26 Använd ny packning, montera ventilkåpan.
27 Anslut vevhusventilationsslangarna mellan ventilkåpa och vevhus **(se bilder)**.
28 Montera nya tändstift med rätt elektrodavstånd, dra till angivet moment-detta är viktigt. Överskrids maxmoment kan det vara omöjligt att demontera stiften (se kapitel 1).

29 Montera kamremkåpan.
30 Montera vevaxelns remskiva, dra skruven till angivet moment, hindra att vevaxeln vrider sig genom att spärra startkransen.
31 Stryk lite olja på det nya filtrets tätning, skruva det sedan på plats endast med handkraft. Sätt, i förekommande fall, samtidigt tillbaka oljekylaren.
32 Installera motorupphängningarnas fästen om de demonterats **(se bild)**.
33 Sätt tillbaka övriga detaljer. Generatorfästen och generator (kapitel 5, Del A), bränslepump, i förekommande fall (kapitel 4, Del A), termostathus (kapitel 3) och strömfördelare (kapitel 5, Del B) **(se bild)**.
34 Sätt tillbaka strömfördelarlocket och anslut tändkablarna.
35 Kontrollera att oljepluggen är åtdragen, sätt tillbaka oljemätstickan.

16 Motor/växellåda - ihopsättning och installation

1 Montering och ihopsättning sker i omvänd ordning. Se till att kylare och flyglar inte skadas vid installationen.

Ihopsättning

2 Se till att motorns adapterplatta sitter rätt på styrningarna.
3 På modeller med manuell växellåda, kontrollera att lamellcentrumet är centrerat enligt beskrivning i kapitel 6. Stryk lite molubdendisulfidfett på ingående axelns splines, stöd sedan växellådan och anslut den till motorn genom att föra in ingående axeln genom navet på lamellcentrumet tills växellådan går in över styrpinnarna. Skruva i skruvarna, dra till angivet moment. Sätt tillbaka täckplåten på kopplingskåpan och startmotorn.
4 På modeller med automatväxellåda, se till att momentomvandlaren har gått in helt i växellådan, placera sedan växellådan på styrningarna i motorn, styr samtidigt pinnbultarna på momentomvandlaren genom hålen i drivplattan. Skruva i skruvarna mellan motor och växellåda, dra till angivet moment. Vrid vevaxeln så att varje pinnbult i momentomvandlaren blir åtkomlig, sätt sedan dit och dra muttrarna. Sätt tillbaka täckplåten och startmotorn.

15.24b . . . och grenrör

15.27a Bakre vevhusventilationsslangen ansluts . . .

15.27b . . . och den främre

15.32 Montering av höger motorupphängning

15.33 Montering av generatorfäste

Montering

5 Kontrollera först att oljepluggen är åtdragen, sätt i förekommande fall tillbaka muttern på väljaraxeln (som togs bort då oljan tappades av växellådan) tillsammans med fjäder och låsstift **(se bild)**. Stryk låsvätska på muttrarnas gängor vid montering (se specifikationer kapitel 7, del A).

6 Manövrera motorn på plats under bilen, anslut lyftanordningen. Höj motor/växellåda försiktigt tills höger bakre motorfäste kan fästas. Sätt tillbaka mutter och skruv löst nu.

7 På modeller före 1986, sätt tillbaka främre fästet och krängningshämmarfästena, montera sedan vänster främre och bakre fästen löst.

8 På modeller från och med 1986, montera växellådsbalken.

9 Sänk lyftanordningen och låt drivpaketet vila i fästena. Kontrollera att inget av fästena spänner, dra sedan skruvar och muttrar till angivet moment, ta bort lyftanordningen.

10 Drivaxlar och bärarmar ska nu monteras enligt beskrivning i kapitel 8.

11 Montera klammorna för krängningshämmaren eller fästen, vilket som gäller.

12 På bilar med låsningsfria bromsar (ABS), sätt tillbaka modulator, drivremmar och rörfästen, justera sedan modulatorns drivrem enligt beskrivning i kapitel 9.

13 Montera stänkplåtarna.

14 På modeller med automatväxellåda, anslut oljerören, anslut sedan och justera väljarvajer och nedväxlingslänkage enligt beskrivning i kapitel 7, del B.

15 På modeller med automatväxellåda, anslut och justera växellänkaget enligt beskrivning i kapitel 7, del A.

16 För RS Turbomodeller se kapitel 4, Del B och montera turbo.

17 Montera avgassystemet och anslut främre avgasröret.

18 Kontrollera att allt anslutits, sänk sedan ner bilen på marken.

19 Anslut i förekommande fall kopplingsvajern.

16.5 Montering av väljaraxelns mutter, fjäder och låsstift

20 Anslut växellådans jordledning samt hastighetsmätarvajer.

21 Anslut kylvätske- och värmeslangar.

22 Anslut gas- och i förekommande fall chokevajer, justera enligt beskrivning i kapitel 4, del A.

23 Anslut alla bränsle- och vakuumledningar, se berörda avsnitt i kapitel 4. Använd slangklammor som kan skruvas åt, som ersättning för original krympklammor. På bränsleinsprutade modeller, använd nya tätningsbrickor på ömse sidor om banjokopplingarna.

24 Anslut alla elektriska ledningar enligt anvisningar i kapitel 3, 4, 5 och 12 och enligt anteckningar gjorda vid demonteringen.

25 Fyll på motorolja, växellådsolja och kylvätska, anslut sedan batteriet.

26 Sätt tillbaka huv och luftrenare samt, på RS Turbomodeller, luftintaget.

27 Då motorn är igång, kontrollera kamvinkel, tändläge, tomgångsvarv och blandningsförhållande enligt beskrivning i kapitel 1.

28 Om nya detaljer monterats, låt motorn gå med ett begränsat varvtal några tiotal mil så att komponenterna slits in. Man bör också byta motorolja och filter vid inkörningsperiodens slut.

17 Oljekylare - demontering och montering

Notera: *Lämpligt tätningsmedel krävs vid monteringen - se text.*

Demontering

1 Demontera oljefiltret (kapitel 1).

2 Notera den vinkel slangarna har vid monteringen, lossa sedan slangarna och plugga ändarna så att inte kylvätska går förlorad. Tappa vid behov av kylsystemet enligt beskrivning i kapitel 1.

3 Använd en ringnyckel eller hylsa, lossa och ta bort den gängade stosen **(se bild)**.

4 Demontera oljekylaren och packningen.

5 Om den gängade bussningen lossnar tillsammans med stosen, eller om den av annan anledning tas bort, ska den bytas.

Montering

6 Rengör gängorna i motorblocket, börja sedan monteringen genom att skruva i den gängade bussningen.

7 Använd låsvätska (enligt Fords specifikationer SSM-998-9000-AA) på bussningens synliga gängor och till de invändiga gängorna på stosen.

8 Lägg **en droppe** låsvätska (enligt Fords specifikationer SSM-4G-9003-AA) på bussningens gängor. **Använd inte** mer än en droppe, eftersom vätskan då kan förorena smörjsystemet.

9 Montera oljekylaren över den gängade bussningen med ny packning, fäst den sedan (kom i håg kylvätskeledningarnas vinkel) med den gängade stosen, dra till angivet moment.

10 Montera nytt oljefilter (kapitel 1).

11 Anslut kylvätskeslangarna, fyll på olja och kylvätska till rätt nivå, låt sedan motorn gå tills den har normal arbetstemperatur, kontrollera sedan beträffande läckage. Då arbetet avslutats, låt motorn kallna, kontrollera sedan på nytt olje- och kylvätskenivåer.

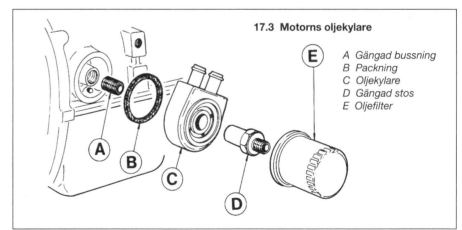

17.3 Motorns oljekylare

A Gängad bussning
B Packning
C Oljekylare
D Gängad stos
E Oljefilter

Kapitel 3
Kyl-, värme- och ventilationssystem

Innehåll

Svårighetsgrad

Enkelt, passar novisen med lite erfarenhet	Ganska enkelt, passar nybörjaren med viss erfarenhet	Ganska svårt, passar kompetent hemmamekaniker	Svårt, passar hemmamekaniker med erfarenhet	Mycket svårt, för professionell mekaniker

Specifikationer

System .... Övertryck, pumpunderstödd termosifon med kylare monterad framtill och elektrisk kylfläkt

Trycklock

Fram till 1986:
1,1 liter OHV motor .... 0,9 bar
1,3 och 1,6 liter CVH motor .... 0,85 till 1,1 bar
Fr o m 1986 .... 0,98 till 1,2 bar

Termostat

Typ .... Vax
Börjar öppna vid .... 85° till 89°C
Helt öppen vid .... 102°C (±3°C för termostater i drift)

Åtdragningsmoment — Nm

Kylarens fästskruvar:
Modeller före 1986 .... 7 till 10
Modeller fr o m 1986 .... 20 till 27
Termostathus:
OHV motorer .... 17 till 21
CVH motorer .... 9 till 12
Vattenpumpens skruvar:
OHV motorer .... 7 till 10
CVH motorer .... 7 till 10
Remskiva, vattenpump (OHV motorer) .... 9 till 11
Fläktkåpa till kylare:
Modeller före 1986 .... 7 till 10
Modeller fr o m 1986 .... 3 till 5
Fläktmotor till kåpa .... 9 till 12

1 Allmän beskrivning

Kylsystemet arbetar under övertryck enligt termosifonprincipen med understöd av en pump. Systemet består av kylare, vattenpump, termostat, elkylfläkt, expansionskärl och slangar som förbinder enheterna.

Systemet fungerar på följande sätt. Då kylvätskan är kall är termostaten stängd och flödet håller sig inom motorblock, topplock, insugningsrör samt värmepaketet inuti bilen. Då temperaturen stiger öppnar termostaten, vilket gör att vätskan kan passera till kylaren. Kylvätskan cirkulerar nu genom kylaren där den kyls ner av fartvinden då bilen är i rörelse, kylningen förbättras även av en kylfläkt. Kylvätskan förs sedan från undre delen av kylaren, upp genom vattenpumpen in i cylinderblocket igen.

På OHV motorer drivs vattenpumpen av en kilrem från en remskiva på vevaxeln. På CVH motorer drivs vattenpumpen av kamremmen.

Då kylvätskan värms upp ökar volymen, överskottet förs då över till expansionskärlet. Då kylvätskan sedan svalnar förs vätskan tillbaka till kylaren. På 1,1 liters motorer sitter trycklocket på termostathuset, expansionskärlet tar då helt enkelt hand om överflödet. På alla andra modeller sitter trycklocket på expansionskärlet

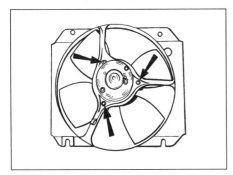

2.7 Muttrar för fläktmotor - modeller före 1986

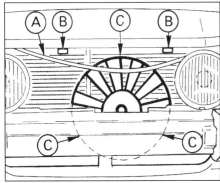

2.10 Kylfläktdetaljer som demonteras - 1985 RS Turbo

A Tvärgående kylslang
B Klämma för dito
C Fläktkåpans skruvar

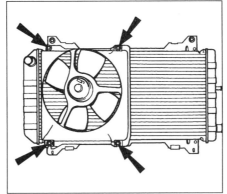

2.3 Skruvar för fläktkåpa - modeller före 1986

som på så sätt står under samma tryck som resten av systemet.

På alla modeller utom 1,1 liters CVH versioner, styrs kylfläkten av en termokontakt placerad i termostathuset. Då kylvätskan når en bestämd temperatur sluter kontakterna och fläkten startar. På 1,1 liters CVH motorer med standardutrustning arbetar fläkten kontinuerligt då tändningen slås på.

2 Kylfläkt - demontering och montering

Alla modeller utom RS Turbo

Demontering

1 Lossa batteriets minuskabel.
2 Lossa kontaktstycket vid fläktmotorn och haka loss kablarna från kåpan.
3 På modeller före 1986 är kåpan fäst till kylaren med fyra skruvar. Ta bort de två övre skruvarna och lossa de två undre (se bild).
4 På modeller från och med 1986 hålls kåpan av två skruvar upptill och två klackar nedtill. Lossa de två övre skruvarna (se bild).
5 Lyft sedan, för alla modeller, försiktigt fläktkåpan uppåt och ut ur motorrummet. Se till att inte kylaren skadas.
6 Lossa de två klammorna och ta bort fläkten från motoraxeln.

2.13 Luftrenarens fästskruvar (A) - 1985 RS Turbo

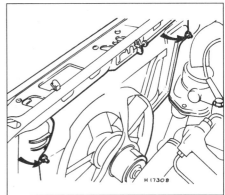

2.4 Skruvar för fläktkåpa - modeller från och med 1986

7 Lossa de tre muttrarna och ta bort motorn från kåpan (se bild).

Montering

8 Montera i omvänd ordning.

RS Turbo modeller

1985 års modell

Demontering

9 Lossa batteriets minuskabel.
10 Lossa den tvärgående kylarslangen från de två klammorna ovanför kylaren (se bild).
11 Lossa de tre skruvarna för fläktkåpan.
12 Lossa övre och nedre luftslang vid turboaggregatets intercooler placerad bredvid kylaren.
13 Lossa de två skruvarna för luftrenaren, ta sedan bort den (se bild).
14 Lossa fästskruven för intercoolern, lyft den uppåt så att den undre klacken lossnar (se bild). Ta sedan bort enheten.
15 Lossa de två övre fästskruvarna för generatorn, lossa de undre styrningarna och för kylaren mot motorn, se till att slangarna inte sträcks.
16 Lossa fläktens kontaktstycke, sedan kabelbanden. Ta sedan ut fläktens kablar från kabelhärvan.
17 Lyft försiktigt fläkten upp och bort från infästningen. Fläkt, motor och kåpa behandlas

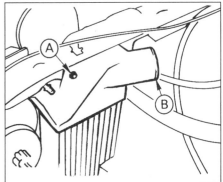

2.14 Fästskruv för intercooler (A) och övre slanganslutning (B) - 1985 RS Turbo

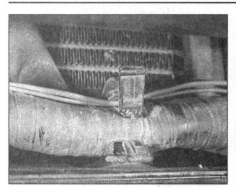

2.20a Lossa klammorna för kabelhärvan . . .

2.20b . . . så att skruvarna på fläktkåpan blir åtkomliga, på 1986 RS Turbo modeller

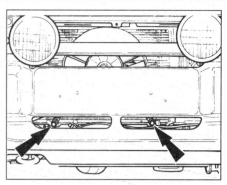

2.20c Skruv och fäste för fläktkåpa - RS Turbo från och med 1986

som en enhet på dessa modeller, de kan inte tas isär ytterligare.

Montering
18 Montera i omvänd ordning.

Modeller från och med 1986

Demontering
19 Lossa batteriets minuskabel.
20 Arbeta genom öppningen i främre stötfångaren, lossa klammorna för kabel-härvan samt de två skruvarna för fläktkåpan **(se bilder)**.
21 Haka loss kåpan upptill på kylaren, lossa sedan kontaktstycket och ta bort fläkt och kåpa komplett.
22 Demontera fläktskyddet från kåpan.
23 Ta bort låsring och bricka, ta sedan bort fläkten från motoraxeln.

3.4 Kontaktstycket för kylfläkten lossas

24 Lossa de tre muttrarna, haka loss kablarna och ta bort motorn från kåpan.

Montering
25 Montera i omvänd ordning.

---

3 Kylare - demontering, kontroll och montering

Alla modeller utom RS Turbo

Modeller före 1986

Demontering
1 Tappa av kylsystemet enligt beskrivning i kapitel 1.
2 Lossa batteriets minuskabel.
3 Lossa klammorna och alla slangar från kylaren, samt på modeller med automat-växellåda, även ledningarna för oljekylaren. Plugga ledningarna sedan de lossats.
4 Lossa kontaktstycket från fläktmotorn och haka loss kablarna från kåpan **(se bild)**.
5 Lossa de två övre skruvarna och lyft försiktigt bort kylaren, komplett med fläkt och kåpa från motorrummet. Notera att kylaren i underkant hålls av två klackar **(se bilder)**.

Kontroll
6 Om kylaren demonterats för grundlig rengöring, spola den omvänt med kallt vatten från en slang. Normalt cirkulerar kylvätskan från vänster till höger (från termostathuset till kylaren) genom kylarpaketet och ut på motsatta sidan.

7 Är kylarpaketet igensatt med flugor och smuts, ta bort dem med en mjuk borste och blås försiktigt med tryckluft bakifrån genom luftspalterna. Först bör fläkten demonteras enligt beskrivning i föregående avsnitt (om detta inte redan gjorts). Har man inte tillgång till tryckluft kan man även spola med kraftig vattenstråle.
8 Läcker kylaren bör man skaffa en utbytesenhet eller en ny. I nödfall kan mindre läckage åtgärdas med kemiska medel. Om kylaren, på grund av misskötsel, kräver kemiska rengöringsmedel, används dessa bäst om motorn är varm och kylaren är på plats i bilen. Följ tillverkarens anvisningar exakt och var medveten om att det finns en viss risk med användning av dessa produkter, speciellt i system som innehåller detaljer av lättmetall eller plast.

Montering
9 Montering sker i omvänd ordning, men se till att gummibussningarna för klackarna är på plats. Fyll kylsystemet enligt beskrivning i kapitel 1, justera på senare modeller generatorns drivrem enligt beskrivning i kapitel 1.

Modeller från och med 1986

Demontering
10 Se avsnitt två, ta bort kylfläkten.
11 För att få bättre plats vid demontering av kylaren, lossa generatorinfästningen och justerarmens skruv, tryck sedan generatorn in mot motorn så långt det går.
12 Lossa generatorns bägge undre fäst-skruvar **(se bild)**.

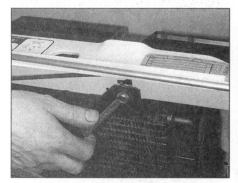

3.5a Lossa de övre skruvarna för kylaren . . .

3.5b . . . och lyft ut kylaren komplett med fläkt - modeller före 1986 (utom RS Turbo)

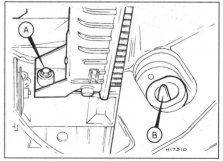

3.12 De undre skruvarna (A) och de övre klackarna (B) - modeller från och med 1986 (utom RS Turbo)

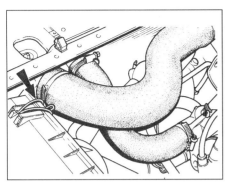

3.23 Övre slang för intercooler - RS Turbo från och med 1986

3.25 Skruvar för kylare och intercooler - RS Turbo från och med 1986 (den ena nedre skruven visas ej)

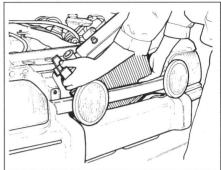

3.27 Demontering av kylare - RS Turbo från och med 1986

13 För undre delen på kylaren mot motorn, dra den sedan nedåt så att de två övre klackarna släpper. Lyft sedan försiktigt bort kylaren från motorrummet.

Kontroll och montering

14 Följ beskrivningen för modeller före 1986.

RS Turbo modeller

1985 års modeller

Demontering

15 Tappa av kylsystemet enligt beskrivning i kapitel 1.
16 Lossa batteriets minuskabel.
17 Lossa klammorna och sedan alla kylvätskeslangar från kylaren.
18 Se avsnitt 2, demontera sedan kylfläkten.
19 Lyft kylaren upp och ut ur motorrummet.

Kontroll och montering

20 Följ beskrivningen i detta avsnitt gällande alla modeller utom RS Turbo.

Modeller från och med 1986

Demontering

21 Tappa av kylsystemet enligt beskrivning i kapitel 1.
22 Lossa batteriets minuskabel.
23 Lossa klammorna och sedan kylslangarna från kylaren, samt luftslangarna från intercoolern **(se bild)**.
24 Se avsnitt 2, demontera sedan kylfläkten.
25 Lossa de två undre skruvarna för kylaren och de två undre skruvarna för intercoolern **(se bild)**.

26 Lossa de fyra skruvarna som håller intercoolern till kylaren, ta sedan bort intercoolern framåt.
27 Manövrera kylaren upp och ut ur infästningen framifrån **(se bild)**.

Kontroll och montering

28 Följ beskrivningen i detta avsnitt för alla modeller utom RS Turbo.

---

4 Termostat - demontering, kontroll och montering

OHV motorer

Notera: *Ny packning måste användas vid monteringen.*

Demontering

1 Tappa av kylsystemet enligt beskrivning i kapitel 1.
2 Lossa klammorna och sedan slangarna från termostathuset **(se bild)**. Lossa fläktens kontaktstycke.
3 Lossa de två skruvarna och ta bort termostathuslocket. Sitter det hårt, knacka försiktigt med en mjuk klubba.
4 Ta bort termostaten **(se bild)**. Sitter den hårt, bryt inte ut den mot tvärstycket, utan skär runt omkring med en mycket skarp kniv.

Kontroll

5 Vid kontroll av termostaten, kontrollera först att plattan är stängd då termostaten är kall.

Häng den sedan i ett snöre i en skål med kallt vatten tillsammans med en termometer **(se bild)**. Värm vattnet och kontrollera vid vilken temperatur termostaten börjar öppna. Jämför med uppgifterna i specifikationerna. Det är svårt att bedöma när termostaten öppnar helt, eftersom detta inträffar vid en temperatur överskridande vattnets kokpunkt.
6 Ta upp termostaten ur vattnet och kontrollera att den stänger då den kallnar. Fungerar inte termostaten enligt beskrivning, skaffa en ny.

Montering

7 Montera i omvänd ordning, men se till att alla gamla rester av gammal packning tas bort från husets tätningsytor. Använd ny packning med ett tunt lager tätningsmedel. Dra skruvarna till angivet moment.
8 Fyll sedan kylsystemet enligt beskrivning i kapitel 1.

CVH motorer

Notera: *Ny packning måste användas vid montering.*

Demontering

9 Tappa av kylsystemet enligt beskrivning i kapitel 1.
10 Lossa klammorna och lossa slangen för expansionskärl, kylarslang och värmeslang vid termostathuset **(se bild)**.
11 Lossa kontaktstycket för kylfläkten.

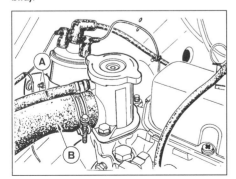

4.2 Slang för expansionskärl (A) samt övre kylarslang (B) och deras anslutning vid termostathuset - OHV motor

4.4 Termostatens placering i topplocket - OHV motor

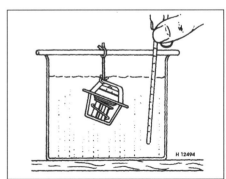

4.5 Kontroll av termostat

4.10 Slang från expansionskärlet lossas vid termostathuset - CVH motor

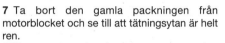

4.13a Ta bort låsringen (vid pilen) . . .

4.13b . . . termostaten . . .

12 Lossa de tre skruvarna och ta bort termostathuset från topplocket. Sitter de fast, knacka försiktigt med en mjuk klubba.
13 Ta bort låsringen och sedan termostaten från huset, följda av tätningen **(se bilder)**.

Kontroll och montering

14 Följ föregående beskrivning i detta avsnitt för OHV motorer.

5 Vattenpump - demontering och montering

OHV motorer

Notera: *Ny packning och lämpligt tätnings-medel måste användas vid montering.*

Demontering

1 Tappa av kylsystemet enligt beskrivning i kapitel 1.
2 Lossa de tre skruvarna för vattenpumpens remskiva något. Om skivan vill vrida sig kan den hållas fast om man trycker ner övre delen på drivremmen.
3 Lossa generatorinfästningen samt skruven för justerarmen, tryck generatorn så långt det går in mot motorn och ta bort drivremmen.
4 Skruva bort de tidigare lossade skruvarna från remskivan.
5 Lossa klamman och sedan slangen vid pumpens utlopp.
6 Lossa de tre skruvarna och ta bort pumpen i motorblocket **(se bild)**.

7 Ta bort den gamla packningen från motorblocket och se till att tätningsytan är helt ren.
8 Vattenpumpen kan inte renoveras - om den läcker, har missljud eller på annat sätt är defekt, måste den bytas.

Montering

9 Montera i omvänd ordning. Använd ny packning, med ett tunt lager tätningsmedel, dra skruvarna till angivet moment.
10 Fyll på kylsystemet och justera driv-remmen enligt beskrivning i kapitel 1.

CVH motorer

Notera: *Följande beskrivning innebär användande av specialverktyg för spänning av kamrem sedan vattenpumpen monterats. Läs igenom hela avsnittet för att bekanta dig med proceduren, se även kapitel 2. Ny packning och lämpligt tätningsmedel måste användas vid montering.*

Demontering

11 Tappa av kylsystemet enligt beskrivning i kapitel 1.
12 På förgasarmotorer, se kapitel 4, ta sedan bort luftrenaren så att åtkomligheten blir bättre.
13 Lossa skruvarna för generatorns infästning och justerarm, tryck generatorn mot motorn, ta sedan bort drivremmen.
14 Använd en fast nyckel på skruven för vevaxelns remskiva, vrid sedan vevaxeln så att

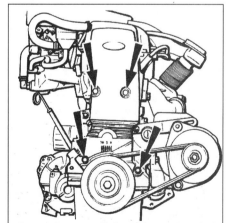

4.13c . . . och sedan tätningen

spåret i remskivan står mitt för ÖDP "O" märket på kamremkåpan **(se bild)**. Ta nu bort fördelarlocket och kontrollera att rotorarmen pekar mot anslutningen på tändkabel nr 1. Om rotorn pekar mot segmentet för cylinder nr 4, vrid vevaxeln ett helt varv och ställ på nytt spåret mot ÖDP märket.
15 Lossa, på tidiga modeller, de fyra skruvarna, ta sedan bort kamremkåpan som här är i ett stycke **(se bild)**. På senare modeller med delad kåpa, lossa de två övre skruvarna och ta bort övre halvan, lossa sedan de två undre skruvarna. Undre delen av kåpan kan inte tas bort än.

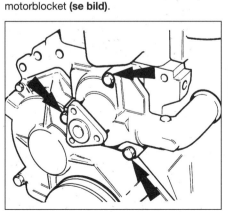

5.6 Vattenpumpens fästskruvar - OHV motorer

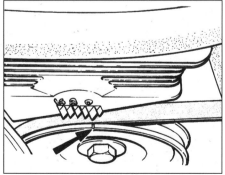

5.14 Spåret i remskivan mitt för ÖDP märket (O) på remkåpans skala - CVH motorer

5.15 Remkåpans fästskruvar - tidiga CVH motorer med kåpa i ett stycke

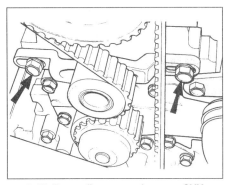

5.17 Remspännarens skruvar - CVH motorer

5.18 Remmen tas bort från kamaxeldrevet - CVH motor

5.19 Demontering av remspännare - CVH motor

16 Använd en klick snabbtorkande färg, märk sedan kuggarna på kuggremmen på respektive luckor i dreven så att remmen kan sättas tillbaka i samma läge.

17 Lossa de två skruvarna för remspännaren, för sedan spännaren i sidled så att remspänningen avlastas **(se bild)**. Om spännanordningen är fjäderbelastad, dra åt en av skruvarna så att den hålls i läge.

18 Ta bort remmen från kamaxel, spännare och vattenpump **(se bild)**.

19 Ta bort skruvarna och sedan spännaren samt, i förekommande fall, fjädern **(se bild)**.

20 Lossa klammorna och sedan slangarna vid vattenpumpen.

21 Lossa de fyra skruvarna, ta sedan bort pumpen från motorblocket **(se bilder)**.

22 Pumpen måste bytas om den läcker, lagren är skadade, eller om radial- eller axialspel är för stora. Från och med 1983 infördes en ändrad vattenpump tillsammans med remkåpa i två delar. Om vattenpumpen byts på de tidigare modellerna med hel kåpa, måste man skaffa en utbytessats. Satsen innehåller modifierad kåpa och motsvarande detaljer för att montera en pump av senare utförande, vilken nu är den enda som levereras.

Montering

23 Skrapa bort alla rester av gammal packning och se till att tätningsytorna är rena och torra.

24 Stryk ett tunt lager tätningsmedel på

bägge sidor om den nya packningen, sätt sedan fast packningen på motorblocket.

25 Sätt pumpen i läge, montera sedan och dra skruvarna till angivet moment.

26 Montera remspännaren (och fjäder i förekommande fall), dra endast åt skruvarna med fingrarna i detta läge.

27 Se kapitel 2, montera sedan och spänn kamremmen.

28 Sätt tillbaka slangarna på vattenpumpen.

29 Montera kamremkåpan.

30 Montera generatorns drivrem och justera spänningen enligt beskrivning i kapitel 1.

31 På förgasarmotorer, sätt tillbaka luftrenaren.

32 Fyll kylsystemet enligt beskrivning i kapitel 2.

6 Kylfläktens termokontakt - kontroll, demontering och montering

Kontroll

1 Termokontakten är placerad på sidan om termostathuset på tidiga OHV motorer och i termostathuslocket på senare OHV versioner. På alla CVH motorer är kontakten placerad i termostathuset. Om kontakten misstänks vara felaktig kan den kontrolleras enligt följande.

2 Lossa kopplingsstycket och kortslut mellan kontaktstiften med en bit tråd eller lämpligt metallföremål. Fläkten ska nu starta då

tändningen är på. Startar den inte är kontakten felaktig och måste bytas. Om fläkten fortfarande inte fungerar, kontrollera berörda säkringar, kablar och anslutningar. Om dessa är tillfredsställande är det troligt att fläktmotorn är defekt.

Demontering

Notera: *Ny tätningsbricka krävs vid montering.*

3 Då kontakten byts, vänta tills motorn är kall, ta sedan bort trycklocket på termostathus eller expansionskärl vilket som gäller.

4 Ställ en lämplig behållare under termostathuset för att samla upp den lilla mängd kylvätska som rinner ut då kontakten tas bort.

5 Lossa kontaktstycket och skruva bort kontakten.

Montering

6 Använd ny tätningsbricka, dra sedan åt kontakten ordentligt. Montera kontaktstycket och fyll kylsystemet enligt beskrivning i kapitel 1.

7 Kylvätsketempgivare - demontering och montering

Notera: *Lämpligt tätningsmedel krävs vid montering.*

Demontering

1 Då motorn är kall, ta bort trycklock på termostathus eller expansionskärl (vilket som gäller), sätt sedan tillbaka det igen. Detta avlastar eventuellt tryck i kylsystemet och gör att så lite kylvätska som möjligt går förlorad då tempgivaren tas bort.

2 Lossa kontaktstycket och skruva bort givaren placerad på den sida av topplocket som är vänd framåt, under termostathuset på OHV motorer, eller bredvid på CVH motorer **(se bilder)**.

Montering

3 Vid montering, stryk tätningsmedel på gängorna och skruva in givaren ordentligt i topplocket.

4 Anslut kablarna och fyll på kylsystemet enligt beskrivning i kapitel 1.

5.21a Lossa de fyra skruvarna . . .

5.21b . . . och ta bort vattenpumpen - CVH motor

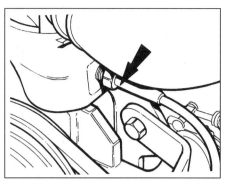

7.2a Tempgivarens placering i topplocket - OHV motorer

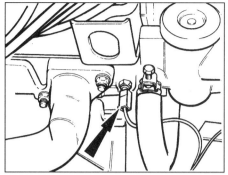

7.2b Tempgivarens placering i topplocket - CVH motorer

8 Värme- och ventilationssystem - beskrivning

Värmesystemet utnyttjar överskottsvärme i kylvätskan. Kylvätskan pumpas igenom värmepaketet i värmehuset där luft, matad via värmefläkten, för värmen in i bilen.

Frisk luft kommer in i värmeaggregatet eller ventilationskanalerna genom luftintaget bakom motorhuven. Luften lämnar sedan kupén genom uttag i bakkanten på dörrarna.

Det finns skillnader i värmesystemet mellan de olika modellerna. På basmodellerna används en fläkt med två hastigheter, istället för tre som på övriga versioner. På alla utom basmodellen finns luftuttag i mitten och på sidan av instrumentbrädan.

Reglagen för värme och ventilation är av typ hävarm på tidigare och rattarm på senare modeller, de arbetar via vajrar till spjäll som reglerar luftflödet genom värmeaggregatet, så att temperatur eller luftfördelning mellan fotutrymme och vindruta kan varieras.

9 Värmereglage - justering

1 För reglage av hävarmstyp, ställ bägge reglagearmarna ca 2,0 mm ifrån deras undre stopp. På modeller med rattar, ställ dem just från läge COLD och CLOSED.

2 Lossa skruvarna för vajerinfästningen, dra sedan spjäll för temperaturreglering och luftfördelning i läge för kalluft respektive stängt (se bild). Kontrollera att armar eller rattar inte ändrar läge, dra sedan åt klammorna.

10 Värmereglage - demontering och montering

Modeller före 1986

Demontering

1 Inuti bilen, demontera panelen under instrumentbrädan på höger sida. Panelen hålls av två metallbleck och två klammor.
2 Lossa luftkanalerna från höger sida på värmehuset och vrid dem så att de går fritt från vajrarna.
3 Lossa vajrarna från värmehuset.
4 Ryck knapparna bort från reglagearmarna på instrumentpanelen, tryck sedan reglageplattan nedåt och ta bort den.
5 Lossa och ta bort de två skruvarna som nu blir synliga och som håller armarna i läge.
6 Ta försiktigt bort reglaget komplett med vajrar från instrumentbrädan, lossa kabeln från belysningslampan.

Modeller från och med 1986

Demontering

7 Dra bort luftkanalerna från värmeaggregatet

på höger sida, för undan dem.
8 Lossa höger vajer från värmehus och temperaturspjäll.
9 Ta bort locket för vänster manöverarm och lossa vajern från värmehus och luftfördelningsspjäll.
10 Dra loss knapparna på värmereglagen och lossa de två skruvarna, en är placerad under den yttre reglageknappen, ta sedan bort kontrollpanelens infästning. Demontera de mittre ventilationsmunstyckena.
11 Lossa de två skruvarna för reglagepanelen och ta bort panelen komplett med vajrar genom öppningen.

Montering (alla modeller)

12 Montera i omvänd ordning. Justera efteråt enligt beskrivning i föregående kapitel.

11 Värmeaggregat - demontering och montering

Demontering

1 Lossa batteriets minuskabel.
2 Se kapitel 11 och ta bort mittkonsolen.
3 Lossa sedan, i motorrummet, kylvätskeslangarna från värmerören vid torpedväggen (se bild). Håll upp änden på slangarna så att inte kylväskan rinner ut.
4 Värmepaketet innehåller fortfarande kylvätska och bör tömmas genom att man blåser i det övre röret och samlar upp kylvätskan som kommer från det nedre.
5 Demontera plåt och packning från värmerören. Denna hålls till torpedväggarna med två plåtskruvar.
6 Inuti bilen, demontera panelerna under instrumentbrädan på bägge sidor. Panelerna hålls av två klämmor och bleck.
7 Dra luftfördelningskanalerna från värmehuset och för dem åt sidan så reglagevajrarna går fria.
8 Lossa vajrarna från värmehus och spjäll.
9 Demontera de två muttrarna, lyft sedan värmeaggregatet ut ur bilen, se till att inte återstående kylvätska kommer ut på mattan (se bild).

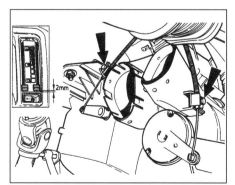

9.2 Infästning för värmereglagevajrar (vid pilarna) - modeller före 1986

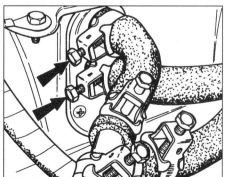

11.3 Kylvätskeslangarnas anslutningar vid värmerören

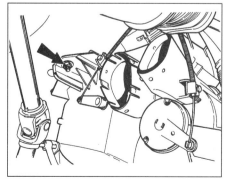

11.9 Fästmutter för värmeaggregatet - vänster sida

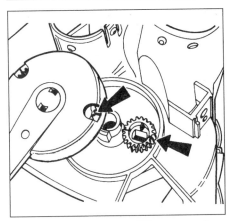

12.3 Luftfördelningsspjällets arm och märke för dreven (vid pilarna)

Montering

10 Montera i omvänd ordning. Kontrollera att värmehusets tätning är oskadad, byt den annars. Justera värmereglagen enligt beskrivning i avsnitt 9.
11 Fyll på kylsystemet (kapitel 1), anslut batteriet.

12 Värmepaket - demontering och montering

Demontering

1 Då värmeaggregatet demonterats från bilen enligt tidigare beskrivning, ta bort de två fästskruvarna och dra värmepaketet ut ur huset.
2 Om ytterligare isärtagning krävs, skär igenom packningen i skarven, ta bort fästklammorna och dela husets två halvor.

3 Demontera spjällen. Notera att armen till luftfördelningsspjället endast kan tas bort då märket på armen står mot märket på kugghjulet **(se bild)**.
4 Om värmepaketet läcker bör man skaffa ett nytt eller en utbytesenhet. Reparationer hemma blir sällan framgångsrika. Ett igensatt kylarpaket kan ibland rensas om man spolar vatten från en slang i omvänd flödesriktning, men undvik att använda kemiska preparat.

Montering

5 Montera i omvänd ordning. Se till att inte kylflänsar eller rör skadas på kylarpaketet då det sätts på plats i huset. Montera värmeaggregatet enligt beskrivning i avsnitt 11.

13 Värmefläkt/motor - demontering och montering

Demontering

1 Öppna huven, lossa batteriets minuskabel, ta sedan bort gummitätningen som tätar mellan luftintag och huv då huven är stängd.
2 Ta bort de fem klammorna från luftintagets hus och lossa sedan locket i framkant.
3 Lossa kontaktstycket samt jordkabeln nära värmerörens platta på torpedväggen.
4 Lossa och ta bort fläkthusets muttrar, lyft sedan huset bort från motorrummet **(se bild)**.
5 För in bladet på en skruvmejsel och bänd loss fästklammorna så att fläktkåpan kan demonteras **(se bild)**.
6 Demontera motståndet och lyft ut fläktmotor/fläkt.

Montering

7 Montera i omvänd ordning.

13.4 Värmefläkt och motor - med locket borttaget

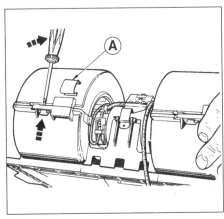

13.5 Demontering av klamma för fläktkåpan

Kapitel 4 Del A:
Förgasare

Innehåll

Svårighetsgrad

Enkelt, passar novisen med lite erfarenhet	**Ganska enkelt**, passar nybörjaren med viss erfarenhet	**Ganska svårt**, passar kompetent hemmamekaniker	**Svårt**, passar hemmamekaniker med erfarenhet	**Mycket svårt**, för professionell mekaniker

Specifikationer

Bränslepump

Typ	Mekanisk - driven av excenter på kamaxeln
Matningstryck	0,24 till 0,38 bar

Förgasare

Typ	Ford variabel venturi (VV) eller Weber 2V
Förekommer på:	
1,1 liters OHV motor	Ford VV
1,1 liters CVH motor	Ford VV
1,1 liters HCS motor	Weber 2V TLDM
1,3 liters OHV motor	Ford VV
1,3 liters HCS motor	Weber 2V TLDM
1,3 liters CVH motor	Ford VV
1,4 liters CVH motor	Weber 2V DFTM
1,6 liters CVH motor (utom XR3 modeller):	
Fram till1986	Ford VV
1986 och framåt	Weber VV TLD
1,6 liters CVH motor (XR3 modeller)	Weber 2V DFT
Choke, typ:	
Alla modeller upp till1984	Automatisk
1,1 och 1,3 liters motorer, 1984 och framåt	Manuell
1,4 och 1,6 liters motorer, 1984 och framåt	Automatisk

Ford förgasare specifikation

Tomgångsvarv (kylfläkt på):	
Manuell växellåda	750 till 850 rpm
Automatväxellåda	850 till 950 rpm
CO-halt vid tomgång	1,0 till 2,0%

Weber förgasare specifikation

Weber 2V DFTM:

Tomgångsvarv (kylfläkt på)	750 till 850 rpm	
CO-halt vid tomgång	1,25 till 1,75%	
Spjällöppnarvarv	1250 till 1350 rpm	
Snabbtomgångsvarv	2600 till 2800 rpm	
Choke, tvångsöppning	2,7 till 3,2 mm	
Flottörhusnivå	7,5 till 8,5 mm	
	Primärport	**Sekundärport**
Halsring	21 mm	23 mm
Luftkorrektionsmunstycke	200	165
Emulsionsrör	F22	F60
Tomgångsmunstycke	42	60
Huvudmunstycke	102	125

Weber 2V TLD:

Tomgångsvarv (kylfläkt på):		
Manuell växellåda	750 till 850 rpm	
Automatväxellåda	850 till 950 rpm	
CO-halt vid tomgång	1,0 till 2,0%	
Spjällöppnarvarv	1050 till 1150 rpm	
Snabbtomgångsvarv:		
Manuell växellåda	1850 till 1950 rpm	
Automatväxellåda	1950 till 2050 rpm	
Choke, tvångsöppning:		
Manuell växellåda	4,0 till 5,0 mm	
Automatväxellåda	3,5 till 4,5 mm	
Flottörhusnivå	28,5 till 29,5 mm	
	Primärport	**Sekundärport**
Halsring	21 mm	23 mm
Luftkorrektionsmunstycke	185	125
Emulsionsrör	F105	F71
Huvudmunstycke:		
Manuell växellåda	117	127
Automatväxellåda	115	130

Weber 2V DFT:

Tomgångsvarv (kylfläkt på)	750 till 850 rpm	
CO-halt vid tomgång	1,0 till 1,5%	
Snabbtomgångsvarv	2600 till 2800 rpm	
Choke, tvångsöppning	5,2 till 5,8 mm	
Chokespärr	1,5 till 2,5 mm	
Flottörhusnivå	34,5 till 35,5 mm	
	Primärport	**Sekundärport**
Halsring	24	25
Luftkorrektionsmunstycke	160	150
Emulsionsrör	F30	F30
Tomgångsmunstycke	50	60
Huvudmunstycke	115	125

Weber 2V TLDM

Tomgångsvarv (kylfläkt på)	700 - 800 rpm	
CO-halt vid tomgång	0,5 - 1,5%	
Snabbtomgångsvarv:		
1,1 liter	2800 rpm	
1,3 liter	2500 rpm	
Flottörhusnivå	28,0 - 30,0 mm	
	Primärport	**Sekundärport**
Halsring	26	28
Huvudmunstycke:		
1,1 liter	92	122
1,3 liter	90	122
Emulsionsrör	F113	F75
Luftkorrektionsmunstycke:		
1,1 liter	195	155
1,3 liter	185	130

Bränslerekommendation

Oktantal:

Alla utom HCS motorer . . . .   97 RON

HCS motorer . . . .   97 RON eller 95 RON (blyfri)

Åtdragningsmoment

	Nm
Förgasare till grenrör	17 till 21
Bränslepump	16 till 20
Insugningsrör	16 till 20
Avgasgrenrör	14 till 17
Främre avgasrör till grenrör	35 till 40
Rörklammor	35 till 40
Främre rör mot avgassystemets fläns	35 till 47

1 Allmän information och föreskrifter

Bränslesystemet på alla modeller med förgasare består av en centralt monterad bränsletank, en bränslepump, förgasare och en luftrenare.

Bränsletanken är monterad under golvet bakom baksätena. Tanken har ventilation, ett enkelt påfyllningsrör och en bränslenivågivare.

Bränslepumpen är mekanisk och av membrantyp, den påverkas med hjälp av en stödstång och en excenter på kamaxeln. Pumpen är förseglad och kan inte tas isär.

Förgasaren kan antingen vara en Ford med variabel venturi eller en av fyra versioner av Weber 2 stegs (VV), beroende på modell.

Luftrenaren har en inbyggd termostat som reglerar mängden varm luft från kammaren på insugningsröret eller från luftintaget framtill i motorrummet. Termostaten förekommer i två utförande det ena är ett system som med hjälp av vakuum och en värmesensor reglerar ett spjäll inbyggt i luftrenaren. Den andra typen, som successivt införts från och med 1986, arbetar med en vaxkropp på liknande sätt, men spjället styrs här av vaxkroppen. Vaxkroppen är monterad i intaget och manövrerar ett spjäll genom att vaxkroppen expanderar eller drar ihop sig beroende på temperaturen.

Varning: Många av de arbeten som beskrivs i detta kapitel innebär demontering av bränslerör eller anslutningar som

kan resultera i spill. Innan något arbete utförs på bränslesystemet, se de föreskrifter som ges i avsnittet "Säkerheten främst!" i början av boken, följ dem noga. Bränsle är en mycket farlig och lättflyktig vätska, man kan inte vara nog försiktig vid arbete med den.

2 Luftrenare - demontering och montering

Demontering

1 Lossa batteriets minuskabel.

2 Lossa vevhusventilationsslangarna som är åtkomliga ovanifrån, från luftrenaren **(se bild)**.

3 Lossa kalluftslangen från änden på luftrenarens intag, i förekommande fall **(se bild)**.

4 I förekommande fall på CVH motorer, dra loss vevhusventilationsventilen från undersidan på luftrenaren.

5 Ta bort fästskruvarna och skruvarna på luftrenarlocket, ta sedan bort luftrenaren från förgasaren.

6 På 1,1 och 1,3 liters HCS, lossa bränslefällan från sidan på luftrenaren.

7 Beroende på modell, lossa vakuumslang och återstående vevhusventilationsslang (-ar), ta sedan bort luftrenaren från motorn.

Montering

8 Montera i omvänd ordning.

3 Luftrenarens temperaturreglering - beskrivning och kontroll

Termostatreglerad luftrenare

1 På alla modeller före 1986 och vissa modeller där efter har luftrenaren ett temperaturstyrt vakuumreglerat system som ska ge bästa möjliga temperatur hos insugningsluften för att minska avgasutsläppen.

2 Detta får man genom att blanda kall luft från ett intag framtill i bilen och varm luft från en kammare på avgasgrenröret. Varm och kall luft styrs av ett vakuumreglerat spjäll i luftintaget. Vakuum styrs av en givare placerad i luftrenaren så att temperaturen hålls inom bestämda värden.

3 Vid kontroll av termostatregleringen, måste motorn vara kall. Notera först spjällets läge innan motorn startas **(se bild)**. Spjället kan ses med hjälp av en spegel sedan slangen på intaget tagits bort.

4 Starta motorn och kontrollera att spjället öppnas helt så att endast varm luft från grenröret når luftrenaren **(se bild)**.

5 Om spjället förblir stängt då motorn startats, kan antingen vakuumklockan eller värmesensorn vara felaktig och ska då provas var för sig.

6 Se till att vakuumledningarna sitter säkert och inte läcker.

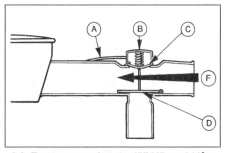

3.3 Termostatreglerat spjäll i läge vid lågt vakuum

A Vakuumslang till värmesensor
B Vakuumklocka
C Membran
D Spjäll i stängt läge
F Kalluft

2.2 Demontering av vevhusventilationsslang på luftrenare

2.3 Kalluftslang demonteras från luftintaget

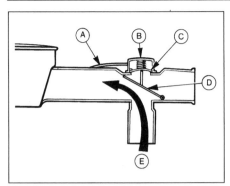

3.4 Termostatreglerad luftrenare vid högt vakuum

A Vakuumslang till värmesensor
B Vakuumklocka
C Membran
D Spjäll i öppet läge
E Varmluft

7 Vid kontroll av detaljerna krävs en vakuumpump. Är sådan tillgänglig gör man på följande sätt, i annat fall får man låta en fackman prova systemet.

8 Lossa ledningen mellan membran och sensor och anslut en vakuumpump till vakuumklockan. Pumpa upp ett vakuum på 100 mm kvicksilver och behåll detta vid kontroll av spjället.

9 Om spjället nu är öppet måste sensorn vara defekt och ska bytas. Är spjället fortfarande stängt, är membranet felaktigt och ny luftrenare måste anskaffas eftersom vakuumklockan inte kan bytas separat.

10 Lossa vakuumpumpen efter kontrollerna och anslut ledningarna och slangen.

Termostatstyrd luftrenare med vaxkropp

11 Från och med 1986 har en termostat med vaxkropp efterhand ersatt tidigare utföranden.

12 Den nya luftrenaren utför samma arbete som tidigare, men spjället regleras nu av en vaxkropp och är inte beroende av vakuum.

13 Då motorn är kall drar vaxkroppen ihop sig och spjället förs till ett läge då det stänger av kalluften. Då temperaturen i motorrummet stiger och vaxkroppen expanderar, öppnas spjället så att endast kall luft till slut når luftrenaren.

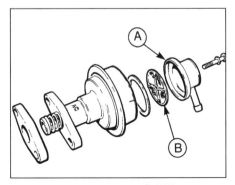

4.3 Filter i bränslepump på CVH motorer

A Pumplock   B Filter

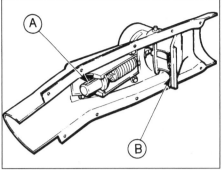

3.15 Luftrenare med vaxkropp

A Vaxkropp   B Spjäll

14 Vid kontroll måste motorn till en början vara kall.

15 Demontera slangen för varmluft och kontrollera att spjället har ett sådant läge att endast varmluft når luftrenaren **(se bild)**.

16 Sätt tillbaka slangen, starta motorn och låt den gå tills den har normal arbetstemperatur.

17 Ta på nytt bort varmluftsslangen och kontrollera spjällets läge. Då motorn har normal arbetstemperatur ska spjället vara i ett läge som tillåter endast kalluft att nå luftrenaren.

18 I annat fall är vaxkroppen defekt och luftrenaren måste bytas eftersom vaxkroppen inte går att byta.

19 Sätt tillbaka slangen för varmluft efter kontrollerna.

4 Bränslepump - rengöring

Notera: *Se varningstexten i början av avsnitt 1.*
1 På vissa tidiga modeller har bränslepumpen ett lock som man kan ta bort under vilket man hittar ett inbyggt filter som kan rengöras. På denna typ av pump (den känns igen på ett förhöjt lock som hålls av en skruv) kan filtret rengöras enligt följande.

2 Placera en trasa runt pumphuset för att samla upp bränslespill då locket tas bort.

3 Lossa och ta bort skruven, ta sedan bort locket **(se bild)**.

4 Ta bort tätningsringen av gummi samt filtret (sil) inuti locket.

5 Rengör silen genom att borsta den i rent bränsle, sätt den sedan på plats i locket, notera klackarna på vissa kilar som styr den.

6 Montera tätningsringen. Är den inte i fullgott skick, byt den.

7 Lägg locket på plats. På vissa pumpar finns en stukning på locket som ska passa i spåret på pumphuset.

8 Skruva i skruven, dra den inte för hårt, det räcker om locket tätar.

5 Bränslepump - kontroll, demontering och montering

Notera: *Se varningstexten i början av avsnitt 1.*

Kontroll

1 Man kan lätt prova bränslepumpen genom att lossa inloppsröret från förgasaren och placera den öppna änden i en behållare.

2 Lossa lågspänningsledningen från spolens negativa anslutning så att inga tändgnistor bildas.

3 Kör runt motorn med startmotorn. Regelbundna mängder bränsle ska nu komma från slangen.

4 Pumpas inte bränsle ordentligt, trots att bränsle finns i tanken, måste pumpen bytas. Pumpen är förseglad och kan inte tas isär eller repareras.

Demontering

5 På OHV och HCS motorer sitter pumpen på motorblocket och regleras av en arm som är i direktkontakt med en excenter på kamaxeln.

6 På CVH motorer är pumpen monterad på topplocket och manövreras av en tryckstång från en excenter på kamaxeln.

7 Vid demontering av pumpen, lossa och plugga inlopps- och utloppsledningar (på HCS motorer även returledningen) vid pumpen, lossa sedan pumpen från motorn **(se bild)**. Notera att bränsleledningarna sätts rätt vid montering.

8 Ta vara på isolerbrickorna med ta bort och kasta packningarna.

9 Ta bort tryckstången på CVH motorer **(se bild)**.

5.7 Demontering av bränslepump på CVH motorer

5.9 Demontering av pumpens tryckstång

Montering

10 Montera i omvänd ordning men använd nya packningar. Om slangklammorna tidigare varit krympta på plats, förstörs dessa då ledningarna tas bort. Byt dem mot konventionella slangklammor. Kontrollera att bränsleslangarna kommer på rätt plats vid monteringen **(se bild)**.

6 Bränsletank - demontering och montering

Notera: *Se varningstexten i början av avsnitt 1.*

Demontering

1 Bränsletanken behöver normalt endast demonteras om den har kraftiga föroreningar och avlagringar, eller fodrar reparation.
2 Eftersom det inte finns någon avtappningsplugg, är det bäst att ta ner tanken då den är nästan tom. Om detta inte är möjligt, sug ut så mycket bränsle som möjligt i en tank som är avsedd för förvaring av bränsle, men notera följande.
a) Lossa batteriet, minuskabeln först.
b) Rök inte eller använd inte öppen låga i närheten.
c) Undvik att ställa bilen över en grop eftersom bränsleångor är tyngre än luft.
3 Hissa upp bakänden och stöd den säkert, lossa sedan slangen som förbinder tanken med bränslerören framtill **(se bild)**. På vissa modeller används dubbla ledningar, den andra ledningen är då en returledning som för bränsle tillbaka från förgasaren.

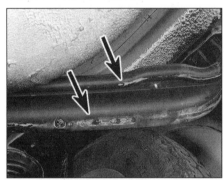

6.5 Bränslepåfyllningsrör och ventilationsledning (vid pilarna)

6.6 Skruv (vid pilen) för bränsletankens fästband

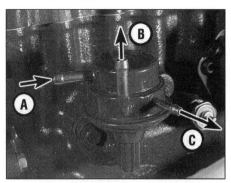

5.10 Bränslepumpens anslutningar på 1,1 och 1,3 liters HCS motorer
A Inlopp från tank
B Utlopp till förgasare
C Returledning till tank

4 Lossa de elektriska ledningarna från nivågivaren.
5 Borsta bort smuts kring påfyllningsröret, lossa det sedan tillsammans med ventilationsrör från röret på tanken **(se bild)**. På vissa modeller från och med 1986 ska man också lossa ventilationsledningen.
6 Stöd tanken och lossa skruvarna från banden **(se bild)**.
7 Sänk ner tanken så att bränsleslangarna kan lossas från nivågivaren och fästklammorna. På modeller från och med 1986 ska man också lossa det lilla ventilationsröret placerat upptill på tanken **(se bild)**. Sänk ner tanken helt och ta bort den.

Montering

8 Om tanken ska rengöras, repareras eller bytas, ta bort nivågivaren. Lossa den genom att vrida hela enheten moturs med specialverktyget (23-014) eller annat lämpligt verktyg, bakom klackarna.
9 Om det finns avlagringar eller vatten i tanken, rengör genom att skaka ordentligt med lacknafta eller ett lösningsmedel. Byt flera gånger, skölj till sist med bensin.
10 Om tanken läcker, låt en fackman laga den. Att försöka svetsa eller löda en tank som

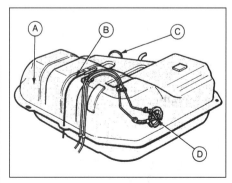

6.7 Bränsletank
A Bränsletank
B Ventilationsledning
C Bränslepåfyllningsrör
D Nivågivare

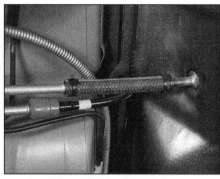

6.3 Slanganslutning framtill på tanken

inte först rengjorts med ånga i flera timmar är mycket farligt.
11 Sätt tillbaka nivågivaren med ny tätning.
12 Montera tanken i omvänd ordning. Kontrollera alla anslutningar beträffande läckage sedan tanken delvis fyllts med bränsle.

7 Gasvajer - justering, demontering och montering

Justering

1 Lossa batteriets minuskabel.
2 På modeller med manuell växellåda, demontera luftrenaren enligt beskrivning i avsnitt 2.
3 Låt någon sätta sig i förarsätet och trycka ner gaspedalen helt, då pedalen är helt nedtryckt, vrid vajerjusteringen vid förgasaren eller vajerinfästningen så att gasspjället är helt öppet.
4 Släpp pedalen och tryck på nytt ned den, kontrollera att spjället åter öppnar helt. Gör om justeringen vid behov.
5 Sätt därefter tillbaka luftrenaren och anslut batteriets minuskabel.

Demontering

6 Lossa batteriets minuskabel.
7 Lossa isoleringen under instrumentbrädan inuti bilen.
8 Lossa vajern från övre änden på gaspedalen. Lossa först fjäderklamman så att vajeränden lossar från kultappen **(se bild)**.

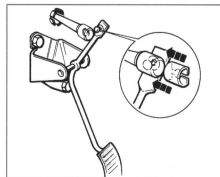

7.8 Gasvajerns infästning vid pedalen

7.11a Lossa gasvajerns låsbricka . . .

7.11b . . . lossa sedan kabelinfästningen (vid pilen)

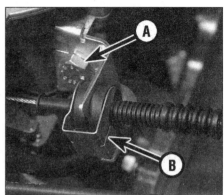

7.11c Gasvajerns fäste på 1,3 liters HCS motorer

A Skruv　　　　　*B Klamma*

7.12 Lossa låsringen vid vajeranslutningen

9 Lossa vajern från torpedväggen i motorhuven. Det är lättare att lossa vajern om någon trycker ut vajern ur genomföringen inifrån bilen.
10 Demontera luftrenaren (gäller endast modeller med manuell växellåda).
11 Kabeln måste nu tas bort från fästet på förgasaren, eller då det gäller automatväxlade bilar, från fästet till höger om motorn. Lossa låsbrickan, tryck sedan ner de fyra tapparna på hållaren samtidigt som hållaren dras ut ur fästet. Se till att ytterhöljet inte skadas. På 1,1 och 1,3 liters HCS motorer, dra loss låsbrickan från

stödet, lossa sedan vajern från fästet **(se bilder)**.
12 Lossa vajeränden från kultappen genom att dra undan låsfjädern **(se bild)**.

Montering

13 Montera ny vajer i omvänd ordning, justera sedan enligt föregående avsnitt.

8 Gaspedal - demontering och montering

Demontering

1 Pedalen kan demonteras sedan vajern lossats enligt beskrivning i avsnitt 7.
2 Lossa de två fästskruvarna och sedan pedalen.

Montering

3 Montera i omvänd ordning, kontrollera dock vajerns justering enligt beskrivning i avsnitt 7.

9 Chokevajer - demontering, montering och justering

Modeller före 1986

Demontering

1 Lossa batteriets minuskabel.
2 Ta bort luftrenaren så att åtkomligheten blir

bättre (avsnitt 2).
3 Lossa vajerns klämskruv vid förgasaren, ta bort ytterhöljets låsbricka vid fästet och lossa sedan vajern.
4 Ta bort det lilla facket från undre delen av instrumentbrädan under chokeknappen **(se bild)**.
5 Demontera klamman som håller knappen och dra sedan loss knappen från kontaktarmen.
6 Demontera styrningen för kontakten, sträck upp armen underifrån och ta loss kontakten, genom öppningen för facket.
7 Chokevajern kan nu dras genom genomföringen i torpeden och kontakten lossas.

Montering

8 Montera i omvänd ordning men justera enligt följande.

Justering

9 Tillverka en distans av en plåtremsa eller helst ett rör enligt anvisning **(se bild)**.
10 Dra ut choken och placera distansen bakom chokeknappen. Kontrollera att distansen är på plats under arbetet **(se bild)**.
11 Gör ett märke 22 mm från kabeländen vid förgasaren **(se bild)**. Vissa vajrar kan vara märkta med en böj på denna punkt eller det kan finnas en ring påsatt.

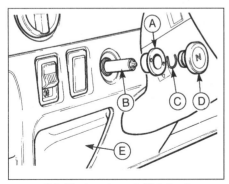

9.4 Chokevajerns infästning i instrumentbräda - modeller före 1986

A Styrning　　　　*D Knapp*
B Kontaktarm　　　*E Fack*
C Låsfjäder

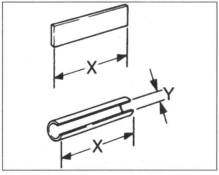

9.9 Dimensioner för distans vid justering av chokevajer - modeller före 1986
X = 37 - 37,5 mm
Y = 12 mm min

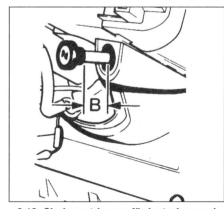

9.10 Choken utdragen för justering med distans (B) på plats - modeller före 1986

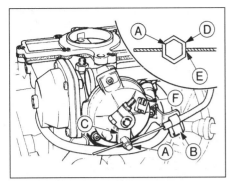

9.11 Justering av chokevajern vid förgasaren - modeller före 1986
A Klämskruv
B Låsbleck för ytterhölje
C Manöverarm
D Klamma
E 22 mm från kabeländen
F Stopp för full choke

12 För in vajern i fästet tills märket eller ringen går mot ringen mot kanten på klamman. Dra sedan åt klamman.
13 Dra yttervajern så att chokearmen går helt mot stoppklacken på förgasarhuset. Fäst yttervajern i detta läge med låsringen.
14 Ta bort distansen och kontrollera att chokearmen går mot stoppklack för stängt respektive fullt läge då chokeknappen skjuts in eller dras ut. Se slutligen till att det finns ett

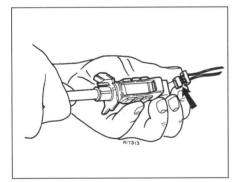

9.19 Kablar för chokevarningslampa - från och med 1986 års modeller

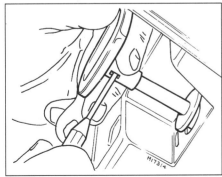

9.20 Låsstiftet för chokeknappen lossas med ett smalt verktyg - modeller från och med 1986

9.17a Klämskruven lossas (vid pilen)

litet spel mellan chokearmen och stoppklacken för stängt läge då choken är helt intryckt.

Från och med 1986 års modeller

Demontering

15 Lossa batteriets minuskabel.
16 Demontera luftrenaren enligt beskrivning i avsnitt 2.
17 Lossa klämskruven vid förgasaren, lossa ytterhöljets fästklamma vid fästet och lossa sedan vajern. På 1,1 och 1,3 liters HCS motorer, lossa ytterhöljets klamma och haka loss vajern från anslutningen på chokearmen **(se bilder)**.
18 Demontera rattstångskåporna inuti bilen.
19 Lossa kabeln för chokevaringslampa bakom instrumentbrädan **(se bild)**.
20 Använd ett smalt verktyg, tryck med detta in låsstiftet på undersidan av chokeknappen och ta bort den **(se bild)**.
21 Lossa chokens infästning och dra in vajern under instrumentbrädan. Dra vajern genom torpeden så att den kommer in i motorrummet.

Montering

22 Montera i omvänd ordning, men justera enligt följande.

Justering

23 Med kabeln på plats i instrumentbrädan och genom torpedväggen, tryck in choken helt och för in innervajern i klamman vid förgasaren.
24 Dra vajern genom klamman upp till märkringen, dra sedan åt skruven.
25 Dra ut choken helt, kontrollera att chokespjället vid förgasaren då är helt stängt. Fäst vajern i fästet med klamman.
26 Kontrollera att chokearmen går mot stoppklacken på förgasaren då choken är helt utdragen, kontrollera också att den går mot stoppklacken för öppet läge då den trycks in. På modeller med Ford VV förgasare, kontrollera dock att det finns ett litet spel mellan chokearm och stoppklack då choken är helt intryckt.

9.17b Låsbleck för ytterhöljet (A) samt innervajerns anslutning (B) på 1,3 liters HCS motorer

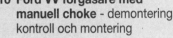

10 Ford VV förgasare med manuell choke - demontering, kontroll och montering

Notera: Ny packning krävs vid montering.

Demontering

1 Lossa batteriets minuskabel.
2 Demontera luftrenaren enligt beskrivning i avsnitt 2.
3 Lossa chokevajerns klämskruv vid chokearmen, lossa ytterhöljets låsring vid fästet och ta bort vajern från förgasaren.
4 Använd ett lämpligt Torxverktyg, lossa med detta de tre skruvarna för chokehuset och ta sedan bort locket, tillsammans med infästning för chokevajer från förgasaren **(se bild)**.
5 Lossa sedan försiktigt de tre Torxskruvarna som håller själva chokehuset till förgasaren, ta bort chokehuset tillsammans med packningen **(se bild)**.

Kontroll

6 Med choken demonterad, rengör insidan försiktigt genom att blåsa bort damm och smuts med tryckluft eller luft från en cykelpump.

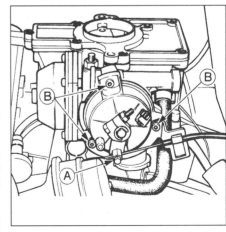

10.4 Klämskruv (A) och skruvar för chokehus (B) - Ford VV förgasare

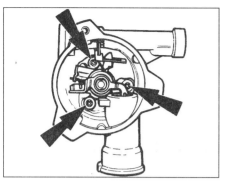

10.5 Chokens fästskruvar - Ford VV förgasare

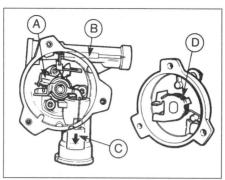

10.7 Manuell choke - Ford VV förgasare
A Chokelänkage
B Konisk nål (mängdregulator)
C Tvångsöppningskolv
D Fjäderbelastad arm

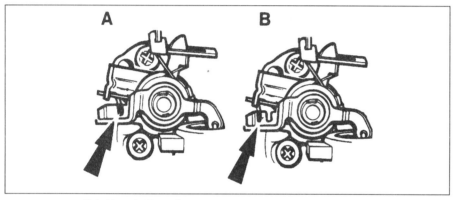

10.8 Korrekt läge på chokens fjäderben - Ford VV förgasare

A Riktigt läge   B Felaktigt läge

7 Använd en liten skruvmejsel eller en smal stång, lyft med denna upp tvångs-öppningskolven och låt den falla av sin egen tyngd, kontrollera att den faller jämt och mjukt till undre läget **(se bild)**.
8 Upprepa kontrollen med chokearmen i olika lägen. Om kolven kärvar i något läge, försök på nytt rengöra med luft, ingenting annat, upprepa sedan kontrollerna. Inte under några omständigheter får man försöka hjälpa en kärvande kolv genom att smörja den på något

sätt, kalibreringen går då förlorad och arbetskaraktäristiken ändras radikalt. Kontrollera också att chokens fjäderben sitter ordentligt i spåret på chokearmen **(se bild)**. Gör de inte det, för dem försiktigt på plats. Kontrollera på nytt kolvens funktion, byt choke och hus som en enhet.
9 Kontrollera mängdregulatorn noggrant genom att föra nålfästet genom hela rörelsen med hjälp av en liten skruvmejsel **(se bild)**. Som vid kontroll av tvångsöppningskolven,

bör kontrollen utföras med länkarmen i varierande lägen. Kontrollera att regulatorn inte kärvar i något läge. Skulle den kärva kan den försiktigt smörjas med "Ballistol" som bör vara tillgängligt hos en Fordhandlare. Använd inte annat smörjmedel eftersom detta kan bilda avlagringar, se även till att inte smörjmedel kommer på tvångsöppningskolv eller länkage. Om regulatorn går tungt eller har fastnat, hjälper det inte med smörjning. Reglagehuset måste bytas kompöett.
10 Om både regulator och tvångs-öppningskolv fungerar tillfredsställande förutom då länkarmens läge ändrades, kan centrumaxeln försiktigt smörjas bakifrån choke-enheten med "Ballistol".

Montering

11 Vid montering av choke-enheten, placera först en ny packning på förgasaren, sätt sedan enheten på plats och sätt dit skruvarna.
12 Vid montering av reglagehuset, ställ in de nya packningarna med skruvhålen med fliken på packningen som bilden visar. Länkarmen ska stå i mittläge, montera sedan reglagehuset och se till att länkarmen hakar i den fjäder-belastade armen **(se bilder)**.
13 Dra fast reglagehus och chokevajerfäste med de tre skruvarna.
14 Sätt tillbaka chokevajern och justera enligt beskrivning i avsnitt 9.
15 Sätt tillbaka luftrenaren (avsnitt 2), anslut batteriet, justera sedan tomgångsvarv och blandningsförhållande (kapitel 1).

11 Ford VV förgasare med automatchoke - demontering, kontroll och montering

Bimetallhus

Notera: Ny packning krävs vid montering.

Demontering

1 Lossa batteriets minuskabel.
2 Demontera luftrenaren enligt beskrivning i avsnitt 2.
3 Avlasta trycket i kylsystemet genom att lossa trycklocket (se kapitel 1). Lossa sedan

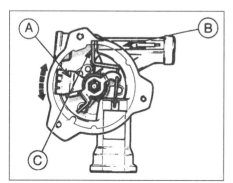

10.9 Kontroll av mängdregulator - Ford VV förgasare

A Länkarm   C Nålfäste
B Mängdregulator

10.12a Korrekt placering av packning för reglagehus med fliken (A) i visat läge - Ford VV förgasare

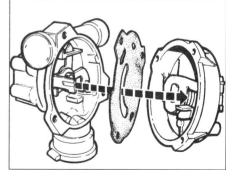

10.12b Montering av reglagehus till choke - Ford VV förgasare

11.5 Demontering av bimetallhus

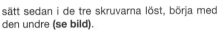

11.8 Mittre spår på automatchokens länkarm (vid pilen)

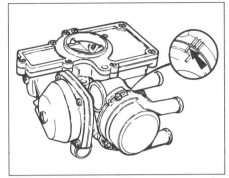

11.9 Passmärken på choke och bimetallhus - Ford VV förgasare

in- och utloppsslangar från automatchokehuset. Kläm i hop slangarna eller placera dem med ändarna uppåt för att minimera spill.
4 Märk bimetallhusets läge i förhållande till chokehuset med snabbtorkande färg så att de kan sättas tillbaka rätt.
5 Lossa och ta bort de tre skruvarna för bimetallhuset, ta sedan bort husets packning **(se bild)**.

Montering

6 Montera i omvänd ordning.
7 Använd ny packning mellan chokehus och bi- metallhus.
8 Vid montering av bimetallhuset, haka bimetallfjädern i mittre spåret på länkarmen,

sätt sedan i de tre skruvarna löst, börja med den undre **(se bild)**.
9 Innan skruvarna dras åt, ställ märkena som tidigare gjordes mitt för varandra **(se bild)**.
10 Sätt tillbaka luftrenaren enligt beskrivning i avsnitt 2, fyll på kylsystemet enligt beskrivning i kapitel 1.

Automatchoke

Notera: *Ny packning krävs vid montering.*

Demontering

11 Demontera bimetallhuset enligt beskrivning i föregående punkter.
12 Ta försiktigt bort de tre skruvarna inuti chokehuset och ta sedan bort enheten, komplett med packning, från förgasaren.

Kontroll

13 Utför kontrollerna beskrivna för manuell choke i avsnitt 10.

Montering

14 Om nytt chokehus monteras måste gänga först skäras för bimetallhusets fästskruvar. Gängan kan skäras med hjälp av skruvarna som är självgängande. **Använd inte** en vanlig gängtapp.
15 Sätt tillbaka chokehuset på förgasaren med ny packning, sätt sedan tillbaka bimetallhuset enligt tidigare beskrivning.

12 Ford VV förgasare - demontering och montering

Notera: *Se varningstexten i slutet av avsnitt 1. Ny packning kärvs vid monteringen.*

Demontering

1 Lossa batteriets minuskabel.
2 Demontera luftrenaren enligt beskrivning i avsnitt 2.
3 På modeller med automatchoke då motorn fortfarande är varm, avlasta trycket i kylsystemet genom att försiktigt, försiktig lossa trycklocket (se kapitel 1). Lossa kylslangarna från automatchoken, tryck ihop eller plugga slangarna för att minska spill.
4 Lossa det elektriska tomgångsmunstycket på förgasaren **(se bild)**.
5 På modeller med manuell choke, lossa chokevajern från armen och ytterhöljet från fästet.
6 Lossa vakuumledningen från strömfördelaren.
7 Lossa gasvajern genom att dra upp klamman så att kulleden kan lossas, lossa sedan fästskruven för vajern.
8 Lossa och plugga bränsleinloppsledningen samt, i förekommande fall, returledningen från förgasaren. Om stukade klammor är monterade, skär av dem och montera nya vanliga slangklammor.
9 Lossa förgasarens fästmuttrar, lyft sedan bort förgasaren från insugningsröret. *Ta bort tomgångsskruven vid behov av bättre åtkomlighet.*

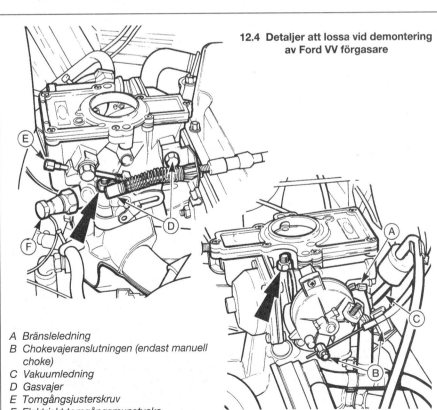

12.4 Detaljer att lossa vid demontering av Ford VV förgasare

A Bränsleledning
B Chokevajeranslutningen (endast manuell choke)
C Vakuumledning
D Gasvajer
E Tomgångsjusterskruv
F Elektriskt tomgångsmunstycke

Montering

10 Montera i omvänd ordning med se till att ny packning används och att tätningsytorna är helt rena.

11 På modeller med manuell choke, justera chokevajern enligt beskrivning i avsnitt 9.

12 Vid anslutning av vakuumledningen, se till att bränslefällan är rätt placerad.

13 Vid montering av bränsleslangen, se till att den är dragen på rätt sätt och att den aldrig går närmare vätskeslangarna för choken än 11 mm. Ett ånglås kan annars uppstå i bränslesystemet.

14 På modeller med automatchoke, anslut vätskeslangarna.

15 Starta sedan motorn och kontrollera tomgångsvarv och blandningsförhållande enligt beskrivning i kapitel 1.

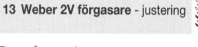

13 Weber 2V förgasare - justering

Tomgång och blandningsförhållande

1 Se kapitel 1.

Snabbtomgång (XR 3 modeller)

2 Demontera luftrenaren enligt beskrivning i avsnitt 2.

3 Låt motorn få normal arbetstemperatur, anslut en varvräknare enligt tillverkarens anvisningar.

4 Stäng av motorn, öppna gasspjället något med hjälp av vajern vid förgasaren. Stäng chokespjällen med fingrarna och håll dem stängda då gasspjället släpps tillbaka. Detta får till följd att chokemekanismen ställer in sig mot den högsta ansatsen på snabbtomgångskammen **(se bild)**.

5 Släpp chokespjällen, starta sedan motorn utan att röra gaspedalen. Avläs motorvarvet på varvräknaren och jämför med värdet i specifikationerna.

6 Vrid vid behov, snabbtomgångsskruven så att rätt varvtal erhålls **(se bild)**.

7 Sätt tillbaka luftrenaren.

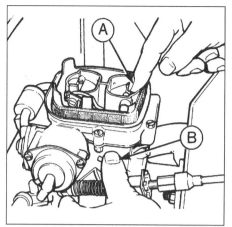

13.4 Weber 2V förgasare, chokelänkage i läge snabb tomgång - XR3 modeller
A Chokespjällen hålls stängda
B Gasspjället något öppet

Snabbtomgång (1,4 liters modeller)

8 Justera motorvarv och blandningsförhållande enligt tidigare beskrivning, stäng sedan av motorn. Låt varvräknaren vara ansluten.

9 Lossa de fyra skruvarna som håller luftrenaren, lossa slangarna för kall respektive varmluft och ta sedan bort luftrenaren. Lägg luftrenaren så den inte påverkar förgasaren, men låt vevhusventilationsslangarna och vakuumslangen sitta kvar.

10 Dra ut choken helt och starta motorn.

11 Tryck med fingret som bilden visar mot länkarmen, håll chokespjället öppet och notera snabbtomgångsvarvet **(se bild)**.

12 Om justering erfordras, vrid justerskruven så att rätt varvtal erhålls.

13 Sätt sedan tillbaka luftrenaren och koppla bort varvräknaren.

Snabbtomgång (1,6 liters modeller från och med 1986)

14 Demontera luftrenaren enligt beskrivning i avsnitt 2.

15 Låt motorn få normal arbetstemperatur,

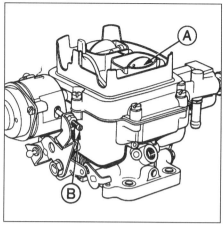

13.6 Weber 2V förgasare, justering av snabbtomgång - XR3 modeller
A Chokespjällen i öppet läge
B Justerskruv, snabbtomgång

anslut en varvräknare enligt tillverkarens anvisningar.

16 Stäng av motorn, öppna sedan gasspjället något för hand och stäng chokespjället så att snabbtomgångsjusterskruven står mot tredje steget på snabbtomgångskammen **(se bild)**. Släpp gasspjället så att snabbtomgångsskruven vilar mot kammen. Släpp sedan även chokespjället.

17 Starta sedan motorn utan att röra gaspedalen.

18 Notera snabbtomgångsvarvet, justera vid behov genom att vrida på snabbtomgångsjusterskruven.

19 Sätt sedan tillbaka luftrenaren och koppla bort varvräknaren.

Snabbtomgång (1,1 och 1,3 liters HCS motorer)

20 Justera tomgångsvarv och blandningsförhållande enligt tidigare beskrivning, stäng sedan av motorn. Låt varvräknaren vara ansluten.

21 Demontera luftrenaren enligt beskrivning i avsnitt 2.

22 Håll chokespjället helt öppet, starta motorn och kontrollera motorvarvet.

23 Justera vid behov med snabbtomgångsskruven **(se bild)**.

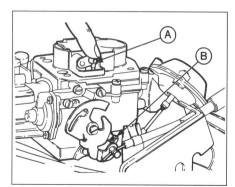

13.11 Weber 2V förgasare, justering av snabbtomgång - 1,4 liters modeller
A Chokespjällen hålls i öppet läge
B Justerskruv, snabbtomgång

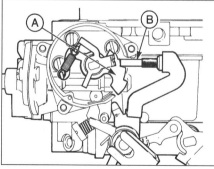

13.16 Weber 2V förgasare, justering av snabbtomgång - 1,6 liters modeller
A Snabbtomgångskam
B Justerskruv, snabbtomgång mot tredje steget på kammen

13.23 Weber 2V förgasare, justerskruv för snabbtomgång (vid pilen) - 1,1 och 1,3 liters HCS motorer

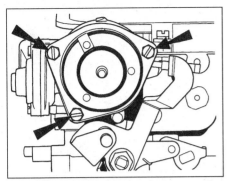

14.3 Weber 2V förgasare, fästskruvar för chokelock - XR3 modeller

24 Vrider man skruven moturs ökar snabbtomgångsvarvet, men vrider man den medurs minskar varvtalet.
25 Stanna sedan motorn, ta bort testutrustningen och sätt tillbaka luftrenaren.

Spjällöppnare (1,4 liters modeller)

26 Demontera luftrenaren enligt beskrivning i avsnitt 2. Plugga vakuumledningen från grenröret.
27 Låt motorn få normal arbetstemperatur, anslut en varvräknare enligt tillverkarens anvisningar.
28 Låt motorn gå på tomgång med rätt justerat tomgångsvarv och blandnings- förhållande, manövrera spjällöppnaren genom att föra stången uppåt med fingret. Notera varvtalsökningen.
29 Om det ökade varvtalet inte överens- stämmer med specifikationen, ta bort justersäkringen upptill på spjällöppnaren och justera till angivet varvtal.
30 Ta bort varvräknaren och sätt tillbaka luftrenaren.

Spjällöppnare (1,6 liters modeller - från och med 1986)

31 Spjällöppnaren sitter endast på modeller med automatväxellåda.
32 Låt motorn få normal arbetstemperatur, se till att tomgångsvarv och blandnings- förhållande är rätt justerade, anslut en varvräknare.
33 Lossa kontaktstycket för kylfläktens termostatkontakt i termostathuset, kortslut

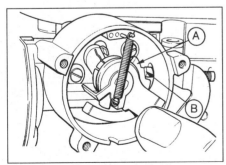

14.7 Weber 2V förgasare, kontroll av choke - XR3 modeller

A Snabbtomgångskam
B Justerskruv för snabbtomgång på kammens mittre steg

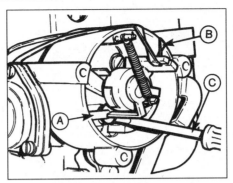

14.4 Weber 2V förgasare, kontroll av tvångsöppning - XR3 modeller

A Tryckstång för membran
B Gummiband som håller chokespjällen stängda
C Skruvmejsel

mellan de två stiften i kontakten med en bit kabel. Detta är nödvändigt för att fläkten ska gå oavbrutet under justeringen.
34 Lossa vakuumslangen vid spjällöppnaren, koppla också bort vakuum till öppnarens elektriskt manövrerade vakuumkontakt på insugningsröret. Använd en annan slang för att förbinda öppnaren direkt med uttaget i insugningsröret.
35 Starta motorn och avläs varvtalet.
36 Om motorns varvtal inte överensstämmer med specifikationen, ta bort justersäkringen från öppnaren och justera till angivet varvtal.
37 Sätt slutligen tillbaka vakuumledningarna på ordinarie platser, anslut fläktmotorns kontaktstycke och sätt tillbaka luftrenaren.

14 Automatchoke Weber 2V - justering

XR3 modeller

1 Demontera luftrenaren enligt beskrivning i avsnitt 2.
2 Lossa elanslutningen vid automatchoken.
3 Lossa och ta bort de tre skruvarna som håller automatchokehusets lock **(se bild)**. Ta bort lock och bimetallfjäder, därefter värme- skölden inuti huset.
4 Chokespjällets vakuumstyrda tvångs- öppning ska nu justeras. Haka fast ett

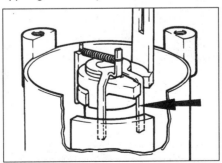

14.9 Weber 2V förgasare, justering av choke - XR3 modeller
Böj klacken så att rätt mått erhålls

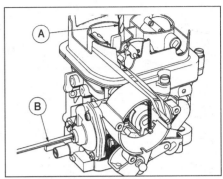

14.5 Weber 2V förgasare, justering av tvångsöppning - XR3 modeller

A Spiralborr   B Justering

gummiband över spjällarmen, öppna gas- spjället så att chokespjällen kan stänga, fäst sedan andra änden på gummibandet så att spjällen hålls stängda **(se bild)**.
5 Tryck in membranet med en skruvmejsel så långt det går, mät sedan spelet mellan undre kanten på primärportens chokespjäll och förgasarhuset med hjälp av en spiralborr eller annan stång med rätt mått. Då måttet inte överensstämmer med specifikationen, ta bort pluggen på vacuumklockan och vrid skruven som nu blir synlig så att spelet blir det rätta **(se bild)**.
6 Sätt tillbaka pluggen och ta bort gummi- bandet.
7 Chokens inställning måste nu kontrolleras och justeras. Håll gasspjället delvis öppet och ställ snabbtomgångskammen så att snabb- tomgångsskruven är placerad på tredje steget. Släpp gasspjället så att kammen hålls kvar i detta läge **(se bild)**.
8 Tryck chokespjället nedåt så att steget på kammen precis vidrör snabbtomgångs- skruven. Mät i detta läge spelet mellan undre delen av chokespjället och förgasarhalsen med en spiralborr eller annan stång med rätt mått.
9 Justera vid behov genom att böja klacken **(se bild)**.
10 Sätt tillbaka värmeskölden, se till att styrstiftet hakar i spåret i huset **(se bild)**.

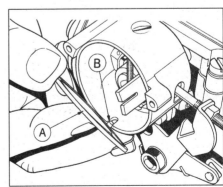

14.10 Weber 2V förgasare, montering av värmesköld - XR3 modeller

A Värmesköld
B Styrstift vid spår i huset

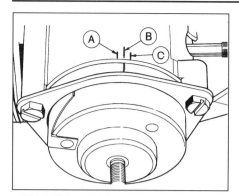

14.12 Weber 2V förgasare, inställning av chokehus - XR3 modeller
A Fet blandning
B Grundmärke
C Mager blandning

11 Sätt locket på plats och haka bimetallfjädern i chokearmen som sticker fram ur öppningen i uttaget i värmeskölden.
12 Skruva i skruvarna med fingrarna, vrid sedan locket så att märket överensstämmer med märket på chokehuset **(se bild)**.
13 Anslut elledningen till choken.
14 Sätt tillbaka luftrenaren.

1,6 liters modeller - från och med 1986

15 Demontera luftrenaren enligt beskrivning i avsnitt 2.
16 Avlasta trycket i kylsystemet genom att lossa trycklocket (se kapitel 1). Lossa sedan kylvätskeslangarna till choken. Kläm ihop slangarna eller placera dem med ändarna uppåt för att minimera spill.
17 Lossa de tre skruvarna och ta bort bimetallhuset följt av värmeskölden.
18 Haka ett gummiband om chokearmen, öppna sedan gasspjället så att chokespjället stänger, fäst sedan andra änden på bandet så att choken hålls stängd **(se bild)**.
19 Tryck in membranet med en skruvmejsel så långt det går, mät sedan spelet mellan undre kanten på chokespjället och förgasarhalsen med en spiralborr eller annan stång med rätt mått. Då spelet inte överensstämmer med specifikationen, ta bort pluggen på vakuumklockan och vrid skruven som nu blir synlig så att spelet blir rätt.
20 Montera ny plugg på vakuumklockan, ta sedan bort gummibandet.
21 Sätt tillbaka värmeskölden, se till att klacken går i spåret på huset.
22 Sätt bimetallhuset på plats, haka samtidigt bimetallen i spåret på chokearmen som sticker ut genom värmeskölden.
23 Skruva i skruvarna med fingrarna, vrid sedan huset så att märket på locket överensstämmer med märket på chokehuset. Dra fast huset.
24 Anslut slangarna och sätt tillbaka luftrenaren.
25 Kontrollera och fyll vid behov på kylvätska enligt beskrivning i kapitel 1.

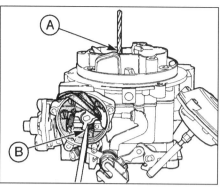

14.18 Weber 2V förgasare, justering av tvångsöppning - 1.6 liters modeller
A Spiralborr
B Membranet hel öppet med gummiband som håller chokespjället stängt

15 Automatchoke Weber 2V förgasare - demontering, kontroll och montering

XR3 modeller

Demontering

1 Demontera luftrenaren enligt beskrivning i avsnitt 2.
2 Lossa elledningen till automatchoken.
3 Lossa de tre skruvarna, ta sedan bort lock och bimetallfjäder, sedan värmeskölden inuti.
4 Lossa de sex skruvarna som håller förgasarlocket, se till att snabbtomgångsarmen går fri ifrån chokehuset och

15.5 Fästskruvar för chokehus på Weber 2V förgasare - XR3 modeller

lyft sedan av locket.
5 Lossa de tre skruvarna som håller chokehuset till det övre locket, haka loss länkstången och ta bort chokehuset **(se bild)**.
6 Lossa de tre skruvarna och ta bort locket för tvångsöppningen, ta sedan bort fjäder, membran och dragstång **(se bild)**.
7 Ta bort låsbrickan i änden på vakuumklockans dragstång, ta sedan bort komponenterna på stången.
8 Notera exakt läge för chokemekanismens retur och spännfjädrar, lossa sedan muttern på axeln, ta bort axeln från chokehuset och därefter länkage och kammar.

Kontroll

9 Rengör och kontrollera alla detaljer beträffande slitage, skador, sprickbildning eller formändring. Var särskilt noga med membranet och O-ringen. Byt defekta delar.

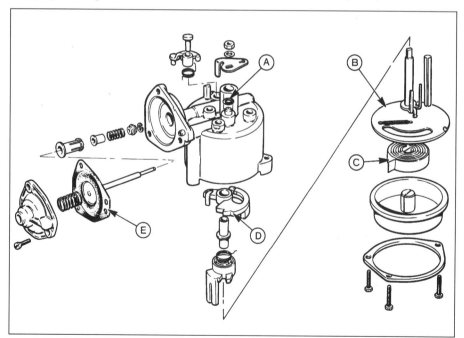

15.6 Sprängskiss av Weber 2V förgasare med automatchoke - XR3 modeller
A O-ring
B Värmesköld
C Bimetallfjäder
D Snabbtomgångskam
E Tvångsöppningsmembran

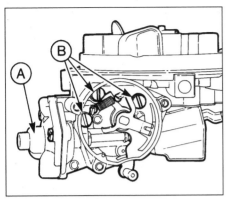

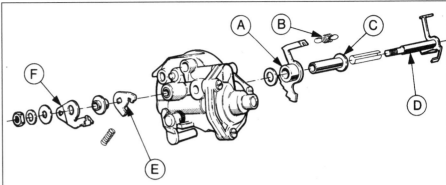

15.23 Lock för tvångsöppningshus (A) och fästskruvar för choken (B) Weber 2V förgasare - 1,6 liters modeller

15.25 Sprängskiss på Weber 2V förgasare med automatchoke - 1,6 liters modeller

A Övre länk
B Returfjäder för tomgångskam
C Länkaxelhylsa

D Länkaxel
E Tvångsöppningslänk
F Manöverarm

Montering

10 Sätt ihop chokemekanismens axel, länkage, kammar och fjädrar enligt illustration 16.6 och tidigare anteckningar. Säkra axeln med muttern.

11 Sätt ihop tvångsöppningsmekanismens dragstång och säkra med låsbricka.

12 Placera tvångsöppningsklockan och dragstången på chokehuset, då membranet ligger platt mot husytan, sätt tillbaka locket och fäst med de tre skruvarna.

13 Placera O-ringen på chokehuset, anslut sedan huset till dragstången.

14 Placera huset på locket och fäst med de tre skruvarna.

15 Montera locket på förgasaren.

16 Innan chokelock och bimetallfjäder monteras, se avsnitt 14 och justera tvångsöppning och inställning, sätt sedan tillbaka lock och bimetall enligt beskrivning.

1,6 liters modeller - från och med 1986

Demontering

17 Demontera luftrenaren enligt beskrivning i avsnitt 2.

18 Avlasta eventuellt tryck i kylsystemet genom att lossa trycklocket, lossa sedan kylvätskeslangarna från automatchoken. Kläm ihop slangarna eller lägg dem med öppningarna uppåt för att minimera spill.

19 Lossa elledningen till det elektriska tomgångsmunstycket.

20 Lossa bränsle- och returledning vid förgasaren. Om stukklammor används, skär av dem och använd i stället vanliga slangklammor vid hopsättningen.

21 Lossa de sex skruvarna som håller förgasarlocket, ta sedan bort det. Notera att fyra av skruvarna har Torx-skalle och ett lämpligt verktyg krävs.

22 Med locket monterat, lossa de tre skruvarna och ta bort bimetallhuset följt av värmeskölden inuti.

23 Lossa de tre skruvarna som håller chokehuset till förgasarlocket, haka loss dragstången och ta bort chokehuset **(se bild)**.

24 Lossa de tre skruvarna och ta bort locket till vakuumklockan, ta sedan bort fjäder, membran och dragstång.

25 Notera det exakta läget på chokemekanismens retur och spännfjädrar, lossa sedan muttern och ta bort länkaxeln, manöverarmar och länk från chokehuset **(se bild)**.

Kontroll

26 Rengör och kontrollera alla delar beträffande slitage, skador, sprickbildning och formändring. Var speciellt noga med membran och O- ring. Byt defekta detaljer.

Montering

27 Montera chokemekanismens länkaxel, armar, länk och fjädrar enligt **bild 16.5** och tidigare gjorda anteckningar. Säkra med muttern.

28 Lägg membran och dragstång i chokehuset så att membranet ligger platt mot huset, sätt sedan tillbaka locket och säkra med de tre skruvarna.

29 Lägg O- ringen på chokehuset, anslut sedan huset till länkstången.

30 Placera huset på förgasarlocket och fäst med de tre skruvarna.

31 Montera locket på förgasaren.

32 Innan montering av bimetallhus, se avsnitt 14 och justera tvångsöppningen, sätt sedan tillbaka huset enligt beskrivning.

16 Weber 2V förgasare - demontering och montering

Notera: *Se varningstexten i slutet av avsnitt 1.*

XR3 modeller

Demontering

1 Lossa batteriets minuskabel.

2 Demontera luftrenaren enligt beskrivning i avsnitt 2.

3 Lossa elledning för choke och elektriskt tomgångsmunstycke **(se bild)**.

4 Lossa vakuumledningen vid förgasaren.

5 Lossa gasvajern genom att lossa låsfjädern som håller kulleden, ta sedan bort fästskruvarna för vajerfästet.

6 Lossa bränslematnings- och returledningar, notera hur de är placerade, plugga dem sedan. Om stukklammor används, skär av dem och använd vanliga slangklammer vid monteringen.

7 Lossa de fyra muttrarna vid förgasarflänsen, ta bort brickorna, sedan förgasaren från insugningsröret.

Montering

8 Montera i omvänd ordning, men använd ny flänspackning och kontrollera att tätningsytorna är helt rena. Se till att bränslefällan på vakuumledningen har rätt läge, kontrollera slutligen tomgångsvarv och blandningsförhållande enligt beskrivning i kapitel 1.

1,4 liters modeller

9 Arbetet tillgår på samma sätt som för XR 3 modeller utom att förgasaren har manuell choke och innervajern måste lossas vid infästningen.

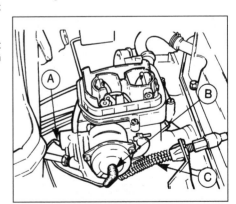

16.3 Weber 2V förgasare, detaljer som ska lossas - XR3 modeller

A Kabel till elektriskt tomgångsmunstycke
B Kabel till automatchoke
C Gasvajer

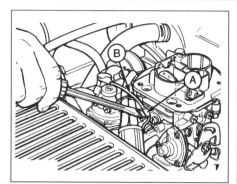

16.10a Demontering av metallklamma (A) som håller kabeln (B) till det elektriska tomgångsmunstycket - 1,4 liters modeller

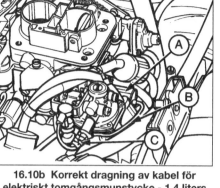

16.10b Korrekt dragning av kabel för elektriskt tomgångsmunstycke - 1,4 liters modeller

A Elektriskt tomgångsmuntstycke
B Kabel
C Kabel tejpad till vakuumslang

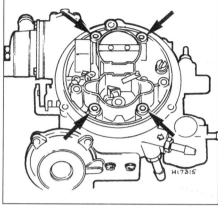

16.19 Weber 2V förgasare, genomgående skruvar - 1,6 liters modeller

10 Vid montering ska även följande beaktas.
a) Justera chokevajern enligt beskrivning i avsnitt 9.
b) I förekommande fall ska ledningen för det elektriska tomgångsmunstycket lossas från metallklamman som håller ledningen till förgasarhuset. Den ska sedan dras om och tejpas till vakuumslangen **(se bilder)**. Metallklamman ska kastas och dess fästskruv sättas tillbaka på förgasarhuset samt dras ordentligt.

1,6 liters modeller - från och med 1986

Demontering

11 Lossa batteriets minuskabel.
12 Demontera luftrenaren enligt beskrivning i avsnitt 2.
13 Om motorn fortfarande är varm, avlasta trycket i kylsystemet genom att försiktigt lossa trycklocket (se kapitel 1).
14 Lossa kylvätskeslangarna vid automatchoken, kläm ihop eller plugga ändarna för att minska eventuellt spill.
15 Lossa gasvajern genom att ta loss låsringen som håller kulleden, lossa sedan vajerfästets skruvar.
16 Lossa bränslematnings- och returledningar, notera var de ska sitta, plugga dem sedan. Om stukklammor används, skär av dem och använd konventionella

slangklammor vid monteringen.
17 Lossa vakuumledningen från förgasaren vid spjällöppnaren på modeller med automatväxellåda.
18 Lossa elledningen till det elektriska tomgångsmunstycket.
19 Använd ett verktyg för Torx-skruv, lossa sedan de fyra genomgående skruvarna upptill på förgasaren, ta sedan bort förgasaren från elröret **(se bild)**.

Montering

20 Montering sker i omvänd ordning, men använd ny flänspackning och kontrollera att tätningsytorna är helt rena. Kontrollera slutligen kylvätskenivån enligt beskrivning i kapitel 1, kontrollera också tomgångsvarv och blandningsförhållande enligt kapitel 1.

1,1 och 1,3 liters HCS motorer

Demontering

21 Lossa batteriets minuskabel.
22 Ta bort luftrenaren enligt tidigare beskrivning.
23 Lossa gas- och chokevajer enligt beskrivning i berörda avsnitt.
24 Lossa bränsleslangen. Om stukklammor används, skär av dem och använd istället konventionella klammor.

25 Lossa elledningen till det elektriska tomgångsmunstycket **(se bild)**.
26 Ta bort de fyra genomgående Torx-skruvarna som håller förgasaren till insugningsröret **(se bild)**.
27 Ta bort förgasaren **(se bild)**.

Montering

28 Montera i omvänd ordning med ny packning.
29 Kontrollera slutligen tomgångsvarv och blandningsförhållande enligt tidigare beskrivning.

17 Förgasare, renovering - allmänt

Fel på förgasaren har vanligtvis att göra med att smuts kommer in i flottörhuset och sätter igen munstyckena, vilket orsakar mager blandning och effektförlust i vissa varvtalsområden. Om detta är fallet löser vanligtvis en grundlig rengöring problemet.

Om man misstänker ett fel i förgasaren, kontrollera alltid i första hand (där så är möjligt) att tändläget är riktigt, att tändstiften är i god kondition och har rätt elektrodavstånd. Kontrollera också att gasvajern är rätt justerat samt att luftfiltret är rent.

16.25 Elektriskt tomgångsmunstycke (vid pilen) - 1,1 och 1,3 liters HCS motorer

16.26 Demontering av en genomgående Torx-skruv - 1,1 och 1,3 liters HCS motorer

16.27 Förgasaren lyfts bort - 1,1 och 1,3 liters HCS motorer

Om detta inte medför någon förbättring, ska förgasaren demonteras för rengöring och eventuell renovering. Fullständig renovering av en förgasare krävs sällan. Vanligtvis räcker det att använda lämpliga rengöringsmedel för att ta bort avlagringar och/eller smuts. Följ instruktionerna som medföljer rengörings-medlet - de flesta produkter kan användas utan att förgasaren demonteras.

Igensatta munstycken eller kanaler kan rengöras med hjälp av tryckluft.

Om förgasaren är sliten eller skadad , bör den antingen bytas eller renoveras av en specialist som kan återställa förgasaren i ursprungligt skick.

Renoveringssatser finns att få från Ford, men man bör kontrollera vad en renoverad eller ny förgasare kostar innan man påbörjar ett sådant arbete. Sprängskisser på förgasarna har tagits med som ledning för de som vill utföra en renovering **(se bilder)**.

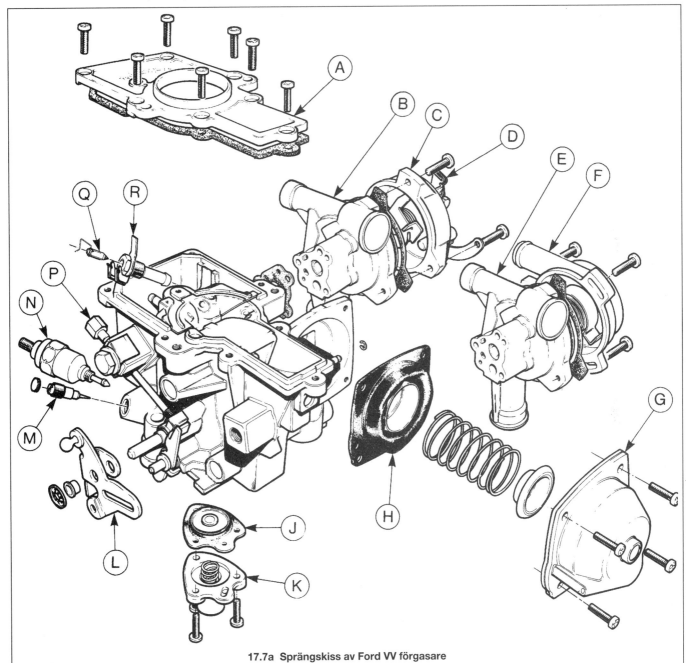

17.7a Sprängskiss av Ford VV förgasare

A Lock
B Manuellt chokehus
C Reglagehus
D Chokevajerfäste i automatchoke
E Automatchokeenheten
F Bimetallhus

G Vakuumklocka
H Membran
J Membran, accelerationspump
K Lock, accelerationspump
L Gaslänkage

M Blandningsskruv
N Elektriskt tomgångsmunstycke
P Tomgångsjusterskruv
Q Nål, flottörhusventil
R Flottörfäste

17.7b Sprängskiss över Weber 2V DFT förgasare - XR3 modeller

1 Chokelock
2 Tvångsöppningsklocka
3 Lock
4 Bränslefilter
5 Accelerationspumpmunstycke
6 Elektriskt tomgångsmunstycke
7 Blandningsskruv
8 Accelerationspump
9 Tillskottsventil
10 Gasspjäll
11 Spjällaxel, sekundärport
12 Justerskruv, snabbtomgång
13 Bränslereturanslutning
14 Nål, flottörhusventil
15 Flottörhusventil
16 O-ring
17 Tomgångsmunstycke
18 Kombinerat emulsionsmunstycke,
   luftkorrektions- och huvudmunstycke
19 Justerskruv, tomgång
20 Flottör

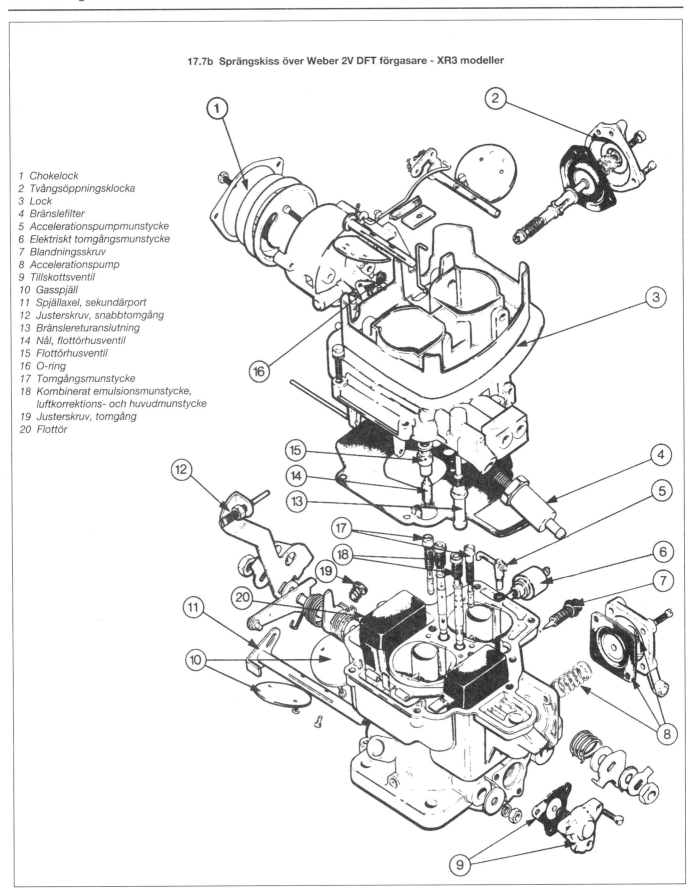

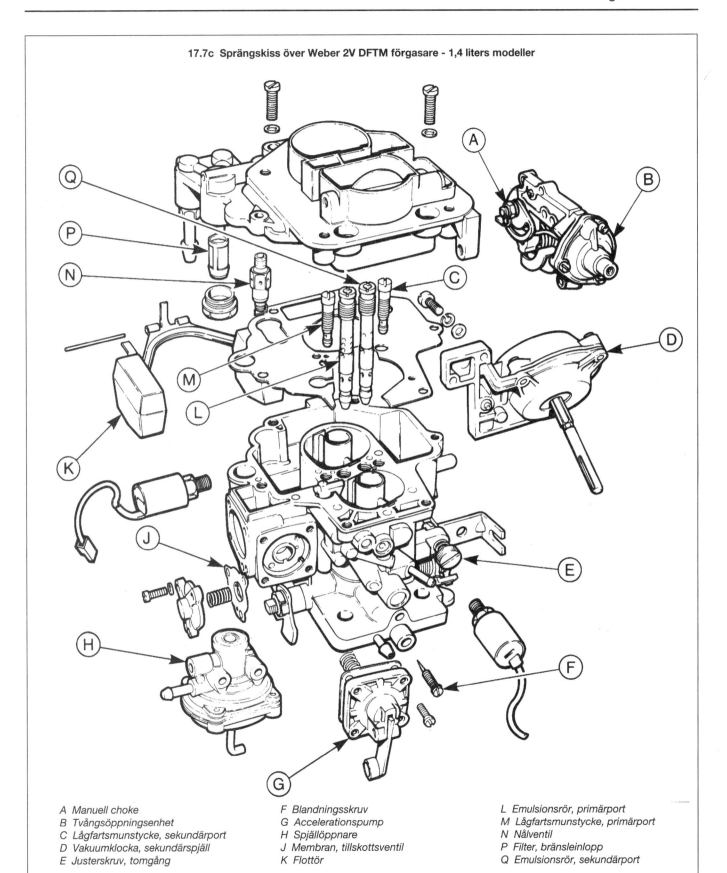

17.7c Sprängskiss över Weber 2V DFTM förgasare - 1,4 liters modeller

A Manuell choke
B Tvångsöppningsenhet
C Lågfartsmunstycke, sekundärport
D Vakuumklocka, sekundärspjäll
E Justerskruv, tomgång

F Blandningsskruv
G Accelerationspump
H Spjällöppnare
J Membran, tillskottsventil
K Flottör

L Emulsionsrör, primärport
M Lågfartsmunstycke, primärport
N Nålventil
P Filter, bränsleinlopp
Q Emulsionsrör, sekundärport

17.7d Sprängskiss över Weber 2V TLD förgasare - 1,6 liters modeller

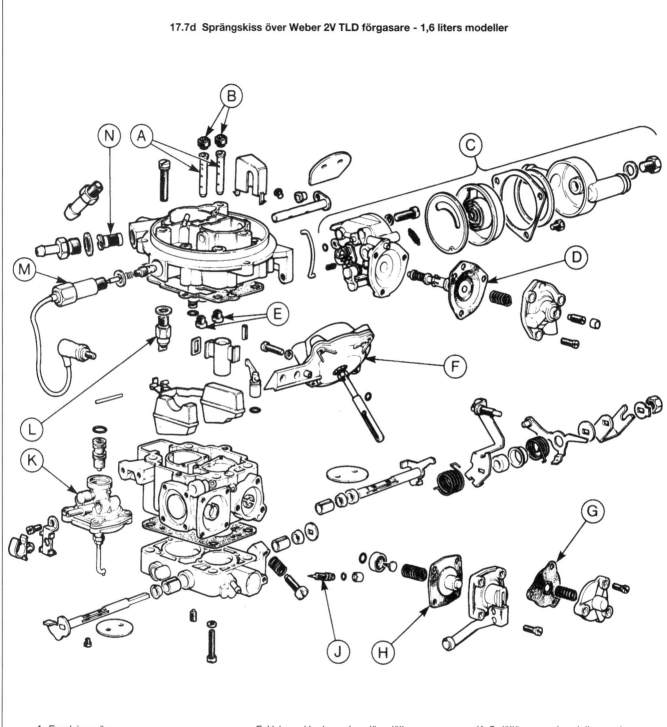

A Emulsionsrör
B Luftkorrektionsmunstycken
C Automatchoke
D Vakuumklocka, tvångsöppning
E Huvudmunstycken

F Vakuumklocka, sekundärspjäll
G Membran, tillskottsventil
H Membran, accelerationspump
J Blandningsskruv

K Spjällöppnare (modeller med
   automatväxellåda)
L Nålventil
M Elektriskt tomgångsmunstycke
N Filter, bränsleinlopp

Kapitel 4 Del B:
Bosch K-Jetronic och KE-Jetronic mekanisk bränsleinsprutning

Innehåll

Svårighetsgrad

Enkelt, passar novisen med lite erfarenhet	Ganska enkelt, passar nybörjaren med viss erfarenhet	Ganska svårt, passar kompetent hemmamekaniker	Svårt, passar hemmamekaniker med erfarenhet	Mycket svårt, för professionell mekaniker

Specifikationer

Allmänt

System, typ	Bosch mekanisk kontinuerlig insprutning
Förekommer på:	
XR3i och XR3i Cabriolet modeller upp till1990	Bosch K-Jetronic
RS Turbo modeller	Bosch KE-Jetronic

K-Jetronic system specifikation

Bränslepump typ	12 volt elektrisk (med rullar)
Bränslepump avgiven volym (minimum)	0,7 liter på 30 sekunder
Tomgångsvarv (kylfläkt till)	750 till 850 rpm
CO-halt vid tomgång	1,0 till 1,5%
Systemtryck	4,7 till 5,5 bar
Styrtryck (varm motor)	3,4 till 3,8 bar
Insprutare öppningstryck	3,2 till 4,0 bar

KE-Jetronic system specifikation

Bränslepump typ	12 volt elektrisk (med rullar)
Bränslepump avgiven volym (minimum):	
1985 års modeller	1,1 liter på 60 sekunder
1986 års modeller och framåt	2,5 liter på 60 sekunder
Tomgångsvarv (kylfläkt på):	
1985 års modeller	800 till 900 rpm
1986 års modeller och framåt	920 till 960 rpm
CO-halt vid tomgång:	
1985 års modeller	0,25 till 0,75%
1986 års modeller och framåt	0,5 till 1,1%
Systemtryck	5,6 till 6,0 bar
Insprutare, öppningstryck	3,0 till 4,1 bar

Turbo

Typ	Garrett AiResearch T3
Maximum laddtryck	0,45 till 0,55 bar
Solenoidventilens arbetsområde	2500 till 6000 rpm (ca)

Bränslerekommendation

Oktantal	97 RON

Åtdragningsmoment

	Nm
K-Jetronic system	
Luftrenare, fästskruvar	4 till 5
Bränslefördelare, skruvar för mätskiva	32 till 38
Mätskiva till luftrenare	8 till 11
Varmkörningsregulator, skruvar	3 till 5
Kallstartventil, skruvar	3 till 5
Tillsatsluftslid, skruvar	3 till 5
Insugningsrör, muttrar	16 till 20
Gasspjällhus, muttrar	8 till 11
Avgasgrenrör, muttrar	14 till 17
Främre avgasrör till grenrör	35 till 40
Banjoanslutningar, skruvar:	
Bränslefördelare, inlopp och retur	16 till 20
Bränslefördelare, insprutarledningar	5 till 8
Bränslefördelare, matarledning till kallstartventil	5 till 8
Bränslefördelare, varmkörningsregulator matar- och returledningar .	5 till 8
Varmkörningsregulator - inlopp (M10)	11 till 15
Varmkörningsregulator - utlopp (M8)	5 till 8
Bränslepump, filter och ackumulator	16 till 20
KE-Jetronic system	
Luftrenare, skruvar	8 till 11
Bränslefördelare, skruvar för mätskiva	32 till 38
Kallstartventil, skruvar	8 till 11
Tillsatsluftslid, skruvar	8 till 11
Insugningsrör, muttrar	16 till 20
Gasspjällhus, muttrar	8 till 11
Termotidkontakt	20 till 25
Tempgivare, insugningsluft	20 till 25
Luftkanal till ventilkåpa	14 till 18
Kallstartventil, bränsleledning	5 till 8
Tillsatsluftslid, vakuumanslutning	4
Bränsletryckregulator, anslutningar	14 till 20
Bräslefördelare, anslutningar	11 till 15
Bränslepump, filter och ackumulator - anslutningar	16 till 20
Insprutare, anslutningar	10 till 12
Avgasgrenrör till topplock	14 till 17
Turbo till avgasgrenrör	21 till 26
Främre avgasrör till turbo	35 till 40

1 Allmän information och föreskrifter

Allmän information

Bränslesystemet består av en centralt placerad bränsletank, elektrisk bränslepump och Bosch K-Jetronic eller KE-Jetronic kontinuerligt insprutningssystem, beroende på modell. Systemet används tillsammans med Turbo på RS Turbomodeller. En mer detaljerad beskrivning av de olika systemen ges i följande punkter.

Bosch K-Jetronic

Bosch K-Jetronic bränsleinsprutning arbetar med kontinuerlig insprutning av bränsle i exakt avvägd och mängd, finfördelat till varje cylinder under varje alla arbetsförhållande.

Detta system, i förhållande till förgasare, kan åstadkomma bättre kontroll på bränsle/luftblandningen vilket resulterar i minskade utsläpp och förbättrade prestanda.

Bränslesystemets huvudsakliga detaljer är följande **(se bild)**.

a) Bränsletank
b) Bränslepump
c) Ackumulator
d) Bränslefilter
e) Bränslefördelare/blandningsregulator
f) Gasspjäll
g) Insprutare
h) Luftkammare (fördelningskammare)
I) Varmkörningsregulator
j) Tillsatsluftslid
k) Kallstartventil
l) Termotidkontakt
m)Säkerhetsmodul
n) Bränsleavstängningsventil
o) Hastighetsgivare

Bränslepumpen är elektrisk med rullar i kammare.

Ackumulatorn har två funktioner, (I) att dämpa variationer i bränsleflödet som åstadkommits av pumpen samt (II) att behålla bränsletrycket då motorn stängs av. Detta förhindrar vakuumlås och därmed varmstartproblem.

Bränslefiltret innehåller två pappersfilter för att bränslet som når insprutarna ska vara helt rent.

Bränslefördelare/blandningsregulator. Bränslefördelaren styr bränslemängden som

1.5 K-Jetronic systemets huvuddelar

A *Varmkörningsregulator*

B *Hastighetsgivare*

C *Bränsleackumulator (placering för tidiga modeller)*

D *Bränslepump*

E *Gasspjällhus*

F *Kallstartventil*

G *Bränslefördelare*

H *Bränslefilter*

levereras till motorn, så att varje cylinder får lika mycket. Blandningsregulatorn har en mätskiva och en mängdkolv. Mängdskivan är placerad i luftströmmen mellan luftrenare och gasspjäll. Vid tomgång, lyfter luftströmmen mätskivan som i sin tur lyfter mätkolven så att bränsle kan flyta genom de kalibrerade slitsarna till insprutarna. Ökning av motorvarvtal ökar luftflödet vilket ytterligare höjer skiva och mätkolv så att mer bränsle levereras.

Gasspjället är monterat i luftströmmen mellan blandningsregulator och luftkammare.

Insprutarna är placerade i insugningsröret.

Luftkammaren är placerad ovanpå motorn och fungerar som ett extra insugningsrör och för luft från mätskivan till varje cylinder.

Varmkörningsregulatorn är placerad i insugningsröret och innehåller två spiralfjädrar, en bimetallfjäder och en tryckregulatorventil. Regulatorn styr bränsleflödet till styrkretsen som åstadkommer tryckvariationer till bränsle-

fördelarens mätkolv. Då tryckfjädrarna arbetar mot styrtrycksventilen, åstadkommer detta varvmätaren mot styrtrycket ökar detta och ger en mager blandning. Trycket från fjädrarna styrs av en bimetallfjäder som i sin tur aktiveras beroende på motortemperatur och en värmeslinga.

Tillsatsluftsliden är placerad i insugningsröret. Den består av en rörlig skiva, en bimetallfjäder och en värmeslinga. Den har till uppgift att öka bränsle/luft blandningen vid tomgångskörning med kall motor.

Startventilen består av en insprutare och en **termotidkontakt**. Den har till uppgift att spruta bränsle i luftkammaren för att underlätta kallstart, termotidkontakten reglerar mängden insprutat bränsle.

Säkerhetsmodulen är placerad under instrumentbrädan på förarsidan och har lila färg **(se bild)**. Den har till uppgift att stänga elförsörjningen till bränslepumpen om motorn stannar eller om fordonet råkar ut för en

olycka. Modulen känner av tändpulserna och stänger av bränsleflödet och tändpulserna upphör.

Bränsleavstängningsventilen är en anordning för förbättrad ekonomi som tillåter luft från luftrenaren att passera genom avstängningsventilen och in i kammaren ovanför mätskivan och på så sätt undgå att åstadkomma ett undertryck. Detta får därmed mätskivan att falla vilket i sin tur stänger av bränsleflödet. Ventilen manöveras med signaler från en kylvätsketempgivare och från gasspjällägesgivaren. Avstägningsventilen arbetar endast under följande förhållanden:

a) Då kylvätsketemperaturen understiger 35°C.

b) Då gasspjället är stängt och varvtalet minskar i området över 1600 rpm.

Motorns varvtal övervakas av en varvtalsmodul som har svart färg och är placerad under instrumentbrädan på förarsidan.

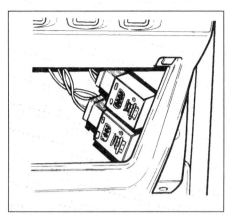

1.16 Hastighesmodul och bränslepumpens säkerhetsmodul på K-Jetronic system

Bosch KE-Jetronic system

Bosch KE-Jetronic bränsleinsprutning är monterad på Escort RS Turbo modeller och är en vidare utveckling av K-Jetronic systemet.

Förutom mindre ändringar i funktionen fungerar systemet på samma sätt som K-Jetronic systemet. Den huvudsakliga skillnaden mellan de två är att KE-Jetronic systemet styr bränsleblandningen elektroniskt med en elektromagnetisk tryckomvandlare i bränslefördelaren. Tryckomvandlaren styrs av en variabel elektrisk ström från styrenheten. Styrenheten får information från diverse givare såsom kylvätsketemperatur, belastning, spjällägesändring, spjälläge och startmotorns inkoppling. Denna information påverkar ett program som lagrats i modulens minne så att tryckomvandlaren då den får signal från enheten kan ändra blandningsförhållandet beroende på motorns arbetsförhållanden. På detta vis behövs inte tryckregulator och varmkörningsregulator från K-Jetronic systemet, systemet kan också utföra de arbeten som tidigare bränsle-avstängningsventil, säkerhetsmodul och varvtalsmodul utförde **(se bild)**.

Föreskrifter

På grund av bränslesystemets komplexa uppbyggnad samt behovet av specialverktyg och specialutrustning bör arbetet på systemet begränsas till det som beskrivs i detta kapitel. Övriga justeringar och kontroller ligger utanför vad de flesta klarar och bör överlåtas åt en Fordverkstad.

Innan några bränsleledningar, anslutningar eller detaljer lossas, rengör grundligt detaljerna och anslutningarna samt området runt omkring.

Placera alla demonterade detaljer på en ren yta och täck dem med plast eller papper. Använd inte luddiga trasor för rengöring.

Systemet står alltid under tryck och detta måste beaktas då man lossar en bränsleledning. Avlasta trycket enligt beskrivning i berört avsnitt innan ledningar som står under tryck öppnas. Se även varningstexten i slutet av detta avsnitt, arbeta

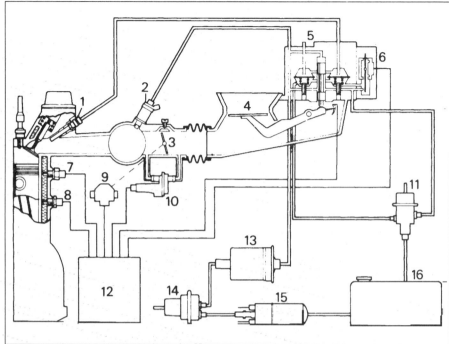

1.19 Schema över KE-Jetronic systemet

1 Insprutare	9 Gasspjällägeskontakt
2 Kallstartventil	10 Tillsatsluftslid
3 Gasspjäll	11 Tryckregulator
4 Mätskiva	12 Styrenhet
5 Bränslefördelare	13 Bränslefilter
6 Elektromagnetisk tryckomvandlare	14 Bränsleackumulator
7 Termotidkontakt	15 Bränslepump
8 Temperaturgivare	16 Bränsletank

dessutom alltid med batteriets minuskabel borttagen samt i väl ventilerade lokaler.

Vid arbeten KE-Jetronic system ska dessutom följande punkter observeras:
a) Starta aldrig motorn utan att batteriet är ordentligt anslutet.
b) Koppla aldrig bort batteriet om motorn är igång.
c) Om batteriet snabbladdas från en extern källa, måste det först helt kopplas loss från bilens elsystem.
d) KE-Jetronic systemets styrenhet måste demonteras om bilen kommer att utsättas för temperaturer överstigande 80°C, t.ex. vid ugnstorkning efter lackering samt om elsvetsning ska utföras på bilen.
e) Tändningen måste vara avslagen då styrenheten demonteras.

⚠️ **Varning: Många arbeten i detta kapitel innebär demontering av bränsleledningar och anslutningar som kan resultera i bränslespill. Innan något arbete utförs på systemet, läs igenom föreskrifterna i avsnittet Säkerheten främst! i början av boken, följ dem noga. Bränsle är en mycket farlig och lättflyktig vätska, man kan inte vara nog försiktig vid hantering.**

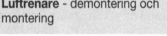

2 Luftrenare - demontering och montering

K-Jetronic system

Demontering

1 Demontera luftfiltret enligt beskrivning i kapitel 1.
2 Lossa bränslefiltret på sidan av luftrenaren, låt ledningarna sitta kvar samt luftinloppsslangen på främre delen av luftrenaren.
3 Lossa och ta bort fästskruvarna från innerflygeln, ta sedan bort luftrenaren.

Montering

4 Montera i omvänd ordning. Sätt tillbaka luftfiltret enligt beskrivning i kapitel 1.

KE-Jetronic system

Demontering

5 Lossa de två skruvarna som håller luftrenaren till mätenheten, ta sedan bort luftrenaren **(se bild)**.

Montering

6 Montera luftfiltret på mätenheten och fäst med de skruvarna.

2.5 Fästskruvar (vid pilarna) för KE-Jetronic luftrenare

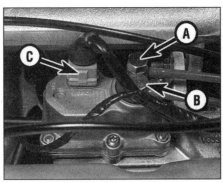

6.3 Varmkörningsregulatorns tilloppsledning (A), utlopp (B) och kontaktstycke (C)

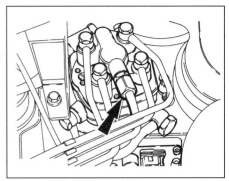

6.4 Anslutning (vid pilen) för KE-Jetronic systemets kallstartventil på bränslefördelaren

3 Bränsletank - demontering och montering

Proceduren är den samma som beskrivits i del A i detta kapitel för förgasarmotorer, men man måste också lossa slangen mellan bränsletank och bränslepump från tankens baksida.

4 Gasvajer - justering, demontering och montering

Justering

Proceduren är den samma som beskrivits i del A i detta kapitel för förgasarmotorer, förutom att justeringen för vajern sitter i ett fäste bredvid gasspjällhuset.

Demontering och montering

Proceduren är den samma som beskrivits i del A i detta kapitel för förgasarmotorer, förutom att man inte behöver demontera luftrenaren samt att fästet är placerat bredvid gasspjällhuset.

5 Gaspedal - demontering och montering

Proceduren är den samma som beskrivits i del A i detta kapitel för förgasarmodeller.

6 Bränslepump - demontering och montering

Notera: Se föreskrifterna i slutet av avsnitt 1.

Demontering

1 Bränslepumpen är skruvad till undersidan av bilen och placerad alldeles framför bränsletanken. Hissa upp bakänden och stöd den ordentligt vid demontering av pump.
2 Lossa först batteriets minuskabel.
3 På K-Jetronic system, avlasta trycket genom att sakta lossa anslutningen för bränsleledningen vid varmkörningsregulatorn **(se bild)**. Samla upp bränslespill i en trasa.
4 På KE-Jetronic system, avlasta trycket genom att sakta lossa anslutningen vid kallstartventilen upptill på bränslefördelaren **(se bild)**. Samla upp spill i en trasa.
5 Kläm ihop bränsleslangen halvvägs mellan tank och pump med en slangtång eller liknande. Om det bara finns lite bränsle i tanken kan man också tappa av bränslet i lämplig behållare då inloppsslangen lossats.
6 Lossa matar- och utloppsledningar från pumpen, samla upp spill i en lämplig behållare **(se bild)**. Låt inte smuts komma in i ledningarna då de lossats, plugga igen dem eller täta på annat sätt.
7 Notera elledningarnas anslutning på pumpen, lossa dem sedan.
8 Lossa skruvarna för pumpfästet, ta bort pumpen med gummihylsa.

Montering

9 Montera bränslepumpen i omvänd ordning. Byt matarledningen från tanken om den är skadad eller på annat sätt defekt.
10 Se till att gummihylsan sitter rätt runt pumpen innan klämmuttern dras åt.
11 Anslut sedan bränsleledningen vid varmkörningsregulator eller kallstartventil, anslut batteriet, starta motorn och kontrollera beträffande läckage.

7 Bränsleackumulator - demontering och montering

Notera: Se föreskrifterna i slutet av avsnitt 1.

Modeller före 1986

Demontering

1 Bränsleackumulatorn är placerad bredvid bränslepumpen, över vänster bärarm bak.
2 Lossa batteriets minuskabel.
3 Hissa upp bakänden och stöd den på pallbockar (se "Lyftning, bogsering och hjulbyte").
4 Avlasta bränsletrycket genom att sakta lossa bränsleledningen vid varmkörningsregulatorn. Samla upp bränslespill i en trasa.
5 Lossa bränsleledningarna från bränsleackumulatorn och samla upp den lilla mängd bränsle som rinner ut **(se bild)**.
6 Demontera klämskruven och ta bort ackumulatorn.

Montering

7 Montera i omvänd ordning. Kontrollera sedan beträffande läckage (med motorn igång).

Modeller från och med 1986

Demontering

8 På senare modeller med K-Jetronic eller KE-Jetronic system är bränsleackumulatorn placerad i motorrummet bakom bränslefördelaren.
9 Lossa batteriets minuskabel.
10 Demontera luftrenaren för bättre åtkomlighet enligt beskrivning i avsnitt 2.

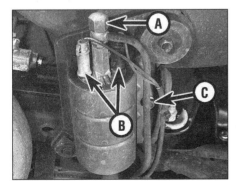

6.6 Bränslepumpens utlopp (A), elanslutningar (B) och fästskruv (C)

7.5 Bränsleanslutningar (vid pilarna) på bränsleackumulatorn monterad under bilen

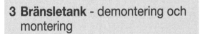

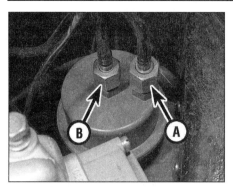

7.12 Bränsleinlopp (A) och utlopp (B) på bränsleackumulatorn monterad i motorrummet

11 Avlasta bränsletrycket genom att lossa anslutningen vid kallstartventilen upptill på bränslefördelaren **(se bild 6.4)**. Samla upp bränslespill i en trasa.
12 Lossa bränsleledningen från ackumulatorn och samla upp den lilla mängd bränsle som rinner ut **(se bild)**.
13 Demontera klämskruven och sedan ackumulatorn

Montering

14 Montera i omvänd ordning. Kontrollera beträffande läckage (med motorn igång).

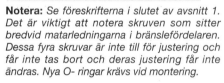

8 Insprutare och matarledningar - demontering och montering

Notera: *Se föreskrifterna i slutet av avsnitt 1. Det är viktigt att notera skruven som sitter bredvid matarledningarna i bränslefördelaren. Dessa fyra skruvar är inte till för justering och får inte tas bort och deras justering får inte ändras. Nya O- ringar krävs vid montering.*

Demontering

1 Lossa batteriets minuskabel.
2 Lossa de fyra matarledningarna från insprutarna, samla upp bränslespill med en trasa.
3 Lossa och ta bort fästskruvarna för insprutarna, ta sedan bort insprutarna och deras O- ringar **(se bild)**
4 Matarledningarna kan demonteras om man lossar och tar bort banjokopplingen vid bränslefördelaren. Notera var ledningarna är monterade och ta bort dem komplett med plastslangar och slangar till insprutarna. **Ta inte** bort rör eller slangar från insprutar-ledningarna.
5 Innan montering av matarledningar eller insprutare, rengör alla anslutningar noggrant och använd nya O- ringar vid insprutarna. Använd nya tätningsbrickor vid banjo-kopplingarna, en på var sida om anslutningen. Dra inte banjokopplingarna för hårt, brickorna kan skadas.

Montering

6 Montering av insprutare och matarledningar sker annars i omvänd ordning. Kontrollera slutligen att inga slangar är vridna samt att inget läckage förekommer då motorn har startats.

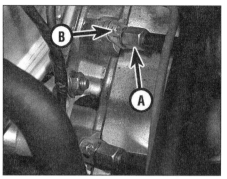

8.3 Insprutaranslutning (A) och fästskruv (B)

9 Kallstartventil - demontering och montering

Notera: *Se föreskrifterna i slutet av avsnitt 1.*

K-Jetronic system

Demontering

1 Lossa batteriets minuskabel.
2 Lossa kontaktstycket från ventilen **(se bild)**.
3 Skruva sakta loss och ta bort banjo-kopplingen för bränsleledningen. Var försiktig eftersom systemet står under tryck. Samla upp bränslespill med en trasa.
4 Ta bort de insexskruvarna eller Torx-skruvar på senare modeller, ta sedan bort ventilen.

Montering

5 Montera i omvänd ordning, dra inte banjokopplingarna för hårt eftersom brickorna kan skadas (använd nya brickor på var sida om anslutningen).
6 Starta slutligen motorn och kontrollera beträffande läckage.

KE-Jetronic system

Demontering

7 Lossa batteriets minuskabel.
8 Lossa kontaktstycket från ventilen som sitter under gasspjällhuset **(se bild)**.

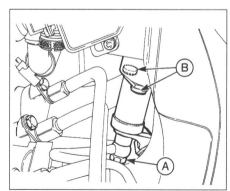

9.8 Kallstartventilens placering vid KE-Jetronic system

A Bränsleanslutning   B Fästskruvar

9.2 Kontaktstycke (vid pilen) till kallstartventil lossas

9 Lossa sakta och ta bort banjokopplingen. Var försiktig eftersom systemet står under tryck. Samla upp bränslespill med en trasa.
10 Lossa och ta bort de två Torx-skruvarna med passande verktyg. Ta bort ventilen från gasspjällhuset.

Montering

11 Montera i omvänd ordning. Dra inte banjokopplingen för hårt eftersom brickorna kan skadas (använd nya brickor på varje sida om anslutningen).
12 Starta till slut motorn och kontrollera beträffande läckage.

10 Tillsatsluftslid - demontering och montering

K-Jetronic system

Demontering

1 Lossa batteriets minuskabel.
2 Lossa kontaktstycket och de två luft-slangarna till sliden som är placerad under kallstartventilen **(se bild)**.
3 Lossa de två Torx-skruvarna och ta bort sliden. **(se bild)**.

Montering

4 Montera i omvänd ordning.

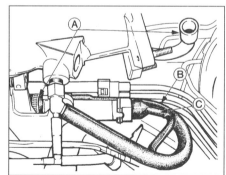

10.2 Anslutningar för tillstatsluftsliden på K-Jetronic system

A Slang från gasspjällhus
B Slang från kallstartventil
C Kontaktstycke

KE-Jetronic system

Demontering

5 Dra åt handbromsen, hissa upp framänden på bilen och stöd den på pallbockar (se *"Lyftning, bogsering och hjulbyte"*).
6 Lossa batteriets minuskabel.
7 Lossa kontaktstycket och de två luftslangarna till sliden.
8 Lossa de två Torx-skruvarna och ta bort sliden från insugningsröret **(se bild)**.

Montering

9 Montera i omvänd ordning.

11 Bränslefördelare - demontering och montering

Notera: *Se föreskrifterna i slutet av avsnitt 1. Det är viktigt att notera skruven som sitter bredvid matarledningarna i bränslefördelaren. Dessa fyra skruvar är inte till för justering och får inte tas bort och deras justering får inte ändras. Nya O- ringar krävs vid montering.*

K-Jetronic system

Demontering

1 Lossa batteriets minuskabel.
2 Avlasta trycket genom att sakta lossa bränsleledningen vid varmkörningsregulatorn **(se bild 6.3)**. Samla upp bränslespill med en trasa.
3 Lossa matarledningarna till insprutarna, bränslematnings-, returledningar samt matarledning till varmkörningsregulatorn och banjokopplingen för returledningen vid bränslefördelaren **(se bild)**. Notera att tätningsbrickorna på bägge sidor om banjokopplingen måste bytas i samband med hopsättningen. Se till att inte smuts kommer in i ledningar och öppningar.
4 Lossa de tre fästskruvarna från bränslefördelarens ovansida och ta sedan bort fördelaren från bilen **(se bild)**. Ta vara på O-ringen.

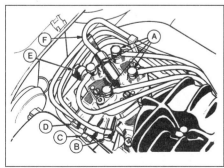

11.3 Anslutningar på bränslefördelaren, K-Jetronic

A Till insprutare
B Till kallstartventil
C Bränsleretur
D Från varmkörnings-
    regulator
E Bränsleinlopp
F Till varmkörnings-
    regulator

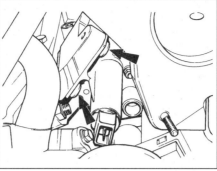

10.3 Fästskruvar för tillsatsluftslid på K-Jetronic system

Montering

5 Montera i omvänd ordning, men se till att tätningsytorna är helt rena, använd också ny O-ring och nya tätningsbrickor för banjokopplingarna. Kontrollera beträffande läckage efteråt samt justera tomgångsvarv och blandningsförhållande enligt beskrivning i kapitel 1.
6 Bränslesystemets huvudtryck bör kontrolleras och vid behov justeras av en Fordverkstad så att systemet har rätt förutsättningar för att fungera.

KE-Jetronic system

Demontering

7 Lossa batteriets minuskabel.
8 Avlasta bränsletrycket genom att sakta lossa anslutningen vid kallstartventilen upptill på bränslefördelaren **(se bild 6.4)**. Samla upp bränslespill med en trasa.
9 Lossa de fyra matarledningarna, rör och anslutning vid kallstartventilen, matar- och tryckreturledning från bränslefördelaren. Notera tätningsbrickorna på varje sida om banjokopplingarna, de måste bytas vid hopsättningen. Se till att inte smuts kommer in i ledningar och öppningar.
10 Lossa kontaktstycket från tryckomvandlaren på sidan av bränslefördelaren.
11 Ta bort fästskruvarna och sedan fördelaren **(se bild)**. Ta vara på O-ringen.

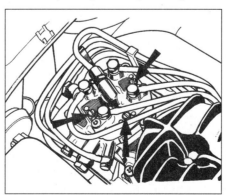

11.4 Fästskruvar (vid pilarna) för K-Jetronic bränslefördelare

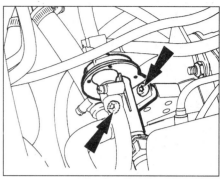

10.8 Fästskruvar för tillsatsluftslid på KE-Jetronic system

Montering

12 Montera i omvänd ordning, men se till att tätningsytorna är helt rena, använd ny O-ring och nya brickor för banjokopplingarna. Kontrollera beträffande läckage och justera tomgångsvar och blandningsförhållande enligt beskrivning i kapitel 1.

12 Gasspjällhus - demontering och montering

Notera: *Vid tillverkningen tillverkas gasspjället så att det är något öppet för att undvika att det fastnar i stängt läge, denna inställning* **får inte** *ändras. Tomgångsvarvet justeras med hjälp av en skruv som, beroende på inställning, begränsar luftflödet i en överströmmningskanal i gasspjällhuset.*

K-Jetronic system

Demontering

1 Lossa batteriets minuskabel.
2 Lossa fästskruven och ta bort luftslangen från gasspjällhuset.
3 Lossa gasvajern vid länkaget enligt anvisning i avsnitt 4.
4 Lossa vakuumslangen från fördelaren samt tillsatsluftsliden på undersidan av gasspjällhuset.
5 Lossa de fyra muttrarna och dra försiktigt gasspjällhuset från pinnbultarna på grenröret.

11.11 Fästskruvar (vid pilarna) för KE-Jetronic bränslefördelare

Montering

6 Montera i omvänd ordning, men se till att tätningsytorna är helt rena. Använd nya packningar, en på varje sida om isolatorn om så erfodras.
7 Justera till slut tomgångsvarvet enligt beskrivning i kapitel 1.

KE-Jetronic system

Demontering

8 Lossa batteriets minuskabel.
9 Lossa kontaktstyckena från tempgivaren för insugningsluft samt gasspjällägesgivaren **(se bild)**.
10 Lossa slangklamman och ta bort luftslangen från luftkanalen.
11 Lossa de två skruvarna som håller locket till luftkanalen och lossa slangklamman något vid gasspjällhuset, ta sedan bort kanalen **(se bild)**.
12 Ta loss låsblecket och lossa vajern från kultappen.
13 Lossa de två skruvarna och ta bort fästet för gasvajern från gasspjällhuset.
14 Lossa slangen för tillsatsluftsliden, sedan de fyra muttrarna och ta bort gasspjällhuset.
15 Ta inte bort gasspjällägesgivaren från huset om det inte är absolut nödvändigt. Måste den demonteras, märk ut läget så att den kan sättas tillbaka på samma sätt, låt efteråt en Fordverkstad justera slutgiltigt. Detta krävs också om givare eller gasspjällhus byts.

Montering

16 Montera i omvänd ordning, men använd ny packning och kontrollera att tätningsytorna är helt rena. Justera slutligen tomgångsvarvet enligt beskrivning i kapitel 1.

13 Bränsletryckregulator - demontering och montering

Notera: Se föreskrifterna i slutet av avsnitt 1.

Demontering

1 Bränsletryckregulatorn finns endast på KE-Jetronic system och är placerad bakom bränslefördelaren **(se bild)**.

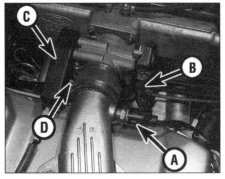

12.9 Detaljer vid KE-Jetronic gasspjällhus
A Kontaktstycke, tempgivare för insugningsluft
B Kontaktstycke, gasspjällägesgivare
C Gasspjällinfästning
D Slanginfästning

2 Lossa batteriets minuskabel.
3 Avlasta bränsletrycket genom att sakta lossa anslutningen vid kallstartventilen upptill på bränslefördelaren **(se bild 6.4)**. Samla ihop bränslespill med en trasa.
4 Lägg en trasa för att suga upp eventuellt spill under regulatorn, lossa sedan de två bränsleanslutningarna samt anslutningarna för returledning. Noter hur ledningarna sitter så de kan sättas tillbaka på samma sätt.
5 Ta bort fästbandet och dra sedan bort regulatorn från fästet.

Montering

6 Montera i omvänd ordning, se till att alla anslutningar sitter rätt och är ordentligt dragna, kontrollera slutligen beträffande läckage då motorn är igång **(se bild)**.

14 Varmkörningsregulator - demontering och montering

Notera: Se föreskrifterna i slutet av avsnitt 1. Nya tätningar för banjokopplingen krävs vid montering..

Demontering

1 Varmkörningsregulatorn används endast på K-Jetronic system och är placerad på insugningsröret alldeles bakom ventilkåpan.
2 Lossa batteriets minuskabel.

12.11 Fästskruvar (vid pilarna) för luftintag

3 Avlasta bränsletrycket genom att sakta lossa anslutningen vid varmkörningsregulatorn **(se bild 6.3)**. Samla upp bränslespill med en trasa.
4 Sedan trycket avlastats, lossa anslutningen helt, sedan anslutningen för returledningen. Ta vara på tätningsbrickorna på varje sida om kopplingarna.
5 Lossa kontaktstycket vid regulatorn.
6 Lossa de två Torx-skruvarna och ta bort regulatorn **(se bild)**.

Montering

7 Montera i omvänd ordning, använd nya tätningsbrickor på bägge sidor om banjokopplingen, stryk lite låsvätska på Torx-skruvarna. Kontrollera slutligen beträffande bränsleläckage med motorn igång.

15 Elektromagnetisk tryckomvandlare - demontering och montering

Notera: Se föreskrifterna i slutet av avsnitt 1. Ny O-ring måst användas vid montering.

Demontering

1 Den elektromagnetiska tryckomvandlaren används endast på KE-Jetronic system och är placerad på sidan av bränslefördelaren.
2 Lossa batteriets minuskabel.

13.1 Tryckregulator (vid pilen) bakom KE-Jetronic bränslefördelare

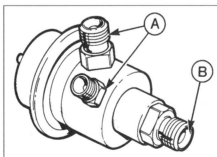

13.6 Anslutningar för KE-Jetronic tryckregulator

A Matarledning   B Returledning

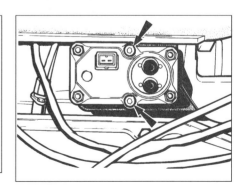

14.6 Skruvar för K-Jetronic varmkörningsregulator

15.5 Kontaktstycke (vid pilen) för tryckomvandlare

16.3 Demontera luftintagets gummilist

16.4a Lossa klammorna . . .

16.4b . . . och lyft av överdelen

16.5a Mutter för fläktmotor

16.5b Demontering av fläktmotor . . .

3 Demontera luftrenaren enligt beskrivning i avsnitt 2.

4 Avlasta bränsletrycket genom att sakta lossa anslutningen vid kallstartventilen upptill på bränslefördelaren **(se bild 6.4)**. Samla upp bränslespill i en trasa.

5 Lossa kontaktstycket, sedan de två skruvarna som håller omvandlaren till bränslefördelaren **(se bild)**. Ta bort omvandlaren och O-ringarna.

Montering

6 Montera i omvänd ordning, men se till att tätningsytorna är helt rena. Nya O-ringar måste användas, se till att de inte ändrar läge under monteringen. Kontrollera efteråt beträffande bränsleläckage med motorn igång.

16 Styrenhet för bränsleinsprutning - demontering och montering

Demontering

1 Styrenheten används endast för KE-Jetronic system och är placerad i motorrummet bakom luftintag och fläktmotor.

2 Lossa batteriets minuskabel.

3 Demontera gummitätningslisten för överdelen av luftintaget **(se bild)**.

4 Lossa de fem klammorna och ta bort överdelen **(se bilder)**.

5 Lossa de två muttrarna som håller fläktmotorn till torpeden. Ta bort fläkten och placera den på motorn, men se till att kablarna inte belastas **(se bilder)**.

6 Lossa styrenhetens kontaktstycke, sedan de tre skruvarna och ta bort styrenheten från infästningen **(se bild)**.

Montering

7 Montera i omvänd ordning. Se till att motorns kablar inte kommer i kläm vid monteringen och att de är placerade i uttagen i husen **(se bild)**.

17 Laddlufttempgivare - demontering och montering

Demontering

1 Tempgivaren för insugningsluft används endast på KE-Jetronic system och är placerad i luftintaget **(se bild)**.

16.6 . . . så att bränsleinsprutningens styrenhet blir åtkomlig

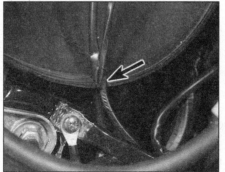

16.7 Fläktmotorns kablar i spår på huset (vid pilen)

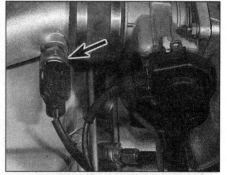

17.1 Temperaturgivare för insugningsluft (vid pilen)

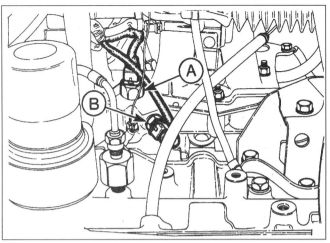

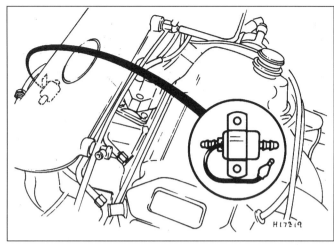

18.4 Termotidkontakt (A) och tempgivare (B) för KE-Jetronic system (sedda underifrån)

19.1 Placering av tomgångskompensator för K-Jetronic system

2 Lossa batteriets minuskabel.
3 Lossa kontaktstycket och skruva loss givaren.

Montering

4 Montera i omvänd ordning.

18 Termotidkontakt - demontering och montering

Demontering

1 Lossa batteriets minuskabel.
2 Tappa av kylsystemet enligt beskrivning i kapitel 1.
3 Hissa upp framänden och stöd den på pallbockar (se "Lyftning, bogsering och hjulbyte").
4 Lossa kontaktstycket från termotid-kontakten som är placerad i insugningsrörets mellanfläns och tillgänglig underifrån **(se bild)**.
5 Lossa kontakten och ta bort den.

Montering

6 Montera i omvänd ordning. Fyll på kylsystemet enligt beskrivning i kapitel 1.

19 Tomgångskompensator - demontering och montering

Demontering

1 Tomgångskompensatorn förekommer endast på K-Jetronic system från och med 1986 och är placerad mitt på torpedväggen **(se bild)**.
2 Lossa batteriets minuskabel.
3 Lossa kabeln samt de två skruvarna och ta bort kompensatorn. Lossa luftslangarna i varje ände och ta bort kompensatorn helt.

Montering

4 Montera i omvänd ordning. Slangarna kan monteras i vilken ände som helst där man kan bortse från eventuella pilar på kompensatorn.

20 Turbo - allmän beskrivning

Escort RS Turbo modeller har en avgasdriven Turbokompressor, som har till syfte att öka motoreffekten utan att öka avgasutsläppen eller nämnvärt påverka bränsleekonomin. Den gör så genom att använda energi (entalpi) i avgaserna som lämnar motorn.

Turboaggregatet kan liknas vid två fläktar monterade på samma axel. En fläkt drivs av de heta avgaserna som lämnar motorn. Den andra suger frisk luft och komprimerar den innan den når motorn. Då luften komprimeras kan man tvinga in större mängd i varje cylinder och därmed få större effekt.

Laddluften kyls, vilket ökar densiteten, med hjälp av en intercooler, monterad bredvid kylaren, innan luften når insugningsröret.

Turbotrycket styrs av en wastegate som då den öppnar låter en stor mängd avgaser gå förbi Turbo kompressorn och direkt till avgassystemet **(se bild)**. Turboaggregatet förlorar därför hastighet och trycket reduceras.

Wastegate ventilen öppnas och stängs av en manöverenhet med hjälp av en tryckstång. Manöverenheten styrs i sin tur av en

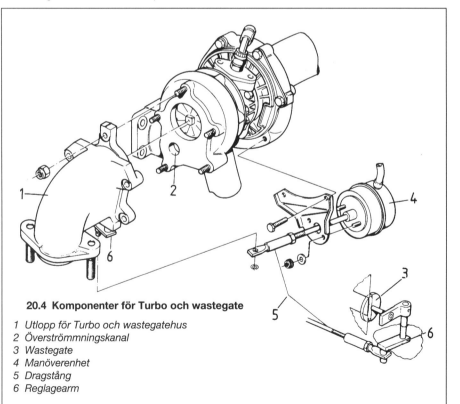

20.4 Komponenter för Turbo och wastegate

1 *Utlopp för Turbo och wastegatehus*
2 *Överströmmningskanal*
3 *Wastegate*
4 *Manöverenhet*
5 *Dragstång*
6 *Reglagearm*

solenoidventil som får signaler i form av spänningspulser från tändsystemet. Den elektroniska tändningsmodulen, (se kapitel 5, del B) får data från diverse givare, speciellt tempgivaren för insugningsluft i insugnings-kanalen, som modifierar programmet för att passa alla situationer. Modulen ger sedan signal till solenoidventilen som öppnar och stänger wastegate-ventilen via manöver-enheten.

Turboaggregatet smörjs med olja från motorn via en speciell ledning. Turboaggregatet har lager vilka låter en relativt stor mängd olja passera. Då aggregatet roterar, flyter därför axeln på en tjock film av olja.

Turboaggregatet arbetar med små toleranser och dyra detaljer varför service och reparation bör överlåtas åt en fackman på området. Förutom information i följande avsnitt, bör inga vidare åtgärder vidtas med Turboaggregatet.

21 Solenoidventil för wastegate - demontering och montering

Demontering

1 Ventilen är placerad på ett fäste under strömfördelaren **(se bild)**.
2 Lossa batteriets minuskabel.
3 Lossa solenoidens kontaktstycke.
4 Märk ut hur slangarna är anslutna, ta sedan bort dem.
5 Lossa fästskruvarna och ta bort ventilen.

Montering

6 Montera i omvänd ordning.

22 Intercooler - demontering och montering

1985 års modeller

Demontering

1 Lossa batteriets minuskabel.
2 Demontera luftrenaren enligt beskrivning i avsnitt 2.
3 Demontera övre och undre slangar till intercooler **(se bild)**.
4 Lossa den övre fästskruven, vik intercoolerenheten mot motorn upptill och lyft den uppåt så att de undre styrpinnarna lossar. Ta sedan bort enheten.

Montering

5 Montera i omvänd ordning.

Modeller från och med 1986

Demontering

6 Följ anvisningarna i punkterna 1 tom 3.

21.1 Solenoid (vid pilen) för wastegate

7 Lossa de två undre fästskruvarna för kylare och intercooler **(se bild)**.
8 Flytta kylare och intercooler mot motorn och lossa de fyra skruvarna som håller intercoolerenheten till kylaren.
9 Lossa fästskruvarna och flytta undan signalhornet närmast intercoolerpaketet.
10 Ta bort intercoolern.

Montering

11 Montera i omvänd ordning.

23 Turboaggregat - demontering och montering

Notera: *Nya packningar och låsbrickor måste användas vid monteringen.*

Demontering

1 Lossa batteriets minuskabel.
2 Lossa inlopps- och utloppsslangar samt slangarna från manöverenheten för wastegate samt solenoidventilen vid anslutningarna på Turboaggregatet. Tejpa för alla öppningar så att inte smuts kommer in.
3 Stöd avgassystemet och lossa det från Turboaggregatets utlopp.
4 Lossa oljeledningen upptill på Turbo-aggregatet samt returledningen på undersidan **(se bild)**. Tejpa för alla ledningar och öppningar.
5 Böj upp låsbrickorna, lossa sedan muttrarna som håller Turboaggregatet vid avgas-grenröret. Ta bort Turbon och förvara den i en ren plastpåse då den är skild från bilen.

Montering

6 Kontrollera innan Turboaggregatet monteras att alla ytor är rena, skaffa också nya packningar och låsbrickor. Man bör också byta motorolja och filter, speciellt om nytt Turboaggregat monteras eller om minsta tecken finns på föroreningar i oljan.
7 Montera i omvänd ordning, men notera följande:

22.3 Övre slang (vid pilen) för intercooler

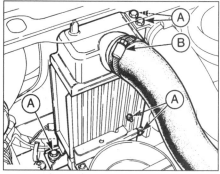

22.7 Infästning för intercooler - från och med 1986 års modeller

A Fästskruvar   *B Övre slang*

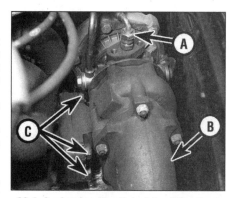

23.4 Anslutning för oljeledning (A), utlopp från Turbo (B) och muttrar (C)

a) *Dra alla muttrar till angivet moment och säkra med låsbrickorna.*
b) *Innan oljeledningen ansluts, fyll Turboaggregatets lager genom att spruta in motorolja i anslutningen.*
c) *Kör runt motorn med lågspänningsledningen till spolen bortkopplad tills oljetryckslampan slocknar.*

Kapitel 4 Del C:
Central (single-point) bränsleinsprutning

Innehåll

Svårighetsgrad

Enkelt, passar novisen med lite erfarenhet	**Ganska enkelt,** passar nybörjaren med viss erfarenhet	**Ganska svårt,** passar kompetent hemmamekaniker	**Svårt,** passar hemmamekaniker med erfarenhet	**Mycket svårt,** för professionell mekaniker

Specifikationer

Allmänt

System	Single-point elektronisk bränsleinsprutning
Förekommer på	1,4 liters bränsleinsprutade motorer fr o m 1990

Bränslerekommendation

Oktantal	95 RON (blyfri)

Åtdragningsmoment

	Nm
HEGO sensor	50 till 70
Anslutningar, bränslefilter	14 till 20

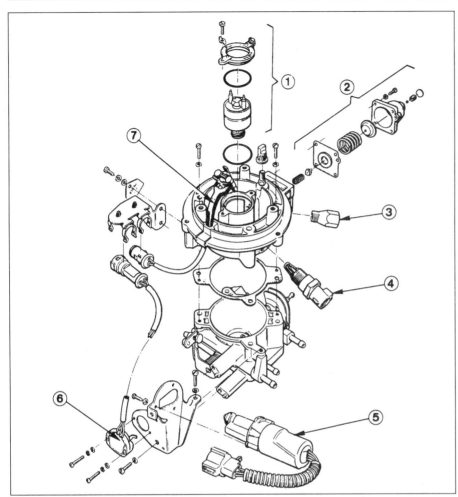

1.2 Sprängskiss över central bränsleinsprutning (CFI) - 1,4 CFI motor
1 Insprutare
2 Tryckregulator
3 Bränsleanslutning
4 Tempgivare (ACT) insugningsluft
5 Spjällmotor
6 Spjällägesgivare (TPS)
7 Kablar, insprutare

Motorstyrnings- och avgasreningssystem

EEC IV (Electronic Engine Control IV) modulen är ett mikroprocessorbaserat system som i sitt minne har nödvändiga data för styrning och kalibrering. Den ger styrsignaler till manöverenheter på grundval av den information som hämtas från diverse givare. Förutom de tidigare nämnda givarna, får modulen också data beträffande motorns kylvätsketemperatur (ECT) och en hastighetsgivare, placerad vid hastighetsmätaranslutningen på växellådan. EEC IV modulen beräknar nödvändiga korregeringar i förhållande till de program som finns i minnet. Motorn får på så sätt alltid rätt förutsättningar.

Tändsystem

Tändsystemet består av strömfördelare, TFI IV modul, tändspole och tändkablar. Dessa detaljer beskrivs mera utförligt i kapitel 5, del B.

En detonationssensor upptäcker eventuell detonation hos motorn som kan orsakas av lågoktanigt bränsle. Sensorn är skruvad i motorblocket så att den kan upptäcka detonation i vilken av de fyra cylindrarna som helst. Signalen förs vidare till EEC IV modulen. Modulen analyserar signalen och justerar tändläget så att detonationen försvinner.

Katalysator

Katalysatorns funktion är att minska avgasutsläppen, och håller då kväveoxider (NOx), kolväten (HC) koloxid (CO) på acceptabel nivå.

Katalysatorn består av en keramisk cellstruktur täckt med platina eller rodium, allt inneslutet i ett metallhölje som liknar en ljuddämpare. Cellerna ger en stor yta över vilken avgaserna kan passera för att effektiviteten ska bli så god som möjligt. En uppvärmd syresensor (HEGO) är skruvad i främre avgasröret och ger signaler som tillåter blandningsförhållandet att hållas vid 14,7:1, vilket krävs för att katalysatorn ska fungera som bäst.

Föreskrifter

Notera: *Då batteriets anslutning lossas, försvinner all information i KAM minnet (Keep Alive Memory) i EEC IV modulen. Detta kan leda till ojämn tomgång, ryckningar, tvekan och allmänt dåliga köregenskaper.*
Se föreskrifterna i del B på detta kapitel för modeller med mekanisk bränsleinsprutning.

1 Allmän information och föreskrifter

Allmän information

Systemet beskrivs bäst om man delar upp det i fyra undersystem: luft, bränsle, motorstyrning (EEC IV system) samt tändsystem.

Luftsystemet

Luftsystemet består av en luftrenare, luftkanal, CFI enhet, MAP givare (absolut tryck i insugningsrör) samt insugningsröret.

Luft sugs genom luftrenare och luftkanal till CFI enheten. CFI enheten består av en ACT givare (temperatur för insugningsluft) samt en gasspjällventil **(se bild)**. ACT givaren ger information till EEC IV modulen, som i sin tur använder informationen för att bestämma motorns behov av bränsle. Insugningsluften passerar sedan gasspjället och in i insugningsröret. Under gasspjället finns ett uttag för MAP givaren som mäter trycket i insugningsröret, denna information förs också till EEC IV modulen. EEC IV använder informationen som en annan faktor vid bestämmande av bränslemängd och tändläge vid full gas eller då tändningslåset är i läge

"ON" men motorn ej igång. Med hjälp av information från ACT och MAP givarna, kan EEC IV beräkna massan av den luft som når motorn och på så sätt justera bränslemängd och tändläge.

Bränslesystem

Bränslesystemet består av bränslepump, bränslefilter samt CFI enhet. Systemet får ström via ett relä, med en inbyggd timer som tillåter gasspjällmotorn arbeta sedan motorn stängts av, detta förhindrar så kallad glödtändning.

Bränslepumpen är elektrisk, av typ rullar i cell och levererar bränsle under tryck till motorn. Pumpen får ström via ett relä som styrs direkt av EEC IV modulen. Pumpen har också en backventil som gör att trycket i systemet kan behållas då tändningen är avslagen, detta för att underlätta start.

Från bränslepumpen passerar bränslet genom ett filter till CFI enheten. En tryckregulator placerad på CFI enheten håller insprutartrycket vid 1 bar. Överskottsbränsle förs från regulatorn tillbaka till tanken.

CFI enheten, vilken liknar en förgasare, innehåller gasspjäll, spjällmotor, gasspjällägesgivare (TPS), ACT givare, insprutare och tryckregulator.

Varning: Många arbeten i detta kapitel kräver demontering av bränsleledningar och anslutningar vilket kan resultera i bränslespill. *Innan något arbete utförs på bränslesystemet, se föreskrifterna i avsnittet "Säkerheten främst"! i början av boken, följ den noga. Bränsle är en mycket giftig och flyktig vätska, man kan inte vara nog försiktig vid hantering.*

2 Luftrenare - demontering och montering

Arbetet beskrivs i del A i kapitlet för förgasarmotorer.

3 Bränsletank - demontering och montering

Arbetet beskrivs i del A i kapitlet för förgasarmotorer.

4 Gasvajer - justering, demontering och montering

Arbetet beskrivs i del A i kapitlet för förgasarmotorer.

5 Gaspedal - demontering och montering

Arbetet beskrivs i del A i kapitlet för förgasarmotorer.

6 Bränslesystem - avlastning av tryck

Varning: Bränslesystemet står under tryck sedan motorn stängts av. Vidtag alla försiktighetsåtgärder under arbetet, se även avsnittet Säkerheten främst! i början av boken.

1 Lossa batteriets minuskabel.
2 Demontera luftrenaren.
3 Placera en lämplig behållare eller en tillräckligt stor trasa för att samla upp bränslespill under bränsleanslutningen på CFI enheten.
4 Använd en öppen nyckel på anslutningens förskruvning så den inte vrider sig då ledningen lossas. Låt allt tryck/bränsle sippra ut innan anslutningen lossas helt, eller dras åt igen om någon annan del av systemet ska åtgärdas.
5 Systemet kommer nu att vara trycklöst tills dess att bränslepumpen åter går igång vid start av motor. Ta bort behållare eller trasa då arbetet avslutats.

7 Bränslepump - demontering och montering

Demontering

1 Bränslepumpen är sammanbyggd med nivågivaren i bränsletanken **(se bild)**.
2 Lägg stoppklossar vid framhjulen, hissa upp framänden och stöd den på pallbockar (se *"Lyftning, bogsering och hjulbyte"*).
3 Lossa batteriets minuskabel.
4 Avlasta trycket i systemet enligt beskrivning i avsnitt 6.
5 Demontera bränsletanken, följ sedan anvisningarna för demontering och montering av nivågivare. Detta beskrivs som en del av demontering och montering för bränsletank i del A på kapitlet.

Montering

6 Montera i omvänd ordning.

8 Central bränsleinsprutning (CFI) - demontering och montering

Notera: *Se föreskrifterna i slutet av avsnitt 1.*

Demontering

1 Lossa batteriets minuskabel.
2 Demontera luftrenaren.
3 Avlasta bränsletrycket enligt beskrivning i avsnitt 6, lossa sedan bränslematarledningen från CFI enheten.
4 Lossa bränslereturledningen från CFI enheten.
5 Lossa gasvajer och länkage på CFI enheten.
6 Tappa antingen av kylsystemet enligt beskrivning i kapitel 1, eller kläm ihop kylarslangarna så nära CFI enheten som möjligt för att minimera förlusten, lossa sedan slangarna från enheten.
7 Lossa insugningslufttempgivarens, gasspjällägesgivarens samt spjällmotorns kontaktstycken.
8 Lossa vakuumledningen från CFI enheten.
9 Lossa de fyra fästskruvarna och lyft bort CFI enheten från insugningsröret **(se bild)**.

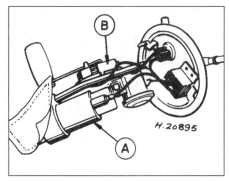

7.1 Kombinerad bränslepump/nivågivare - 1,4 liters CFI motor

A Bränslepump *B Nivågivare*

Montering

10 Montera i omvänd ordning, men efter avslutat arbete, fyll på kylsystemet om så erfodras enligt beskrivning i kapitel 1, kontrollera också beträffande bränsleläckage med motorn igång.

9 Bränsletryckregulator - demontering och montering

Demontering

1 Demontera CFI enheten enligt beskrivning i avsnitt 8.
2 Demontera de fyra skruvarna som håller regulatorn till CFI enheten, ta sedan försiktigt bort huset, ta vara på kula, skål, den stora fjädern, membranet, ventilen och den lilla fjädern. Notera ordningsföljden för detaljerna och hur de är vända **(se bild)**. Försök inte lossa pluggen från regulatorn, justera inte heller med hjälp av insexskruven (om det inte finns någon plugg); detta kommer att påverka trycket i systemet.
3 Undersök alla detaljer, byt ut felaktiga.

Montering

4 Börja hopsättningen genom att placera CFI enheten på sidan så att regulatorns detaljer kan monteras uppifrån.

8.9 Fästskruvarna (vid pilarna) för CFI enheten lossas

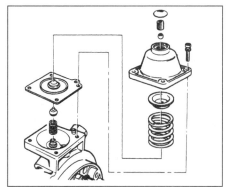

9.2 Sprängskiss över tryckregulator - 1,4 liters CFI motor

10.4 Kontaktstycke för insprutaren - 1,4 CFI motor

10.5a Demontering av låsringens skruv med låsbleck - 1,4 CFI motor

10.5b Demontering av krage - 1,4 liters CFI motor

5 Montera den lilla fjädern, ventilen, membranet (se till att de kommer i rätt läge), den stora fjädern samt skålen.
6 Lägg försiktig kulan i läge på skålen, och kontrollera att den ligger rätt.
7 Sätt tillbaka regulatorn, var mycket försiktig så att inte kulan rubbas. Då regulatorn är på plats, dra åt skruvarna jämt så att inte membranet belastas fel.
8 Montera CFI enheten enligt beskrivning i avsnitt 8.
9 Låt efter avslutat arbete en Fordverkstad kontrollera bränsletrycket så snart som möjligt.

10 Insprutare - demontering och montering

Notera: *Se föreskrifterna i slutet av avsnitt 1. Nya tätningar krävs vid monteringen.*

Demontering

1 Lossa batteriets minuskabel.
2 Demontera luftrenaren.
3 Avlasta trycket i systemet enligt beskrivning i avsnitt 6.
4 Lossa insprutarens kontaktstycke **(se bild)**.
5 Böj undan låsblecken för infästnings-skruvarna, lossa sedan skruvarna. Ta bort kragen **(se bilder)**.
6 Ta bort insprutaren, notera hur den sitter, ta sedan bort tätningarna **(se bild)**.
7 Ta bort tätningen från låsringen **(se bild)**.

Montering

8 Montera i omvänd ordning, notera dock följande.
9 Använd nya tätningar, smörj dem med silikonfett (enligt Fords specifikation ESEM-1C171A eller motsvarande).
10 Kontrollera att styrstiftet för insprutaren kommer rätt **(se bild)**.

11 Gasspjällslägesgivare (TPS) - demontering och montering

Demontering

1 Lossa batteriets minuskabel.
2 Lossa givarens kontaktstycke (hålls av en låsring).
3 Demontera de två fästskruvarna, sedan givaren från gasspjällaxeln **(se bild)**.

Montering

4 Montera i omvänd ordning, men se till att givarens manöverarm är rätt placerad.

12 Spjällmotor - demontering och montering

Demontering

1 Lossa batteriets minuskabel.
2 Demontera luftrenaren.

10.6 Demontering av insprutare

3 Lossa kontaktstyckena från motor och gasspjällägesgivare.
4 Demontera skruvarna som håller fästet för motorn och gasspjällägesgivare till CFI enheten, ta sedan bort dem.
5 Demontera motorns fästskruvar och ta bort motorn från fästet.

Montering

6 Montera i omvänd ordning, notera dock följande.
7 Kontrollera att gasspjällägesgivaren kommer rätt på spjällaxeln samt att fästet styr upp på stiften.
8 Efter avslutat arbete ska tomgångsvarvtalet snarast kontrolleras av en Fordverkstad.

10.7 Demontering av tätning från låsring - 1,4 liters CFI motor

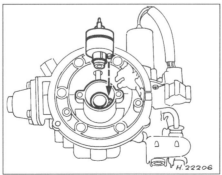

10.10 Styrstift på insprutare och motsvarande hål i CFI enheten

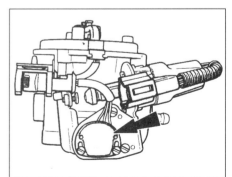

11.3 Gasspjällägesgivare (TPS) (vid pilen) på sidan av CFI enheten

13 Insugningsluftens tempgivare (ACT) - demontering och montering

Demontering

1 ACT givaren är skruvad in i CFI enheten.
2 Lossa batteriets minuskabel.
3 Demontera luftrenaren.
4 Lossa ACT givarens kontaktstycke (se bild).
5 Lossa givaren från CFI enheten.

Montering

6 Montera i omvänd ordning.

14 Kylvätsketempgivare (ECT) - demontering och montering

Demontering

1 ECT givaren är skruvad i insugningsröret.
2 Lossa batteriets minuskabel.
3 Tappa delvis av kylvätskan enligt beskrivning i kapitel 1.

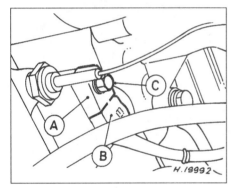

15.1 Detonationssensor - 1,4 CFI motor

A Detonationssensor   C Fästskruv
B Kontaktstycke

13.4 Tempgivare - 1,4 liters CFI motor

4 Lossa givarens kontaktstycke.
5 Lossa givaren från insugningsröret.

Montering

6 Montera i omvänd ordning, fyll kylsystemet enligt beskrivning i kapitel 1.

15 Detonationssensor - demontering och montering

Demontering

1 Detonationssensorn är skruvad in i motorblocket, nära oljefiltret (se bild).
2 Lossa batteriets minuskabel.
3 Lossa givarens kontaktstycke genom att trycka in hakarna och dra loss kontaktstycket. Dra inte i kablarna.
4 Lossa fästskruven och ta bort givaren från motorblocket.

Montering

5 Montera i omvänd ordning, men se till att tätningsytorna på givare och motorblock är rena.

16 Givare för absolut tryck i insugningsrör (MAP) - demontering och montering

Demontering

1 Lossa batteriets minuskabel.
2 Lossa kontaktstycket (se bild). Dra inte i kablarna.
3 Lossa vakuumledningen från givaren.
4 Demontera de två fästskruvarna och ta bort givaren från torpedväggen.

Montering

5 Montera i omvänd ordning.

17 Uppvärmd syresensor (HEGO) - Demontering och montering

Notera: *Ny tätningsring krävs vid monteringen.*

Demontering

1 Hissa upp framänden på bilen och stöd den på pallbockar (se *"Lyftning, bogsering och hjulbyte"*).
2 Lossa batteriets minuskabel.
3 Lossa givarens kontaktstycke (den hålls av en låsring) (se bild).
4 Demontera givarens värmesköld, lossa sedan givaren från främre avgasröret, ta försiktigt bort den tillsammans med tätningsringen.

⚠️ *Varning: Rör inte spetsen på syresensorn.*

Montering

5 Montera i omvänd ordning, notera dock följande.
6 Rengör sensorns gängor, se till att inte spetsen på givaren vidrörs vid monteringen.

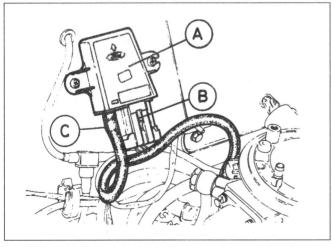

16.2 Tryckgivare (absolut tryck i insugningsröret) (MAP) - 1,4 liters CFI motor

A Tryckgivare   B Kontaktstycke   C Vakuumslang

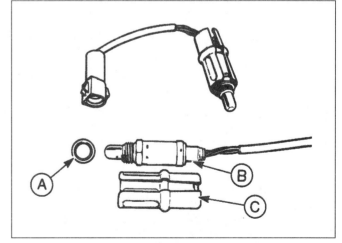

17.3 Förvärmd syresensor (HEGO) - 1,4 liters CFI motor

A Tätningsbricka   B Syresensor   C Sköld

7 Använd ny tätningsring.

8 Dra givaren till angivet moment.

9 Efter avslutat arbete, starta motorn och kontrollera beträffande slitage mellan givare och avgasrör.

18 Bränsleavstängningskontakt - demontering och montering

Demontering

1 Bränsleavstängningskontakten är placerad i bagagerummet, under reservhjulet **(se bild)**.

2 Lossa batteriets minuskabel.

3 Demontera reservhjulet och skyddet så att kontakten blir åtkomlig.

4 Lossa kontaktstycket.

5 Ta bort de två fästskruvarna, sedan kontakten.

Montering

6 Montera i omvänd ordning, men innan reservhjulet sätts tillbaka, kontrollera att kontakten är återställd genom att trycka in knappen ovanpå. Starta motorn och kontrollera att kontakten fungerar.

19 Hastighetsgivare - demontering och montering

Hastighetsgivaren liknar den som användes tillsammans med bränsledator beskriven i kapitel 12.

20 EEC IV modul - demontering och montering

Demontering

1 EEC IV är placerad bakom mittkonsolen under panelen **(se bild)**.

2 Lossa batteriets minuskabel.

3 Demontera panelen så modulen blir åtkomlig, dra sedan loss modulen från fästet bakom mittkonsolen.

4 Lossa skruven som håller kontaktstycket, lossa sedan kontaktstycket och ta bort modulen.

Montering

5 Montera i omvänd ordning.

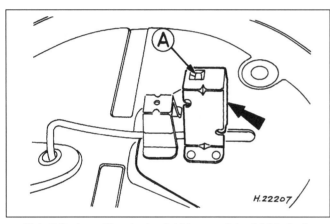

18.1 Bränsleavstängningkontakt (momentstyrd) (vid pilen) - 1,4 liters CFI motor
A Återställningsknapp

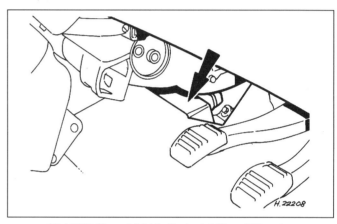

20.1 EEC IV modul (vid pilen) - 1,4 liters CFI motor

Kapitel 4 Del D:
Elektronisk bränsleinsprutning (EFI)

Innehåll

Svårighetsgrad

Enkelt, passar novisen med lite erfarenhet	Ganska enkelt, passar nybörjaren med viss erfarenhet	Ganska svårt, passar kompetent hemmamekaniker	Svårt, passar hemmamekaniker med erfarenhet	Mycket svårt, för professionell mekaniker

Specifikationer

Allmänt

System	Multi-point elektronisk bränsleinsprutning
Förekommer på	1,6 liters bränsleinsprutade motorer fr o m 1990
Styrtryck (motorn igång)	2,3 till 2,5 bar

Bränslerekommendation

Oktantal	95 RON (blyfri) eller 97 RON (blyad)

Åtdragningsmoment

	Nm
Anslutningar, bränslefilter	14 till 20

1 Allmän information och föreskrifter

Allmän information

Från och med 1990 års modeller används elektronisk bränsleinsprutning EFI styrd av en styrenhet EEC (Electronic Engine Control) och med ett tändsystem utan strömfördelare, E-DIS 4 (Electronic Distributorless Ignition System) på alla 1,6 liters insprutade modeller. Systemet har konstruerats för att uppfylla de europeiska kraven 15.04 gällande avgas-utsläpp.

De detaljer som sammanhör med tänd-systemet beskrivs i kapitel 5, del B. De som hör samman med bränslesystemet beskrivs i detta avsnitt.

Motorstyrningssystem och bränslesystem beskrivs bäst om man delar in dem i två separata enheter, insugningssystem och bränslesystem.

Insugningssystem

Den volym som sugs in i systemet beror på lufttryck och densitet, gasspjälläge, motorvarv och på hur mycket luft som kan passera filtret (varierar med hur rent det är).

EEC IV utvärderar dessa faktorer med hjälp av givaren för insugningsluft (ACT), givaren för absolut tryck i insugningsröret (MAP) samt givaren för gasspjälläget (TPS). Den styr sedan motorns tomgångsvarv via tomgångsventilen (ISCV). Luftrenaren liknar den som används på tidigare insprutade modeller. En flexibel slang ansluten till ventilkåpan tjänar som ventilation för vevhuset. Ytterligare en anslutning leder till tomgångsventilen. Ventilen styrs av EEC IV modulen och varierar storlek på öppning och hur länge överströmningskanalen förbi gasspjället är öppen. Ett gasspjällhus är skruvat till övre delen på insugningsröret och innehåller gasspjäll och spjällägesgivare (TPS). TPS enheten mäter gasspjällets öppning.

MAP givaren (tryck i insugningsröret), är monterad på torpedväggen och ansluten till insugningsröret genom en vakuumledning och elektriskt till EEC IV. Den mäter vakuum i insugningsröret. Om MAP givaren inte fungerar, använder EEC VI modulen information från TPS för att bestämma ett av tre förhållanden:
a) Tomgång
b) Dellast
c) Fullast

Insugningsluftens temperatur mäts av en värmekänslig resistor i givare för insugningsluft (AST) skruvad in i övre halvan av insugningsröret. Även den ger information till EEC IV modulen.

Bränslesystem

Bränslepump och nivågivare är kombinerade och inbyggda i bränsletanken. Bränslepumpen är elektrisk, den får ström via ett relä styrt av

EEC IV modulen. Då tändningen slås på får pumpen ström ungefär en sekund så att trycket byggs upp. Pumpen har också en backventil som hindrar systemtrycket att falla då tändningen slås av, detta för att underlätta varmstart.

En momentkontakt (placerad under reservhjulet i bagageutrymmet), mellan bränslepumprelä och bränslepumpen, bryter strömmen till pumpen vid en plötslig kollision, så att pumpen stannar. Om pumpen aktiverats, kommer en återställningsknapp på kontakten att sticka fram.

Ett bränslefördelningsrör är skruvat på undersidan av insugningsröret. Röret tjänstgör som bränslereserv till de fyra insprutarna och styr också insprutarna mot insugningsröret.

Ett bränslefilter är monterat mellan pump och fördelningsrör.

En bränsletryckregulator, monterad på returledningen i änden på fördelningsröret och förbunden med en ledning till insugningsröret för att övervaka trycket, reglerar bränsletrycket i systemet. Överskottsbränsle leds tillbaka till tanken.

Insprutarna manövreras elektromagnetiskt, insprutad bränslemängd regleras genom att variera tiden på öppningspulsen från EEC IV modulen.

Ett nödsystem, LOS ("limited operation strategy"), gör att bilen kan köras (om än med minskad effekt och effektivitet) om det skulle uppstå fel på EEC IV modulen eller givarna.

Föreskrifter

Notera: *Sedan batteriet kopplats bort, raderas all information i EEC IV modulens KAM (Keep Alive Memory), detta kan resultera i ojämn tomgång, ryckningar, tvekan eller allmänt försämrade köregenskaper.*

 Varning: Många arbeten i detta kapitel kräver demontering av bränsleledningar och anslutningar vilket kan resultera i bränslespill. Innan något arbete utförs på bränslesystemet se föreskrifterna i "Säkerheten främst"! i början av boken, följ den noga. Bränsle är en mycket giftig och flyktig vätska, man kan inta vara nog försiktig vid hantering.

Se föreskrifterna i del B i detta kapitel för modeller med mekanisk bränsleinsprutning.

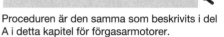
2 Luftrenare - demontering och montering

Arbetet går till på samma sätt som beskrivits i del B på detta kapitel för modeller med mekanisk bränsleinsprutning.

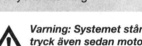
3 Bränsletank - demontering och montering

Arbetet följer beskrivning i del A i detta kapitel för förgasarmotorer.

4 Gasvajer - justering, demontering och montering

Proceduren liknar den beskriven i del A i detta kapitel för förgasarmotorer.

5 Gaspedal - demontering och montering

Proceduren är den samma som beskrivits i del A i detta kapitel för förgasarmotorer.

6 Bränslesystem - Tryckavlastning

 Varning: Systemet står under tryck även sedan motorn stängts av. Vidta alla nödvändiga åtgärder vid arbete, se även avsnittet "Säkerheten främst!" i början av boken.

1 Lossa batteriets minuskabel.
2 Ställ en lämplig behållare under bränsle-filtret.
3 Täck utloppsledningen från filtret med en trasa för att minimera risken för att bränsle sprutar ut, lossa sedan försiktigt anslutningen och låt trycket försvinna.
4 Dra åt anslutningen såvida filtret inte ska bytas.
5 Systemet kommer nu att vara trycklöst tills pumpen åter går igång då motorn startas. Ta bort behållaren och trasan.

7 Bränslepump - demontering och montering

Bränslepumpen är sammanbyggd med nivågivaren i tanken. Demontering och montering beskrivs i del C på detta kapitel för modeller med CFI system.

8 Bränsletryckregulator - demontering och montering

Notera: *Se föreskrifterna i slutet av avsnitt 1. Ny tätningsring krävs vid monteringen.*

Demontering

1 Lossa batteriets minuskabel.
2 Avlasta trycket enligt beskrivning i avsnitt 6.
3 Lossa bränslereturledningen från regulatorn. Var beredd på spill och vidta nödvändiga åtgärder mot brand **(se bild)**.
4 Lossa vakuumslangen från regulatorn.
5 Lossa de två skruvarna och ta bort regulatorn från bränslefördelningsröret.
6 Ta vara på tätningsringen.

Montering

7 Montera i omvänd ordning, men använd ny tätningsring, slå sedan på tändningen fem gånger utan att köra runt motorn och kontrollera att inga läckage finns.

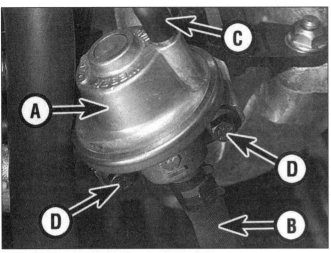

8.3 Bränsletryckregulator - 1,6 liter EFI motor

A Regulator   C Vakuumslang
B Bränslereturslang (till tank)   D Fästskruvar

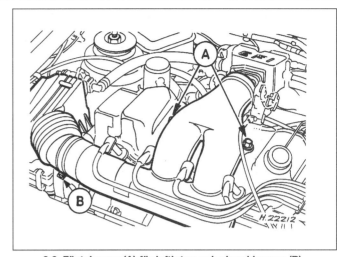

9.3 Fästskruvar (A) för luftintag och slangklamma (B) - 1,6 liter EFI motor

9 Gasspjällhus - demontering och montering

Notera: Ny packning krävs vid monteringen.

Demontering

1 Lossa batteriets minuskabel.
2 Avlasta trycket i systemet enligt beskrivning i avsnitt 6.
3 Demontera luftledningen (se bild).
4 Lossa gasvajern från länkaget, skruva sedan bort vajerfästet från huset.
5 Lossa kontaktstycket för gasspjällägesgivaren.
6 Lossa de fyra fästmuttrarna, ta sedan bort gasspjällhuset från insugningsröret. Ta vara på packningen.

Montering

7 Montera i omvänd ordning, men använd ny packning mellan gasspjällhus och insugningsrör.

10 Insprutare - demontering och montering

Notera: Se föreskrifterna i slutet av avsnitt 1. Nya tätningar för insprutarna krävs vid montering.

Demontering

1 Lossa batteriets minuskabel.
2 Avlasta trycket i systemet enligt beskrivning i avsnitt 6.
3 Demontera gasspjällhuset enligt beskrivning i avsnitt 9.
4 Lossa kontaktstyckena från insprutarna, tempgivaren för insugsluft och kylvätsketempgivaren.
5 Demontera muttrarna för insprutarnas kabelstam, placera kabelstammen så att den går fri från fördelningsröret (se bild).
6 Lossa matarledningen från fördelningsröret, lossa sedan returledning och vakuumslang från tryckregulatorn.
7 Lossa de två fästskruvarna för fördelningsröret, ta sedan bort fördelningsrör komplett

med insprutare.
8 Vid demontering av insprutare, dra helt enkelt loss dem från fördelningsröret. Ta vara på O-ringarna (se bild).

Montering

9 Montera i omvänd ordning, men notera att nya tätningar måste användas till insprutarna även om endast en insprutare har bytts. Alla O-ringar måste också smörjas med ren motorolja innan insprutarna monteras.

11 Gasspjällägesgivare (TPS) - demontering och montering

Demontering

Notera: Se till att inte givarens släpsko rör sig utanför normalt arbetsområde under proceduren.
1 Lossa batteriets minuskabel.
2 Lossa kontaktstycket från givaren (se bild).
3 Ta bort de två fästskruvarna och sedan givaren från gasspjällaxeln.

10.5 Muttrar för insprutarnas kablar - 1,6 liter EFI motor

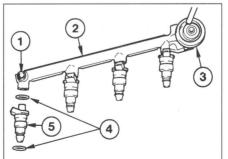

10.8 Bränslefördelningsrör - 1,6 EFI motor

1 Bränsleinlopp   4 Tätningar
2 Fördelningsrör   5 Insprutare
3 Tryckregulator

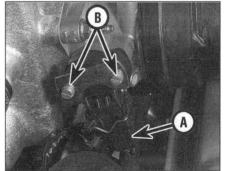

11.2 Gasspjällägesgivare - 1,6 EFI motor

A Kontaktstycke   B Fästskruvar

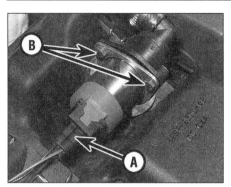

12.2 Tomgångsventil - 1,6 EFI motor

A Kontaktstycke   *B Fästskruvar*

Montering

4 Montera i omvänd ordning, kontrollera att den formade sidan av givaren är vänd mot gasspjällhuset och att den plana ytan på släpskon hakar samman med den plana ytan på gasspjällaxeln.

12 Tomgångsventil (ISCV) - demontering, rengöring och montering

Demontering

1 Lossa batteriets minuskabel.
2 Lossa kontaktstycket **(se bild)**.
3 Lossa de två fästskruvarna och ta bort ventilen från luftrenaren.

Rengöring

4 Demontera ventilen enligt beskrivning tidigare i kapitlet.
5 Sänk ner ventilen i en behållare med ren bensin och låt den ligga ca tre minuter.
6 Använd en ren målarpensel för att rengöra lock, spår och kolv då körbeslut.
7 Använd en liten skruvmejsel, för med denna försiktigt kolven upp och ner i loppet (använd inte spåren för att göra detta), rengör sedan ventilen med bensin och torka den, helst med tryckluft **(se bild)**.
8 Sätt tillbaka ventilen enligt följande punkter.

Montering

9 Montera i omvänd ordning, kontrollera att bogventil och luftrenare är rena.
10 Starta sedan motorn och kontrollera att tomgången är stabil samt att det inte finns några luftläckage. Låt motorn gå tills den får normal arbetstemperatur, slå sedan på alla elektriska förbrukare och kontrollera att tomgångsvarvtalet inte ändras.

13 Givare för absolut tryck (MAP) - demontering och montering

Demontering

1 Lossa batteriets minuskabel.
2 Lossa kontaktstycket. Dra inte i kablarna.

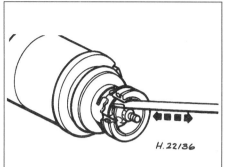

12.7 Tomgångsventilens kolv flyttas med en skruvmejsel - 1,6 EFI motor

3 Lossa vakuumslangen från givaren.
4 Demontera de två fästskruvarna och ta bort givaren från torpedväggen.

Montering

5 Montera i omvänd ordning, men notera att bränslefällan i vakuumledningen mellan insugningsrör och givaren ska monteras med den vita delen mot givaren.

14 Givare för insugningsluftens temperatur (ACT) - demontering och montering

Demontering

1 Givaren är skruvad i insugningsröret **(se bild)**.
2 Lossa batteriets minuskabel.
3 Lossa kontaktstycket, dra inte i kablarna.
4 Lossa givaren från insugningsröret.

Montering

5 Montera i omvänd ordning, men stryk lätt med tätningsmedel på gängorna.

15 Kylvätsketempgivare (ECT) - demontering och montering

Demontering

1 Givaren är skruvad i motorblocket under insugningsröret.
2 Lossa batteriets minuskabel.
3 Tappa av kylsystemet enligt beskrivning i kapitel 1.
4 Lossa kontaktstycket.
5 Skruva loss givaren.

Montering

6 Montera i omvänd ordning, men fyll sedan kylsystemet enligt beskrivning i kapitel 1.

16 Hastighetsgivare - demontering och montering

Givaren liknar den som beskrivits i samband med bränslefördelare i kapitel 12.

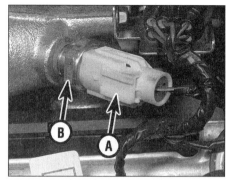

14.1 Temperaturgivare, insugningsluft - 1,6 EFI motor

A Kontaktstycke   *B Givare*

17.1 CO-potentiometer (vid pilen) - 1,6 EFI motor

17 CO-potentiometer (blandningsförhållande) - demontering och montering

Demontering

1 Potentiometern är placerad på sidan av vänster fjädertorn **(se bild)**.
2 Lossa batteriets minuskabel.
3 Lossa kontaktstycket på potentiometern.
4 Demontera fästskruven och ta bort potentiometern.

Montering

5 Montera i omvänd ordning, men kontrollera och justera vid behov blandningsförhållandet enligt beskrivning i kapitel 1.

18 Bränsleavstängningskontakt - demontering och montering

Arbetet går till på samma sätt som beskrivits i del C i detta kapitel för modeller med CFI system.

19 EEC IV modul - demontering och montering

Arbetet utförs enligt beskrivning i del C i detta kapitel för modeller med CFI system.

Kapitel 4 Del E:
Grenrör, avgassystem och avgasreningssystem

Innehåll

Svårighetsgrad

Enkelt, passar novisen med lite erfarenhet	**Ganska enkelt,** passar nybörjaren med viss erfarenhet	**Ganska svårt,** passar kompetent hemmamekaniker	**Svårt,** passar hemmamekaniker med erfarenhet	**Mycket svårt,** för professionell mekaniker

Specifikationer

Kontrollsystem för bränsleångor - förgasarmotorer

Öppningstemperatur, styrd vakuumomställare:
Tvåports ventil	52 till 55°C
Treports ventil	52 till 55°C

1 Allmän information

Alla modeller har ett insugningsrör i lättmetall som på förgasarmodeller förvärms av kylvätskan för att förbättra bränsle- fördelningen. Avgasgrenröret är av gjutjärn med en värmekammare för insugningsluften på förgasarmodeller.

Original avgassystem är antingen i ett stycke eller delat i två sektioner och innehåller ljuddämpare och expansionskammare och är upphängt i gummiupphängningar.

Avgasreningssystemet ska reducera utsläpp av kvävegaser och ångor som är biprodukter av förbränningen. Systemet kan indelas i tre kategorier; bränsleångor, vevhusgaser och avgaser.

För att bilen skall kunna uppfylla de krav myndigheterna ställer genom regler och förordningar, måste avgasreningssystemet fungera oklanderligt. Den som gör ett ingrepp i systemet måste vara medveten om de följder detta kan få både för bilens funktion och för miljön. Normalt är inte detta ett arbete för en lekman, men det går givetvis att lokalisera och byta ut någon defekt enstaka detalj, vilket då återställer systemets funktion. Fram till införandet av katalysator ändrades inte systemet särskilt mycket men vissa skillnader kan förekomma mellan modellerna. De svenska bestämmelserna kan också medföra att vissa komponenter eller kombinationer av sådana är unika för Sverige. Det här nedan beskrivna systemet gäller i första hand Escortmodeller för den engelska marknaden. Modeller för Sverige har liknande utrustning men skillnader förekommer. Se därför följande beskrivning som en vägledning till ökad förståelse snarare än en reparationsanvisning.

Bränsleångor

Förgasarmotorer

Kontrollsystemet för bränsleångor består av intern ventilation för flottörhuset samt sluten tankventilation.

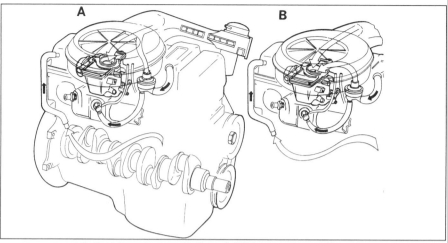

1.9 Typisk vevhusventilation på CVH motorer med förgasare

A Systemets funktion vid tomgång och delvis gaspådrag

B Ventilationens funktion vid fullgas

Central Bränsleinsprutning (CFI)

För att minimera utsläppen av oförbrända kolväten saknar påfyllningslocket ventilation. Ett kolfilter samlar istället upp bensinångorna som bildas i tanken då bilen står oanvänd. Ångorna lagras i behållaren tills de kan evakueras under överinseende av styrenheten för bränsleinsprutning/tändning via evakueringsventilen. Då ventilen öppnas, förs ångorna till insugningsröret och förbränns av motorn.

Vevhusventilationssystem

OHV motorer

På OHV motorer används ett slutet vevhusventilationssystem som gör att läckgaser som passerar kolvringarna och gaser från oljan som samlas i vevhuset återförs till förbränningsrummen och förbränns.

Systemet består av ett ventilerat oljepåfyllningslock som via en slang är förbunden med insugningsröret och med en annan till luftrenaren. Gasflödet styrs av en kalibrerad port i påfyllningslocket och av insugningsrörets vakuum beroende på gasspjällets läge.

CVH motorer

CVH motorer har också ett slutet vevhus- ventilationssystem **(se bild)**.

Vid litet gaspådrag förs gaserna från ventilkåpan genom ett munstycke i vevhusventilationsfiltret (då sådant förekommer), och in i insugningsröret. Vid fullgas fungerar systemet på liknande sätt men gaserna förs nu också genom ett filter in i luftrenaren.

Detta motverkar att blandningsförhållandet påverkas vid fullgas.

Avgasrening

Förgasarmotorer

På förgasarmotorer används ett system där komponenterna kan variera beroende på modell. I stort fungerar systemet som följer.

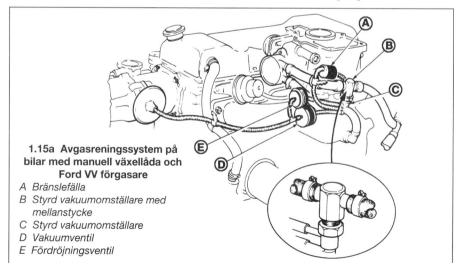

1.15a Avgasreningssystem på bilar med manuell växellåda och Ford VV förgasare

A Bränslefälla
B Styrd vakuumomställare med mellanstycke
C Styrd vakuumomställare
D Vakuumventil
E Fördröjningsventil

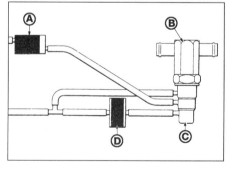

1.15b En annan variant på avgasreningssystem för bilar med manuell växellåda och Ford VV förgasare

A Bränslefälla
B Mellanstycke för styrd vakuumomställare
C Styrd vakuumomställare
D Vakuumventil

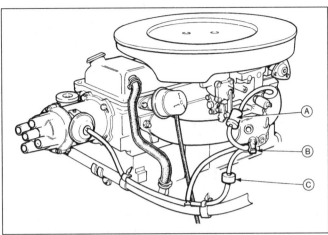

1.15c Avgasreningssystem på bilar med manuell växellåda och
Weber 2V förgasare

A Bränslefälla   C Vakuumventil
B Styrd vakuumomställare

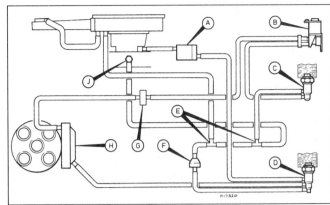

1.15d Avgasreningssystem på bilar med automatväxellåda och
Ford VV förgasare

A Bränslefälla   F Backventil
B Tvåvägs solenoid   G Strypning
C Styrd vakuumomställare (blå)   H Fördelare med dubbla
D Styrd vakuumomställare (grön)   vakuumklockor
E T-anslutningar   J Anslutning på insugningsrör

För att förbättra körbarheten under uppvärmning och minska avgasutsläppen förekommer någon form av vakuumstyrt temperaturkänsligt system på alla modeller boken beskriver. Systemet syftar till att styra tändförställningen i förhållande till bränsle-luftblandningen så att avgasutsläppen ska bli lägre under alla belastningsförhållanden.

Vid körning på delgas skall vakuum-förställningen ge bränsle/luft-blandningen i cylindrarna tid att förbrännas. Då gasspjället återgår till att vara delvis öppet efter acceleration eller motorbroms, ökar fördelarens vakuum innan bränsle/luftblandningen har stabiliserats. Detta kan leda till ofullständig förbränning och ökade utsläpp hos vissa motorer. För att reducera

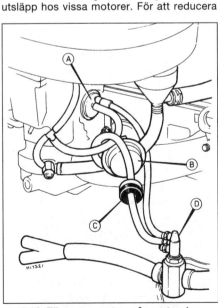

1.16 Förgasarens tomgångsstyrning
A Temperaturstyrd vakuumomställare
B Styrventil för varvtal
C Fördröjningsventil
D Styrd vakuumomställare och mellanstycke

detta finns en fördröjningsventil i vakuum-ledningen till fördelaren som motverkar snabb ökning av tändförställningen. Under vissa förhållanden, särskilt under varmkörnings-perioden, kan vissa modeller uppvisa en viss tröghet vid gaspådrag. För att motverka detta kan då finnas en annan ventil, enbart eller tillsammans med för-dröjningsventilen. Denna ventil ser till att fördelaren får full vakuumsignal vid snabba ändringar av gasspjället så att förbränningen stabiliseras.

Ventilernas funktion regleras av en styrd vakuumomställare (PVS) till vilken vakuum-ledningarna är anslutna. PVS ventilen styrs av motorns kylvätsketemperatur. En bränslefälla hindrar bränsle eller bränsleångor att sugas in i fördelarens vakuumklocka (se bilder).

Tomgångsregleringen är en del av avgasreningssystemet för vissa marknader (se bild).

Systemet skall förbättra bränsle/luft-blandningen då motorn är kall och yttertemperaturen låg. Detta görs genom att öka luftmängden till insugningsröret så att den rika blandningen choken åstadkommer magras ut.

Reglerventilen sitter på en vakuumslang mellan luftrenaren och insugningsröret (på modeller för UK).

Central Bränsleinsprutning (CFI)

Avgasreningssystemet för dessa motorer innehåller en katalysator.

Systemet arbetar enligt så kallad "closed loop". Detta innebär att systemet övervakar resultatet av rådande inställningar och ändrar vid behov; känner sedan av resultatet av förändringen och korrigerar på nytt. En uppvärmd syresensor (HEGO) är monterad i avgassystemet. Den ger besked om blandningsförhållandet till motorns styrenhet. Styrenheten avpassar bränslemängden så att katalysatorn får bästa arbetsförhållanden.

2 Insugningsrör - demontering och montering

Notera: Ny packning krävs vid monteringen.

Förgasarmodeller

Demontering

1 Lossa batteriets minuskabel.
2 Demontera luftrenaren enligt beskrivning i del A på detta kapitel.
3 Se kapitel 1, tappa sedan av kylsystemet.
4 Demontera förgasaren enligt beskrivning i del A på detta kapitel, beroende på typ.
5 Lossa kylvätskeslangarna från insugnings-röret.
6 Notera omsorgsfullt hur alla vakuumslangar är anslutna vid kontakter och solenoider, lossa dem sedan.
7 Notera också eventuella kontaktstycken och notera var de ska sitta.
8 Lossa muttrarna och ta bort grenröret från topplocket. Ta vara på packningen.

Montering

9 Montera i omvänd ordning, men använd ny packning och se till att tätningsytorna är rena. Fyll till slut på kylsystemet enligt beskrivning i kapitel 1.

XR3i och XR3i Cabrioletmodeller med mekanisk (Bosch K- och KE-Jetronic) bränsleinsprutning

Demontering

10 Lossa batteriets minuskabel.
11 Demontera varmkörningsregulator, gas-spjällhus, insprutare och kallstartventil enligt beskrivning i del B av detta kapitel.
12 Se kapitel 1, tappa sedan av kylsystemet.
13 Notera hur vakuumslangar, vevhus-ventilationsslangar samt kontaktstycken är placerade, ta sedan lossa dem.

14 Lossa kylvätskeslangarna från grenrörets mellanfläns.
15 Kontrollera att alla kablar och slangar kopplats bort på ovan- och undersidan av grenröret lossa sedan muttrarna.
16 Ta bort grenrör och mellanfläns tillsammans med packningarna.

Montering

17 Montera i omvänd ordning, men använd nya packningar på ömse sidor om mellanflänsen. Sätt tillbaka kallstartventilen, insprutare, gasspjällhus och varmkörningsregulator enligt beskrivning i del B av detta kapitel. Fyll tillslut på kylsystemet enligt beskrivning i kapitel 1.

RS Turbo modeller (1985 till maj 1986)

Demontering

18 Lossa batteriets minuskabel.
19 Demontera gasspjällhus, bränsleinsprutare och kallstartventil enligt beskrivning i del B av detta kapitel.
20 Se kapitel 1, tappa sedan av kylsystemet.
21 Lossa vevhusventilations- och vakuum-slangar upptill på fördelningskammaren.
22 Lossa vakuumservoslangen från sidan på fördelningskammaren.
23 Lossa tillsatsluftsliden under insugningsröret enligt beskrivning i del B av detta kapitel. Lossa sedan kontaktstycken för termotidkontakt och tempgivare, notera hur de ska sitta.
24 Demontera slang mellan oljekylare och insugningsrör.
25 Lossa uppifrån skruvarna och ta bort fördelningskammarens fäste.
26 Lossa muttrarna och ta bort insugningsrör och fördelningskammare från topplocket. Ta vara på packningen.
27 Ta om så erfordras bort muttrarna och lossa fördelningskammaren från insugnings-röret. Ta vara på packningarna.

Montering

28 Montera i omvänd ordning, använd nya packningar vid alla tätningsytor. Montera tillsatsluftslid, kallstartventil, insprutare och gasspjällhus enligt beskrivning i del B av detta kapitel. Fyll till slut kylsystemet enligt beskrivning i kapitel 1.

RS Turbo modeller (från och med maj 1986)

Demontering

29 Lossa batteriets minuskabel.
30 Demontera gasspjällhus, bränsle-insprutare, kallstartventil och tillsatsluftslid enligt beskrivning i del B av detta kapitel.
31 Se kapitel 1, tappa sedan av kylsystemet.
32 Lossa vevhusventilations- och vakuum-slang upptill på grenröret samt vakuum-servoslangen på sidan.
33 Lossa kontaktstycken för termotidkontakt och tempgivare under grenröret, notera hur de

ska sitta. Lossa kylvätskeslangarna från mellanflänsen.
34 Demontera slangen mellan oljekylare och grenrör.
35 Lossa muttrarna och ta bort grenrör tillsammans med mellanfläns och packningar.

Montering

36 Montera i omvänd ordning, men använd ny packning på varje sida om mellanflänsen. Sätt tillbaka tillsatsluftslid, kallstartventil, insprutare och gasspjällhus enligt beskrivning i del B av detta kapitel. Fyll slutligen systemet enligt beskrivning i kapitel 1.

Central bränsleinsprutning (CFI)

37 Demontera CFI enheten enligt beskrivning i del C av detta kapitel.
38 Återstående arbete sker på samma sätt som tidigare beskrivits för förgasarmotorer.

Elektronisk bränsleinsprutning (EFI)

Demontering

39 Avlasta trycket i systemet beskrivning i del D av detta kapitel.
40 Lossa batteriets minuskabel.
41 Demontera luftkanalen, lossa gasvajern från länkaget (se del A av detta kapitel).
42 Demontera bränslefördelningsrör och insprutare enligt beskrivning i del D av detta kapitel.
43 Notera hur de ska sitta, lossa sedan kylvätske-, vakuum- och ventilationsslangar från grenröret.
44 Lossa kontaktstycken från givare på insugningsröret.
45 Lossa skruvarna, ta sedan bort grenröret från topplocket. Där sådan finns, notera placeringen av lyftögla och/eller jordledning. Ta bort packningen.

Montering

46 Börja med att rengöra alla ytor från gammal packning på insugningsrör och topplock.
47 Montera i omvänd ordning, men använd ny packning. Sätt tillbaka återstående detaljer enligt beskrivning i berört avsnitt i detta kapitel.

3 Avgasgrenrör - demontering och montering

Notera: *Ny packning krävs vid monteringen.*

Demontering

1 Lossa batteriets minuskabel.
2 På förgasar och CFI motorer, demontera luftrenaren enligt i berörd del av detta kapitel.
3 På RS Turbo modeller, demontera turboaggregatet enligt beskrivning i del B av detta kapitel.
4 På EFI motorer, lossa luftkanalen och för den åt sidan.
5 I förekommande fall, lossa värmekammaren så att grenrörets muttrar blir åtkomliga.
6 Stöd avgassystemet på en domkraft eller med klossar, lossa sedan främre avgasröret vid grenröret. På modeller med CFI motorer, se till att inte kablarna till syresensorn belastas (se del C av detta kapitel).
7 Lossa muttrarna som håller grenröret till topplocket, ta sedan bort det från motorn. Ta vara på packningen.

Montering

8 Montera i omvänd ordning, men på RS Turbo modeller ska också turboaggregatet monteras enligt beskrivning i del B av detta kapitel.

4 Avgassystem - byte

1 Avgassystemets utformning varierar avsevärt beroende på modell och motor. Alla utom Turbo RS versioner kan bytas i delar eftersom systemet är skarvat och enskilda delar kan då bytas utan att hela systemet behöver ersättas.
2 Bäst är vid arbete på avgassystemet att ta bort hela systemet från bilen genom att lossa främre röret från grenröret och haka loss gummiupphängningarna **(se bilder).**
3 Sätt ihop hela systemet, men dra inte åt skarvarna ännu innan systemet är på plats. Använd ny packning mellan avgasgrenrör och främre grenrör, kontrollera också att gummiupphängningarna är i god kondition. Kontroller också skarvarna. Det är lämpligt att

4.2a Upphängning för ljuddämpare . . .

4.2b . . . och för expansionskammare

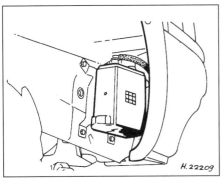

5.1 Kolfilter (innerflygeln demonterad) - CFI motor

använda tätningsmedel vid alla skarvar i systemet.
4 Se till att ljuddämpare och expansionskammare sitter rätt i förhållande till resten av systemet innan klammorna i skarvarna dras.
5 Kontrollera att avgassystemet inte slår i någonstans då man ruskar på det.
6 Speciella reparationsmedel kan användas för att tillfälligt täta läckor i rör och dämpare.

5 System för bränsleångor (Central bränsleinsprutning) - demontering och montering

Kolfilter

Demontering

1 Kolfiltret är placerat bakom stötfångaren, under höger framflygel **(se bild)**.
2 Lossa batteriets minuskabel.
3 Demontera innerflygeln.
4 Lossa röret från behållaren.
5 Ta bort skruven som håller behållaren vid fästet, ta sedan bort behållaren.

Montering

6 Montera i omvänd ordning.

Kontrollsolenoid, kolfilter

Demontering

7 Solenoiden är placerad nära torpedväggen

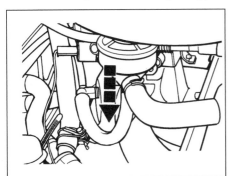

6.2 Byte av vevhusventilationsfilter på CVH motorer med förgasare - dra ventilen i pilens riktning

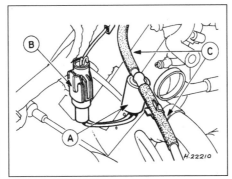

5.7 Solenoidventil för kolfilter (innerflygeln demonterad) - CFI motor

A Solenoidventil   C Slang
B Kontaktstycke

på höger sida i motorrummet **(se bild)**.
8 Lossa batteriets minuskabel.
9 Lossa solenoidens kontaktstycke.
10 Lossa bägge slangarna från solenoiden, notera hur de ska sitta. Ta sedan bort solenoiden.

Montering

11 Montera i omvänd ordning.

6 Vevhusventilation, detaljer - demontering och montering

Förgasare och Central bränsleinsprutning (CFI)

1 På OHV och HCS motorer kan påfyllningslock och slangar lätt bytas. Ta helt enkelt bort dem och sätt dit nya.
2 På CVH motorer kan vevhusventilationsfiltret (i förekommande fall) dras loss från luftrenaren sedan slangarna lossats **(se bild)**. Se till att tätningen är på plats innan det nya filtret trycks fast.

Mekanisk (Bosch K- och KE-Jetronic) bränsleinsprutning

3 På bränsleinsprutade motorer är vevhusventilationsfiltret placerat på motorns högra

6.3 Placering av vevhusventilationsfiltret (vid pilen) på motorer med KE-Jetronic bränsleinsprutning

sida. Det kan demonteras sedan slangarna tagits bort **(se bild)**. På tidiga modeller, ta även bort filtret från fästet. Montera i omvänd ordning.
4 Ändringar har införts på systemet för K-Jetronic bränsleinsprutade motorer så att inte olja i gasspjällhuset ska medföra motorstopp eller ojämn tomgång.
5 Tre versioner av systemet förekommer. Om motorstopp och ojämn tomgång är ett problem på bilar med de första versionerna (Mk1 och Mk2) skall de uppgraderas till det senaste utförandet (Mk3) enligt beskrivning i följande punkter. Märk väl att även det senaste utförandet av systemet inte helt kunde lösa problemen. Därför infördes ett nytt gasspjällhus i början av 1986. Detta känns igen på att justerskruven för tomgång sitter ovanpå huset, under en justersäkring. Det senare utförandet av gasspjällhus kan monteras på tidigare modeller, men arbetet bör överlåtas till en auktoriserad verkstad eftersom det inbegriper åtskilliga ändringar. Det senaste utförandet av vevhusventilationssystemet skall dock alltid monteras först.
6 Förbered genom att ta bort justerskruven för tomgång, blås sedan ren kanalen med tryckluft.
7 Sätt tillbaka skruven.

Bilar med första versionen (Mk1) av vevhusventilationssystem

8 Ta bort vakuumslangen till vevhusventilationsfiltret, den skall inte användas igen.
9 Demontera T-stycket och den korta slangen, de skall inte heller användas igen **(se bild)**.
10 Anslut slangen för bränsleavstängningsventilen vid anslutningen på fördelningskammaren **(se bild)**.
11 Ta bort fästet för vevhusventilationsfiltret, det behövs inte längre.

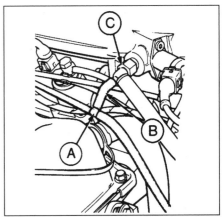

6.9 Detaljer för Mk1 vevhusventilationssystem - bränsleinsprutade modeller

A T-anslutning   C Anslutning till
B Kort slang   fördelningskammare

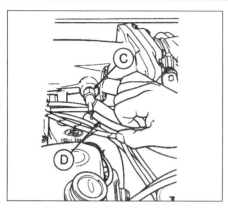

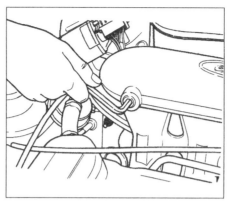

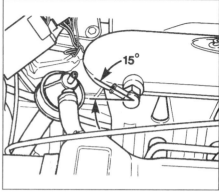

6.10 Slang (D) för bränsleavstängnings-ventil och anslutning (C) vid fördelnings-kammare för Mk1 vevhusventilationssystem - bränsleinsprutade modeller

6.15a Demontering av plugg i fördelningskammare - bränsleinsprutade modeller

6.15b Korrekt inställning av anslutning på fördelningskammare - bränsleinsprutade modeller

12 Slangen mellan ventilationsfiltret och ventilkåpan ska också bytas.
13 Vrid filtret och slangen på luftrenaren så att den lilla anslutningen på filtret är vänd uppåt.
14 Montera en ny slang mellan filter och ventilkåpa, fäst den med de ursprungliga slangklammorna.
15 Ta bort pluggen i fördelningskammaren. Skruva istället dit den vinklade anslutningen.

Ställ in anslutningen som visat **(se bilder)**.
16 Anslut ventilationsfiltret till denna med en ny slang.
17 Skruva försiktigt justerskruven för tomgångsvarv i botten, skruva sedan ut den två hela varv.
18 Låt motorn få normal arbetstemperatur, justera sedan tomgångsvarv och blandningsförhållande enligt beskrivning i Kapitel 1.

Bilar med andra versionen (Mk2) av vevhusventilationssystem

19 Ta bort vakuumslangen till vevhus-ventilationsfiltret, den ska inte användas igen. Montera en plugg över slanganslutningen i den ände på fördelningskammaren där spjällhuset sitter **(se bild)**.
20 Ta bort pluggen i fördelningskammaren. Montera i stället den nya vinklade anslutningen enligt punkt 15.
21 Montera ny slang mellan ventilationsfiltret och den vinklade anslutningen.
22 Följ sedan punkterna 17 och 18.
23 Senare modeller har anslutningarna för vevhusventilationsfiltret placerade som visat **(se bild)**.

Elektronisk bränsleinsprutning

24 Här finns ett vevhusventilationsfilter i slangen till luftrenaren. Konstruktionen har ändrats, det finns därför två olika utföranden **(se bilder)**.
25 Demontering och montering av filtret begränsar sig till att lossa slangarna.

7 Avgasreningssystem, detaljer - demontering och montering

Förgasarmotorer

Fördröjnings-/vakuumventil

Demontering
1 Lossa ventilens slangar. Ta sedan bort ventilen från motorn.
Montering
2 Då fördröjningsventilen monteras måste den svarta sidan (märkt CARB) vändas mot förgasaren. Den färgade sidan (märkt DIST) skall vara vänd mot fördelaren. Vakuumventilen skall ha märkningen VAC vänd mot förgasaren och märkningen DIST mot fördelaren.

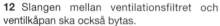

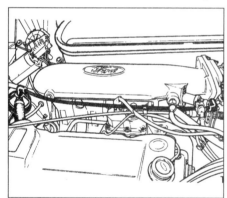

6.19 Mk 2 vevhusventilationssystem - bränsleinsprutade modeller

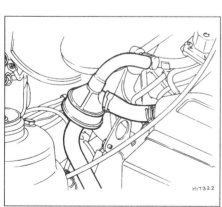

6.23 Mk 3 vevhusventilationssystem - bränsleinsprutade modeller

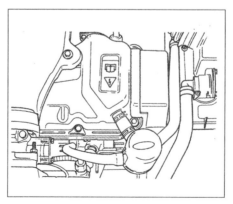

6.24a Tidigt utförande av vevhusventilationssystem - 1,6 EFI motor

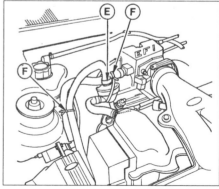

6.24b Senare utförande av vevhusventilationssystem - 1,6 EFI motor

E Slangklamma   *F Buntband*

Styrd vakuumomställare

Demontering

3 Ta bort påfyllningslocket från expansionskärlet så att trycket i kylsystemet avlastas. Använd en trasa över locket om motorn är varm, öppna locket försiktigt för att undvika brännskador.
4 Lossa vakuumledningar och kylvätskeslangar. Skruva sedan bort omställaren.

Montering

5 Vid montering, notera att vakuumledningen från förgasaren skall sitta på omställarens mellersta uttag, vakuumledningen från fördröjningsventilen (i förekommande fall) ska sitta på anslutningen närmast omställarens gängade ände. Ledningen från vakuumventilen ska då sitta på anslutningen längst från omställarens gängade ände.
6 Anslut kylvätskeslangarna, fyll på kylvätska vid behov.

Bränslefälla

Demontering

7 Lossa vakuumledningarna och ta bort bränslefällan.

Montering

8 Se till att fällan monteras med den svarta sida (märkt CARB) mot förgasaren och den vita sidan (märkt DIST) mot den styrda vakuumomställaren **(se bild)**.

Central bränsleinsprutning

Katalysator

Demontering

Notera: *Behandla katalysatorn försiktigt. Slag och stötar kan skada den invändiga beläggningen.*
9 Lossa batteriets minuskabel.
10 Dra åt handbromsen, hissa upp framänden och stöd den på pallbockar (se *"Lyftning, bogsering och hjulbyte"*).
11 Ta bort skruvarna i skarven mellan katalysator och främre avgasrör.
12 Lossa sedan och ta bort klamman i andra änden på katalysatorn.
13 Haka loss katalysatorns gummiupphängningar, ta sedan försiktigt bort katalysatorn från bilen. Haka vid behov även bort de främre anslutningarna för bakre avgasröret för att underlätta arbetet.

Montering

14 Kontrollera först att tätningsytorna på katalysator samt främre och bakre avgasrör är rena.
15 Kontrollera gummiupphängningarna, byt vid behov. Notera att upphängningarna är tillverkade av speciellt värmetåligt material beroende på värmeutvecklingen från katalysatorn.
16 Sätt katalysatorn på plats men dra inte åt

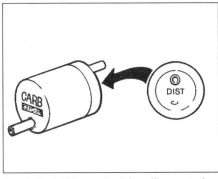

7.8 Bränslefälla med märken för montering

anslutningarna. Använd ny packning mellan katalysator och främre rör.
17 Rikta omsorgsfullt upp katalysator, främre rör och avgassystem. Dra sedan åt anslutningarna.
18 Sänk ned bilen och anslut batteriet. Starta motorn och kontrollera att systemet inte läcker.

Uppvärmd syresensor (HEGO)

19 Se del C i detta kapitel.

Kapitel 5 Del A:
Start och laddning

Innehåll

Svårighetsgrad

| Enkelt, passar novisen med lite erfarenhet | Ganska enkelt, passar nybörjaren med viss erfarenhet | Ganska svårt, passar kompetent hemmamekaniker | Svårt, passar hemmamekaniker med erfarenhet | Mycket svårt, för professionell mekaniker |

Specifikationer

Batteri
Typ .... 12 volt blyackumulator, 35 till 52 Ah beroende på modell
Laddningstillstånd:
Urladdat .... 12,4 V eller mindre
Normal .... 12,6 V
Fulladdat .... 12,7 V eller mer

Generator
Minimum kollängd:
Bosch, Lucas och Mitsubishi .... 5,0 mm
Motorola .... 4,0 mm
Regulatorspänning vid 4000 rpm med 3 till 7A belastning (alla) .... 13,7 till 14,6 V

Startmotor
Typ .... Solenoid
Fabrikat:
Bosch .... 0,8 kW, 0,85 kW, 0,9 kW, 0,95 kW
Lucas .... 8M 90, 9M 90, M 79
Nippondenso .... 0,6 kW, 0,9 kW
Minimum kollängd:
Bosch .... 10,0 mm
Lucas .... 8,0 mm
Nippondenso 0,6 kW .... 10,0 mm
Nippondenso 0,9 kW .... 9,0 mm

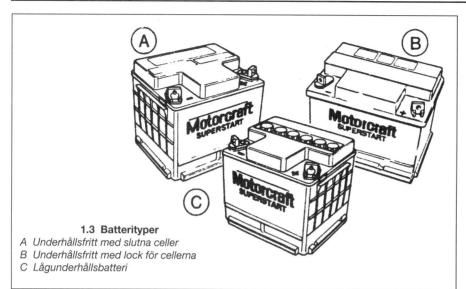

1.3 Batterityper
A Underhållsfritt med slutna celler
B Underhållsfritt med lock för cellerna
C Lågunderhållsbatteri

1 Allmän information och föreskrifter

Allmän information

Motorns elsystem består av laddnings-, start- och tändsystem samt motorns oljetryckgivare. På grund av deras samband med motorn, beskrivs systemet separat och inte ihop med karossens elsystem så som belysning, instrument etc. (vilka behandlas i kapitel 12). Se del B i detta kapitel beträffande information om tändsystemet.

Hela systemet arbetar med 12 volt och negativ jord.

Batteriet är av lågunderhållstyp eller helt underhållsfritt, det laddas av generatorn som drivs av en rem från en remskiva monterad på vevaxeln (se bild). Startmotorn är av solenoidtyp. Vid start flyttar solenoiden drevet i ingrepp med startkransen på svänghjulet innan startmotorn börjar snurra. Då motorn har startat hindrar en frihjulskoppling att startmotorns ankare drivs av motorn innan dreven kopplas isär.

Ytterligare detaljer om diverse system ges i de berörda avsnitten i detta kapitel. Även om vissa reparationsanvisningar finns, förutsätter vanligtvis beskrivningarna byte av detaljer.

Föreskrifter

Man måste vara extra försiktig vid arbete på elsystemet för att inte skada halvledare (dioder och transistorer) och för att undvika personskada. Förutom föreskrifterna i avsnittet "Säkerheten främst!" i början av boken, observera även följande vid arbete på systemet.

Ta alltid av ringar, klockor etc. innan arbete på elsystemet. Även om batteriet är bortkopplat, kan kapacitiv urladdning inträffa om någon anslutning jordas genom ett metallföremål. Detta kan orsaka stötar eller otäcka brännskador.

Polvänd inte batteriet. Detaljer så som generator, eller andra detaljer med halvledare, kan skadas så att de ej kan repareras.

Om motorn startas med hjälp av startkablar och ett extra batteri, anslut batterierna *pluspol till pluspol* och *minuspol till minuspol*. Detta gäller också vid anslutning av batteriladdare.

Lossa aldrig en batterikabelsko eller generatorns kontaktstycke då motorn är igång.

Batterikablarna samt generatorns kontaktstycke ska kopplas bort innan elektrisk svetsning utförs på bilen.

Använd aldrig en ohmmeter som använder någon form av en handvevad generator för kontroll av kretsar och förbindelser.

2 Elektrisk felsökning - allmän information

Se kapitel 12.

3 Batteri - kontroll och laddning

Notera: *Se föreskrifterna i slutet av avsnitt 1 innan arbetet påbörjas.*

Standard- eller lågunderhållsbatteri - kontroll

1 Om bilen körs endast en kortare sträcka varje år, kan det vara värt att kontrollera elektrolytens specifika vikt i batteriet (populärt kallad syravikt) var tredje månad. Använd en hydrometer för att kontrollera och jämföra resultatet med följande tabell.

Yttertemperatur:

	Över 25°C	Under 25°C
Fulladdat	1,210 till 1,230	1,270 till 1,290
70% laddat	1,170 till 1,190	1,230 till 1,250
Urladdat	1,050 till 1,070	1,110 till 1,130

Notera att värdena förutsätter en elektrolyttemperatur på 15°C; för var 10°C

under 15°C, dra bort 0,007. För var 10°C över 15 C°, lägg till 0,007.

2 Om batteriets kondition misstänks, kontrollera först syravikten i varje cell. En variation på 0,040 eller mer mellan någon cell tyder på förlust av elektrolyt eller nedbrytning av blyplåtarna.

3 Om skillnaden är 0,040 eller mer bör batteriet bytas. Om variationen är mindre men batteriet urladdat, bör de laddas enligt beskrivning senare i detta avsnitt.

Underhållsfritt batteri - kontroll

4 Om batteriet är helt underhållsfritt kan elektrolytnivån i cellerna inte justeras. Batteriet kan endast kontrolleras med hjälp av en batteriindikator eller en voltmeter.

5 Vid kontroll med voltmeter, anslut den över batteriets poler och jämför resultatet som anges i avsnittets specifikationer under "Laddnings-tillstånd". Kontrollen visar endast rätt resultat om batteriet inte utsätts för någon form av laddning under de föregående sex timmarna. Om detta inte är fallet, tänd strålkastarna i 30 sekunder, vänta sedan i fem minuter innan batteriet kontrolleras sedan strålkastarna slagits av. Alla övriga elektriska förbrukare måste vara avstängda, kontrollera att dörrar och baklucka är helt stängda vid kontrollen.

6 Om den avlästa spänningen är under 12,2 volt är batteriet urladdat medan en avläsning på 12,2 till 12,4 volt visar ett delvis laddat batteri.

7 Om batteriet ska laddas, ta bort det från bilen (avsnitt 4) ladda sedan enligt beskrivning senare i detta avsnitt.

Standard- och lågunderhållsbatteri - laddning

8 Ladda batteriet med 3,5 - 4 A, fortsätt laddningen tills syravikten inte stiger ytterligare under en period på fyra timmar.

9 Man kan även använda 1,5 A över natten.

10 Snabbladdning som påstås återställa batteriet på 1 - 2 timmar rekommenderas inte, eftersom den kan orsaka skador på batteriplåtarna genom överhettning.

11 Under laddningen, kontrollera att elektrolyttemperaturen aldrig överskrider 37,8°C.

Underhållsfritt batteri - laddning

12 Det tar mycket längre tid att ladda detta batteri än ett batteri av standardtyp. Tidsåtgången beror också på hur långt batteriet är urladdat, men det kan ta upp till 3 dagar.

13 En batteriladdare av konstant-spänningstyp ska användas. Den ska justeras till 13,9 till 14,9 volt och laddströmmen ska vara under 25 A. Med denna metod bör batteriet vara användbart inom tre timmar och kunna avge en spänning av 12,5 volt, men detta gäller för ett delvis urladdat batteri. Som tidigare påpekats kan laddningen ta avsevärt längre tid.

14 Om batteriet ska laddas upp från fullt urladdat tillstånd (spänningen visar under 12,2

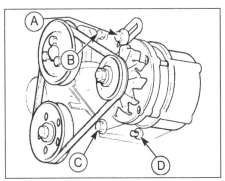

5.4 Generatorinfästning, justerlänk och skruvar

A Justerlänk-till-generator
B Justerlänk-till-motor
C och D Generatorinfästningens skruvar

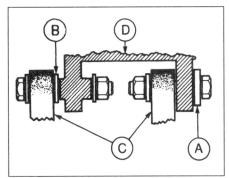

5.6a Rätt placering av generatorinfästningens detaljer - tidiga modeller

A Stor bricka
B Liten bricka (endast CVH motorer före 1985)
C Fäste
D Generator

5.6b Generatorinfästning - senare modeller

volt), låt laddningen utföras av en fackman eftersom laddprocessen kräver kontinuerlig övervakning.

4 Batteri - demontering och montering

Notera: Se föreskrifterna i slutet av avsnitt 1 innan arbetet påbörjas.

Demontering

1 Batteriet är placerat på vänster sida i motorrummet vid torpedväggen.
2 Ta bort den negativa kabeln genom att lossa muttern och ta bort skruven. Lossa den positiva kabeln på samma sätt.
3 Ta bort fästskruvarna för batteriets klammor, ta sedan bort klammorna.
4 Lyft bort batteriet, håll det upprätt och se till att inte spilla elektrolyt på lackeringen.

Montering

5 Montera i omvänd ordning, stryk vaselin på polerna, anslut alltid pluskabeln först, minuskabeln sist.

5 Generator - demontering och montering

Notera: Se föreskrifterna i slutet av avsnitt 1 innan arbetet påbörjas.

Demontering

1 Arbetet går till på samma sätt för alla generatorfabrikat.
2 Lossa batteriets minuskabel, lossa sedan kontaktstycket eller kablarna baktill på generatorn.
3 På vissa CVH motorer är det nödvändigt att ta bort luftrenarslangen och att lossa undra kylarslang så att tillräcklig plats ges för demontering av generatorn. I så fall måste kylsystemet tappas av enligt anvisning i kapitel 1.
4 Lossa skruvar för infästning och justerlänk, tryck generatorn mot motorn och ta bort

remmen **(se bild)**. Det kan vara nödvändigt att ta bort justerlänken för att remmen ska gå att ta av.
5 Lossa och ta bort skruvar och muttrar för infästning och justerlänk om detta inte redan gjorts, ta sedan bort generatorn från motorn.

Montering

6 Montering sker i omvänd ordning, notera dock följande.
  a) Kontrollera att fästskruvar och brickor är ihopsatta så som visas **(se bilder)**.
  b) Justera drivremmens spänning enligt beskrivning i kapitel 1.
  c) Då arbetet avslutats, fyll vid behov på kylsystemet enligt beskrivning i kapitel 1.

6 Generatorkol och regulator - byte

Bosch generator

1 Med generatorn demonterad, rengör den utvändigt från smuts.
2 Lossa och ta bort skruvarna för kolhållare/regulator från bakre gaveln, ta sedan bort kolhållare/regulator **(se bild)**. Kontrollera kollängden; är den kortare än vad som är tillåtet, byt den.
3 Löd loss kolens kablar, ta sedan bort kol och fjädrar.
4 Montera i omvänd ordning.

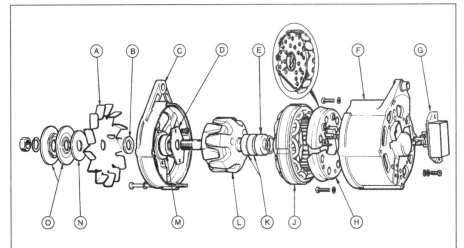

6.2 Sprängskiss av Bosch G1 och K1 generatorer

A Fläkt
B Distans
C Främre gavel
D Lagerhållare, främre gavel
E Bakre lager
F Bakre gavel
G Kolhållare/regulator

H Diodbrygga
J Stator
K Släpringar
L Rotor
M Främre lager
N Distans
O Remskiva

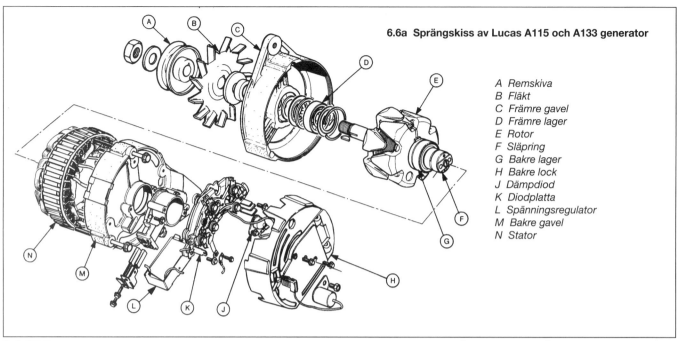

6.6a Sprängskiss av Lucas A115 och A133 generator

A Remskiva
B Fläkt
C Främre gavel
D Främre lager
E Rotor
F Släpring
G Bakre lager
H Bakre lock
J Dämpdiod
K Diodplatta
L Spänningsregulator
M Bakre gavel
N Stator

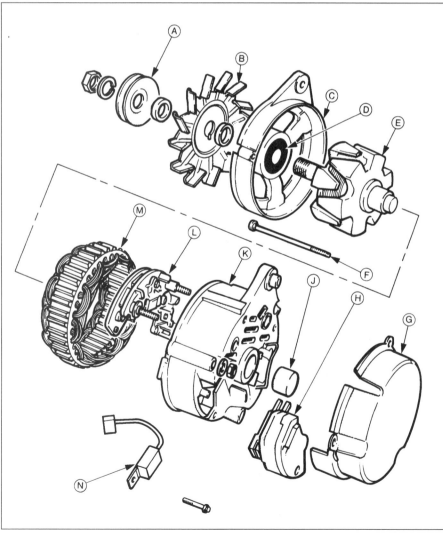

Lucas generator

5 Följ beskrivningen i punkt 1.
6 Demontera generatorns bakre lock **(se bilder)**.
7 Lossa kolhållarens fästskruvar, ta sedan bort kolen från kolhållaren.
8 Om kolens längd är mindre än tillåtet, byt dem. Montera i omvänd ordning.
9 Vid demontering av regulator, lossa kablarna och sedan fästskruven (endast A 115 och A 133 - tre skruvar på A 127).
10 Montera i omvänd ordning, kontrollera att den lilla plastdistansen och förbindningen är rätt placerade.

Motorola generator

11 Följ beskrivningen i punkt 1.
12 Ta bort de två skruvarna för regulatorn, koppla bort de två ledningarna och ta sedan bort enheten **(se bild)**.
13 Ta bort kolhållarens fästskruv, dra och vik kolhållaren från infästningen, se till att inte skada kolen.
14 Löd vid behov bort kolanslutningarna.
15 Montera kolen i omvänd ordning.

Mitsubishi generator

16 Följ beskrivningen i punkt 1.
17 Lossa de tre genomgående skruvarna för huset, ta bort bakre gaveln. Man kan vara

6.6b Sprängskiss av Lucas A127 generator

A Remskiva
B Fläkt
C Främre gavel
D Främre lager
E Rotor
F Genomgående skruv
G Bakre lock
H Kolhållare och regulator
J Bakre lager
K Bakre gavel
L Likriktarbrygga
M Stator
N Avstörning

6.12 Sprängskiss av Motorola generator

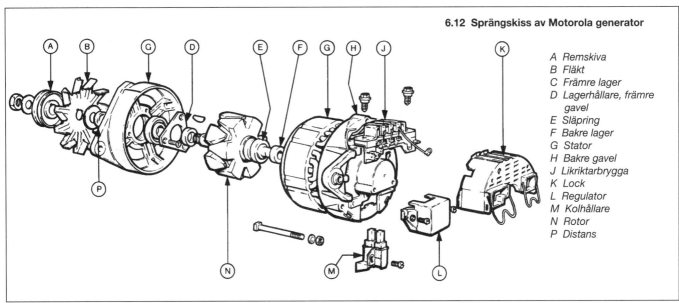

A Remskiva
B Fläkt
C Främre lager
D Lagerhållare, främre gavel
E Släpring
F Bakre lager
G Stator
H Bakre gavel
J Likriktarbrygga
K Lock
L Regulator
M Kolhållare
N Rotor
P Distans

6.17a Sprängskiss av Mitsubishi generator

A Remskiva
B Fläkt
C Stor distans
D Genomgående skruv
E Dammskydd
F Främre gavel
G Främre lager
H Lagerhållare
J Dammtätning
K Liten distans
L Rotor
M Tätning
N Lager
O Bakre gavel
P Likriktarbrygga
R Kolhållare
S Stator

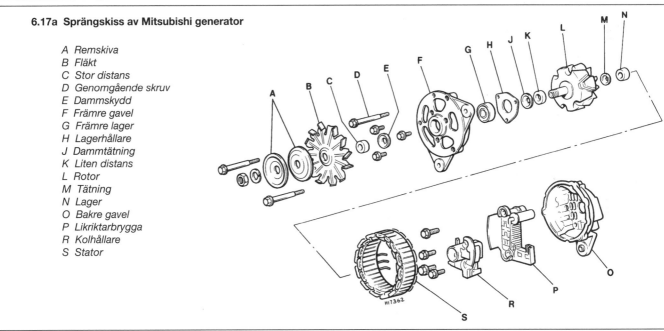

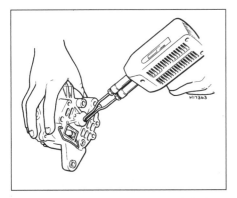

6.17b Bakre gaveln värms med lödkolv - Mitsubishi generator

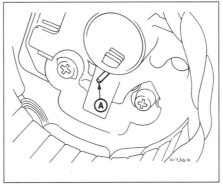

6.21 Kolen hålls på plats med en bit tråd (A) - Mitsubishi generator

tvungen att värma mitten på gaveln med en kraftig lödkolv (200 watt) några minuter, om gaveln inte vill släppa taget om lagret **(se bilder)**.

18 Lossa de fyra skruvarna och ta bort stator och likriktarbrygga från bakre gaveln.

19 Löd loss anslutningarna för kolhållaren till likriktarbryggan, ta sedan bort kolhållaren.

20 Byt kolhållare och kol om de är slitna under gränsvärdet.

21 Montera nya kol i omvänd ordning.

Tips
HAYNES
För in en bit tråd genom hålet i gaveln för att hålla kolen indragna då gaveln monteras (se bild). Ta sedan bort tråden då gaveln monterats.

7 Startmotor - kontroll i bilen

Notera: *Se föreskrifterna i "Säkerheten främst!" samt i avsnitt 1 i detta kapitel innan arbetet påbörjas.*

1 Om startmotorn inte går runt då nyckeln vrids om, kan felorsakerna vara följande.
   a) *Batteriet är defekt.*
   b) *Anslutningarna mellan startkontakt, solenoid, batteri och startmotor leder någonstans inte tillräckligt med ström för att startmotorn ska gå runt.*
   c) *Solenoiden är defekt.*
   d) *Startmotorn är mekaniskt eller elektriskt defekt.*

2 Vid kontroll av batteri, slå på strålkastarna. Om de lyser svagare efter några sekunder, tyder detta på att batteriet är urladdat - ladda (se avsnitt 3) eller byt batteri. Om strålkastarlamporna lyser starkt, vrid startnyckeln till läge start och kontrollera lamporna. Lyser de nu svagare, tyder detta på att strömmen går fram till startmotorn, och felet måste därför ligga i startmotorn. Om lamporna fortsätter lysa starkt, och man inte hör ett klickande ljud från solenoiden, tyder detta på fel i solenoidkretsen- se följande punkter. Om startmotorn går runt sakta och batteriet är i god kondition, tyder detta på att startmotorn är defekt eller att det går tungt någonstans.

3 Om fel i huvudkretsen misstänks, lossa batteriets kablar, kablar till startmotor/solenoid samt jordledningar till motor/växellåda. Rengör anslutningarna grundligt och anslut dem sedan. Använd en voltmeter eller en testlampa för att kontrollera att full batterispänning är tillgänglig vid solenoidens anslutning. Stryk vaselin runt batteripolen för att hindra korrosion - korroderade anslutningar är den vanligaste orsaken till fel i det elektriska systemet.

4 Om batteriet och alla anslutningar är i god kondition, kontrollera kretsen genom att lossa kablarna från solenoidens flatstiftkontakt. Anslut en voltmeter eller en testlampa mellan kabeländen och en god jordpunkt (till exempel batteriets minuspol). Kontrollera att ström finns då tändningen är påslagen och vrids till läge "Start". Om ström finns är kretsen hel, i annat fall föreligger fel i tändningslås, startkontakt eller kablage.

5 Solenoidens kontakter kan kontrolleras genom att man ansluter en voltmeter eller testlampa mellan strömledningen som går från solenoiden till startmotorn och jord. Då tändningsnyckeln vrids till läge "Start", skall lampan tändas eller instrumentet ge utslag. Händer inte detta är solenoiden felaktig och bör bytas.

6 Om krets och solenoid är hela, måste felet ligga i startmotorn. Startmotorn kan kontrolleras av en fackman. En specialist kan renovera enheten till betydligt lägre kostnad än en ny eller en utbytesstartmotor.

8 Startmotor - demontering och montering

Demontering

1 Lossa batterianslutningarna.
2 Lossa, underifrån bilen, den grova kabeln till startmotorn samt de två ledningarna från solenoiden **(se bild)**.
3 Skruva loss startmotorn och ta bort den.

Montering

4 Montering sker i omvänd ordning.

9 Startmotorkol - byte

1 Byte av startmotorkol är relativt svårt och kräver att man kan hantera en lödkolv. Man ska också komma ihåg att om startmotorn varit i bruk länge nog för att slita ut kolen, är det troligt att resten av enheten också är sliten. I sådana fall är det säkrast att montera en ny eller renoverad startmotor.
2 För vidare information om byte av startmotorkol och om renovering av startmotorn rent allmänt, kontakta en bilelektriker.

10 Tändningslås - demontering och montering

Modeller före 1986

Demontering

1 Lossa skruvarna och ta bort den undre kåpan på rattstången.
2 Sätt i tändningsnyckeln och vrid låset till läge 1.
3 Använd en spårskruvmejsel, tryck in klamman som håller låset, dra samtidigt ut låset med tändningsnyckeln **(se bild)**.

Montering

4 Montering sker i omvänd ordning, kontrollera att nyckeln står i läge 1.

Modeller från och med 1986

Demontering

5 Lossa skruvarna och ta bort undre kåpan på rattstången.
6 Sätt i tändningsnyckeln och vrid låset till läge 1.

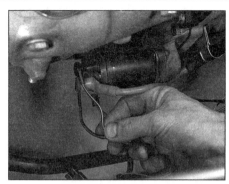

8.2 Kablarna lossas från startmotorsolenoiden

7 Använd ett smalt spetsigt verktyg, tryck in låsfjädern genom hålet i låshuset **(se bild)**. Dra i nyckeln då fjädern är intryckt, ta bort låset. Man kan behöva röra nyckeln något åt höger eller vänster så att låscylinder och låskam kommer i läge innan låset kan tas bort.

Montering

8 Montera i omvänd ordning, kontrollera att tändningsnyckeln är i läge 1.

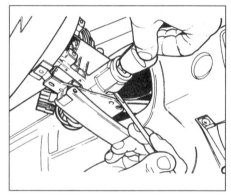

10.3 Klamman för tändningslåset trycks in med en skruvmejsel - modeller före 1986

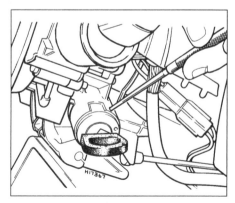

10.7 Låsfjädern för tändningslåset trycks in med ett spetsigt verktyg - modeller fr o m 1986

Kapitel 5 Del B:
Tändsystem

Innehåll

Svårighetsgrad

Enkelt, passar novisen med lite erfarenhet	Ganska enkelt, passar nybörjaren med viss erfarenhet	Ganska svårt, passar kompetent hemmamekaniker	Svårt, passar hemmamekaniker med erfarenhet	Mycket svårt, för professionell mekaniker

Specifikationer

Allmänt
Typ:
1,1 liter OHV motorer	Brytarspetsar och spole
1,1 liter CVH motorer till 1986	Brytarspetsar och spole
1,1 liter CVH motorer fr o m 1986	Elektroniskt brytarlöst tändsystem
1,1 liter HCS motorer	Fördelarlöst tändsystem (DIS/ESC)
1,3 liter OHV motorer	Elektroniskt brytarlöst tändsystem
1,3 liter CVH motorer	Elektroniskt brytarlöst tändsystem
1,3 liter HCS motorer	Fördelarlöst tändsystem (DIS/ESC)
1,4 liter förgasarmotorer	Elektroniskt brytarlöst tändsystem
1,4 liter bränsleinsprutade motorer	Programmerat elektroniskt tändsystem (EEC IV)
1,6 liter förgasarmotorer	Elektroniskt brytarlöst tändsystem
1,6 liter K-Jetronic bränsleinsprutade motorer	Elektroniskt brytarlöst tändsystem
1,6 liter motorer med Elektronisk bränsleinsprutning (EFI)	Fördelarlöst tändsystem (DIS/EEC IV)
1,6 liter RS Turbo motorer	Programmerat elektroniskt tändsystem (ESC II)
Placering av cylinder nr 1	Vid kamdrivning

Tändföljd:
OHV och HCS motorer	1-2-4-3
CVH motorer	1-3-4-2

Tändstift
Typ . . . . Se specifikationer i kapitel 1

Fördelare
Rotorns rotationsriktning (alla motorer) . . . . . . Moturs (från locket sett)
Brytaravstånd:
Bosch fördelare	0,40 till 0,50 mm
Lucas fördelare	0,40 till 0,59 mm
Kamvinkel (brytarsystem)	48° till 52°

Tändspole - brytarsystem

Typ	Avsedd för 1,5 ohm förkopplingsmotstånd
Utspänning:	
OHV motorer	23,0 k volt (minimum)
CVH motorer	25,0 k volt (minimum)
Primärresistans	1,2 till 1,4 ohm
Sekundärresistans	5000 till 9000 ohm

Tändspole - elektroniskt tändsystem (utom DIS)

Typ	Oljefylld, högeffekt
Utspänning	25,0 till 30,0 k volt beroende på system
Primärresistans:	
Alla modeller utom RS Turbo fr o m 1986	0,72 till 0,88 ohm
RS Turbo fr o m 1986	1,0 till 1,2 ohm
Sekundärresistans	4500 till 7000 ohm

Tändspole - DIS

Utspänning	37 k volt (minimum) ej ansluten
Primärresistans (mätt vid spole):	
1,1 och 1,3 liter HCS motorer	0,50 till 1,00 ohm
1,6 liter motorer med elektronisk bränsleinsprutning	4,5 till 5,0 ohm

Tändkablar

Resistans	30 000 ohm maximum per kabel (typiskt värde)

Åtdragningsmoment

	Nm
Tändstift:	
OHV och HCS motorer	13 till 20
CVH motorer	25 till 38
Fördelare, klämskruv (OHV motorer)	4
Fördelare, klämplatta (OHV motorer)	10
Fördelare, fästskruvar (CVH motorer)	7

---

1 Allmän information och föreskrifter

Brytarsystem

Tändsystemet består av två kretsar, lågspännings- (primär) och högspänningskretsen (sekundär). Lågspänningskretsen består av batteri, tändningslås, spolens primärlindning samt brytarspetsar och kondensator. Högspänningskretsen består av spolens sekundärlindning, den kraftiga tändkabeln till centrum på strömfördelarlocket, rotor samt tändkablar och tändstift.

När systemet arbetar transformeras lågspänd ström i tändspolen till högspänd tändström då brytarspetsarna öppnar och sluter lågspänningskretsen. Högspänningen leds sen via kolstiftet i strömfördelarlocket till strömfördelarens rotor. Rotorarmen roterar inne i fördelarlocket och varje gång den står mitt för en av de fyra metallsegmenten i fördelarlocket, som via tändkablarna står i förbindelse med tändstiften, orsakar öppningen och stängningen av brytarspetsarna att högspänning byggs upp så att gnistgapet från rotor till metallsegment kan överbryggas. Spänningen passerar sedan via tändkablarna till tändstiftet där den slutligen överbryggar gnistgapet innan den når jord.

Strömfördelaren styrs av en vinkelväxel på kamaxeln på OHV motorer och genom en drivklack i änden på kamaxeln på CVH motorer.

Tändförställningen sker i strömfördelaren och regleras både mekaniskt och med vakuum.

Ett förkopplingsmotstånd finns i lågspänningskretsen mellan tändningslåset och spolens primärlindning. Motståndet består av en grå motståndskabel som går utanpå huvudkabel stammen mellan tändningslås och spole. Vid start kopplas motståndet förbi så att full batterispänning når spolens primärlindning. Detta gör att spolen får maximal spänning även då batteriet belastas hårt, så att en kraftfull gnista kan bildas. Då motorn väl startat går batterispänningen via förkopplingsmotståndet för att begränsa spänningen i spolen till 7 volt.

Brytarlöst tändsystem

Funktionen är i princip lika den som beskrivits för brytarsystem. Det brytarlösa systemet saknar som namnet antyder brytarspetsar; denna funktion sköts elektroniskt i strömfördelaren. Reglering av tändläget sker även här med ett mekaniskt och ett vakuumsystem.

Programmerad elektronisk tändning (RS Turbo modeller)

Systemets två huvudsakliga komponenter är en elektronisk styrenhet kallad Electronic Spark Control II (ESC II) och en Hall effektgivare i strömfördelaren.

Strömfördelaren är monterad i topplocket ovanför svänghjulen, den drivs direkt av kamaxeln via en medbringare. I strömfördelaren finns ett pulshjul, en permanentmagnet och en lägesgivare. Pulshjulet är en cylindrisk skiva fäst på fördelaraxeln och har fyra spalter i den vertikala ytan, en för varje cylinder. Permanentmagnet och lägesgivare är fästa vid fördelarens basplatta så att den vertikala ytan på pulshjulet passerar mellan dem. Då pulshjulet roterar avbryts magnetfältet mellan magnet och lägesgivare så att elektroniska pulser i form av en fyrkantvåg produceras. Denna signal når ECS II modulen, och med detta som utgångspunkt beräknar modulen motorvarvtal, tändförställning och tomgångsvarvtal.

En liten slang förbinder insugningsröret med en vakuumomvandlare i modulen vilket ger information om motorns belastning. Information om temperaturen inhämtas också via ett temperaturkänsligt motstånd placerat i luftintaget. ECS II modulerna använder dessa evigt växlande data för att välja rätt tändkarakteristik från data lagrade i minnet.

När tändläget fastställts stänger modulen av tändspolens primärkrets, magnetfältet i spolen kollapsar och högspänd ström genereras. Vid precis rätt tidpunkt slår ECS II modulen till primärströmmen igen och detta upprepas sedan för varje cylinder i tur och ordning.

ESC II modulerna arbetar också i förening med bränsleinsprutningen och turbosystemet så att uppgift om motorns varvtal överförs till bränsleinsprutningens styrenhet samt för styrning av turbotrycket.

Programmerad elektronisk tändning (1,4 liters bränsleinsprutade motorer)

Systemet består av en strömfördelare med Hall effektgivare (enligt beskrivning för RS Turbomodellerna), en TFI IV tändmodul, spole och EEC IV modul.

Fördelaren påminner om den som används på tidiga CVH motorer, men har inget system för centrifugal- eller vakuumföreställning; tändförställningen regleras istället av EEC IV modulen. Fördelaren tjänstgör som pulsgivare och sänder en styrsignal till EEC IV modulen Strömfördelaren utför följande funktioner:

a) Sänder signaler till EEC IV modulen för att utlösa tändsignalen.

b) Gör att EEC IV modulen kan beräkna motorvarvtalet med hjälp av pulsen.

c) Fördelar tändströmmen till tändstiften.

TFI (tjockfilmteknik) IV modulen fungerar som en starkströmskontakt genom att reglera tändspolens primärkrets. Modulen styrs genom en av två insignaler, antingen från Hall effektgivaren i strömfördelaren eller från EEC IV modulen.

Signalen från strömfördelaren passerar via TFI IV modulen till EEC IV modulen. EEC IV modulen modifierar signalen så att tändläget regleras i förhållande till motorns varvtal, belastning och temperatur, innan den sänds tillbaka till TFI IV modulen.

EEC IV modulen styr hela motorregleringen via tänd- och bränslesystem. Modulen reglerar följande funktioner, på grundval av signaler från diverse givare.

a) Tändläge.

b) Bränslemängd.

c) Bränsletillskott vid motorbroms.

d) Tomgångsvarvtal.

e) Övervarvsskydd.

Om modulen slås ut styrs tändningen av TFI IV modulen, men ingen tändlägesreglering erhålls och bränslet tillförs i konstant mängd. Detta tillstånd kallas Limited Operation Strategy (LOS) och gör att fordonet kan köras, även om prestanda och bränsleekonomi blir lidande.

Om någon av givarna slås ut upptäcker EEC IV modulen det och ersätter signalen med ett förbestämt läge. Detta gör att bilen förblir körbar, även om prestanda och ekonomi blir lidande. Under dessa förhållanden lagras en kod i modulen som sedan kan läsas av med speciell mätutrustning hos en Fordverkstad.

Fördelarlöst tändsystem (DIS - distributorless ignition system)

1,4 liters motorer med bränsleinsprutning

Den mekaniska fördelningen av tändström (genom en roterande tändfördelare) är ersatt av ett statiskt system med halvledarkomponenter.

Systemet väljer bästa tändläge beroende på motorns arbetsförhållanden från en tredimensionell "karta" med värden lagrade i ESC modulen (Electronic Spark Control - elektronisk tändreglering). Modulen väljer tändläget baserat på information om motorns belastning, varvtal och arbetstemperatur.

Motorns varvtal indikeras av en givare monterad i motorblocket, som påverkas av 35 jämnt fördelade upphöjningar på svänghjulet. Istället för den 36:e upphöjningen finns ett hål, vilket anger 90° FÖDP för cylinder nr 1. Då motorns varvtal ökas, ökar även frekvens och amplitud för signalen som sänds till ESC modulen. Motorns belastning indikeras av en tryckgivare inbyggd i ESC modulen. Givaren bevakar det vakuum som finns i insugningsröret via en slang.

Motorns temperatur fås från ECT givaren (Engine Coolant Temperature - kylvätsketempgivare) inskruvad i botten på insugningsröret.

En DIS spolenhet är monterad på motorblocket bredvid cylinder nr 1. Spolen har två primär- och två sekundärlindningar. En sekundärlindning förser cylindrarna nr 1 och 4 med tändström samtidigt. Den andra matar cylindrarna nr 2 och 3. Då någon av spolarna arbetar, genereras två gnistor. Till exempel genereras en gnista i cylinder 1 på kompressionsslaget, den andra inträffar då samtidigt i cylinder nr 4 på utblåsningsslaget. Gnistan i cylinder nr 4 påverkar dock inte på något sätt motorns prestanda.

1,6 liter motorer med elektronisk bränsleinsprutning

Tändsystemet regleras av EEC IV modulen för motorstyrning. Modulen jämför signaler från diverse sensorer med parametrar lagrade i minnet. Motorns arbetsinställningar varieras beroende på motorvarvtal och arbetsförhållande.

Motorn har ett fördelarlöst tändsystem, liknande det som beskrivits för 1,4 liters bränsleinsprutade motorer. DIS tändsystemet styrs av E-DIS IV modulen.

Föreskrifter

 Varning: Spänningen i DIS-systemet är mycket högre än i konventionella system och nödvändiga åtgärder måste vidtagas för att undvika personskada. Se avsnittet "Säkerheten främst! " i början av boken och koppla alltid loss batteriets negativa ledning innan arbetet påbörjas.

Man måste vara extra försiktig vid arbete på elsystemet så att inte halvledare (dioder och transistorer) skadas och för att undvika personskada. Läs föreskrifterna i avsnittet "Säkerheten främst!" i början av boken, speciellt varningen om högspänning. Se också föreskrifter i början av kapitel 5A.

2 Tändsystem - kontroll

Notera: Se föreskrifterna i avsnitt 1 innan arbetet påbörjas.

Brytarsystem

1 Den vanligaste orsaken till fel eller körbarhetsproblem orsakas av fel i tändsystemet, antingen i lågspännings- eller högspänningskretsarna.

2 Det finns två huvudsakliga symptom som tyder på fel. Antingen startar inte motorn eller tänder inte ens, eller också är motorn svårstartad och misständer. Om misständningen är regelbunden (det vill säga motorn går på endast två eller tre cylindrar), återfinns nästan säkert felet i högspänningskretsen. Om misständningen är intermittent kan felet antingen finnas i högspännings- eller lågspänningskretsen. Om bilen plötsligt stannar, eller inte vill starta, återfinns felet troligen i lågspänningskretsen. Effektförlust eller överhettning, förutom felaktig förgasarinställning, orsakas normalt av fel i strömfördelare eller av fel tändläge.

Motorn vill inte starta

3 Om motorn inte vill starta och bilen gick normalt sist den användes, kontrollera först att det finns bränsle i tanken. Om motorn drivs runt normalt av startmotorn och batteriet är fulladdat, kan felet antingen finnas i hög- eller lågspänningskretsen. Kontrollera först högspänningskretsen.

4 En av de vanligaste orsakerna till startsvårigheter är fuktiga eller blöta tändkablar och fördelare. Ta bort fördelarlocket. Om det finns kondens invändigt, torka locket med en trasa, torka även kablarna. Sätt tillbaka locket. Något fuktdrivande medel kan vara effektivt i dessa lägen. För att hindra att problemet återuppstår kan man använda andra medel som lägger ett isolerande lager så att fukt hålls borta från tändsystemet. I extremfall kan man använda startsprej då endast en mycket svag gnista finns.

5 Om motorn fortfarande inte startar, kontrollera att tändströmmen når tändstiften genom att lossa varje tändkabel vid tändstiften i tur och ordning. Håll kabeländen ca 5 mm från topplocket. Kör runt motorn med startmotorn.

6 Gnistor ska nu bildas mellan kabel och block, gnistan ska vara ganska stark och regelbunden med blå färg.(Håll i kabeln med en bit gummi för att undvika stötar.) Om tändströmmen når tändstiften, ta bort och rengör dem, ställ även in elektrodavståndet. Motorn bör nu starta.

7 Om det inte finns någon tändström vid tändkablarna, ta loss tändkabeln i mitten på fördelarlocket och håll den mot gods som tidigare. Kör åter runt motorn med startmotorn. Blåa gnistor ska nu komma i snabb följd mellan tändkabeländen och gods.

Detta tyder på att spolen är hel men att strömfördelarlocket är spräckt, rotorn defekt, eller att kolstiftet mitt i fördelarlocket inte har god kontakt med rotorn.

8 Om det inte kommer några gnistor från tändspolekabeln, kontrollera kabelns anslutning till spolen. Om denna är korrekt, kontrollera lågspänningskretsen.

9 Använd en 12 V voltmeter eller en 12 V lampa och två kabelbitar. Då tändningen är tillslagen och brytarspetsarna öppna, prova mellan lågspänningskabeln och jord. Inget utslag tyder på ett avbrott i ledningen från tändningslåset. Kontrollera anslutningarna i tändningslåset så att inte någon kabel är lös. Sätt tillbaka dem och motorn bör fungera.

10 Då spetsarna fortfarande är öppna, prova mellan den rörliga spetsen och jord. Inget utslag tyder på avbrott i ledningen eller dålig kontakt mellan spolens minusanslutning och fördelaren, eller en defekt spole. Mät vidare mellan spolens minusanslutning och jord. Inget utslag bekräftar att spolen är trasig. För dessa kontroller räcker det om man särar på brytarspetsarna med en bit torrt papper.

Motorn misständer

11 Om motorn misständer regelbundet, låt den gå med förhöjt tomgångsvarv. Dra loss tändkablarna i tur och ordning och lyssna hur detta påverkar motorn. Håll kabeln med en torr trasa eller gummihandskar som skydd mot stötar.

12 Om motorn inte påverkas då tändkabeln lossas ska felet sökas i den kretsen. Lossar man en tändkabel från en fungerande cylinder så förvärras misständningen.

13 Håll kabeln ca 5 mm från gods. Starta motorn igen. Om gnistan är ganska stark och regelbunden måste felet ligga i tändstiftet.

14 Tändstiftet kan vara löst, isoleringen kan vara sprucken eller elektroderna kan ha bränts så att avståndet blivit för stort för att gnistan ska kunna hoppa över. Ännu värre, en av elektroderna kan ha brutits av. Byt stift eller rengör det, ställ in elektrodavståndet och prova på nytt.

15 Om det inte finns någon gnista vid kabeländen, eller om den är svag och oregelbunden, kontrollera tändkabeln mellan strömfördelare och tändstift. Om isoleringen är sprucken eller skadad, byt kabel. Kontrollera även anslutningen i fördelarlocket.

16 Om det fortfarande inte finns någon gnista, kontrollera att det inte finns några sprickor i strömfördelarlocket. Dessa uppträder som mycket tunna svarta linjer mellan två eller flera av elektroderna, eller mellan en elektrod och någon del av strömfördelaren. Dessa linjer är stigar vilka leder ström tvärs över locket och låter den passera till jord. Enda botemedlet är att byta fördelarlock.

17 Förutom felaktigt tändläge har andra orsaker till misständning redan behandlats under avsnittet "Motorn vill inte starta". För att sammanfatta,

a) Spolen kan vara defekt vilket ger oregelbunden misständning;

b) Kablar kan vara skadade eller lösa i lågspänningskretsen;

c) Kondensatorn kan vara defekt; eller

d) Det kan finnas ett mekaniskt fel i strömfördelaren (trasig axel eller fjäder för brytarspetsarna).

18 Om tändläget är för sent tenderar motorn att överhetta, effektförlusten blir också märkbar. Om motorn överhettar och ger dålig effekt även om tändläget är riktigt, kontrollera förgasaren eftersom det då är troligt att felet ligger där.

Brytarlöst elektroniskt tändsystem

19 Kontroll av ett elektroniskt tändsystem kan endast utföras på rätt sätt med hjälp av speciell procedur och testutrustning från Ford. Misstänks fel i tändsystemet på dessa modeller, uppsök en Fordverkstad.

Programmerat elektroniskt tändsystem (RS Turbo modeller)

20 Se punkt 19.

Programmerat elektroniskt tändsystem (1,4 liter bränsleinsprutade modeller)

21 Fullständig och riktig diagnos kan endast göras med speciell testutrustning från Ford.

22 Då någon komponent otvetydigt är defekt kan den tas bort och en ny monteras.

23 Även om en del kontroller kan göras för att fastställa full förbindelse eller resistans, rekommenderas inte detta eftersom felaktig användning av mätinstrument mellan kontaktstiften kan orsaka interna skador på vissa komponenter.

24 Då batteriet kopplas loss raderas minnet i EEC IV modulen, vilket kan medföra oregelbunden tomgång, ojämn gång, tvekan eller sämre körbarhet i allmänhet.

25 Då batteriet anslutits, starta motorn och låt den gå på tomgång i minst tre minuter. När motorn nått normal arbetstemperatur, öka varvtalet till 1200 rpm och håll detta varvtal i minst två minuter.

26 Proceduren gör att modulen kan lära upp sig på nytt. Det kan vara nödvändigt att köra

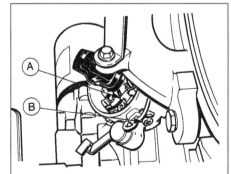

3.7 Fördelarhuset vridet 120° för kondensatorbyte - Bosch fördelare, OHV motorer

A Anslutning, lågspänning
B Kondensatorns fästskruv

bilen ca 8 km under varierande förhållanden för att systemet sak fungera fullt tillfredsställande.

Fördelarlöst tändsystem (DIS)

All motorer

27 Se punkterna 21 till 23.

1,6 liters motorer med elektronisk bränsleinsprutning

28 Se punkterna 24 till 26.

3 Kondensator (brytarsystem) - kontroll, demontering och montering

Notera: *Se föreskrifterna i avsnitt 1 innan arbetet påbörjas.*

Kontroll

1 Kondensatorn har till uppgift att minska gnistbildningen mellan brytarspetsarna samt att få magnetfältet i spolarna att kollapsa snabbare, vilket gör gnistan vid tändstiftet kraftigare.

2 Kondensatorn är ansluten parallellt över brytarspetsarna. Är kondensatorn defekt medför detta att brytarspetsarna inte ostört kan öppna och sluta lågspänningskretsen.

3 Om motorn blir mycket svårstartad, eller börjar misstända efter åtskilliga mils körning, och då brytarspetsarna visar tecken på brännskador, kan man misstänka kondensatorn. Ytterligare ett test kan göras genom att man särar på brytarspetsarna då tändningen är påslagen. Om detta åtföljs av en stark gnista, tyder det på att kondensatorn är trasig.

4 Utan ytterligare testutrustning är den enda möjliga diagnosen att byta kondensatorn och notera om felet försvinner. Följ då nedanstående anvisning beroende på motortyp.

Demontering

OHV motorer

5 Lossa klammorna och ta bort strömfördelarlocket. Ta bort rotorn från strömfördelaraxeln.

6 Märk ordentligt strömfördelarens läge i förhållande till infästningsplattan, lossa sedan plattans klämskruv.

7 Vrid fördelarhuset ca 120° medurs så att den utvändigt monterade kondensatorn blir åtkomlig **(se bild)**.

8 Lossa brytarspetsarnas anslutning från flatstiftet samt lågspänningskabeln från tändspolen.

9 Lossa fästskruven och ta bort kondensatorn på sidan om fördelarhuset.

10 Sätt den nya kondensatorn i läge och skruva fast den.

11 Anslut kablarna, vrid sedan strömfördelaren tillbaka till ursprungsläget så att märkningen överensstämmer. Dra åt klämskruven i fästplattan.

CVH motorer

12 Lossa klammorna eller skruvarna och ta av strömfördelarlocket.

13 På Bosch fördelare, lossa brytar-spetsarnas kabel från flatstiftet, lossa sedan fästskruven och ta bort kondensatorn på utsidan av fördelarhuset. Lossa fördelarkabeln vid spolen och ta bort kondensatorn **(se bild)**.

14 På Lucas fördelare, för brytarspetsarnas fjäder ut ur plastisolatorn och ta den kombinerade lågspännings-/kondensator-kabeln från den krökta delen på fjäderarmen. Lossa kondensatorns fästskruv och jordledning, ta bort lågspänningskabeln vid tändspolen. Ta sedan bort kondensator och kabel från strömfördelaren **(se bild)**.

Montering

OHV motorer

15 Sätt tillbaka rotor och fördelarlock. Om strömfördelaren kan ha rubbats, kontrollera tändläget enligt beskrivning i kapitel 1.

CVH motorer

16 Montera i omvänd ordning.

4 Tändspole - kontroll, demontering och montering

Notera: *Se föreskrifterna i avsnitt 1 innan arbetet påbörjas.*

Alla modeller utom DIS tändsystem

Kontroll

1 Riktig kontroll av tändspolen kräver specialutrustning och bör överlåtas åt en fackman. Man kan dock kontrollera primär-och sekundärlindningar beträffande resistans med en ohmmeter enligt följande.

2 Vid kontroll av primärlindningens resistans,

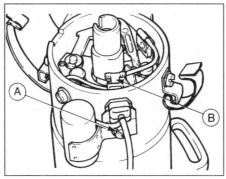

3.13 Bosch fördelare, kondensatorbyte - CVH motorer
A *Kondensatorns fästskruv*
B *Anslutning, lågspänning*

lossa lågspännings- och tändkabel vid spolen och anslut en ohmmeter över spolens positiva och negativa anslutning **(se bilder)**. Resistansen ska vara enligt uppgift i specifikationerna i början av detta kapitel.

3 Vid kontroll av sekundärlindningens resistans, anslut en ledning på ohmmetern till polens negativa uttag, den andra ledningen till anslutningen för tändkabel. Resistansen ska även här vara enligt uppgifter i specifikationerna.

4 Om värdena märkbart avviker från de angivna ska spolen bytas.

5 Om ny spole monteras, se till att spole av rätt typ, avsedd att arbeta ihop med förkopplingsmotståndet, anskaffas.

Demontering

6 Tändspolen är monterad i motorrummet på höger innerflygel för OHV motorer och på vänster sida för CVH motorer.

7 Vid demontering av spolen, lossa bägge lågspänningskablarna samt tändkabeln.

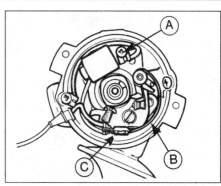

3.14 Lucas fördelare, kondensatorbyte - CVH motorer
A *Kondensatorns fästskruv*
B *Brytarspetsarnas fjäderarm*
C *Krökt del av fjäderarmen*

8 Lossa fästskruvarna och ta bort spolen.

Montering

9 Montera i omvänd ordning.

DIS tändsystem

Kontroll

10 Kontroll av DIS tändspole kräver specialinstrument, överlåt detta arbete till en fackman.

Demontering

11 På 1,1 och 1,3 liter HCS motorer är spolen monterad på motorblocket, ovanför oljefiltret.

12 På 1,6 liter bränsleinsprutade (EFI) motorer är spolen monterad på vänster sida om topplocket **(se bild)**.

13 Lossa batteriets minuskabel.

14 I förekommande fall, demontera fästskruv (-ar) och ta bort plastlocket över spolen.

15 Lossa låsfjädern, ta sedan bort kontaktstycket.

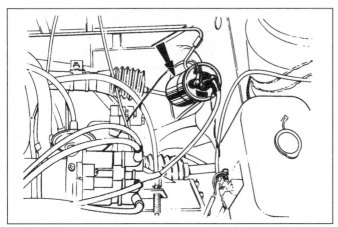

4.2a Tändspolens placering (vid pilen) - CVH motorer med brytarsystem

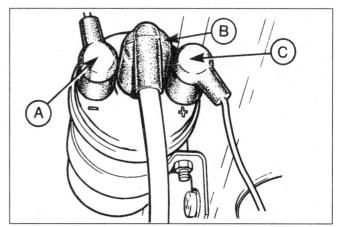

4.2b Tändspolens anslutningar - brytarsystem
A *Negativ anslutning till fördelare*
B *Tändkabelanslutning till fördelarlock*
C *Positiv anslutning (strömmatning)*

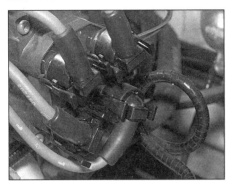

4.12 Placering av DIS spole (plastlock borttaget) - 1,6 liter med elektronisk bränsleinsprutning

16 Tryck ihop låsfjädern på ömse sidor om tändkabelanslutningarna, lossa sedan tändkablarna från spolen. Notera var kablarna sitter så de kan sättas tillbaka på rätt plats.
17 Demontera fästskruvarna, ta sedan bort spolen **(se bild)**.

Montering

18 Montering sker i omvänd ordning, kontrollera att tändkablarna är rätt anslutna.

5 Strömfördelare - demontering och montering

Brytarsystem

OHV motorer

Demontering

1 Lossa tändkablarna från tändstiften. Lossa klammorna och ta bort strömfördelarlocket.
2 Lossa ledningen från spolens negativa anslutning samt bakom slangen från fördelarens vakuumklocka.
3 Demontera tändstift nr 1 (närmast kamdrivningen).
4 Lägg ett finger över hålet för tändstiftet och vrid vevaxeln i normal rotationsriktning (medurs sett mot remskivan på vevaxeln) tills ett tryck känns i cylinder nr 1. Detta visar att kolven är på väg uppåt i kompressionsslaget.

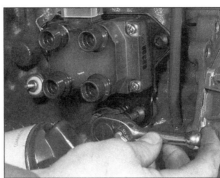

4.17 Demontering av DIS spolens fästskruv - 1,3 liter HCS motor

Vevaxeln kan vridas med en fast nyckel på skruven för remskivan.
5 Fortsätt att vrida vevaxeln tills spåret i remskivan står mitt för "O" skalan ovanför remskivan. I detta läge befinner sig kolv nr 1 i övre dödpunkt (ÖDP) på kompressionsslaget **(se bild)**.
6 Använd en klick snabbtorkande färg, märk sedan läget för rotorn mot kanten av strömfördelarhuset. Gör ytterligare ett märke på fördelarhuset i förhållande till motorblocket.
7 Lossa skruven som håller fästplattan till motorblocket. Ta inte bort strömfördelaren genom att lossa klämskruven.
8 Ta bort strömfördelaren från motorblocket. Då fördelaren tas bort vrids rotorarmen några grader medurs. Notera detta nya läge för rotorn och gör ytterligare ett märke på fördelarhuset **(se bild)**.

Montering

9 Se till att vevaxeln fortfarande står för läge ÖDP enligt tidigare beskrivning innan fördelaren monteras. Om ny fördelare monteras, märk den på samma ställen som den gamla.
10 Håll strömfördelaren över hålet i motorblocket så att märket på fördelarhuset står mot märket på motorblocket.
11 Ställ rotorn så att den står mot det märke som gjordes sedan strömfördelaren demonterades. Då vinkelväxeln går i ingrepp flyttas rotorn moturs och bör efter

5.5 Demontering av fördelare - OHV motorer (brytarsystem)
A Rotorn pekar mot anslutningen för tändkabel 1 i fördelarlocket
B Spåret i remskivan står mitt för ÖDP-märkningen på skalan

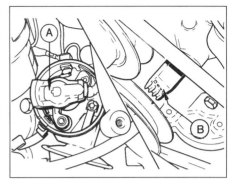

monteringen befinna sig vid det första märket på fördelarhuset.
12 Då märkena stämmer, sätt tillbaka och dra åt skruven för fästplattan.
13 Anslut kablar och vakuumslang, sedan fördelarlock, tändstift och tändkabel.
14 Se kapitel 1 och justera tändläget.

CVH motorer

Demontering

15 Lossa klammorna eller fästskruvarna och ta bort fördelarlocket.
16 Lossa kabeln vid spolens negativa anslutning samt vakuumslangen till vakuumklockan.
17 Ta bort de tre flänsskruvarna och ta sedan bort fördelaren från topplocket **(se bild)**.

Montering

18 Innan montering, kontrollera att O-ringen undertill på strömfördelaren är i god kondition, byt annars ut den.
19 Håll strömfördelaren med vakuumklockan mot insugningsröret, ställ in medbringaren på strömfördelaraxeln mot spåret i änden på kamaxeln **(se bild)**.
20 Sätt i strömfördelaren och vrid rotorarmen något så att medbringaren går i spåret. Sätt tillbaka och dra de tre skruvarna.

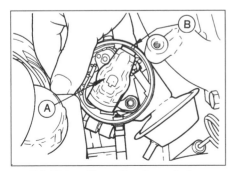

5.8 Rotorn läge, efter demontering, markerat på fördelaren - OHV motorer (brytarsystem)
A Rotor
B Märke på kanten av fördelaren

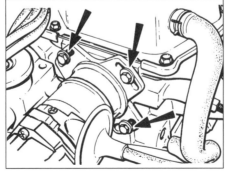

5.17 Placering av fördelarens flänsskruvar - CVH motorer (brytarsystem)

5.19 Ställ in medbringaren på fördelaraxeln mot spåret i kamaxeln - CVH motorer (brytarsystem)

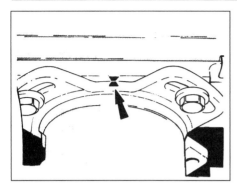

5.21 Körnslag på fördelarfläns och topplock - CVH motorer (brytarsystem)

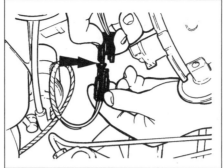

5.25 Kontaktstycket vid fördelaren lossas - CVH motorer (elektroniskt brytarlöst system)

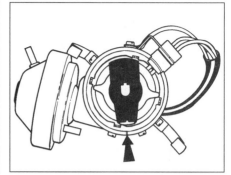

5.29 Rotorn inställd mot originalmärket på kanten av fördelarhuset - OHV motorer (elektroniskt brytarlöst system)

21 Vid produktionen ställs strömfördelaren exakt för optimalt tändläge, den märks också med ett körnslag på fördelarflänsen och ett på topplocket **(se bild)**.
22 Om den ursprungliga strömfördelaren monteras, ställ märkena mitt för varandra, dra sedan åt flänsskruvarna och sätt tillbaka fördelarlock, kabel och vakuumledning.
23 Om en ny strömfördelare monteras, vrid fördelarhuset så att fästskruvarna står mitt i de avlånga spåren, dra sedan åt skruvarna med fingrarna. Sätt tillbaka fördelarlock, kabel och vakuumslang, justera sedan tändläget enligt beskrivning i kapitel 1.

Elektroniskt brytarlöst tändsystem

OHV motorer

Demontering
24 Lossa kablarna från tändstiften. Lossa klammorna och ta bort fördelarlocket.
25 Lossa kontaktstycket vid strömfördelaren samt vakuumslangen vid fördelarens vakuumdosa **(se bild)**.
26 Följ sedan beskrivningen i punkterna 3 och 4.
27 Se kapitel 1 och ta reda på rätt tändläge för den motor som gäller.
28 Vrid motorns vevaxel tills spåret i remskivan står mitt för rätt märke på skalan ovanför upp till höger om remskivan. "O" märket representerar över död punkt (ÖDP) och de upphöjda märkningarna till vänster om

ÖDP motsvarar 4° **(se bild 5.5)**.
29 Kontrollera att rotorn pekar mot spåret i kanten på fördelarhuset **(se bild)**.
30 Gör ett märke på fördelarhuset och ett motsvarande märke på motorblocket för att underlätta montering.
31 Lossa skruven som håller fördelarens fästplatta till motorblocket, ta sedan bort fördelaren. Då fördelaren tas bort kommer rotorarmen att vridas några grader medurs. Notera rotorarmens nya läge och gör motsvarande märken på fördelarhuset.
Montering
32 Innan montering, kontrollera att vevaxeln fortfarande står i läge ÖDP. Om ny fördelare monteras, märk den på samma sätt som den gamla.
33 Håll fördelaren över hålet i motorblocket med märket på fördelarhuset mot märket på motorblocket.
34 Ställ rotorn så att den pekar mot märket på fördelarhuset som gjordes sedan fördelaren demonterades. Tryck sedan in fördelaren helt **(se bild)**. Då kuggväxeln går i ingrepp kommer rotorn att vridas moturs och bör hamna vid det ursprungliga märket på fördelarhuset.
35 Då fördelaren är på plats, vrid den något vid behov så att pulshjul och stator står i rätt läge, sätt sedan tillbaka och dra åt skruven för fästplattan.
36 Anslut kontaktstift och vakuumslang, sedan fördelarlock, tändstift och tändkablar.
37 Se kapitel 1, justera tändläget.

CVH motorer

Demontering
38 Lossa klammorna eller fästskruvarna och ta bort strömfördelarlocket.
39 Lossa kontaktstycket och vakuumslangen (-arna) vid fördelarens vakuumklocka (i förekommande fall).
40 Lossa fästskruvarna för fördelarflänsen, ta bort strömfördelaren från topplocket **(se bild)**.
Montering
41 Om en fördelare av tidigt utförande ska bytas, levereras endast det senare utförandet från Ford. Man måste därför också skaffa en kabelhärva (det. nr 84AG-12045-BA) så att kablaget i bilen passar mot strömfördelaren. Tillverkaren rekommenderar också att nya tändkablar enligt senaste specifikation monteras samtidigt. Förutom det nya lågspänningskablaget som beskrivs senare i avsnittet, montera strömfördelaren på samma sätt som den tidigare, enligt följande.
42 Innan monteringen, kontrollera O-ringens kondition undertill på strömfördelaren, byt vid behov **(se bild)**.
43 Håll strömfördelaren med vakuumklockan (i förekommande fall) mot insugningsröret, ställ medbringaren på fördelaraxeln mot spåret i änden på kamaxeln.
44 Sätt strömfördelaren på plats, vrid rotorn något så att medbringaren går i spåret. Sätt i men dra inte åt skruvarna.
45 Vid tillverkningen justeras fördelaren för att

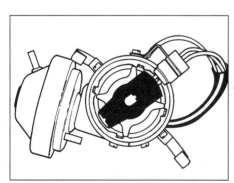

5.34 Rotorns läge innan montering - OHV motorer (elektroniskt brytarlöst system)

5.40 Fördelarflänsens övre fästskruvar (vid pilarna) - CVH motorer (elektroniskt brytarlöst system)

5.42 Kontroll av fördelarens O-ring - CVH motorer (elektroniskt brytarlöst system)

5.45a Körnslag på fördelarfläns och topplock (vid pilen) - CVH motorer (elektroniskt brytarlöst system - tidigare typ av fördelare visad)

5.45b Körnslag på fördelarfläns och topplock (vid pilen) - CVH motorer (elektroniskt brytarlöst system - senare typ av fördelare visad)

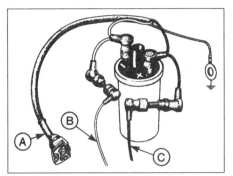

5.48 Kabelhärva för modifierad fördelare - CVH motorer (elektroniskt brytarlöst system)

A Anslutning kopplingsstycke till förstärkarmodul

B Grön kabel
C Svart kabel

ge optimalt tändläge, detta markeras också med körnslag på fördelarflänsen och topplocket **(se bilder)**.

46 Om orginalfördelaren sätt tillbaka, ställ körnslagen mitt för varandra, dra sedan åt skruvarna i flänsen. Sätt sedan tillbaks strömfördelarlock, kontaktstycke och vakuumslang (-ar).

47 Om ny strömfördelare monteras, vrid huset så att fästskruvarna står mitt i de avlånga spåren, dra sedan åt skruvarna med fingrarna.

48 Sätt tillbaka fördelarlocket, kontaktstycket och vakuumslangen (-arna). Om en fördelare av tidig typ byts mot den av senare utförande, anslut den grön/vita kabeln i den nya kabelhärvan till spolens negativa uttag, den svarta kabeln till det positiva uttaget samt den bruna kabeln till lämplig jord. Sätt ihop de befintliga kablarna vid kontaktstyckena med de nya kablarna, grönt till grönt och svart till svart **(se bild)**.

49 Justera tändningen enligt beskrivning i kapitel 1.

Programmerad elektronisk tändning (EEC IV) - 1,4 liter bränsleinsprutade motorer

Demontering

Notera: Under produktionen justeras motorerna med hjälp av mikrovågor till inom en

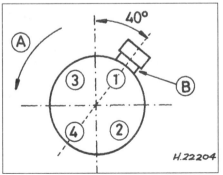

5.57 Rätt läge på fördelarens kontaktstycke - 1,4 liter bränsleinsprutade motorer
A Rotationsriktning
B Mittlinje genom fördelarens kontaktstycke (40° från vertikal)

halv grad. Justering därefter fordrar specialutrustning. Om det inte är absolut nödvändigt, lossa inte strömfördelaren.

50 Lossa batteriets negativa anslutning.
51 Lossa tändkabeln från spolen, ta sedan bort fördelarlocket och lägg det åt sidan.
52 Lossa fördelarens kontaktstycke.
53 Se till att det finns riktiga passmärken mellan underdelen på strömfördelaren och topplocket. Gör i annat fall egna märken med en ritspets eller en körnare **(se bild)**.
54 Demontera fördelarens skruvar, ta sedan bort fördelaren från topplocket.

Montering

55 Börja med att kontrollera konditionen hos fördelarens oljetätning, byt vid behov. Smörj den nya tätningen med ren motorolja.
56 Ställ medbringaren på fördelaren mot spåret i kamaxeln. Den passar endast på ett sätt då medbringarklacken är förskjuten.
57 Fäst strömfördelaren mot topplocket löst med skruvarna, vrid sedan huset så att passmärkena stämmer överens mellan fördelare och topplock. Om ny fördelare eller nytt topplock monterats, ställ kontaktstycket så som visas **(se bild)**. Dra åt skruvarna.
58 Anslut fördelarens kontaktstycke, montera sedan fördelarlock och tändkabeln från spolen.
59 Anslut batteriet.
60 Ta bilen till en Fordverkstad och låt justera tändningen.

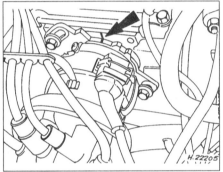

5.53 Gör passmärken på fördelare och topplock (vid pilen) för att underlätta monteringen - 1,4 liter bränsleinsprutade motorer

6 Tändsystemets elektroniska moduler - demontering och montering

Förstärkarmodul - brytarlöst tändsystem

Demontering

1 Förstärkarmodulen är placerad på sidan av strömfördelaren **(se bild)**.

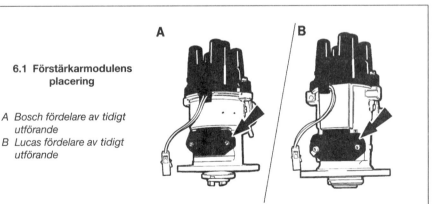

6.1 Förstärkarmodulens placering

A Bosch fördelare av tidigt utförande
B Lucas fördelare av tidigt utförande

6.3a Förstärkarens fästskruv (vid pilen) -
Bosch fördelare av senare utförande

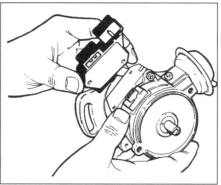

6.3b Demontering av förstärkarmodul -
Lucas fördelare av senare utförande

6.10a Lossa klammorna . . .

6.10b . . . och ta bort
fördelningskammarlocket

6.11 Lossa fläktmotorns muttrar (vid
pilarna)

6.12 Tändmodulens kontaktstycke (A) och
vakuumslang (B)

2 Vid behov kan man demontera strömfördelaren enligt avsnitt 5 för att förbättra åtkomligheten.

3 Demontera de två fästskruvarna, ta sedan bort modulen **(se bilder)**.

Montering

4 Börja med att ta bort alla rester av gammalt kontaktmedel och all gammal värmeledande pasta från strömfördelarhuset.

5 Lägg på ny pasta (följer med ny förstärkarmodul) på baksidan av förstärkaren innan montering.

6 Sätt tillbaka modulen, dra åt skruvarna.

7 Där strömfördelaren demonterats, sätt tillbaka denna enligt avsnitt 5.

RS Turbo motorer (ESC II)

Styrmodul (ESC II)

Demontering

8 Lossa batteriets minuskabel.

9 Demontera gummitätningen för värmefördelningskammarens lock.

10 Lossa de fem klammorna och lyft av locket **(se bilder)**.

11 Lossa de två muttrarna som håller fläkten till torpeden. Lyft sedan bort den från tapparna och lägg den på motorn. Se till att kablarna inte sträcks **(se bild)**.

12 Knäpp loss och ta isär kontaktstycket för tändmodulen **(se bild)**.

13 Lossa fästskruvarna och ta sedan bort

modulen från torpedväggen. Lossa vakuumslangen.

Montering

14 Montera i omvänd ordning. Se till att kablarna till fläktmotorn inte kommer i kläm då fläkten monteras, se till att dom ligger i spåret i huset.

1,1 och 1,3 liter HCS motorer (DIS/ESC)

ESC modul

⚠ Varning: DIS systemet har högre spänning än vanligt tändsystem, vidtag nödvändiga åtgärder för att undvika personskada. Se avsnittet "Säkerheten främst!" i början av boken och lossa batteriets minuskabel innan arbetet på systemet utförs.

Demontering

15 Modulen sitter på vänster främre innerflygel.

16 Lossa batteriets minuskabel.

17 Lossa vakuumslangen från modulen **(se bild)**.

18 Lossa centrumskruven, ta sedan bort modulens kontaktstycke **(se bild)**.

19 Ta bort de två skruvarna som håller modulen till innerflygeln, ta sedan bort modulen **(se bild)**.

Montering

20 Montera i omvänd ordning.

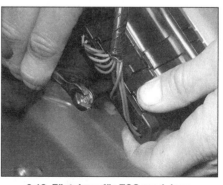

6.17 Vakuumslangen lossas från ESC
modulen

6.18 Fästskruv för ESC modulens
kontaktstycke lossas

6.19 ESC modulens fästskruvar (vid pilarna)

7.4 Kontaktstycke för varvtalsgivaren lossas - DIS

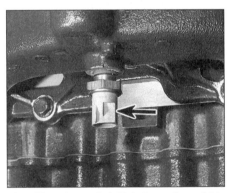

7.7 Placering av kylvätsketempgivare (vid pilen) - DIS

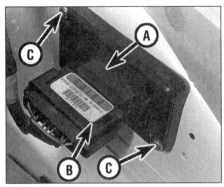

6.29 Placering av E-DIS 4 modulen

A Modul   C Fästskruvar
B Kontaktstycke

Bränslefälla

21 En bränslefälla är monterad i vakuum-ledningen mellan insugningsrör och ESC modul.
22 Vid montering av bränslefälla ska sidan märkt "DIST" vara vänd mot ESC modulen, sidan märkt "CARB" måste vara vänd mot insugningsröret.

1,4 liter bränsleinsprutade motorer (EEC IV)

TFI IV modul

Demontering
23 TFI IV modulen är placerad på vänster innerflygel.
24 Lossa batteriets minuskabel.
25 Tryck ner låsflikarna och lossa modulens kontaktstycke.
26 Demontera fästskruvarna, ta bort modulen.
Montering
27 Montering sker i omvänd ordning.

EEC IV modul

28 Se kapitel 4, del C.

1,6 liter motorer med elektroniskt bränsleinsprutning (EEC IV)

E-DIS 4 modul

Demontering
29 Modulen är placerad på vänster innerflygel i motorrummet (se bild).

30 Lossa batteriets minuskabel.
31 Lossa modulens kontaktstycke, dra inte i kablarna.
32 Lossa de två fästskruvarna och ta bort modulen.
Montering
33 Montering sker i omvänd ordning.

EEC IV modul

34 Se kapitel 4, del D.

7 Fördelarlöst tändsystem (DIS) - demontering och montering

Elektroniska moduler

1 Se avsnitt 6.

DIS spole

2 Se avsnitt 4.

Varvtalsgivare

Demontering

3 Lossa batteriets minuskabel.
4 Lossa kontaktstycket (se bild).
5 Demontera skruven och ta bort givaren.

Montering

6 Montera i omvänd ordning.

Kylvätsketempgivare (ECT)

Demontering

7 Givaren är skruvad i insugningsröret (se bild).
8 Lossa batteriets minuskabel.
9 Tappa delvis av kylsystemet enligt beskrivning i kapitel 1.
10 Lossa kontaktstycket.
11 Lossa givaren från insugningsröret.

Montering

12 Montera i omvänd ordning, fyll sedan kylsystemet enligt beskrivning i kapitel 1.

Kapitel 6
Koppling

Innehåll

Svårighetsgrad

Enkelt, passar novisen med lite erfarenhet	Ganska enkelt, passar nybörjaren med viss erfarenhet	Ganska svårt, passar kompetent hemmamekaniker	Svårt, passar hemmamekaniker med erfarenhet	Mycket svårt, för professionell mekaniker

Specifikationer

Allmänt

Typ	Enkel torrlamell med självjusterande vajer

Lamellcentrum

Diameter:

1,1 liter Sedan	165 mm
1,1 liter Kombi och Express	190 mm
1,3 och 1,4 liter (alla modeller)	190 mm
1,6 liter t o m 1985:	
Alla modeller utom RS Turbo	200 mm
RS Turbo modeller	220 mm
1,6 liter, fr o m 1986:	
Alla modeller	220 mm
Beläggens tjocklek	3,23 mm
Pedalväg	155 mm

Åtdragningsmoment

	Nm
Koppling till svänghjul:	
Alla utom OHV motorer - fr o m 1987:	
165 mm koppling	9 till 11
190, 200 och 220 mm koppling	16 till 20
Alla OHV motorer fr o m 1987	24 till 35
Kopplingsarm till kopplingsgaffel	31 till 38

1 Allmän beskrivning

1 Kopplingen är en enkel torrlamellkoppling, manövrerad med justerande vajer.

2 Kopplingen består av ett kopplingshus av stål, lamellcentrum, urtrampningslager och urtrampningsmekanism. Kopplingshuset, som är bultat till svänghjulet och centreras med styrstift, omfattar tryckplattan och solfjädern **(se bild)**.

3 Lamellcentrumet kan röra sig längs växellådans ingående axel på splines, den styrs annars mellan svänghjul och tryckplatta av fjädertrycket.

4 Friktionsmaterialet är nitat på lamellcentrumet, navet är fjäderdämpat för att ta upp ryck i drivlinan, och för att få så jämt ingrepp som möjligt.

5 Kopplingspedalen manövrerar via vajer urtrampningsarmen på växellådan. Rörelsen överförs till urtrampningslagret som rör sig mot fingrarna på solfjäderringen. Fjädern ligger mellan två ringar vilka tjänstgör som pivåpunkter. När urtrampningslagret trycker mot fjäderfingrarna går yttre delen på solfjädern utåt, tryckplattan förs då undan från svänghjulet och släpper greppet om lamellcentrumet.

6 Då pedalen släpps upp igen tvingar solfjädern tryckplattan i kontakt med friktionsbeläggen på lamellcentrumet. Plattan kläms då mellan tryckplatta och svänghjul, den kan därmed överföra kraften till växellådan.

7 Den självjusterande mekanismen är inbyggd i kopplingspedalen och består av en spärrhake, ett spärrsegment samt en förspänningsfjäder **(se bild)**. Då pedalen släpps upp drar förspänningsfjädern spärrsegmentet mot spärrhakens tänder så att allt spel i kopplingsvajern tas upp.

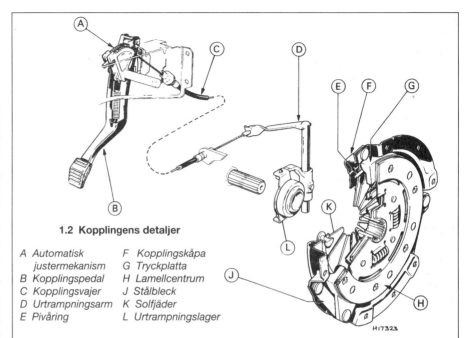

1.2 Kopplingens detaljer

A *Automatisk*   F *Kopplingskåpa*
   justermekanism   G *Tryckplatta*
B *Kopplingspedal*   H *Lamellcentrum*
C *Kopplingsvajer*   J *Stålbleck*
D *Urtrampningsarm*   K *Solfjäder*
E *Pivåring*   L *Urtrampningslager*

2 Kopplingsvajer - demontering och montering

Demontering

1 Böj undan de två blecken, lossa de två klammorna och ta bort panelen under instrumentbrädan på förarsidan.

2 Använd en tång och dra vajern framåt och åt sidan så att den hakar loss från urtrampningsarmen på växellådan **(se bild)**.

3 Lossa plastklamman som håller vajern till styrväxelhuset.

4 Lossa vajern från kopplingspedalens spärrsegment, dra den genom torpedväggen in i motorrummet och bort den **(se bild)**.

Montering

5 Montering sker i omvänd ordning, men ställ den vita ringen på vajern mot färgklicken på styrväxelhuset innan klamman sätts tillbaka.

3 Kopplingspedal - demontering och montering

Demontering

1 Böj undan de två blecken, lossa de två klammorna och ta bort isoleringen under instrumentbrädan på förarsidan.

2 Dra kabeln framåt och åt sidan med en tång så att den lossar från urtrampningsarmen på växellådan.

3 Ta bort låsringen som håller bromspedalen till huvudcylinder eller servotryckstång.

4 Ta bort kopplingsvajern från pedalen.

5 Demontera låsblecket på pedalaxeln. Notera läget på distanser och brickor. Ta sedan bort axeln mot värmeaggregatet. Ta bort kopplings- och bromspedal **(se bild)**.

6 Pedalen kan nu tas isär så som erfordras för att byta bussningar, fjäder eller justermekanism **(se bild)**.

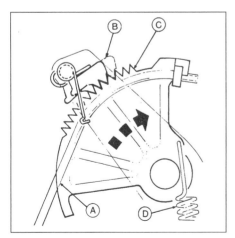

1.7 Kopplingsvajerns mekanism för självjustering

A *Kopplingsvajer*   C *Spärrsegment*
B *Spärrhake*   D *Förspänningsfjäder*

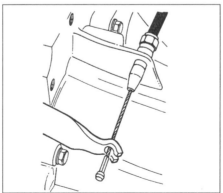

2.2 Kopplingsvajern lossas vid växellådans urtrampningsarm

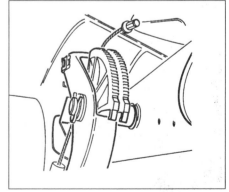

2.4 Kopplingsvajern lossas från spärrsegmentet vid pedalen

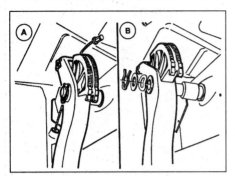 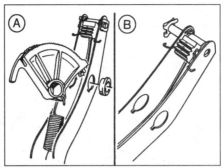 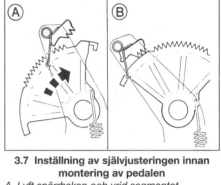

3.5 Kopplingspedalen demonteras
A Demontering av vajer från spärrsegmentet
B Demontering av pedal från pedalaxel

3.6 Kopplingspedalens detaljer
A Spärrsegment, förspänningsfjäder och bussningar
B Spärrhake, pedalaxel och låsbleck

3.7 Inställning av självjusteringen innan montering av pedalen
A Lyft spärrhaken och vrid segmentet
B Spärrhaken vilar mot den släta delen av segmentet

Montering

7 Vid montering, ställ först spärrhaken med fjäder så att den vilar mot den släta delen av segmentet (se bild).
8 Sätt upp pedalerna i fästet, sätt sedan tillbaka axeln, den ska smörjas med molybdendisulfidfett. Kontrollera att brickorna kommer på samma ställe som de tidigare suttit, sätt sedan tillbaka låsblecket mitt på axeln.
9 Montera låsblecket för tryckstången till huvudcylinder eller servo.
10 Anslut kopplingsvajern till pedalen samt till växellådans urtrampningsarm.
11 Tryck ner kopplingen några gånger, sätt sedan tillbaka panelen mot instrumentbrädan.

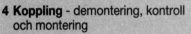

4 Koppling - demontering, kontroll och montering

Demontering

1 Demontera växellådan enligt beskrivning i kapitel 7.
2 Lossa skruvarna som håller kopplingen till svänghjulet växelvis, ett halvt varv åt gången.
3 Då fjäderkraften är avlastad, ta bort skruvarna och dra kopplingen bort från styrningarna. Fånga upp lamellcentrumet som ramlar ut då kopplingen tas bort.

Kontroll

Notera: Under den tid bilen producerats har diverse ändringar gjorts på koppling och

lamellcentrum. Alla detaljer är inte utbytbara, det är därför viktigt att rätt del anskaffas vid byte. Spar de gamla delarna som referens, konsultera vid behov en Fordverkstad.
4 När kopplingen demonterats, rengör alla detaljer, som om de innehöll asbest, med en ren trasa. Detta görs bäst utomhus eller i väl ventilerade lokaler; asbest är hälsovådligt och får inte inandas. Asbest förekommer idag endast på detaljer som monterades för åtskilliga år sedan.
5 Kontrollera beläggen på lamellcentrumet beträffande slitage eller lösa nitar, missformning, sprickor, trasiga fjädrar eller slitna splines. Beläggytan kan ha ett glasartat utseende, men så länge man kan se mönstret i materialet spelar detta ingen roll. Finns det spår av olja på beläggen, vilket kan ses som missfärgningar i form av svarta fläckar, måste centrumet bytas och orsaken till oljeläckaget lokaliseras och åtgärdas. Detta beror antingen på läckande oljetätning för vevaxel eller växellådans ingående axel- eller bägge. Byte beskrivs i kapitel 2 respektive kapitel 7. Lamellcentrumet ska också bytas om belägget slitits till eller strax över nitskallarna.
6 Kontrollera de bearbetade ytorna på svänghjul och tryckplatta. Är de repiga eller har djupa spår måste de bytas. Tryckplattan måste också bytas om den har sprickor, eller om solfjädern är skadad eller har dålig fjäderkraft.
7 Medan växellådan ändå är demonterad bör

man byta urtrampningslager enligt beskrivning i avsnitt 5.

Montering

8 Vid montering av koppling, sätt lamellcentrumet på plats med den plana sidan märkt "FLYWHEEL SIDE" eller "SHWUNGRADSEITE" mot svänghjulet (se bilder).
9 Håll centrum på plats och montera kopplingen löst på styrningarna. Sätt i skruvarna, dra dem med fingrarna så att lamell-centrumet sitter kvar, men fortfarande kan röras.
10 Kopplingen måste nu centreras så att då motor och växellåda förs samman, växellådans ingående axel kan passera genom lamellcentrumets splines.
11 Centrering kan enkelt utföras om man för en rund stång eller lång skruvmejsel genom hålet i lamellcentrumet så att änden på stången går in i uttaget på vevaxeln. För man stången sidledes eller upp och ner kan man på detta vis centrera lamellcentrumet. Då stången tas bort, titta genom lamellcentrumet och kontrollera att det står mitt för hålet i vevaxeln. Jämför med cirkeln som bildas av solfjäderns fingrar. Då navet förefaller centrerat kan monteringen fortsätta. Man kan också använda ett speciellt centreringsverktyg för att mer exakt kunna utföra denna operation.
12 Dra kopplingens skruvar växelvis, diagonalt till angivet moment (se bild).
13 Montera växellådan enligt beskrivning i kapitel 7.

4.8a Montera lamellcentrumet med den plana sidan mot svänghjulet

4.8b Lamellcentrumets märkning

4.12 Åtdragning av kopplingens skruvar. Notera det monterade centreringsverktyget

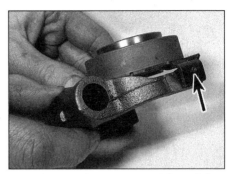

5.2 Demontering av kopplingsgaffelns fästskruv

5.3a Dra ut urtrampningsarmens axel . . .

5.3b . . . ta sedan bort lagret från gaffeln. Gaffelns låsstift vid pilen

5 Urtrampningslager - demontering, kontroll och montering

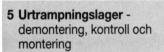

Modeller med kopplingsgaffeln bultad till axeln

Demontering

1 Demontera växellådan enligt beskrivning i kapitel 7.
2 Lossa skruven som håller kopplingsgaffeln till urtrampningsarmens axel **(se bild)**.
3 Dra ut axeln och ta loss lagret från gaffeln **(se bilder)**.

Kontroll

4 Kontrollera att lagret fungerar tillfredsställande, byt om det rör sig ojämnt då man snurrar runt det. Om kontrollen utförs vid byte av koppling bör man under alla omständigheter byta urtrampningslager.

Montering

5 Montera i omvänd ordning, använd lite litiumbaserat fett på alla ledpunkter.

Modeller med gaffel/axel i ett stycke

Demontering

6 Demontera växellådan enligt kapitel 7.

7 Lossa och ta bort klämskruven, ta sedan bort urtrampningsarmen **(se bilder)**.
8 Ta bort gummilocket från änden på axeln.
9 Demontera nylonbussningen **(se bild)**.
10 Demontera urtrampningslagret **(se bild)**.
11 Lyft gaffel/axel från den undre lagringen, ta sedan ut den ur kopplingskåpan **(se bild)**.

Kontroll

12 Se punkt 4.

Montering

13 Montera i omvänd ordning, använd lite litiumbaserat fett på alla ledpunkter.

5.7a Modell med gaffel/axel i ett stycke, på plats

5.7b Urtrampningsarmens klämskruv (vid pilen)

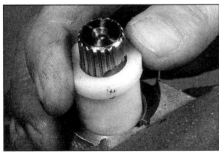

5.9 Demontering av nylonbussning

5.10 Demontering av urtrampningslagret

5.11 Gaffel/axel lyfts bort

Kapitel 7 Del A:
Manuell växellåda

Innehåll

Svårighetsgrad

Enkelt, passar novisen med lite erfarenhet	Ganska enkelt, passar nybörjaren med viss erfarenhet	Ganska svårt, passar kompetent hemmamekaniker	Svårt, passar hemmamekaniker med erfarenhet	Mycket svårt, för professionell mekaniker

Specifikationer

Typ .... Fyr- eller femväxlad och back. Synkroniserad på alla framåtväxlar

Utväxlingsförhållande

Fyrväxlad:

1,1 liters OHV motor med 3 + E växellåda:
- 1:an .... 3,58 : 1
- 2:an .... 2,04 : 1
- 3:an .... 1,30 : 1
- 4:an (E) .... 0,88 : 1
- Back .... 3,77 : 1

1,1 och 1,3 liters OHV, och 1,1, 1,3 och 1,4 liters CVH motorer:
- 1:an .... 3,58 : 1
- 2:an .... 2,04 : 1
- 3:an .... 1,35 : 1
- 4:an .... 0,95 : 1
- Back .... 3,77 : 1

1,6 liters CVH motorer:
- 1:an .... 3,15 : 1
- 2:an .... 1,91 : 1
- 3:an .... 1,28 : 1
- 4:an .... 0,95 : 1
- Back .... 3,62 : 1

Femväxlad växellåda:

1,1 liters OHV, och 1,1, 1,3 och 1,4 liters CVH motorer:
- 1:an .... 3,58 : 1
- 2:an .... 2,04 : 1
- 3:an .... 1,35 : 1
- 4:an .... 0,95 : 1
- 5:an .... 0,76 : 1
- Back .... 3,62 : 1

Femväxlad växellåda (forts):
   1,3 liters OHV, och 1,3 och 1,6 liters CVH motorer:

1:an	3,15 : 1
2:an	1,91 : 1
3:an	1,28 : 1
4:an	0,95 : 1
5:an	0,76 : 1
Back	3,62 : 1

Slutväxelutväxling:

	Sedan och Kombi	Express
Fyrväxlad växellåda:		
1,1 liters OHV motor med 3 + E växellåda	3,58 : 1	3,58 : 1
1,1 liters OHV och CVH motorer (till 1986)	4,06 : 1	4,29 : 1
1,1 liters OHV motor (fr o m 1986)	3,84 : 1	4,29 : 1
1,3 liters OHV, och 1,3 och 1,4 liters CVH motorer	3,84 : 1	4,29 : 1
1,6 liters CVH motor (utom XR3 modeller)	3,58 : 1	4,06 : 1
1,6 liters CVH motor (XR3 modeller)	3,84 : 1	-
Femväxlad växellåda:		
1,1 och 1,3 liters OHV motorer, och 1,1, 1,3 och 1,4 liters CVH motorer	3,84 : 1	-
1,6 liters CVH motor med förgasare (utom XR3 modeller)	3,58 : 1	3,59 : 1
1,6 liters CVH motor med bränsleinsprutning	4,27 : 1	-
1,6 liters CVH motor (XR3 modeller)	3,84 : 1	-
1,6 liters CVH motor (XR3i modeller)	4,27 : 1	-
1,6 liters CVH motor (RS Turbo modeller)	3,82 : 1	-

Allmänt

Smörjmedel typ/specifikation .... Se *"Smörjmedel, vätskor och volymer"*

Åtdragningsmoment

	Nm
Backljuskontakt	23 till 30
Bärarm, inre infästning (pivotskruv)	51 till 64
Bärarm, klämskruv vid kulled	48 till 60
Främre och bakre växellådsupphängning, skruvar (modeller före 1986)	52 till 64
Främre växellådsupphängning, fäste till växellåda (modeller före 1986)	41 till 51
Koppling	35 till 45
Krängningshämmarinfästning	45 till 56
Påfyllningsplugg	23 till 30
Reglagehus till golv (modeller fr o m 1984)	5 till 7
Reglagehus till golv (modeller före 1984)	13 till 17
Stabiliseringsstag till växellåda	50 till 60
Startmotor, fästskruvar	35 till 45
Väljaraxelns låsmutter	30
Växellåda till motor	35 till 45
Växellådsbalk (modeller fr o m 1986)	52
Växellådslock (fyrväxlad)	12 till 15
Växellådsupphängningar till växellåda (modeller fr o m 1986)	80 till 100
Växelspakshus	se: Reglagehus
Växelstag, klämskruv	14 till 17

1 Allmän beskrivning

1 Den manuella växellådan kan antingen vara fyr- eller femväxlad beroende på årsmodell. Bägge växellådorna är i grunden lika men den femväxlade har modifierad väljarmekanism samt en extra drevsats med synkronisering i ett hus på sidan av växellådshuset. Bägge växellådorna är helsynkroniserade (se bilder).

2 Dreven är i ständigt ingrepp och monterade på en ingående och en utgående axel. Eftersom ingående axeln inte är delad och endast sticker ut ett kort stycke från huset, behövs inget stödlager i vevaxeln.

3 Synkroniseringen sker med hjälp av rörliga kilar som trycker mot synkroniseringsringarna då synkroniseringshylsorna flyttas. Växelspaken är golvmonterad och via ett reglagehus förbundet med väljaraxeln i växellådan. Väljaraxelns rörelse går vidare till väljargafflar, överföringsaxlar och väljarstänger.

4 Slutväxeln (differentialen) är sammanbyggd med växellådan, den är placerad mellan de två växellådshusen. RS Turbo modeller har som standardutrustning differentialbroms i form av en viskoskoppling.

2 Växelväljarmekanism - demontering, montering och justering

Modeller före 1984

Demontering

1 Är växellådan fyrväxlad, lägg i fyrans växel. Är växellådan femväxlad, lägg i backväxeln.

2 Skruva bort växelspaksknoppen, dra damasken upp utefter spaken och ta sedan bort den.

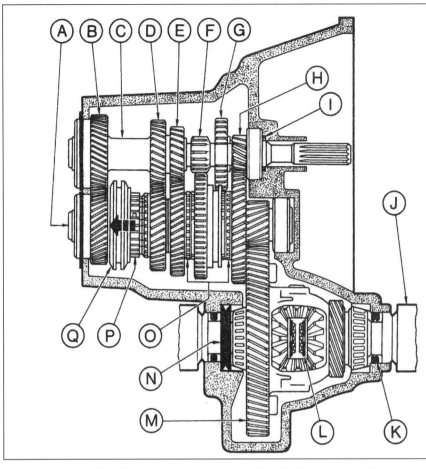

1.1a Manuell växellåda och slutväxel - fyrväxlad låda

A Utgående axel
B 4:ans drev
C Ingående axel
D 3:ans drev
E 2:ans drev
F Backdrev
G Mellandrev, backväxel
H 1:ans drev
I Tätning, ingående axel
J Drivknut
K Tätning, drivknut
L Låsring, drivknut
M Differential
N Belleville fjädrar
O 1:ans/2:ans synkronisering
P 3:ans/4:ans synkronisering
Q 3:ans/4:ans synkring (4:e växeln ilagd)

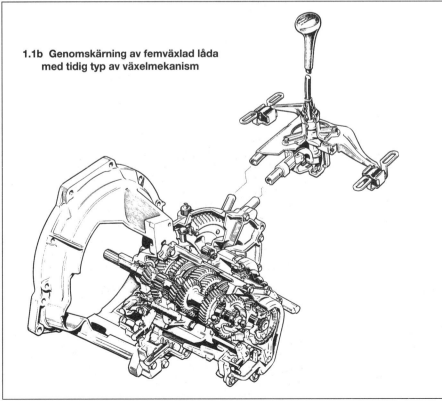

1.1b Genomskärning av femväxlad låda med tidig typ av växelmekanism

3 Hissa upp framänden och stöd den på pallbockar (se *"Lyftning, bogsering och hjulbyte"*).

4 Lossa avgassystemets gummiinfästning baktill, sänk sedan ned det något och stöd det på klossar så att åtkomligheten blir bättre.

5 Då det finns en fjäder mellan växelstången och sidobalken, ta bort den.

6 Lossa klämskruven och dra växelstaget från väljaraxeln som sticket ut ur växellådan **(se bild)**.

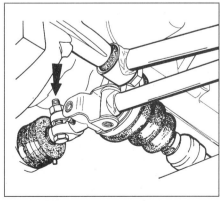

2.6 Klämskruv för växelstångens infästning till väljaraxeln (vid pilen)

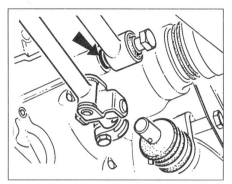

2.7 Stabiliseringsstagets infästning i växellådan, distansbricka vid pilen

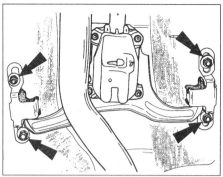

2.8 Reglagehus av tidigt utförande och infästning mot golvet (vid pilen)

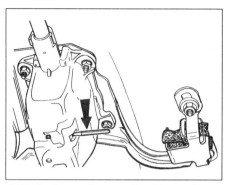

2.15 En dorn spärrar spaken i fyrans läge - fyrväxlad växellåda

7 Lossa stabiliseringsstaget från växellådan, notera brickan mellan stag och växellådshus **(se bild)**.
8 Lossa och ta vara på skruvar och brickor som håller reglagehuset mot underredet **(se bild)**. Ta bort hus, växelstång och stabiliseringsstag.

Montering

9 Placera huset över de fyra pinnbultarna i underredet och sätt tillbaka muttrar och brickor löst.
10 Anslut stabiliseringsstaget, se till att brickan är på plats mellan stag och växellåda.
11 Dra stabiliseringsstagets skruv till angivet moment, dra sedan även muttrarna för reglagehuset till angivet moment. Sätt tillbaka damask och växelspaksknopp.
12 Kontrollera att väljaraxeln är fri från smuts och olja, anslut sedan växelstången över väljaraxeln. Dra inte åt klämskruven ännu.
13 Sätt tillbaka fjädern mellan växelstång och chassi, justera sedan enligt följande.

Justering

Notera: *En 3,5 mm spiralborr krävs för detta arbete.*
14 Klämskruven vid väljaraxeln skall ej vara åtdragen, gör sedan på följande sätt.
15 Låt någon lägga i fyrans växel (fyrväxlad låda) eller backväxeln (femväxlad låda). Spärra växelspaken underifrån genom att föra in en 3.5 mm dorn eller spiralborr genom hålet i reglagehuset **(se bild)**.

16 Kontrollera att väljaraxeln också är i fyrans läge genom att föra in en stång i väljaraxelns hål, sedan vrida medurs och trycka inåt. Eliminera spel i väljaraxeln genom att spänna ett band mellan stång och växellåda så som visas **(se bild)**.
17 Dra åt klämskruven, ta sedan bort dorn och stång, samt kontrollera att mekanismen fungerar.
18 Häng upp avgassystemet, där så erfordras.

Modeller från och med 1984 till och med februari 1987

Demontering

19 Är växellådan fyrväxlad, lägg i fyrans växel. Är växellådan femväxlad, lägg i backväxeln.
20 Skruva bort växelspaksknoppen, lossa sedan den yttre damasken från mittkonsolen. Dra damasken upp och av växelspaken **(se bild)**.
21 Lossa den inre damasken och dra upp den utefter spaken.
22 Hissa upp framänden och stöd den på pallbockar (se *"Lyftning, bogsering och hjulbyte"*).
23 Lossa fjädern mellan växelstång och kaross, då sådan finns.
24 Lossa klämskruven och sedan växelstången från väljaraxeln som sticker ut ur växellådan.
25 Lossa stabiliseringsstaget från växellådan, notera brickan mellan stag och växellådshus.

26 Lossa, inifrån bilen, de fyra muttrar som håller reglagehuset till karossen **(se bild)**.Ta bort hus, växelstång och stabiliseringsstag

Montering

27 Vid montering, placera reglagehuset i rätt läge och sätt löst tillbaka muttrarna inifrån bilen.
28 Anslut undertill stabiliseringsstaget, se till att brickan är på plats mellan stag och växellåda.
29 Dra stabiliseringsstaget till angivet moment, dra sedan även muttrarna på reglagehuset, till angivet moment.
30 Sätt tillbaka damaskerna och växelspaksknoppen.
31 Se till att väljaraxeln är ren från smuts och olja, för sedan växelstången över änden på väljaraxeln. Dra inte åt klämskruven ännu.
32 Sätt tillbaka fjädern mellan växelstång och chassi, då sådan förekommer. Justera länkaget enligt följande.

Justering

33 Klämskruven för väljaraxeln ska inte vara åtdragen, följ sedan beskrivningen i punkterna 14 till och med 17. Sänk ned bilen på marken.

Modeller från och med februari 1987

34 Arbetet sker enligt beskrivning för modeller mellan 1984 och februari 1987. Man skall dock använda tvåans växel för fyrväxlad låda samt fyrans växel för femväxlad låda.

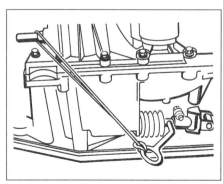

2.16 Ett gummiband används för att ta upp spelet hos väljaraxeln

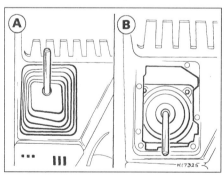

2.20 Senare utförande av växelmekanism och damasker

A Yttre damask   *B Inre damask*

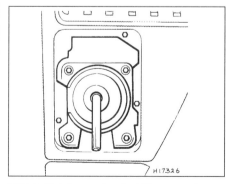

2.26 Infästning mot golvet för senare typ av växelmekanism

3.5 Demontering av oljetätning för differentialdrev

3.8 Ny tätning knackas på plats med hjälp av en hylsa

3 Oljetätningar - byte

1 Oljeläckage förekommer ofta på grund av slitna tätningar vid differential och/eller väljaraxel samt vid hastighetsmätardrivningen (O-ring). Byte av dessa tätningar är ganska enkelt, eftersom arbetet kan utföras med växellådan på plats.

Differentilatätningar

2 Tätningarna är placerade vid växellådans sidor. Om man misstänker läckage, hissa upp bilen och stöd den på pallbockar (se *"Lyftning, bogsering och hjulbyte"*). Om tätningen läcker kommer det att finnas olja på sidan av växellådan under drivaxeln.
3 Se kapitel 8, demontera sedan berörd drivaxel.
4 Torka ren den gamla tätningen, notera även hur tätningen är vänd och hur djupt den är monterad i huset. Den nya tätningen måste monteras på samma sätt.
5 Använd en stor skruvmejsel eller annan brytspak, bryt sedan försiktigt bort tätningen från huset. Se till att inte huset skadas **(se bild)**. Om tätningen sitter hårt hjälper det ibland att knacka in den lite på endast en punkt. Tätningen kan då vrida sig ur huset något, den kan sedan dras ut. Om tätningen sitter mycket hårt måste man anskaffa ett speciellt verktyg för demontering av oljetätningar, tillgängligt från verktygsaffärer.
6 Torka rent oljetätningens säte i växellådshuset.
7 Doppa den nya tätningen i ren olja, tryck sedan in den en liten bit för hand, se till att den går rakt in i sätet.
8 Använd ett lämpligt rörformat verktyg eller en stor hylsa, knacka sedan tätningen helt på plats i huset så djupt som den tidigare satt **(se bild)**.
9 Montera drivaxeln enligt kapitel 8.

Tätning för väljaraxel

10 Dra åt handbromsen, hissa upp framänden och stöd den på pallbockar (se *"Lyftning, bogsering och hjulbyte"*).
11 Lossa klämskruven som håller växelstången till väljaraxeln. Dra bort växelstången och ta bort damasken.
12 Använd ett lämpligt verktyg eller tång, dra sedan ut den gamla tätningen ur växellådshuset. Ford använder en slagavdragare, vars ena ände passar över tätningens förlängning. Utan detta verktyg, eller om tätningen sitter särskilt hårt, borra ett eller två små hål i tätningen och dra i plåtskruvar. Tätningen kan sedan tas bort genom att man drar i skruvarna.
13 Torka rent sätet i växellådan.
14 Doppa den nya tätningen i ren olja, tryck sedan in den litet grand, se till att den går rakt in.
15 Använd ett lämpligt verktyg eller en stor hylsa, driv sedan tätningen på plats i huset.
16 Sätt tillbaka damasken över väljaraxeln.
17 Montera växelstången till länkaget och justera enligt avsnitt 2, dra sedan åt klämskruven.

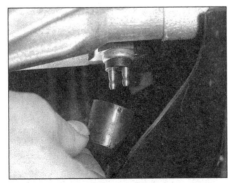

4.4 Kontaktstycket för backljuskontakten lossas

O-ring för hastighetsmätardrivning

18 Proceduren beskrivs i avsnitt 5 i detta kapitel.

4 Backljuskontakt - kontroll, demontering och montering

Kontroll

1 Backljuskontakten har en tryckstång och är skruvad in i växellådan, framtill under kopplingsarmen.
2 Om kretsen inte fungerar, kontrollera först att säkringen är hel.
3 Vid kontroll av kontakten, lossa kabelstycket, använd sedan ett testinstrument (mätområde för resistans), eller batteri och testlampa för att kontrollera att förbindelse finns då backväxeln är ilagd. Om detta inte är fallet, och det inte finns några uppenbara fel i kablarna, är kontakten defekt och måste bytas.

Demontering

4 Lossa batteriets minuskabel, lossa sedan kontaktstycket från kontakten **(se bild)**.
5 Lossa kontakten från växellådan.

Montering

6 Montera i omvänd ordning.

5 Hastighetsmätardrivning - demontering och montering

Demontering

Notera: *Ny O-ring måste användas vid monteringen.*

1 Detta arbete kan utföras med växellådan på plats i bilen.
2 Använd en sidavbitare, dra sedan ut

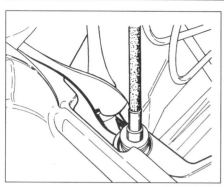

5.2 Fjäderstiftet för
hastighetsmätardrivningen dras ut

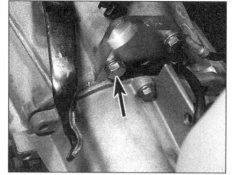

6.3 Jordkabel för växellådan (vid pilen)

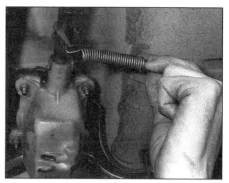

6.13 Växelstångens fjäder

fjäderstiftet som håller hastighetsmätar-
drivningen i växellådshuset **(se bild)**.
3 Ta sedan bort drivningen tillsammans med
hastighetsmätarvajern. Lossa vajern från
drivningen genom att skruva bort muttern.
4 Dra ut drevet ur drivningen.

Montering

5 Använd alltid ny O-ring på drivningen vid
montering.
6 Sätt drev och drivning i växellådshuset, vrid
axeln lite fram och tillbaka så att dreven går i
ingrepp. Säkra med fjäderstiftet.

> **Tips**
> **HAYNES**
>
> **Slå inte in stiftet jäms med
> huset, detta försvårar
> demonteringen.**

7 Anslut hastighetsmätarvajern.

6 Manuell växellåda -
demontering och montering

Demontering

1 Lossa batteriets jordkabel.
2 För att underlätta justeringen av växel-
mekanismen då lådan sätts tillbaka, välj fyrans
växel för fyrväxlade lådor och backväxel för
femväxlade lådor på bilar producerade före
februari 1987. På bilar producerade från och

med februari 1987, välj tvåans växel för
fyrväxlade lådor och fyrans växel för
femväxlade.
3 Lossa jordledningen upptill på
växellådshuset **(se bild)**.
4 Lossa muttern och sedan hastighets-
mätarvajern från växellådan.
5 Dra ventilationsstagen på växellådan ut ur
öppningen i sidobalken.
6 Använd tång, dra sedan kopplingsvajern
framåt och åt sidan så den hakar loss från
kopplingsarmen, ta sedan bort den från fästet
på växellådan.
7 I förekommande fall, bind upp
värmarslangen, som går mellan termostathus
och värmepaket, så att åtkomligheten blir
bättre.
8 Hissa upp framänden på bilen och stöd den
på pallbockar (se *"Lyftning, bogsering och
hjulbyte"*).
9 Stöd motorn med en domkraft och en
lämplig träbit placerad under oljetråget.
10 Lossa kablarna för startmotorsolenoiden,
lossa sedan de tre muttrarna och skruvarna.
Ta sedan bort startmotorn.
11 Lossa de två skruvarna och ta bort plåten
undertill på kopplingshuset.
12 Lossa kablarna från backljuskontakten.
13 I förekommande fall, lossa fjädern mellan
växelstången och karossen **(se bild)**.
14 Lossa klämskruven och dra bort
växelstången från väljaraxeln som sticker ut ur
växellådan **(se bild)**.
15 Lossa änden på stabiliseringsstaget från

växellådan och ta vara på distansbrickan **(se
bild)**.
16 På bilar med låsningsfria bromsar, se
kapitel 9 och ta sedan bort modulatorns
drivrem.
17 På modeller före 1986, ställ en lämplig
behållare under väljaraxelns spärrmutter **(se
bild)**. Lossa muttern, ta vara på fjädern och
låsstiftet, låt sedan växellådsoljan rinna ut.

> ⚠ **Varning: Var försiktig då
> muttern lossas eftersom
> fjädertrycket kan få låsstiftet att
> flyga iväg då muttern tas bort.**

**Stryk tätningsmedel på mutterns gängor
vid monteringen (se "Specifikationer").
Från och med 1986 finns inte plats att få
bort muttern, oljan kan därför inte tappas
av.**

18 Lossa höger bärarms kulled från spindeln
genom att ta bort mutter och klämskruv.
Notera att klämskruven har Torxhuvud vilket
kräver specialverktyg som kan fås från de
flesta verktygsaffärer.
19 Lossa bärarmen från karossen i inre änden
genom att ta bort skruven **(se bild)**.
20 Sätt in en brytspak mellan inre drivknut
och växellåda. Slå till på brytspaken samtidigt
som hjulet dras utåt så att knuten släpper från
differentialen **(se bild)**. Ta sedan bort knuten
helt från differentialen och häng upp drivaxeln
så att den inte får större vinkel än 45°. Om
växellådsoljan inte tappats av, var beredd på
spill då drivaxeln tas bort.

6.14 Demontering av växelstång från
väljaraxel

6.15 Demontering av stabiliseringsstag

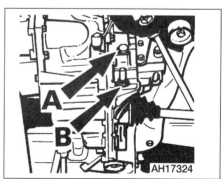

6.17 Växellådans påfyllningsplugg (A) och
mutter för väljaraxelns spärrmekanism (B)

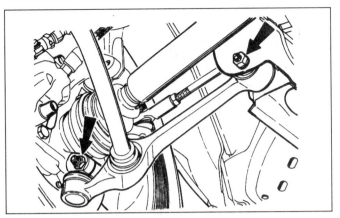

6.19 Höger bärarms infästning vid spindel och kaross (vid pilarna)

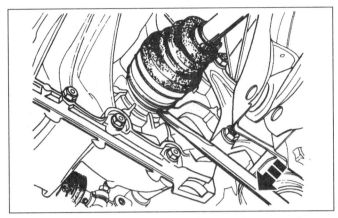

6.20 Drivaxel lossas från växellådan med en brytspak

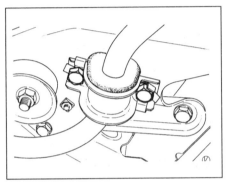

6.22a Skruvar för krängningshämmarens krampa - modeller före 1986

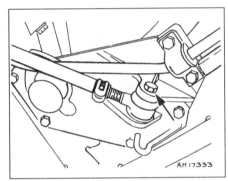

6.22b Infästning för vänster reaktionsstag (vid pilen) - 1985 års RS Turbo modeller

25 Stöd växellådan med lämplig domkraft.
26 Lossa alla skruvar mellan kopplingskåpa och motor.
27 På modeller före 1986, lossa de fyra skruvarna som håller främre fästet till växellådan samt muttern som håller fästet till karossen. Lossa också skruvarna som håller fästet i karossen till bakre upphängningen **(se bilder)**.
28 På modeller från och med 1986, lossa de två främre skruvarna, de två bakre skruvarna samt mutter och skruv på sidan som håller växellådsbalken till karossen **(se bild)**.
29 Sänk ned motor och växellåda så långt det går, dra sedan växellådan rakt från motorn. Sänk ned den på marken.

21 Upprepa anvisningarna i punkterna 18, 19 och 20 för vänster drivaxel. Efter demontering, håll differentialdreven på plats genom att stoppa in en rund dorn eller träbit av lämplig diameter genom centrum på dreven.
22 På modeller före 1986 med krängningshämmare, lossa de två skruvarna som håller vänster krampa, ta sedan bort den. Lossa dessutom, på 1985 års RS Turbo

modeller, vänster reaktionsstag från infästningen **(se bilder)**.
23 På modeller från och med 1986, lossa de tre skruvarna på varje sida som håller krängningshämmarfästet till karossen **(se bild)**.
24 I förekommande fall, demontera stänkplåtarna för motorn på vänster och höger sida **(se bild)**.

Montering

30 Innan montering, stryk lite molybdendisulfidfett på ingående axelns splines.
31 Kontrollera att motorplåten sitter rätt på styrningarna.
32 För upp växellådan mot motorn och för in ingående axeln i lamellcentrumets nav.

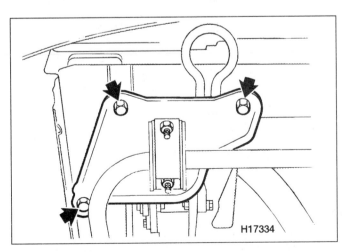

6.23 Krängningshämmarens fästplatta (vid pilarna) - 1986 års modeller

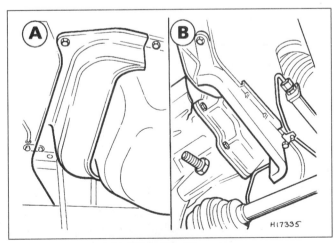

6.24 Stänkplåtar för motorn

A Höger sida   *B Vänster sida*

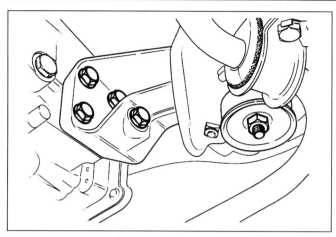

6.27a Främre växellådsupphängning och fäste - modeller före 1986

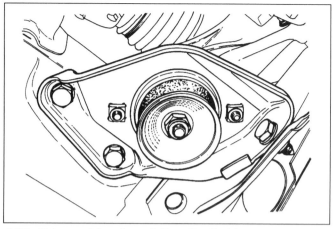

6.27b Bakre upphängning och fäste för växellåda - modeller före 1986

33 Tryck in växellådan mot motorn, kontrollera att styrningarna kommer på plats samt att motorplåten inte ändrat läge. Vill inte lådan gå på plats, kan det bero på att ingående axelns splines inte kommer rätt i lamellcentrumets nav. Försök att vrida lådan något, eller låt någon annan vrida vevaxeln med en nyckel på remskivans skruv.

34 Då växellådan är på plats, dra i de två undre skruvarna till motorn.

35 Häng upp växellåda och motor i upphängningarna igen.

36 Sätt i alla skruvar mellan kopplingskåpa och motor, ta sedan bort domkrafterna för motor och växellåda.

37 Anslut krängningshämmaren samt, på RS Turbo modeller, reaktionsstaget.

38 Montera ny låsring på inre drivknuten för vänster drivaxel. Ta bort dornen som hållit differentialdreven, för sedan in drivaxeln i differentialen. Tryck hjulet kraftigt inåt så att axeln kommer på plats.

39 Anslut bärarmen till kaross och nav, notera att Torxskruven ska ha skallen vänd bakåt. Dra infästningarna till angivet moment.

40 Gör på samma sätt med höger drivaxel.

41 Anslut stabiliseringsstaget till växellådan, se till att brickan är på plats mellan stag och växellådshus.

42 Anslut växelstaget till väljaraxeln, justera sedan mekanismen enligt beskrivning i avsnitt 2.

43 Sätt även tillbaka fjädern för växelstången, där sådan förekommer.

44 Sätt tillbaka täckplåten på kopplings-kåpan, sedan startmotorn och kablarna för backljuskontakten.

45 Sänk ned bilen och anslut kopplingsvajer och hastighetsmätarvajer.

46 Sätt tillbaka jordledningen på växellådan och för in ventilationsslangen i sidobalkens öppning.

47 Fyll växellådan med rätt mängd olja av angiven kvalitet, se kapitel 1.

7 Renovering av manuell växellåda - allmän information

1 Renovering av växellådan är ett svårt och krävande arbete för hemmamekanikern. Förutom isärtagning och hopsättning av många små detaljer, måste diverse spel mätas exakt och, vid behov, ändras genom att välja justerbrickor och distanser. Reservdelar för växellådan kan också vara svåra att få tag på, de är dessutom i många fall extremt dyra. På grund av detta, bör man låta en specialist renovera växellådan eller skaffa en utbytesenhet, om ett fel uppstår eller om lådan har oljud.

2 Det är däremot inte omöjligt, för den som har någon vana, att utföra renoveringen, förutsatt att specialverktyg är tillgängliga och arbetet utförs steg för steg så att ingenting förbises.

3 De nödvändiga verktygen är invändiga och utvändiga låsringstänger, lageravdragare, slagavdragare, diverse dornar, en indikator-klocka samt (möjligen) en hydraulpress. Förutom detta krävs en stor stadig arbetsbänk och ett skruvstycke.

4 Vid isärtagning av växellådan, gör omsorgsfulla anteckningar beträffande detaljernas placering, detta underlättar arbetet med hopsättningen.

5 Innan växellådan tas isär, är det bra att veta ungefär var felet sitter. Vissa problem kan hänga ihop med specifika delar av växellådan, vilket gör att man inte behöver lossa alla detaljer. Se *"Felsökning"* i början av boken för mer information.

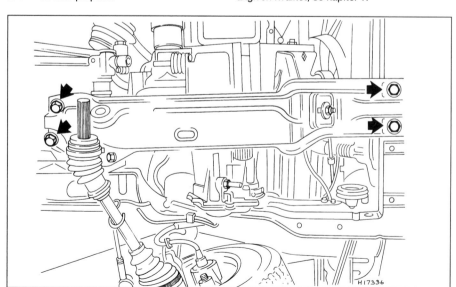

6.28 Infästning av växellådsbalk (vid pilarna) - modeller från och med 1986

Kapitel 7 Del B:
Automatväxellåda

Innehåll

Svårighetsgrad

Enkelt, passar novisen med lite erfarenhet	Ganska enkelt, passar nybörjaren med viss erfarenhet	Ganska svårt, passar kompetent hemmamekaniker	Svårt, passar hemmamekaniker med erfarenhet	Mycket svårt, för professionell mekaniker

Specifikationer

Allmänt

Typ	Ford ATX treväxlad automatlåda, sammanbyggd med slutväxeln
Utväxling, momentomvandlare	2,35 : 1
Utväxlingsförhållande, växellåda:	
1:an	2,79 : 1
2:an	1,61 : 1
3:an	1,00 : 1
Back	1,97 : 1
Slutväxel	3,31 : 1
Oljekylare, typ	Dubbla kylrör inbyggda i kylaren

Åtdragningsmoment

	Nm
Mutter, gasspjäll-/nedväxlingsaxel	13 till 15
Startspärrkontakt	9 till 12
Oljeledningar till växellåda	22 till 24
Oljeledningar till kylare	18 till 22
Växellåda till motor	30 till 50
Momentomvandlare till drivplatta	35 till 40
Drivplatta till vevaxel	80 till 88
Plåt på momentomvandlarkåpa	7 till 10
Växellådsfästen	52 till 64
Väljarvajerfäste till motor	40 till 45
Gasvajerfäste	20 till 25
Klämskruv, nedväxlingslänkarm	5 till 7
Låsmutter, dämpare för nedväxlingslänkage	5 till 8
Växelväljarhus	9 till 10
Mutter, växelväljare	20 till 23

1.1 Automatväxellådans detaljer

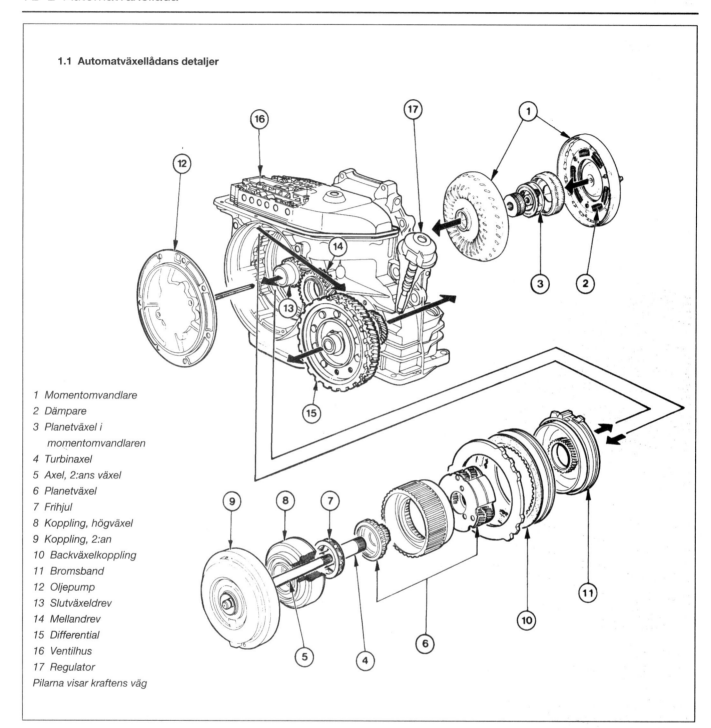

1 Momentomvandlare
2 Dämpare
3 Planetväxel i
   momentomvandlaren
4 Turbinaxel
5 Axel, 2:ans växel
6 Planetväxel
7 Frihjul
8 Koppling, högväxel
9 Koppling, 2:an
10 Backväxelkoppling
11 Bromsband
12 Oljepump
13 Slutväxeldrev
14 Mellandrev
15 Differential
16 Ventilhus
17 Regulator
Pilarna visar kraftens väg

1 Allmän beskrivning

1 Automatväxellådan på Ford Escort är Ford ATX låda med tre hastigheter framåt och backväxel. Växellådan är sammanbyggd med slutväxeln **(se bild)**. Växellådan är tvärställd i bilen i linje med vevaxeln.
2 ATX har en fördelningsväxel i momentomvandlaren, som överför motorns vridmoment till växlarna mekaniskt eller hydrauliskt beroende på vald växel och hastighet. Detta görs genom att man använder en momentomvandlare med inbyggt växelsteg som gör att en del av motorns vridmoment överförs mekaniskt. Detta eliminerar slirning i momentomvandlaren vid höga varvtal och förbättrar således bränsleekonomin.
3 En planetväxel ger tre växlar framåt och en backväxel beroende på vilka detaljer som hålls stilla eller tillåts rotera. Växelsatsen styrs av tre kopplingar och ett bromsband, styrda av hydraulventiler. En oljepump i växellådan åstadkommer nödvändigt hydraultryck för att manövrera kopplingar och broms.
4 Växellådan styrs av en växelväljare med sex lägen som tillåter helt automatisk funktion, och även tvångsstyrning av ettan och tvåan.
5 Beroende på att växellådan är en komplex detalj, bör allt arbete överlåtas åt en Fordverkstad eller automatväxelspecialist med nödvändig utrustning för felsökning och reparation. Detta kapitel behandlar därför systemet allmänt och ger information som kan komma till nytta.

2.2a Nedväxlingslänkage

1 Gasvajer
2 Fäste, dito
3 Nedväxlingslänkage
4 Gaslänkage
5 Klamma
6 Bussning
7 Ansatsbricka
8 Spjälldämpare
9 Reglagearm
10 Gasspjällarm
11 Returfjäder
12 Skruv

13 Skruv
14 Klämskruv för reglagearm
15 Mutter för klämskruv
16 Nedväxlingmutter, nedväxlings-/ spjällventilarm
17 Bricka
18 Bricka
19 Plåtmutter

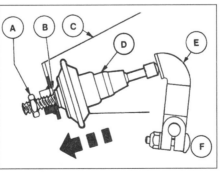

2 Nedväxlingslänkage - justering

1 Innan någon justering företas måste motor och växellåda ha normal arbetstemperatur, lådan måste också ha rätt mängd olja. Bränsle- och tändsystem måste vara justerade enligt specifikationerna (kapitel 4 och 5).
2 Lossa justerskruven på gasspjällarmen så att 2 till 3 mm spel erhålls mellan anslaget och justerskruven **(se bilder)**. Använd ett bladmått vid justering.
3 Dra åt handbromsen, starta motorn och kontrollera att tomgångsvarvtalet är riktigt, dra sedan åt justerskruven så att spelet minskas till mellan 0,1 och 0,3 mm.
4 Följande justering bör också utföras om nedväxlingslänkaget har demonterats och monterats, eller om läget på spjälldämparen ändrats.
5 Lossa låsmuttern och skruva in dämparen så att spelet blir 1 mm mellan kropp och fäste

(se bild). Använd ett bladmått eller en borr av lämplig diameter.
6 Lossa klämskruven för länkagearmen, flytta sedan armen så den just går mot plastlocket på dämpkolven, dra sedan åt klämskruven.

7 Gör ett passmärke på dämparen, vrid den sedan så att avståndet mellan dämparkropp och fäste blir 7 mm **(se bild)**.
8 Håll spjälldämparen i detta läge och dra åt muttern.

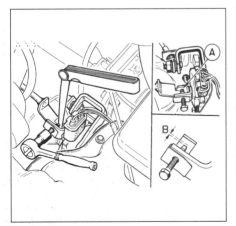

2.2b Justering av nedväxlingslänkage
A Justerskruv
B Spel

2.5 Grundinställning av spjälldämpare

A Låsmutter
B Spel mellan hus och fäste = 1 mm
C Fäste
D Dämpklocka
E Reglagearm
F Klämskruv, dito

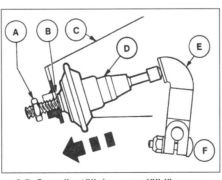

2.7 Slutlig inställning av spjälldämpare
E Reglagearm
G Dämpstång
H Spel mellan dämpare och fäste = 7 mm

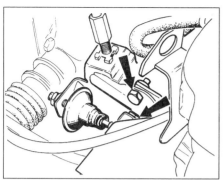

3.3 Skruvar för gasvajerns infästning (vid pilarna)

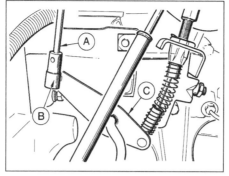

3.4 Gaslänkaget lossas från reglagearmen
A Gasreglage
B Klamma
C Länkarm för nedväxlingslänkage

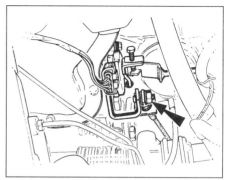

4.2 Väljaraxeln vid väljararmen (vid pilen)

3 Nedväxlingslänkage - demontering och montering

Demontering

1 Lossa nedväxlingslänkaget från växellådans nedväxlings-/spjällventilarm.
2 Lossa gaslänkaget från armen under insugningsröret genom att ta bort fästklamman.
3 Lossa och ta bort de två muttrarna som håller vajerfästet (på höger sida om motorn) **(se bild)**. Ta bort länkage och fäste.

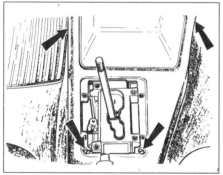

4.4 Fästskruvarnas placering för konsol (vid pilarna)

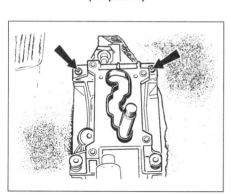

4.5 Placering av stoppskruvar för väljarstyrning och stopplatta (vid pilarna)

4 Lossa gasvajern från länkagearmen genom att ta bort klamman, ta sedan bort klämskruv och mutter så att länkaget kan tas bort från armen **(se bild)**. Demontera sedan länkaget.

Montering

5 Vid montering, sätt länkaget på plats i fästet, dra sedan åt muttern för klämskruven. Kontrollera att armen kan röras.
6 Anslut gasarmen till länkarmen, sätt sedan tillbaka nedväxlingslänkage och fäste. Sätt länkaget på växellådans nedväxlings-/gasspjällaxel, montera ansatsbrickan mellan arm och länkage på ventilaxeln. Fästets skruvar ska dras till angivet moment.
7 Fäst gaslänkaget till nedväxlingsarmen genom att montera klamman. Sätt tillbaka muttern för nedväxlings-/gasspjällventil.
8 Justera nedväxlingslänkaget enligt avsnitt 2.

4 Väljarmekanism - demontering och montering

Demontering

1 Ställ växelväljaren i läge D.
2 Lossa vid växellådan muttern som håller väljarvajern till väljararmen **(se bild)**.
3 Lossa och ta bort växelväljarknoppen, bryt

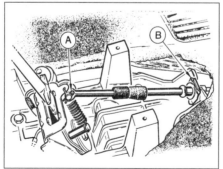

4.6 Väljarvajerns infästning
A Fästklamma för vajer på väljararm (kulled på senare modeller)
B Klamma, vajer till hus

sedan försiktigt upp och ta bort damasken från konsolen.
4 Ta bort konsolen som hålls av två skruvar baktill och skruvar på sidorna och framtill **(se bild)**.
5 Demontera väljarstyrningen och stopplattan som hålls av två skruvar, en i varje hörn framtill **(se bild)**.
6 Lossa väljarkabeln från väljararmen och huset genom att ta bort klamman samt, i förekommande fall, kulleden **(se bild)**.
7 Lossa belysningen från väljarhuset, lossa sedan och ta bort de fyra fästskruvarna **(se bild)**. Ta bort huset.
8 Vid demontering av väljaren, lossa muttern för ledstiftet och ta bort spaken från huset, tillsammans med bussningarna.
9 Spaken kan demonteras från styrningen genom att fjädern hakas loss, skruva bort muttern för stiftet och ta bort stift, brickor och spak **(se bild)**.

Montering

10 Montera väljaren i omvänd ordning. Dra muttern för väljaraxeln till angivet moment. Ledstiftets mutter måste dras så att spaken kan flyttas med ett moment av 0,5 till 2,5 Nm.
11 Montering av väljarenheten sker i omvänd ordning. Dra väljarhusets fästskruvar till angivet moment.

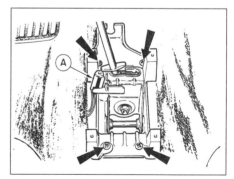

4.7 Placering av väljarhusets fästskruvar (vid pilarna)
A Hållare för belysning

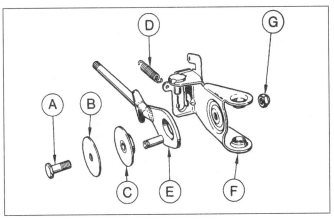

4.9 Väljararmens detaljer

A Ledstift
B Bricka
C Plastbricka
D Fjäder
E Arm
F Bussning
G Mutter

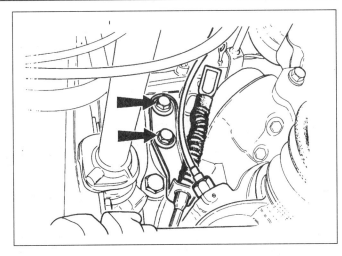

5.8 Placering av skruvar för väljarvajerns fäste i växellådan (vid pilarna)

12 Efter avslutat arbete, justera väljarvajern genom att ställa väljaren i läge D, kontrollera sedan att väljaraxelns arm står i motsvarande läge (D), dra sedan åt muttern för vajern. För att hindra att det gängade stiftet vrider sig då muttern dras åt, tryck spåret i vajern över gängan.

5 Väljarvajer - demontering, montering och justering

Demontering

1 Ställ väljaren i läge D.
2 Lossa vid växellådan muttern som håller väljarvajern till väljaraxelns arm **(se bild 4.2)**.
3 Lossa och ta bort väljarknoppen, bryt sedan försiktigt loss och ta bort damasken från konsolen.
4 Demontera konsolen som sitter med två skruvar baktill och skruvar på sidorna och i varje hörn framtill.
5 Demontera väljarstyrningen och stopplattan som sitter med två skruvar i varje hörn framtill.
6 Lossa väljarvajern från väljararmen och huset genom att ta bort klamma och (i förekommande fall) kulled.
7 Hissa upp framänden, stöd den på pallbockar (se *"Lyftning, bogsering och hjulbyte"*).
8 Lossa, under bilen, de två skruvarna som håller väljarvajerns fäste till växellådan **(se bild)**.
9 Lossa gummigenomföringen från durken, och dra sedan vajern genom hålet. Ta bort vajern.

Montering och justering

10 Montera i omvänd ordning, men se till att väljaren står i läge D och länkaget i motsvarande läge (D) innan vajerns mutter dras åt. För att hindra den gängade pinnen att vrida sig, tryck spåret i kabeln över gängan.

6 Startspärrkontakt - demontering, montering och justering

Demontering

1 Lossa kontaktstycket från kontakten.
2 Demontera muttern och länkaget från gasspjällventilens arm på växellådan.
3 För att demontera nedväxlingslänkaget, lossa och ta bort de två skruvarna som håller fästet på höger sida av motorn, dra bort länkaget.
4 Demontera nedväxlings-/gasspjällarm tillsammans med ansatsbricka, lossa sedan returfjädern. Lossa de två fästskruvarna och ta bort startspärrkontakten **(se bild)**.
5 Kontakten måste bytas om den är defekt.

Montering och justering

6 Vid montering av startspärrkontakt, dra inte helt åt fästskruvarna innan justeringen utförts. Ställ därför först väljararmen i läge D. Använd sedan en 2,3 mm borr enligt bilden, i hålet på kontakthuset **(se bild)**.

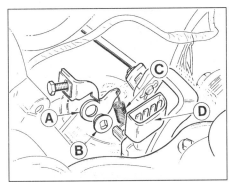

6.4 Demontering av startspärrkontakt
A Gasspjällarm
B Ansatsbricka
C Returfjäder
D Startspärrkontakt

7 Flytta kontakten, tryck samtidigt på borren så att kontakthuset kommer mitt för det inre hålet i kontakten så att borren låser kontakten i läge. Dra sedan skruvarna till angivet moment.
8 Med kontakten i detta läge, sätt tillbaka nedväxlings-/gasspjällarm och länkage i omvänd ordning, men justera nedväxlingslänkaget enligt beskrivning i avsnitt 2.

7 Automatväxellåda - demontering och montering

Demontering

1 Lossa batteriets minuskabel.
2 Se kapitel 4 och ta sedan bort luftrenaren.
3 Lossa kontaktstycket för startspärrkontakten.
4 Ställ växelväljaren i läge D, skruva sedan bort muttern som håller väljarvajern till väljararmen **(se bild 4.2)**. Tryck vajerns spår över det gängade stiftet så att det inte vrider sig då muttern lossas.
5 Lossa justerskruven för nedväxlingslänkaget, lossa sedan länkaget från nedväxlings-/gasspjällarmen genom att ta bort muttern. För att underlätta demontering och senare montering av länkaget och ned-

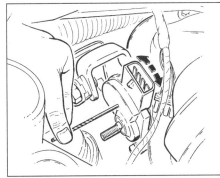

6.6 Justering av startspärrkontakt

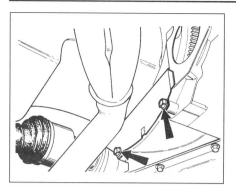

7.12 Täckplåt på momentomvandlarkåpa, fästskruvar vid pilarna

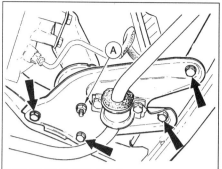

7.14 Fäste för främre växellådsupphängning (fästskruvar vid pilarna), mutter vid (A)

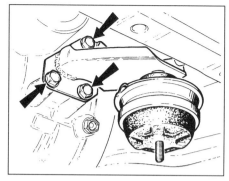

7.16 Fäste för främre motorupphängning (skruvar vid pilarna)

växlingslänkaget, lossa de två skruvarna för fästet på höger sida av motorn (se bild 5.8).

6 Lossa de två övre skruvarna mellan växellåda och motor.

7 Hissa upp framänden, stöd den på pallbockar (se *"Lyftning, bogsering och hjulbyte"*). Kontrollera att bilen kommer tillräckligt högt så att växellådan kan tas nedåt.

8 Stöd motorn under oljetråget med en domkraft och en träbit. Häng annars upp motorn ovanifrån i lämplig lyftanordning.

9 Lossa hastighetsmätarvajern från drivningen och kablarna från backljuskontakten.

10 Lossa de två skruvarna och sedan väljarvajerfästet från växellådan.

11 Se kapitel 5, demontera startmotorn.

12 Lossa de två skruvarna och ta bort plåten på kåpan för momentomvandlaren (se bild).

13 Demontera drivaxlarna från växellådan enligt beskrivning i kapitel 8. Sedan drivaxlarna tagits bort, håll differentialdreven på plats genom att föra in en dorn eller träbit av lämplig diameter genom centrum på dreven.

14 Lossa muttern som håller främre växellådsupphängningen till fästet samt de fyra skruvarna som håller fästet till karossen (se bild).

15 Lossa växellådans oljekylarledning vid växellådan och dra undan rören (se bild). Plugga växellåda och rör så att inte smuts kommer in.

16 Lossa de tre skruvarna och demontera fästet till främre upphängningen från växellådan (se bild).

17 Lossa skruvar och muttrar, ta sedan bort bakre upphängningen komplett med fäste från växellåda och kaross (se bild).

18 Vrid svänghjulet så att muttrarna till momentomvandlaren blir åtkomliga genom öppningen där plåten satt (se bild). Lossa och ta bort muttrarna.

19 Stöd växellådan under oljetråget med en domkraft, lägg en träbit emellan.

20 Lossa de återstående skruvarna mellan växellåda och motor, ta sedan bort växellådan från motorn. Då växellådan dras undan, håll momentomvandlaren på plats mot växellådan, se också till att pinnbultarna inte tar i drivplattan.

Montering

21 Montera i omvänd ordning, notera dock följande:
a) Dra alla muttrar och skruvar till angivet moment.

b) Anslut oljekylarledningarna enligt illustrationen.
c) Montera drivaxlarna enligt kapitel 8, använd nya låsringar i änden på knutarnas axeltappar.
d) Sätt tillbaka nedväxlingslänkage och väljarvajer, justera enligt avsnitten 2 respektive 5. Notera att slutlig justering av nedväxlingslänkaget endast kan göras sedan växellådan har nått normal arbetstemperatur.
e) Fyll växellådan med rätt mängd olja av rätt kvalitet (se kapitel 1).

8 Renovering av automatväxellåda - allmänt

Om något fel skulle uppstå på växellådan, måste man avgöra om det beror på elsystemet, hydraulsystemet eller mekaniken. Detta kräver specialutrustning. Detta arbete måste därför överlåtas åt en Fordverkstad.

Ta inte bort växellådan innan en fackman kunnat utföra de prov som krävs för att kunna renovera lådan.

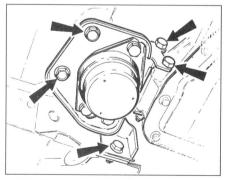

7.17 Fästskruvar för bakre växellådsfäste och upphängning (vid pilarna)

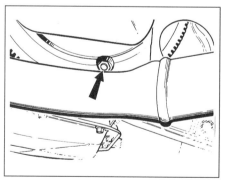

7.18 Mutter för momentomvandlaren, åtkomlig genom hålet i kåpan (vid pilen)

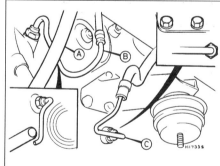

7.21 Oljekylarledningar
A Rör för mätsticka/påfyllning
B Matarledning till kylare
C Returledning från kylare

Kapitel 8
Drivaxlar

Innehåll

Svårighetsgrad

Enkelt, passar novisen med lite erfarenhet		Ganska enkelt, passar nybörjaren med viss erfarenhet		Ganska svårt, passar kompetent hemmamekaniker		Svårt, passar hemmamekaniker med erfarenhet		Mycket svårt, för professionell mekaniker	

Specifikationer

Allmänt

Typ .... Massiva (vänster) eller rörformade (höger) axlar av olika längd, splinesförband vid yttre och inre drivknut

Smörjning (endast vid renovering - se text)

Smörjmedel:
Alla knutar utom yttre knutar av medbringartyp .... Litiumbaserat molybdendisulfidfett enl Ford specifikation S-MIC-75-A/SQM-1C-9004-A

Yttre knut av medbringartyp .... Litiumbaserat fett enligt Ford specifikation A77SX 1C 9004 AA

Smörjmedelsmängd:
Alla knutar utom yttre knutar av medbringartyp .... 40 g per knut
Yttre knut av medbringartyp .... 95 g i knuthuset, 20 g på medbringaren (per knut)

Åtdragningsmoment

	Nm
Drivaxelmutter (gängorna lätt anoljade)	205 till 235
Skruv för bärarmsled	51 till 64
Klämskruv för kulled	48 till 60
Okfäste	50 till 66
Väljaraxelns spärrmutter	30
Hjulbultar	70 till 100

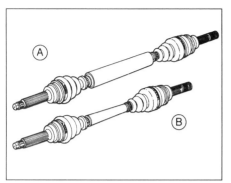

1.1 Drivaxlar
A Höger drivaxel
B Vänster drivaxel

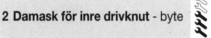

1.2 Genomskärning av konstanthastighetsknutar med kulor och kulskålar

A Yttre knut
B Låsring
C Låsring
D Inre knut

E Oljetätning
F Axeltapp på inre knuten
G Låsring

1 Allmän beskrivning

1 Drivkraften överförs från differentialen till framhjulen genom två drivaxlar av olika längd. Vänster drivaxel är massiv, den längre högra drivaxeln är rörformad och har större diameter för att reducera harmoniska svängningar och resonans **(se bild)**.
2 Bägge drivaxlarna har konstanthastighetsknutar med kulor och drivskålar, utom på vissa senare modeller som har en inre knut av medbringartyp **(se bild)**. Alla modeller har också en inre knut som kan ta upp längdrörelser som kompenserar för fjädringsrörelsen. Bägge knutarna har axeltappar med splinesförband till differentialdreven (inre knuten) och hjulnavet (yttre knuten). Den inre delen av de yttre drivknutarna har invändiga splinesförband till drivaxlarna. Låsringar och drivaxelmuttrarna används för att fästa drivaxlarna.
3 Drivaxlarnas längd och vikt varierar för att passa motorns vridmomentkurva och kan därför inte bytas mellan modellerna.

2 Damask för inre drivknut - byte

1 Hissa upp framänden på bilen, stöd den på pallbockar (se *"Lyftning, bogsering och hjulbyte"*), ta bort hjulet.
2 På bilar med ABS-system, se kapitel 9, demontera sedan modulatorns remkåpa.
3 Lossa undre bärarmens kulbult från spindeln genom att ta bort mutter och klämskruv **(se bilder)**. Notera att klämskruven har Torxhuvud och fordrar ett speciellt verktyg (tillgängligt från verktygsaffärer).
4 På modeller med krängningshämmare, lossa undre bärarmen från inre infästningen genom att ta bort skruven.
5 Lossa bägge klammorna från damasken vid

den inre knuten, dra sedan damasken längs drivaxeln.
6 Om knuten är av typ med kulor och kulskål, torka bort så mycket fett att låsringen blir synlig. Ta bort låsringen och dra drivaxeln ur knuten **(se bild)**.
7 Om knuten är av medbringartyp, dra loss medbringaren från knutens yttre del, ta bort låsringen och sedan medbringaren från drivaxeln.
8 Dra damasken av drivaxeländen.
9 Trä på den nya damasken, anslut sedan drivaxeln till knuten. På drivknut i kula och kulskål ska låsringen hakas i spåret och axeln föras genom den tills den hakar i spåret i axeln **(se bild)**.
10 Fyll på fett i knuten av angiven typ, dra sedan damasken över knuten.

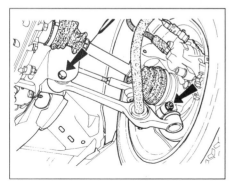

2.3a Klämskruv för undre bärarmens kulbult samt skruv för inre leden (vid pilarna) - modeller utan krängningshämmare

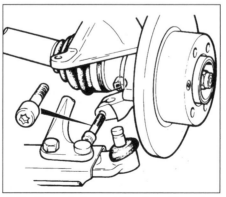

2.3b Demontering av klämskruv för undre bärarm

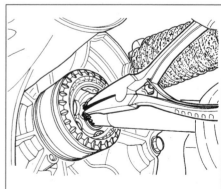

2.6 Demontering av drivaxelns låsring från inre knut med kulor och kulskålar

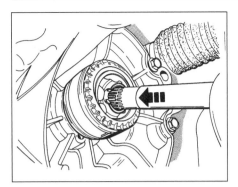

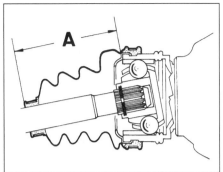

2.9 Montering av drivaxeln till knut med kulskålar, låsringen är på plats

2.11 Damasken och dess inställning
A = se texten för dimension

2.12 En klamma på damasken säkras

11 Ställ in damaskens längd beroende på modell enligt följande **(se bild)**:

Modeller före 1986

1,1 liter	127 mm
1,3 och 1,6 liter	132 mm

Modeller från och med 1986

Alla modeller	95 mm

12 Montera nya klammor på damasken, haka i blecket så att klamman sitter så hårt som möjligt. Tryck nu ihop den upphöjda delen på klamman för att säkra den **(se bild)**.
13 Fäst den undre bärarmen till karossen (i förekommande fall), dra skruven till angivet moment.
14 Anslut undre bärarmens kulbult till spindeln, sätt i Torxskruven med huvudet vänt bakåt. Sätt tillbaka muttern och dra till angivet moment.
15 På bilar med låsningsfria bromsar, montera modulatorns remkåpa.
16 Sätt tillbaka hjulet och sänk ner bilen.

3 Damask för yttre drivknut - byte
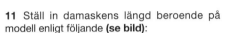

Damask för vänster drivaxel

1 Om inte drivaxeln ska demonteras för andra arbeten (se avsnitt 5), bör följande metod användas så att man slipper lossa drivaxeln från spindeln.
2 Demontera damasken för inre knuten enligt beskrivning i avsnitt 2, punkt 1 till 8.
3 Lossa bägge klammorna för yttre knutens damask, lossa damasken och dra den efter drivaxeln så att den kan tas av från inre änden.
4 Rengör grundligt drivaxeln, trä sedan på den nya damasken.
5 Fyll på fett av specificerad typ i yttre knuten, dra sedan över damasken.
6 Ställ in damaskens längd beroende på modell **(se bild 2.11)**:

Modeller före 1986

1,1 liter	70 mm
1,3 och 1,6 liter	82 mm

Modeller från och med 1986

Alla modeller	95 mm

7 Montera nya klammor på damasken, haka i blecket så att klamman sitter så hårt som

möjligt. Säkra nu klamman genom att klämma ihop den upphöjda delen. Se till att krympningen som sitter närmast navet inte tar i då drivaxeln vrids runt.
8 Montera inre damasken enligt beskrivning i avsnitt 2, punkterna 9 till 16.

Damask för höger drivaxel

9 För att damasken ska kunna demonteras måste drivaxeln lossas från spindeln. Vid behov kan drivaxeln demonteras helt. I vilket fall som helst, se avsnitt 4. Om drivaxeln ska sitta kvar, bortse från punkterna som beskriver hur drivaxeln lossas från växellådan, se till att axeln har tillräckligt stöd så att den inte den inre drivknuten belastas.
10 Lossa klammorna för yttre damasken, dra damasken mot mitten på drivaxeln.
11 Om yttre knuten är av medbringartyp, dra bort yttre delen från drivaxel och medbringare, ta sedan bort låsringen och medbringaren från drivaxel. Dra sedan damasken av axeländen.
12 Om yttre knuten är av medbringartyp, dra loss den yttre delen från drivaxel och medbringare, ta sedan bort låsringen och medbringaren från drivaxeln. Dra damasken av drivaxeln.
13 Rengör drivaxeln grundligt, trä sedan på den nya damasken.
14 Fyll yttre knuten med fett av angiven typ, dra sedan över damasken.
15 På drivknut med kulor och kulskål, ställ in

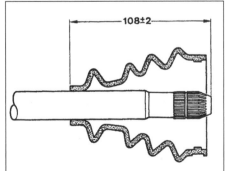

3.16 Korrekt placering av yttre damask på drivaxel med medbringarknut
Mått i millimeter

damasken beroende på modell enligt beskrivning i punkt 6.
16 På modeller med yttre drivknut av medbringartyp, ställ in damasken så som visas **(se bild)**.
17 Montera nya klammor på damasken, haka i blecket så att klamman sitter så hårt som möjligt. Säkra klamman genom att trycka ihop upphöjningen. Se till att upphöjningen närmast navet inte tar i där drivaxeln dras runt.
18 Anslut drivaxeln till navet, eller montera drivaxeln, enligt beskrivning i avsnitt 4.

4 Drivaxlar - demontering och montering

Demontering

Notera: *Ny drivaxelmutter och ny låsring måste användas vid montering.*
1 Demontera navkapseln och knacka ut stukningen på drivaxelmuttern med en lämplig dorn.
2 Lossa drivaxelmuttern och hjulbultarna.
3 Hissa upp framänden, stöd den på pallbockar (se *"Lyftning, bogsering och hjulbyte"*), ta bort hjulet.
4 Lossa de två skruvarna som håller bromsokets fäste **(se bild)**.
5 Ta bort fäste och ok, komplett med skivbromsbelägg, häng upp det på en lämplig punkt i hjulhuset.

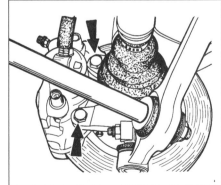

4.4 Fästskruv för bromsok (vid pilarna)

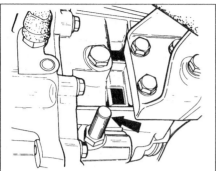

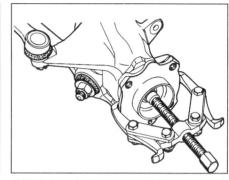

4.7 Mutter för väljaraxelns låsmekanism (vid pilen)

4.10 Inre drivknuten bryts loss ur lådan

4.15 Drivaxeln demonteras från navet med avdragare

6 På bilar med låsningsfria bromsar, se kapitel 9, demontera sedan modulatorns drivrem.

7 På modeller före 1986 med manuell växellåda, ställ en lämplig behållare under väljaraxelns låsmekanism **(se bild)**. Lossa muttern, ta bort fjäder och låsstift, låt sedan växellådsoljan rinna ut. **Notera:** *Var försiktig då muttern lossar eftersom fjädern kan få muttern att flyga iväg då den släpper.* På modeller från och med 1986 och på alla modeller med automatväxellåda, kan växellådsoljan inte kan tappas av då lådan är på plats i bilen, på grund av växellådsbalken. Detta betyder ett visst oljespill då drivaxlarna demonteras. Var beredd att samla upp detta i en lämplig behållare.

8 Lossa undre bärarmens kulbult från navet genom att ta bort mutter och klämskruv. Notera att klämskruven har Torxhuvud och kräver ett speciellt verktyg. Sådant verktyg kan erhållas från en verktygsaffär.

9 På modeller med krängningshämmare, lossa undre bärarmen från karossen genom att ta bort skruven för inre leden.

10 Sätt in en brytspak mellan knuten och växellådshuset **(se bild)**. Slå ett skarpt slag på brytspaken med handen så att inre knuten släpper från differentialen. På modeller med automatväxellåda finns ett spår på vänster drivknut där spaken kan föras in, men på höger sida måste man använda en liten träbit för att skydda oljetråget då man bryter.

11 Då knuten har lossats, för spindeln utåt och dra knuten ut ur differentialen.

12 Häng upp eller stöd drivaxeln på ett sätt så att inte drivknutarna belastas genom att utslagsvinkeln överskrids. Axeln får inte göra skarpare vinkel än 45° med yttre knuten eller 20° grader med inre knuten.

13 Demontera drivaxelns mutter och bricka.

14 Ta bort fästskruven och sedan bromsskivan från navet.

15 Man ska nu kunna dra ut drivaxeln ur navet. Sitter den hårt, använd en tvåbent avdragare för att trycka ut den **(se bild)**.

16 Ta bort drivaxeln. Om bägge drivaxlarna ska demonteras samtidigt bör man stoppa in en träbit genom differentialdreven så att de inte kommer ur läge.

Montering

17 Vid montering av drivaxel, smörj först yttre knutens splines, haka sedan i dessa splines i navet och tryck in knuten ordentligt.

18 Använd den gamla muttern och övriga detaljer, dra sedan knuten helt på plats i navet.

19 Ta bort den gamla muttern, montera ny bricka och ny mutter, men dra endast åt med fingrarna nu.

20 Montera bromsskiva och okets fäste, dra skruvarna för okets fäste till angivet moment.

21 På bilar med låsningsfria bromsar, sätt tillbaka modulatorns drivrem enligt beskrivning i kapitel 9.

22 Montera låsring på axeltappen för inre drivknuten och för in den i differentialdrevet. Tryck spindeln inåt med kraft så att knuten kommer på plats **(se bild)**.

23 Anslut undre bärarmen till karossen (i förekommande fall) och dra skruven till angivet moment.

24 Anslut bärarmens kulbult till spindeln, sätt i Torxskruven med skallen bakåt. Sätt tillbaka muttern och dra till angivet moment.

25 På modeller före 1986, sätt tillbaka väljaraxelns låsmekanism, fjäder och mutter. Använd låsvätska på mutterns gängor, fyll sedan på växellådsolja enligt beskrivning i kapitel 1.

26 Montera hjulet och sänk ner bilen på marken.

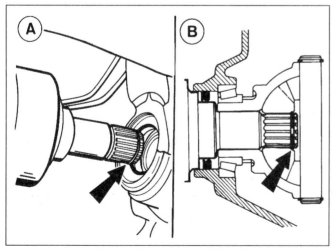

4.22 Montering av inre drivknut
A Låsringen på plats i spåret
B Låsringen spärrar på differentialdrevets insida

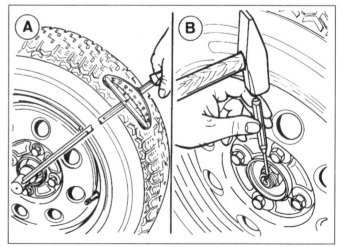

4.27 Drivaxelmuttern dras till angivet moment (A) och stukas in i drivaxelns spår (B)

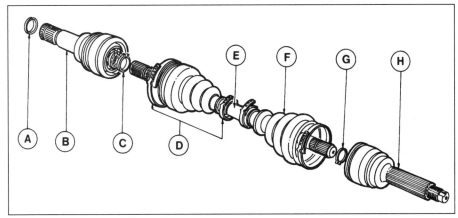

5.5 Medbringarknut

5.3 Drivaxelns detaljer

A Låsring
B Inre drivknut
C Låsring

D Klammor för damask
E Drivaxel
F Damask

G Låsring
H Yttre drivknut

27 Dra drivaxelmuttrarna till angivet moment, stuka dem sedan in i drivaxelns spår med en liten dorn **(se bild)**.
28 Dra hjulbultarna till angivet moment, sätt tillbaka navkapseln.
29 På modeller med automatväxellåda, se kapitel 1 beträffande påfyllning av automatväxelolja.

5 Drivaxlar - renovering

1 Demontera drivaxeln enligt beskrivning i avsnitt 4.
2 Rengör från smuts utvändigt, lossa damaskernas klammor och dra bägge damaskerna mot mitten på drivaxeln.
3 Om den yttre knuten är av typ kula och kulskål, torka bort tillräckligt med fett så att låsringen blir åtkomlig. Använd en låsringstång, ta bort låsringen och sedan

drivknuten från drivaxeln. Ta bort damasken **(se bild)**.
4 Om yttre knuten är av medbringartyp, ta bort yttre delen, sedan låsringen och medbringaren, komplett med rullar från drivaxeln. Demontera damasken.
5 Demontera den inre drivknuten enligt beskrivning i punkt 3 och 4, beroende på typ av knut **(se bild)**.
6 Då drivaxeln är isärtagen, ta bort så mycket gammalt fett som möjligt med en trasa. Använd inte lösningsmedel.
7 På drivknut med kulor och kulskål, rör nedre delen av knuten så att tecken på repor, gropbildningar eller slitåsar på kulor, kulhållare och kulhållare kan upptäckas. Finns sådana skador, eller om detaljerna rör sig med mycket lite motstånd och är glapp, måste ny knut monteras.
8 På drivknut av medbringartyp, kontrollera beträffande tecken på repor, gropbildning och slitåsar på rullarna och spåren i yttre delen.

Kontrollera också att rullarna för sig mjukt och passar ordentligt i spåren på yttre delen. Byt knuten om den är sliten.
9 Kontrollera knutar och drivaxlar beträffande slitage i splinesförband, se till att detaljerna inte kan röra sig i sidled då knuten sätts på axeln. Byt om spelet är märkbart.
10 Innan monteringen, skaffa nya damasker och låsningar och rätt mängd specificerat fett.
11 Sätt ihop drivaxeln i omvänd ordning. Använd nya låsringar vid behov och packa knutarna ordentligt med fett. Vid montering av damasker, ställ in längden och fäst klammorna enligt information i avsnitt 2 eller 3 beroende på knut (inre eller yttre).
12 Montera drivaxeln enligt beskrivning i avsnitt 4. Kontrollera efter monteringen att den hoptryckta delen på yttre damaskens yttre klamma inte går mot navet då drivaxeln vrids runt.

Kapitel 9
Bromsar

Innehåll

Svårighetsgrad

Enkelt, passar novisen med lite erfarenhet	Ganska enkelt, passar nybörjaren med viss erfarenhet	Ganska svårt, passar kompetent hemmamekaniker	Svårt, passar hemmamekaniker med erfarenhet	Mycket svårt, för professionell mekaniker

Specifikationer

System .... Dubbla diagonalt indelade kretsar, bromskraftregulator för bakhjulen. Bromsservo och låsningsfria bromsar finns som standard på vissa modeller eller tillval. Handbroms med vajer verkande på bakhjulen

Frambromsar

Typ .... Solida eller ventilerade skivor med en cylinder och rörligt ok
Skivdiameter .... 239,45 mm
Skivans tjocklek:
    Solid skiva .... 10,0 mm
    Ventilerad skiva .... 24,0 mm
Min tjocklek:
    Solid skiva .... 8,7 mm
    Ventilerad skiva .... 22,7 mm
Max kast .... 0,15 mm
Min beläggtjocklek .... 1,5 mm

Bakbromsar

Typ .... Självjusterande, en primärback
Trumdiameter:
    Standard (nav och trumma i ett) .... 180,0 mm
    Express, XR3i, RS Turbo och vissa 1,6 liters modeller .... 203,2 mm
Hjulcylinder, diameter .... 17,78 mm, 19,05 mm eller 22,2 mm beroende på modell - se texten
Min beläggtjocklek .... 1,0 mm

Åtdragningsmoment

	Nm
Ok till okfäste	20 till 25
Okfäste till nav	50 till 66
Bromssköld bak	45 till 55
Bromskraftregulator, infästning	20 till 25
Lättlastventil, infästning	20 till 25
Bromsledningar, anslutningar	12 till 15
Huvudcylinder, mot servo	21 till 26
Modulatorns (ABS) ledskruv	22 till 28
Modulatorns (ABS) justerskruv	22 till 28
Modulatorns (ABS) remkåpa	8 till 11
Lastavkännande ventil, justerfäste (ABS)	21 till 29
Lastavkännande ventil till fäste (ABS)	21 till 29
Bärarm bak, inre infästning	70 till 90
Kulled fram, klämskruv	48 till 60
Styrled, mutter	57 till 68

1 Allmän beskrivning

De hydrauliska bromsarna är indelade i ett tvåkretssystem med skivor fram och trummor på bakhjulen. Systemet är diagonalt delat så att ett framhjul och ett bak hjul är sammankopplat och påverkas från en huvudcylinder med tandemkolvar. Under normala förhållanden arbetar kretsarna samtidigt; skulle däremot ett fel uppstå på

2.2 Lossa kontaktstycket för slitagevarnaren

någon krets, kan man ändå få full bromskraft på två hjul. En bromskraftregulator på Sedan och Kombiversioner samt en lättlastventil på Express ingår i systemet. Dessa reglerar bromstrycket till varje bakhjul och minskar risken att bakhjulen låser sig vid häftig inbromsning.

Frambromsarna har solida eller ventilerade skivor beroende på modell, bromsoken är rörliga och har enkelkolvar. Bak används primär och sekundärbackar manövrerade av en cylinder med två kolvar, de justerar sig själv då man bromsar med fotbromsen. Handbromsen manövreras med vajer, och styr bakre backarna mekaniskt.

Från och med 1986 finns ett låsningsfritt bromssystem tillgängligt på vissa modeller. Ytterligare information hittas i berört avsnitt senare i kapitlet.

Notera: *Vid arbete på någon del av bromssystemet, arbeta noggrant och metodiskt: iakttag också största renlighet vid renovering av detaljerna. Byt alltid detaljer satsvis (på en axel) om skicket kan ifrågasättas. Använd endast Forddelar eller åtminstone detaljer av erkänt god kvalité. Notera vad som sägs i "Säkerheten främst!" samt vad som påpekas i detta kapitel rörande damm från asbest samt hydraulvätska.*

2 Skivbromsbelägg, fram - byte

⚠ Varning: Byt bromsklossar på bägge framhjulen samtidigt - byt aldrig klossar endast på ett hjul, detta kan medföra ojämn bromsverkan. Notera att damm från bromsbelägg kan innehålla asbest, vilket är hälsofarligt. Blås aldrig med tryckluft, undvik inandning. Använd helst en godkänd andningsmask vid arbete på bromsar. ANVÄND INTE bensin eller petroleumbaserade rengöringsmedel vid rengöring av bromsar; använd speciellt rengöringsmedel eller sprit.

1 Lossa hjulbultarna, hissa upp framänden och stöd den på pallbockar (se *"Lyftning, bogsering och hjulbyte"*) och ta bort hjulet (-en).
2 I förekommande fall, lossa slitagevarnaren från blecket (nedanför luftningsskruven), lossa sedan anslutningen **(se bild)**.
3 Använd en skruvmejsel, frigör låsblecket från oket **(se bild)**.
4 Använd en 7 mm insexnyckel, lossa skruvarna så att de kan dras ur infästningarna **(se bilder)**.

2.3 Låsbläck för bromsklossar

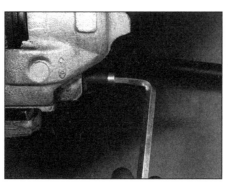

2.4a Lossa okets insexskruv . . .

2.4b . . . och ta bort skruven från okfästet

2.5 Ta bort kolvhuset

2.6 Demontering av inre kloss från kolvhuset . . .

2.7 . . . och det yttre från fästet

5 Ta bort kolvhuset och bind upp det med en tråd så att inte bromsslangen belastas **(se bild)**.
6 Ta bort den inre klossen från kolvhuset **(se bild)**.
7 Ta bort det yttre belägget från okets fasta del **(se bild)**.
8 Rengör från smuts och damm, **se till att inte inandas dammet** eftersom det kan innehålla asbest om bromsklossarna är gamla.
9 Använd en plan träbit, ett däckjärn eller liknande, tryck sedan kolven rakt in i loppet. Detta måste göras för att de nya tjockare beläggen ska få plats.
10 När kolven trycks in kommer vätskenivån i huvudcylinderns behållare att öka, detta kan

man förutse genom att suga ut en del vätska med lämpligt verktyg. Se till att inte spilla hydraulvätska på lacken; den är en effektiv färgborttagare.
11 Börja hopsättningen genom att montera den inre klossen i kolvhuset. Se till att fjädern på baksidan av belägget passar i kolven.
12 Kabeln för slitagevarnaren ska dras så att den inte kan skava mot de rörliga delarna. Fäst slitagevarnarens anslutning till luftnings-skruvens klamma (i förekommande fall), anslut sedan kabeln.
13 Då kabeln lindat upp sig, linda ihop den i en lös spiral så att överskottet tas upp, det behövs dock ca 25 mm rörlighet på grund av klossarnas slitage. Kabelspiralen får under

inga omständigheter sträckas ut.
14 Ta bort skyddspapperet som täcker den nya yttre klossen, placera den i okfästet.
15 Montera kolvhuset, dra skruvarna med en insexnyckel till rätt moment.
16 Sätt tillbaka blecket.
17 Gör på samma sätt med bromsen på andra sidan.
18 Tryck ner fotbromsen hårt flera gånger så att klossarna sätter sig mot skivan, kontrollera sedan bromsvätskenivån i huvudcylinderns behållare, fyll på vid behov.
19 Montera hjul och sänk ned bilen.
20 Undvik (om möjligt) hård inbromsning de första tiotal milen eller så när klossarna är bytta. De bör få en viss tid att slita in sig för att nå full effektivitet.

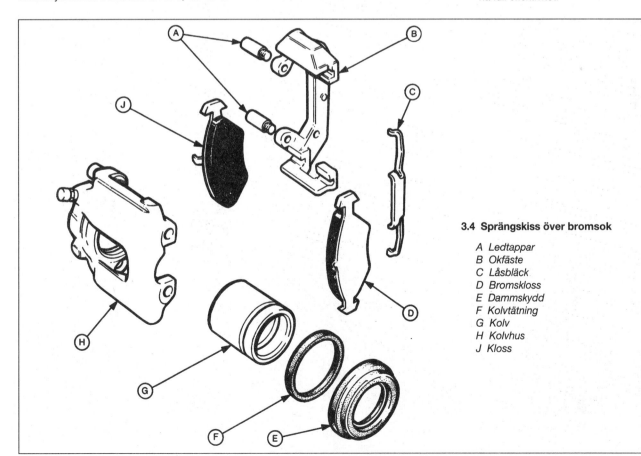

3.4 Sprängskiss över bromsok

A Ledtappar
B Okfäste
C Låsbläck
D Bromskloss
E Dammskydd
F Kolvtätning
G Kolv
H Kolvhus
J Kloss

3 Bromsok, fram - demontering, renovering och montering

⚠️ **Varning: Bromsvätska är giftig; tvätta omedelbart och grundligt då den kommer i kontakt med huden, sök läkarhjälp om vätskan kommer in i ögonen eller om man råkar svälja den. Vissa typer av bromsvätska är eldfarlig och kan antändas om den får komma i kontakt med heta detaljer; vid arbete på bromssystemet är det säkrast anta att bromsvätskan är eldfarlig samt att vidta försiktighetsåtgärder som om det vore bensin man arbetade med. Bromsvätska är också ett effektivt färgborttagningsmedel, den angriper också plaster; allt spill bör omedelbart sköljas av med stora mängder rent vatten. Slutligen, vätskan är hygroskopisk (den upptar luftens fuktighet) - gammal bromsvätska kan ha blivit olämplig att använda. Vid påfyllning eller byte av bromsvätska, använd alltid rekommenderad typ, se till att den kommer från en nyöppnad tidigare förseglad behållare.**

Notera: *Innan arbetet påbörjas, se varningstexten i början av avsnitt 2, rörande asbestfara.*

Demontering

1 Följ beskrivningen i punkterna 1 till och med 8 i föregående avsnitt.
2 Lossa bromsslangen från oket. Detta kan man göra på ett av två sätt. Lossa antingen slangen från bromsröret vid fästet genom att lossa förskruvningen eller, då oket har tagits bort, håll slanganslutningen med en öppen nyckel och skruva loss oket från slangen. Låt inte slangen vrida sig, plugga igen den sedan oket tagits bort.

Renovering

3 Borsta bort all utvändig smuts, dra sedan av kolvens dammskydd.
4 Blås med tryckluft i vätskeinloppshålet så att kolven trycks ut **(se bild)**. Det krävs bara ett lågt tryck för att detta ska ske, det räcker med en fotpump.
5 Använd ett spetsigt instrument, ta sedan bort kolvtätningen från spåret i cylindern. Skrapa inte de intilliggande ytorna.
6 Undersök kolv och cylinderlopp. Har de repor eller visar tecken på metallkontakt, behövs ett nytt kolvhus. Då detaljerna är i gott skick, kasta den gammal tätningen och skaffa en reparationssats.
7 Tvätta detaljerna med ren bromsvätska eller sprit, ingenting annat.
8 Använd fingrarna, pilla sedan packningen på plats i spåret i cylindern.
9 Doppa kolven i ren bromsolja, för den sedan rakt in i loppet.
10 Passa in dammskyddet mellan kolv och kolvhus, tryck sedan in kolven helt.

Montering

11 Montera oket i omvänd ordning, se punkterna 11 till och med 16 i föregående avsnitt.
12 Anslut bromsslangen till oket, se till att slangen inte vrids. Då den sitter fast får den inte röra vid någon av de kringliggande detaljerna för styrning eller fjädring.
13 Lufta bromssystemet enligt beskrivning i avsnitt 11 eller 23, vilket som gäller, sätt sedan tillbaka hjulet (-en) och sänk ner bilen.

4 Bromsskiva, fram - kontroll, demontering och montering

Notera: *Innan arbetet påbörjas, se varningstexten i början av avsnitt 2, rörande asbestfara.*

Kontroll

1 Dra åt handbromsen helt, lossa sedan hjulbultarna på framhjulen. Hissa upp framänden och stöd den på pallbockar (se *"Lyftning, bogsering och hjulbyte"*), ta sedan bort hjulet (-en).
2 Kontrollera bromsskivans yta. Har den djupa repor eller om det finns små sprickor, måste den bearbetas eller bytas. Bearbetning får inte reducera tjockleken under angiven minimigräns (se specifikationer). Mindre repor på bromsskivan är normalt och dessa kan man bortse ifrån.

3 Om man misstänker att skivan är skev kan den kontrolleras med hjälp av en mätklocka eller bladmått mellan skivans yta och en fast punkt genom att skivan roteras **(se bild)**.
4 Då skevheten överstiger värdet enligt specifikationen, byt skiva.

Demontering

5 Med hjulet demonterat (se punkt 1) fortsätt som följer.
6 Vid demontering av skiva, lossa okfästet, ta bort det och bind upp det mot fjäderbenet så att inte bromsslangen är belastad (om så erfordras kan man demontera bromsklossarna enligt beskrivning i avsnitt 2) **(se bild)**.
7 Ta bort den lilla fästskruven och dra sedan loss skivan från navet **(se bild)**.

Montering

8 Om ny skiva monteras, rengör ytan från skyddsmedel.
9 Montera skivan och dra åt fästskruven.
10 Montera okfästet, samt bromsklossar där de tagits bort - se avsnitt 2 - samt hjul. Sänk ner bilen på marken.

5 Bromsbackar bak - byte

⚠️ **Varning: Bromsbackar måste bytas på bägge bakhjulen samtidigt - byta aldrig backarna bara på det ena hjulet eftersom ojämn bromsverkan kan uppstå. Damm som bildas vid slitage av bromsbeläggen kan innehålla asbest vilket är hälsovådligt. Blås aldrig med tryckluft, undvik inandning. Använd helst en godkänd andningsmask vid arbete på bromsar. ANVÄND INTE bensin, eller petroleumbaserade rengöringsmedel vid rengöring av bromsar, använd speciellt rengöringsmedel eller sprit.**

Modeller med förgasarmotor utom Express

1 Lossa hjulbultarna, hissa upp bilen och stöd den på pallbockar (se *"Lyftning, bogsering och hjulbyte"*). Demontera hjulen.
2 Släpp handbromsen helt.

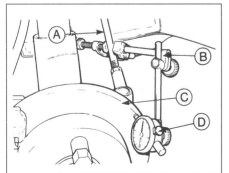

4.3 Kontroll av skivans kast

A Styrarm   *C Bromsskiva*
B Fäste för mätklocka D Mätklocka

4.6 Skruvar för okets infästning i navet (vid pilarna)

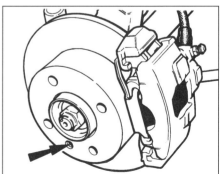

4.7 Bromsskivans fästskruv (vid pilen)

5.3a Demontera dammskyddet vid bakhjulet . . .

5.3b . . . ta bort saxpinnen och mutterlåsningen . . .

5.3c . . . lossa sedan muttern . . .

5.3d . . . och ta bort brickan

5.4 Ta bort det yttre lagret . . .

5.5 . . . följt av nav/trumma

3 Knacka loss dammkåpan, ta bort saxpinne, mutterlås, mutter och tryckbricka **(se bilder)**.
4 Dra nav/trumma utåt tryck sedan in något igen så att yttre lagret kan tas bort från axeltappen **(se bild)**.
5 Ta bort nav/trumma och borsta bort damm, se till att inte andas in det **(se bild)**.
6 Demontera bromsbackarnas fjädrar från primärbacken **(se bild)**. Ta då tag om den kupade brickan med en tång, tryck in den och vrid 90 grader. Demontera bricka, fjäder och pinne. Notera placeringen av primär och sekundärbackar samt det kortare belägget på primärbacken.

7 Dra primärbacken utåt, uppåt bort från bromsskölden **(se bild)**.
8 Vrid backen så att den går att haka loss från returfjäder och justerstag. På modeller med senare typ av bromsar, måste man föra automatjusteringen till max läge för att backen ska kunna hakas loss från staget. Notera hur returfjädern är infäst och vilka hål som används **(se bilder)**.
9 Ta bort sekundärbacken på motsvarande sätt, ta samtidigt bort justerstaget.
10 Lossa änden på handbromsvajern från armen på backen **(se bild)**.

11 Lossa sekundärbacken från justerstaget genom att dra backen utåt och vrida fjädern **(se bild)**.
12 Innan hopsättningen, smörj försiktigt de ställen där backarna kommer i kontakt med bromsskölden, styrklackarna och kolvarna med högtemperaturfett.
13 Påbörja hopsättningen genom att montera sekundärbacken. Gör detta genom att haka i handbromsens returfjäder i backen. Haka staget på fjädern och bryt det på plats. Ställ självjusteringsmekanismen i sammandraget läge (tidigt utförande) eller i läge max justering (senare utförande).

5.6 Demontering av backhållarens fjäder och bricka

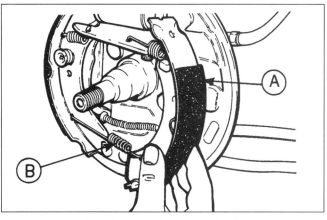

5.7 Demontering av primärback
A Primärback   B Undre fjäder

5.8a Sprängskiss över bakbroms för tidiga modeller

A Dammskydd
B Kolv
C Tätning
D Fjäder
E Cylinder
F Tätning
G Kolv
H Dammskydd
I Packning
J Fjäderbricka
K Fästskruv
L Justerstag
M Returfjäder
N Backhållarfjäder
O Returfjäder
P Plugg för inspektionshål
Q Primärback
R Bromssköld
S Tryckstång för handbroms
T Sekundärback
U Backhållarpinne
V Fjäder
W Kupad bricka
X Returfjäder
Y Dammskydd
Z Luftningsnippel

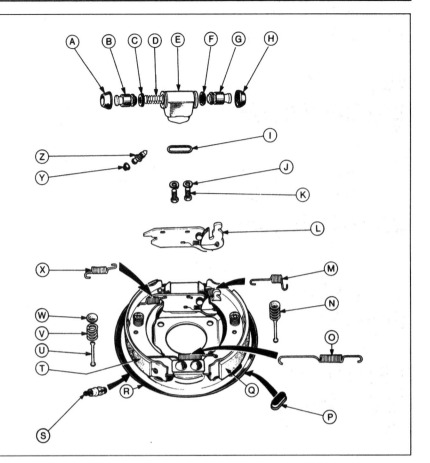

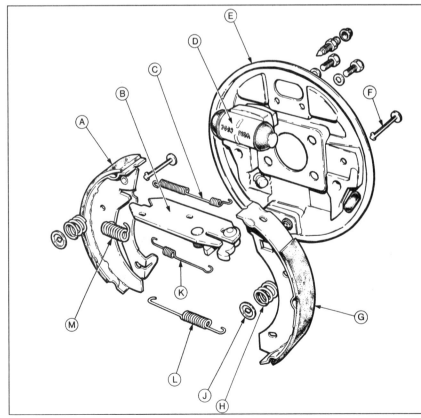

5.8b Sprängskiss över bakbromsar på bränsleinsprutade modeller, Express samt senare Sedan och Kombi

A Sekundärback
B Justerstag
C Fjäder
D Hjulcylinder
E Bromssköld
F Backhållarpinne
G Primärback
H Fjäder
J Kupad bricka
K Spärrfjäder
L Returfjäder
M Returfjäder

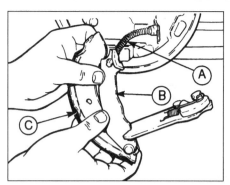

5.10 Demontering av handbromsvajer från sekundärback

A Handbromsvajer *C Sekundärback*
B Arm

14 Sätt upp sekundärbacken mot hjulcylindern och motsvarande stoppklack, se till att undre delen på handbromsarmen är korrekt placerad mot plastkutsen och inte sitter fast bakom den.
15 Montera pinne och backhållarfjäder. Sätt sedan primärbacken på plats.
16 Haka i den större returfjädern nedtill mellan bägge backarna.
17 Håll primärbacken i nästan 90 graders vinkel mot bromsskölden, anslut sedan fjädern mellan den och staget, sätt sedan backen på plats bakom plåten på undre anslaget.
18 Vrid backen mot bromsskölden så att uttaget i backen går över klacken på armen. Sätt i pinne, backhållarfjäder och bricka.
19 Centrera backarna i förhållande till bromsskölden genom att knacka på dem för hand, montera sedan nav/trumma och sätt tillbaka det yttre lagret.
20 Montera tryckbricka och dra muttern med fingrarna.
21 Dra sedan muttern till ett moment mellan 20 och 25 Nm, rotera samtidigt på hjulet moturs.
22 Lossa muttern ett halvt varv och dras sedan åt den endast med fingrarna igen.
23 Montera mutterlåset så att två av spåren står mitt för hålet för saxpinnen. Sätt i ny saxpinne, bänd upp ändarna över muttern inte

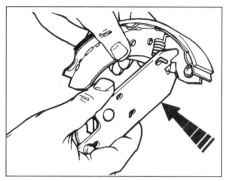

5.11 Justerstaget lossas från sekundärbacken

över axeländen.
24 Knacka dammskyddet på plats.
25 Sätt tillbaka hjulet och kontrollera att det finns ett litet spel i lagret. Håll hjulet upptill och nedtill och vicka på det.
26 Tryck ned bromspedalen helt flera gånger för att sätta an självjusteringsmekanismen, sänk sedan ned bilen.
27 Kontrollera hjulbultarnas åtdragning.

Bränsleinsprutade modeller och Express

28 På dessa modeller är bromstrumman skild ifrån navet, den kan därför demonteras utan att navet behöver rubbas. Man behöver därför inte justera lagret vid ihopsättningen.
29 Kontroll av bromsbackar och själva demonteringen liknar mycket den tidigare beskrivna, men följande skillnader finns.
30 Ta bort fästskruven innan du försöker ta bort trumman **(se bild)**.
31 Lossa backarnas undre returfjäder, lossa sedan handbromsvajern från armen.
32 Bryt backarna undan från undre ledtappen, vrid sedan bort dem från hjulcylindern och demontera dem tillsammans.
33 Då backarna demonterats kan de tas bort från stången. Notera hur detaljerna är placerade innan de tas isär **(se bilder)**.
34 Montering sker i omvänd ordning.

5.30 Demontering av trummans fästskruv på modeller med separat bromstrumma

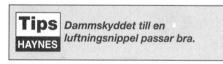

6 Hjulcylindrar bak - demontering, renovering och montering

Notera: *Innan arbetet påbörjas, se varningstexten i början av avsnitt 2 rörande asbestdamm, samt i början av avsnitt 3 rörande bromsvätska.*

Demontering

1 Demontera bromsbackarna bak enligt beskrivning i föregående avsnitt.
2 Lossa bränsleledningen från hjulcylindern, täck för röränden så att vätskan inte rinner ut.

Tips **HAYNES** *Dammskyddet till en luftningsnippel passar bra.*

3 Lossa de två skruvarna som håller cylindern, ta sedan bort cylinder och packning **(se bild)**.

Renovering

4 Rengör cylindern utvändigt, ta sedan bort dammskydden.
5 Kolvar och tätningar går förmodligen att skaka ut. Använd i annat fall tryckluft (från en däckpump) i inloppshålet **(se bild)**.
6 Kontrollera ytorna på kolv och cylinderväggar

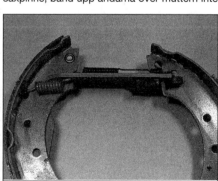

5.33a Returfjäder och returstag för Express, bränsleinsprutade modeller samt senare Sedan och Kombi

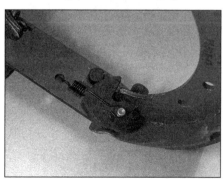

5.33b Automatisk justering för Express, bränsleinsprutade modeller samt senare Sedan och Kombi

6.3 Bakre hjulcylinderns fästskruvar (vid pilarna)

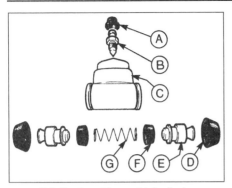

6.5 Sprängskiss av hjulcylinder

A Dammskydd   E Kolv
B Luftningsnippel   F Tätning
C Hjulcylinder   G Fjäder
D Dammskydd

beträffande repor eller metallkontakt. Finns sådana ytor, byt hela cylindern.
7 Om cylindern ska bytas, notera att den förekommer i tre olika dimensioner beroende på modell och år. Hjulcylindrarna är märkta med en bokstav på baksidan vilken motsvarar följande **(se bild)**:
   a) "T" = 22,2 mm diameter
   b) "L" = 19,05 mm diameter
   c) "H" = 17,78 mm diameter
Kontrollera att den nya cylindern är likadan som den tidigare, och ännu viktigare att den är likadan som den på andra sidan.
8 Om detaljerna är i god kondition, skaffa en reparationssats med nya tätningar och dammskydd.
9 All rengöring ska göras med bromsvätska eller sprit - ingenting annat.
10 Sätt ihop genom att först doppa kolven i ren bromsvätska, för den sedan på plats i cylindern. Montera dammskydden.
11 Sätt, genom andra änden på cylindern, in ny tätning, fjäder, en andra tätning, den andra kolven och dammskyddet. Använd endast fingrarna för att pilla tätningarna på plats, se till att tätningsläpparna är vända åt rätt håll.

Montering

12 Skruva hjulcylindern mot bromsskölden, anslut bränsleledningen och sätt tillbaka backarna (avsnitt 5).

8.5 Handbromsens justering (vid pilen) i bromsskölden

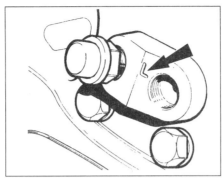

6.7 Märkning av hjulcylinder (vid pilen)

13 Sätt tillbaka bromstrumma och hjul, sänk sedan ned bilen.
14 Lufta bromsarna enligt beskrivning i avsnitt 11 eller 23, vilket som gäller.

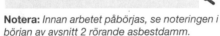

7 Bromstrumma - kontroll och byte

Notera: *Innan arbetet påbörjas, se noteringen i början av avsnitt 2 rörande asbestdamm.*
1 Då en bromstrumma tas bort, se till att borsta bort dammet **utan att inandas det**, det kan innehålla asbest vilket är hälsovådligt.
2 Kontrollera trummans friktionsyta. Finns djupa repor, eller om en fördjupning slitits av belägget, måste trumman bytas.
3 Bearbetning rekommenderas inte eftersom backarna då inte längre överensstämmer med diametern.

8 Handbroms - justering

1 Justering av handbromsen sker normalt automatiskt med hjälp av en självjusterande mekanism som arbetar med de bakre backarna.
2 På grund av att vajern sträcker sig, kan dock tidvis någon justering behövas. Justeringen ska utföras då spakrörelsen blir för stor.
3 Lägg stoppklossar vid framhjulen, släpp sedan handbromsen helt.
4 Hissa upp och stöd bakänden (se *"Lyftning, bogsering och hjulbyte"*).

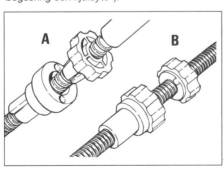

8.8 Olika handbromsvajrar
A Tidig vajer med slät anslagshylsa
B Senare typ med fingergrepp på anslagshylsan

5 Grip tag om varje justering, det sitter en på baksidan av varje bromssköld, för den sedan in och ut **(se bild)**.
6 Om den sammanlagda rörelsen hos justeringarna är mellan 0,5 och 2,0 mm, är handbromsen riktigt justerad. Rör sig justeringarna utöver detta, gör på följande sätt.
7 Det finns två typer av vajer på Escortmodellerna beroende på årsmodell, dessa vajrar måste identifieras innan man fortsätter.
8 Leta rätt på kabeljusteringen som finns alldeles framför bränsletanken. Om justermuttern har fingergrepp men anslagshylsan är slät, följ punkterna 9 - 13. Om både justermutter och anslagshylsa har fingergrepp, följ anvisningarna från punkt 14 **(se bild)**.

Tidigare utförande av vajer med slät anslagshylsa

9 Se till att anslagshylsan är helt på plats i fästet. Lossa justermuttern genom att bryta mellan mutterflänsen och anslagshylsan.
10 Vrid sedan muttern så att spelet i vajern försvinner och så att justernipplarna baktill på bromssköldarna just kan röras.
11 Dra åt handbromsen så att justermuttern trycks in i hylsan.
12 Om justeringen inte gör att justeringarnas rörelse ändras, kärvar troligen vajern eller också är bromsmekanismen defekt.
13 Sänk ned bilen efter avslutat arbete.

Senare typ av vajer, med fingergrepp på anslagshylsan

14 Kontrollera om låsmuttern har ett låsstift av nylon **(se bild)**. Ta i sådana fall bort detta med hjälp av en tång. Man måste använda nytt stift efter justering.
15 Lossa justermuttern något, tryck sedan ned fotbromsen hårt flera gånger så att justeringsmekanismen för backarna ansätts.
16 Vrid anslagshylsan så att justeringarnas sammanlagda rörelse är mellan 0,5 och 2,0 mm.
17 Dra sedan låsmuttern mot anslagshylsan så hårt man kan för hand (två snäpp) dra sedan ytterligare två snäpp (MAX) med lämplig nyckel.
18 Sätt i ett nytt låsstift då sådant används.
19 Sänk ner bilen efter avslutat arbete.

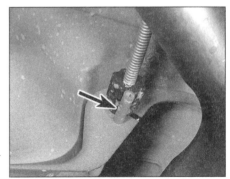

8.14 Låsstift av nylon för handbromsjusteringen (vid pilen)

9 Handbromsvajrar - byte

1 Lägg stoppklossar vid framhjulen, släpp sedan handbromsen helt.
2 Hissa upp och stöd bakänden (se *"Lyftning, bogsering och hjulbyte"*).

Primärvajer

3 Dra loss fjäderklamma och ledpinne, ta sedan bort primärvajern från utjämningsvågen **(se bilder)**.
4 Lossa, inuti bilen, vajern från handbromsspaken, även här är den fäst med stift och klamma. Knacka kabelhöljet bakåt och ta bort vajern genom dörrplåten.
5 Montera i omvänd ordning, justera handbromsen vid behov enligt beskrivning i avsnitt 8.

Sekundärvajer

6 Följ beskrivningen i avsnitt 8. Lossa muttern så att anslagshylsan kan hakas loss från styrningen **(se bild)**.
7 Lossa vajeranslutningen från styrningen genom att ta bort låsblecket och föra innervajern genom slitsen i styrningen **(se bild)**.
8 Lossas nu vajern från styrningen på höger sida av bilen.
9 Lossa vajer/våg från primärvajern genom att ta bort bleck och ledpinne.

9.3b Ledpinne och saxpinne för utjämningsvåg (vid pilen)

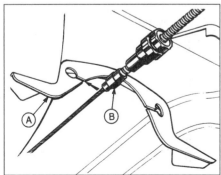

9.6 Demontering av anslagshylsa från karossfästet

A Karossfäste   B Sekundärvajer

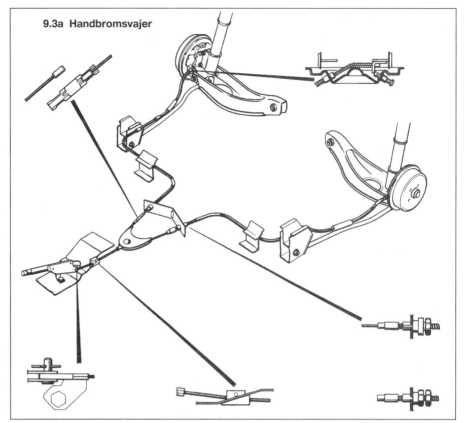

9.3a Handbromsvajer

10 Lossa vajern från styrningarna i karossen.
11 Demontera hjul och bromstrummor.
12 Lossa backhållarfjädern så att backen kan vridas och handbromsarmen lossas från stången.
13 Dra ut vajerändarna genom bromsskölden och ta bort vajern komplett.
14 Montera i omvänd ordning. Smörj kabelspåret i vågen och justera handbromsen enligt beskrivning i avsnitt 8.

10 Handbromsspak - demontering och montering

Demontering

1 Lägg stoppklossar vid framhjulen, hissa upp och stöd bakänden (se *"Lyftning, bogsering och hjulbyte"*), lossa sedan handbromsen.
2 Lossa, underifrån, bleck och pinne för primärvajern från vågen.
3 Lossa sedan varningskontakten för handbromsen inuti bilen.
4 Lossa vajern från handbromsspaken genom att ta bort bleck och pinne **(se bild)**.
5 Lossa spakens fästskruvar och ta sedan bort själva spaken.

Montering

6 Montera i omvänd ordning. Justera efteråt handbromsen vid behov enligt beskrivning i avsnitt 8.

9.7 Låsbleck för handbromsvajer

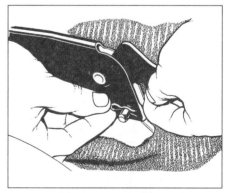

10.4 Demontering av låspinne vid handbromsspak

11 Hydraulsystem - luftning (ej låsningsfria bromsar)

Notera: *För bilar med låsningsfria bromsar, se avsnitt 23.*

⚠️ **Varning: Bromsvätska är giftig; tvätta omedelbart och grundligt om den kommer i kontakt med huden, sök omedelbar läkarhjälp om vätskan sväljs eller kommer in i ögonen. Vissa typer av hydraulvätska är eldfarliga och kan antändas av heta föremål; vid arbeten på hydraulsystemet, bör man anta att bromsvätskan är eldfarlig och därför vidta nödvändiga åtgärder vid brand så som om man arbetade med bensin. Hydraulvätskan är också ett effektivt färgborttagningsmedel, den angriper också plaster; allt spill bör omedelbart sköljas bort med rikliga mängder rent vatten. Till sist, vätskan är hygroskopisk (den upptar fukt ur luften) - gammal vätska kan därför vara olämplig för vidare användning. Vid påfyllning eller byte av vätska, använd alltid rekommenderad typ, se också till att den kommer från en nyöppnad behållare.**

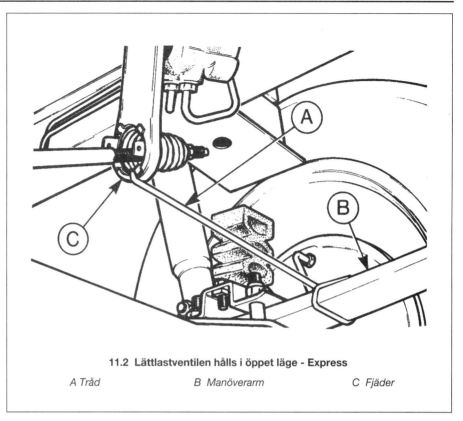

11.2 Lättlastventilen hålls i öppet läge - Express

A Tråd   B Manöverarm   C Fjäder

1 Detta är inte en rutinåtgärd men krävs då någon detalj i systemet har demonterats och monterats eller då hydraulsystemet öppnats. Då arbetet påverkar endast en krets, fodras normalt endast luftning av denna (fram och bakhjul diagonalt motställda). Om huvudcylindern eller bromskraftregulatorn har lossats och sedan anslutits, måste hela systemet luftas.

2 Vid luftning av bromssystem på Express, bind upp lättlastventilarmen mot höger hjulfjäder så att den är helt öppen **(se bild)**. Detta garanterar fullt flöde under luftningen.

3 En av tre metoder kan användas vid luftning.

Luftning - två personer

4 Ta fram en ren burk och en bit gummi eller plastslang som passar ordentligt på luftningsnippeln. Man måste ha hjälp av en person.

5 Se till att inte spilla bromsvätska på lacken eftersom vätskan är en effektiv färgborttagare. Tvätta omedelbart bort eventuellt spill med vatten.

6 Rengör runt luftningsnippeln på höger bromsok och anslut slangen till nippeln.

7 Kontrollera att bromsvätskebehållaren är full, töm sedan bromsservoenheten på vakuum genom att trycka ner bromspedalen åtskilliga gånger.

8 För ner den öppna slangänden i burken i vilken det bör finnas minst 50 mm bromsvätska. Burken ska ställas ca 300 mm ovanför luftningsnippeln så att inte luften går in i systemet förbi luftningsnippelns gängor.

9 Öppna luftningsnippeln ett halvt varv och låt medhjälparen trampa ned bromspedalen sakta mot golvet. Dra åt luftningsnippeln, låt medhjälparen snabbt ta bort foten från pedalen så den får gå tillbaka utan störning. Upprepa sedan proceduren.

10 Titta på slangänden i burken. Då det inte längre kommer några luftbubblor, dra åt luftningsnippeln då pedalen hålls nedtryckt mot golvet.

11 Fyll på bromsvätskebehållaren. Den måste hållas full under hela luftningsoperationen. Om hålen i huvudcylindern någon gång kommer under vätskenivån, sugs luft in i systemet och man måste göra om arbetet igen.

12 Gör på samma sätt med vänster bakbroms, sedan vänster frambroms och till sist höger bakbroms i nämnd ordning (under förutsättning att hela systemet ska luftas).

13 Ta sedan bort slangen. Vätskan som kommer ut i burken ska inte användas igen annat än just för luftning av bromsar.

Luftning - med backventil

14 Det finns ett antal anordningar med vilken man ensam kan lufta bromsarna. Dessa är tillgängliga från verktygsaffärer el dyl. Vi rekommenderar att man använder en sådan anordning eftersom det betydligt underlättar arbetet med luftning av bromsar och också minskar risken för att luft kommer in i systemet.

15 Lossa utloppsröret för luftningsanordningen till luftningsnippeln, öppna sedan nippeln ett halvt varv. Tryck ner bromspedalen mot golvet och släpp den sakta. Backventilen i systemet hindrar luft att komma in i systemet. Gör på samma sätt tills ren bromsvätska, fri från luftbubblor, kommer ur röret. Dra sedan åt luftningsnippeln och ta bort röret.

16 Gör på samma sätt med återstående luftningsnipplar i den ordning som beskrevs i punkt 12. Kom ihåg att fylla på bromsvätskebehållaren.

Luftning - med trycksystem

17 Även ett system för luftning med tryck kan fås från verktygsaffärer. De drivs vanligen med tryckluft från reservhjulet.

18 Genom att ansluta tryckbehållaren till bromsvätskebehållaren, kan man lufta helt enkelt genom att öppna varje luftningsnippel i tur och ordning så att vätskan rinner ut, det påminner om att öppna en kran, tills inga luftbubblor syns i vätskan som rinner ut.

19 Med detta system tjänar den stora bromsvätskereserven som garanti att inte luft kommer in i systemet.

20 Denna metod är speciellt lämplig vid luftning av "svåra" system eller vid luftning av hela systemet efter vätskebyte.

Alla system

21 Efter avslutad luftning, fyll bromsvätskebehållaren till märket. Känn efter hur bromspedalen känns, den ska vara stum utan tendenser att vara "svampig", vilket tyder på att luft fortfarande finns kvar i systemet.

22 På Express, lossa lättlastventilens arm.

12 Huvudcylinder - demontering, renovering och montering

Notera: *Innan arbetet påbörjas, se varningstexten i början av avsnitt 3 rörande bromsvätska.*

Demontering

1 Lossa kablarna från nivåkontakten i behållarens lock. Ta sedan bort locket.
2 Sug ut så mycket vätska som möjligt med en lämplig anordning. Spill inte på lacken eftersom bromsvätska tar bort färgen.
3 Lossa bromsledningarna från huvudcylindern genom att skruva loss anslutningarna. På modeller med låsningsfria bromsar ska man också lossa klammorna och de två returledningarna från modulatorn.
4 På modeller utan bromsservo, lossa de två blecken som håller huvudcylinderns tryckstång till bromspedalen **(se bild)**.
5 Skruva loss huvudcylindern från servoenheten eller torpedvägg, vilket som gäller, ta sedan bort den.

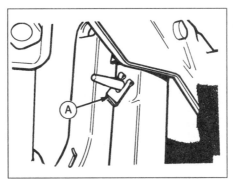

12.4 Låsbleck för huvudcylinderns tryckstång (A) - modeller utan servo

12.6 Tätningar för bromsvätskebehållare (vid pilen)

Renovering

6 Rengör cylindern utvändigt, ta bort bromsvätskebehållaren genom att vicka på den från sida till sida och dra försiktigt. Ta bort de två gummitätningarna **(se bild)**.
7 Sätt försiktigt upp huvudcylindern i ett skruvstycket med skyddsbackar.
8 Lossa och ta bort kolvens stoppskruv.
9 Dra undan dammskyddet, använd sedan en låsringstång, ta bort låsringen som nu blir synlig **(se bild)**.

10 Ta bort tryckstång, dammskydd och bricka.
11 Dra ut primärkolven, den kan redan ha kommit ut av sig själv.
12 Knacka änden av huvudcylindern mot en träbit så att sekundärkolven också kommer ut.
13 Kontrollera kolv och cylinderlopp beträffande repor eller tecken på metallkontakt. Finns sådant, byt cylinder komplett.

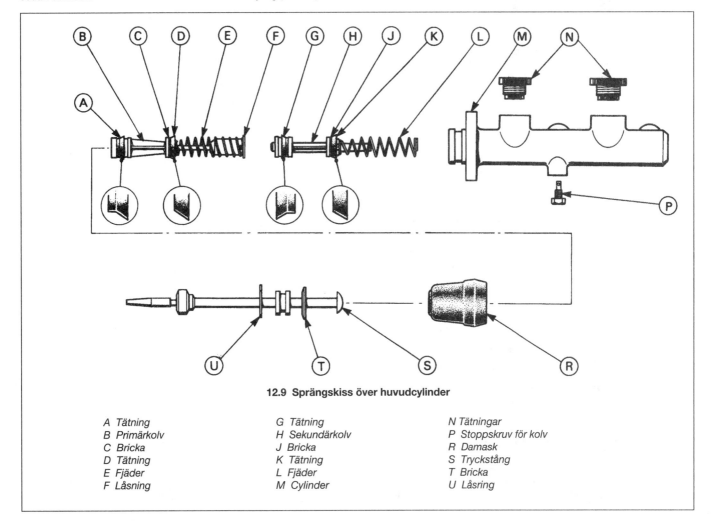

12.9 Sprängskiss över huvudcylinder

A Tätning	G Tätning	N Tätningar
B Primärkolv	H Sekundärkolv	P Stoppskruv för kolv
C Bricka	J Bricka	R Damask
D Tätning	K Tätning	S Tryckstång
E Fjäder	L Fjäder	T Bricka
F Låsning	M Cylinder	U Låsring

12.14 Detaljer för huvudcylinderns primärkolv

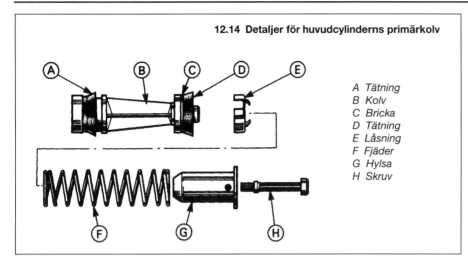

A Tätning
B Kolv
C Bricka
D Tätning
E Låsning
F Fjäder
G Hylsa
H Skruv

12.15 Detaljer för huvudcylinderns sekundärkolv

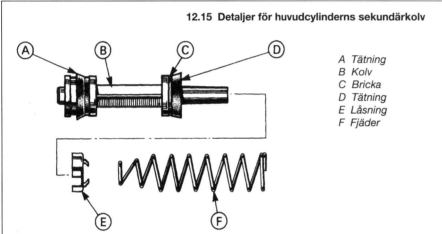

A Tätning
B Kolv
C Bricka
D Tätning
E Låsning
F Fjäder

14 Om detaljerna är i god kondition, ta isär primärkolven genom att lossa skruven och ta bort hylsan. Demontera fjäder, hållare, tätning och bricka. Ta bort den andra tätningen från kolven **(se bild)**.
15 Ta isär sekundärkolven på samma sätt **(se bild)**.
16 Använd inte de gamla delarna utan skaffa en reparationssats.
17 Rengöring av detaljer ska endast ske i ren

bromsvätska eller sprit - ingenting annat.
18 Använd nya tätningar från reparations-satsen, sätt ihop kolvarna, se till att tätnings-läpparna är rätt vända.
19 Doppa kolven i ren bromsvätska och för in den i cylinderloppet.
20 Montera tryckstång komplett med dammskydd och säkra med en ny låsring.
21 Sätt tillbaka dammskyddet på huvud-cylindern.

22 Tryck in tryckstången och skruva i låsskruven.
23 Sätt de två gummitätningarna på plats och tryck sedan fast bromsvätskebehållaren.
24 Man bör nu fylla en liten mängd vätska i behållaren och trycka in tryckstången flera gånger för att fylla huvudcylindern.

Montering

25 Montera i omvänd ordning.
26 Lufta sedan systemet enligt beskrivning i avsnitt 11 eller 23, vilket som gäller.

13 Bromskraftregulator (Sedan och Kombi) - demontering och montering

1 Bromskraftregulatorn är placerad i motorrummet, just ovanför öppningen i innerflygeln genom vilken styrstaget passerar. På modeller före 1986 är regulatorhuset av metall och skruvat mot innerflygeln. På senare modeller är ventilerna, en för varje krets, individuellt placerade i ett fäste på innerflygeln **(se bilder)**.

Demontering

Notera: *Innan arbetet påbörjas, se varningstexten i början av avsnitt 3 rörande bromsvätska.*
2 Lossa anslutningarna, notera hur de är placerade, ta sedan bort ledningarna från ventilen (-erna). Täck för rörändarna med skydd avsedda för luftningsnipplar för att minska vätskeförlust.
3 Lossa fästskruvarna och ventil eller fäste. På senare modeller, lossa låsblecken och sedan ventilerna från fästet **(se bild)**.
4 Inte någon av regulatorerna kan tas isär, utan de måste bytas komplett om de är defekta.

Montering

5 Montera i omvänd ordning. Lufta sedan systemet enligt beskrivning i avsnitt 11.

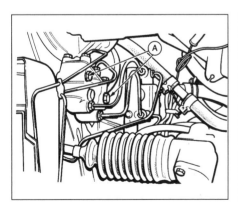

13.1a Bromskraftregulatorns skruvar (A) - modeller före 1986

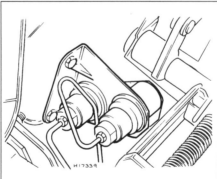

13.1b Bromskraftregulator och fäste - modeller från och med 1986

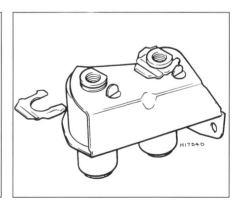

13.3 Låsbleck för bromskraftregulator - modeller från och med 1986

14 Lättlastventil (Express) - justering, demontering och montering

1 Lättlastventilen på Express reglerar bromskraften i förhållande till bilen fjäderhöjd och där med belastning. Ventilen är monterad på undersidan av bilen ovanför bakaxelröret, med vilket det står i förbindelse via en stång **(se bild)**.

2 Regulatorn ska aldrig tas isär men den måste justeras då själva ventilen, axelröret, fjädrar eller stötdämpare har demonterats, monterats eller bytts.

Justering

3 Följ denna beskrivning om de ordinarie fjädrarna har satts tillbaka, men då regulatorns länkage har bytts. Mät avståndet "X" justera sedan vid behov med muttern så att avståndet blir mellan 10 och 12 mm **(se bild)**.

4 Vrid distansröret så att måttet "C" är mellan 18,5 och 20,5 mm **(se bild)**. Tryck ihop änden på distansröret bredvid den lettrade sektionen så att röret inte kan vrida sig ytterligare.

5 Om den ursprungliga fjädern har monterats och även regulatorn är den ursprungliga, håll i

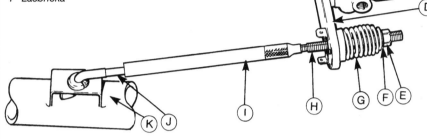

14.1 Lättlastventil - Express

A Ventilhus
B Utlopp
C Inlopp
D Manöverarm
E Justermutter
F Låsbricka

G Regulatorfjäder
H Justerstång
I Distanshylsa
J Länkstång
K Bakaxelrör

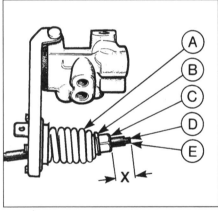

14.3 Justering av lättlastventil - Express

A Regulatorfjäder
B Låsbricka
C Justermutter

D Gängad stång
E Plana ytor
X = 10 till 12 mm

den gängade justerstången med hjälp av de plana ytorna vrid sedan justermuttern så att korrekt avstånd erhålls.

6 Om en eller bägge bakfjädrarna bytts, utför justering enligt punkt 3, förutom att änden på distansröret ska ställas mot spåret i länkstången **(se bild)**.

Demontering

Notera: *Innan arbetet påbörjas, se varningstexten i början av avsnitt 3 rörande bromsvätska.*

7 Om bromskraftregulatorn måste demonteras, lossa först hydraulledningarna från regulatorn och täck för rören.

8 Lossa ventilen från fästet, ta sedan bort den och dra distanshylsan från länkstången. Ta sedan bort den.

Montering

9 Montera i omvänd ordning, men lufta bromsarna (avsnitt 11) och justera regulatorn enligt tidigare beskrivning i detta avsnitt.

15 Bromsledningar och slangar - byte

Notera: *Innan arbetet påbörjas, se varningstexten i början av avsnitt 3 rörande bromsvätska.*

1 Lossa alltid först slangen genom att ta bort fästklamman och sedan slangen från fästet, använd sedan två väl passande nycklar och lossa anslutningen mot röret **(se bild)**.

2 Då slangen lossats från röret, kan den även lossas från ok eller hjulcylinder.

3 Vid anslutning till rören, eller slanganslutningar, kom ihåg att alla gängor är metriska. Inga kopparbrickor används vid anslutningarna, tätningen åstadkoms av röränden. Försök därför inte dra in en anslutning som går tungt och ännu hellre om den inte helt vill gå in i motsvarande del.

4 En bromsslang får aldrig monteras så att den är vriden, man kan dock förspänna den något så att den går fritt från övriga detaljer.

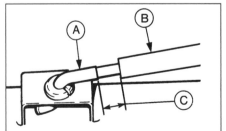

14.4 Justering av länkage för lättlastventil med originalfjädrar - Express

A Länkstång
B Distanshylsa

C = 18,5 till 20,5 mm

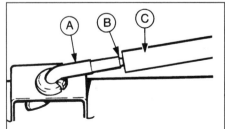

14.6 Justering av länkage för lättlastventil med nya fjädrar - Express

A Länkstång
B Spår

C Distanshylsa

15.1 Demontering av fästklamma för bromsslang

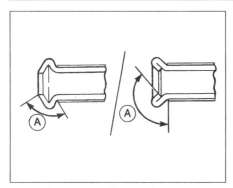

15.8 Pressade flänsar på bromsrör
A Skyddsfilm tas bort innan pressning

16.2 Demontering av luftintag

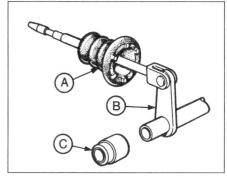

16.8a Länkstång för bromsservo

För att göra detta kan man vrida slangen något innan fästklamman sätts på plats i fästet.
5 Bromsledningar kan fås färdigformade.
6 Om man tillverkar bromsrören själv, notera följande.
7 Innan tätningskragen formas, ta bort skyddsplasten ungefär 5 mm.
8 Stuka änden på röret enligt bilden **(se bild)**.
9 Minimum bockningsradie ska vara 12 mm, man bör inte göra tätare böjar än med 20 mm radie.

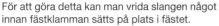

16 Bromsservo och länkage - demontering och montering

Demontering

1 Se avsnitt 12 och ta bort huvudcylindern.
2 På bränsleinsprutade modeller, lossa och lyft bort främre delen av luftintaget så att man kommer åt länkaget som går tvärs över torpeden (gäller endast högerstyrda modeller) **(se bild)**.
3 Lossa låsblecket som håller tryckstången till bromspedalens arm inuti bilen.
4 Lossa muttrarna som håller servoenheten till fästet, och även stödet i karossen.
5 Lossa slangen från servoenheten.
6 Lossa fjädern för länkarmen baktill på servoenheten, dra sedan servoenheten framåt så att tryckstången kan hakas loss från länkaget.
7 Demontera servoenheten. Är den defekt,

måste den bytas.
8 På högerstyrda bilar kan man vid behov sedan ta bort länkaget under instrumentbrädan då klädsel och panel har tagits bort ovanför bromspedalen. Lossa sedan länkfästet från förarsidan **(se bilder)**.

Montering

9 Montera i omvänd ordning. Montera huvudcylindern enligt beskrivning i avsnitt 12, lufta sedan systemet enligt beskrivning i avsnitt 11 eller 23, vilket som gäller.

17 Bromspedal - demontering, montering och justering

Demontering

1 Lossa panelen under instrumentbrädan inuti bilen.
2 Ta bort låsfjädern som håller tryckstången till bromspedalarmen.

A Damask *C Bussning*
B Länkarm

3 Lossa låsbrickan i änden på pedalaxeln och dra ut axeln tillsammans med kopplingspedalen och den plana brickan samt vågbrickorna **(se bild)**.
4 Byt bussningarna vid behov.

Montering

5 Montera i omvänd ordning. Smörj bussningarna med lite fett vid montering.

Justering

6 Även om bromssystemet fungerar tillfredsställande, kan vissa förare tycka att bromspedalvägen är för stor. Pedalvägen kan reduceras på följande sätt om övre änden på bromspedalen är mindre än 200 mm ovanför golvets plan.
7 Demontera bromspedalen enligt beskrivning ovan.
8 Demontera den vita plastbussningen **(se bild)**.

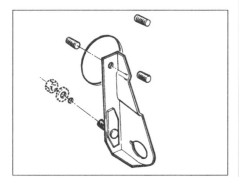

16.8b Förstärkning för bromsservo på förarsidan

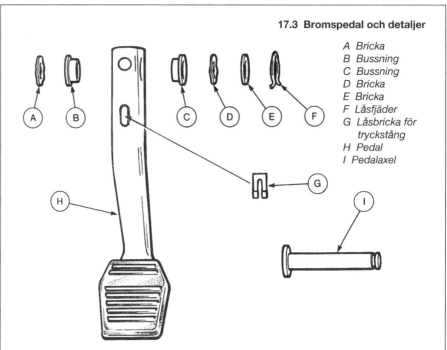

17.3 Bromspedal och detaljer

A Bricka
B Bussning
C Bussning
D Bricka
E Bricka
F Låsfjäder
G Låsbricka för tryckstång
H Pedal
I Pedalaxel

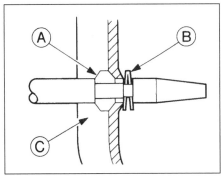

17.8 Genomskärning av bromspedal och tryckstång

A Vit plastbussning   C Pedalarm
B Låsbricka

9 Montera ny bussning som har röd färg och kommer att öka pedalhöjden. Då denna bussning monterats kan man inte sätta tillbaka detaljerna som motverkar skrammel. Detta saknar dock betydelse.
10 Justera bromsljuskontakten enligt beskrivning i avsnitt 18.

18 Bromssystem, varningslampor och elkontakter - demontering och montering

Allmänt

1 Alla modeller har varningslampa för låg bromsvätskenivå inbyggd i locket till bromsvätskebehållaren samt en bromsljuskontakt på bromspedalen.
2 Vissa versioner har även varningskretsar för bromsbeläggen fram och en varningslampa för handbromsen.
3 Varningslamporna sitter i instrumentpanelen, byte behandlas i kapitel 12.

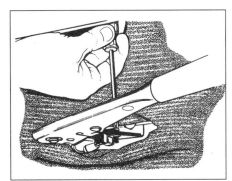

18.4 Demontering av handbromsens varningskontakt

Kontakt för handbromslampa

4 Varningslampa för handbroms sitter på spaken och kan demonteras sedan kablarna och fästskruven lossas (se bild).

Bromsljuskontakt

5 Bromsljuskontakten kan demonteras genom att man lossar kablarna och låsmuttern som håller kontakten i fästet under instrumentbrädan (se bild).
6 Vid montering av kontakten, justera läget genom att skruva den in och ut så att den inte påverkas under pedalens första 5 mm rörelse.

19 Låsningsfria bromsar - beskrivning

1 Från och med 1986 förekommer låsningsfria bromsar som standard eller tillval på Escortmodeller.
2 Systemet består av fyra huvudkomponenter: två modulatorer, en för varje bromskrets samt två lastberoende fördelningsventiler vid bakaxeln, även här en för varje bromskrets. Förutom ytterligare ledningar är det övriga

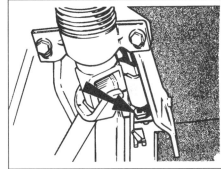

18.5 Låsmutter för bromsljuskontakten (vid pilen)

bromssystemet lika det för andra modeller (se bild).
3 Modulatorerna är placerade i motorrummet, en på varje sida av växellådan, alldeles ovanför de inre drivknutarna. Varje modulator har en axel som påverkar ett svänghjul med hjälp av en frihjulskoppling. En kuggrem från drivaxeln driver modulatoraxeln.
4 Under normal körning och normal bromsning, håller modulatoraxeln och svänghjulet samma hastighet på grund av frihjulskopplingen. Bromsvätskan från huvudcylindern passerar då modulatorerna och går sedan till respektive broms på vanligt sätt. Om framhjulen skulle låsa sig tillåter frihjulskopplingen att svänghjulet snurrar snabbare än modulatoraxeln. Detta får svänghjulet att röra sig på modulatoraxeln, det trycks inåt och manövrerar en hävarm som i sin tur öppnar en avlastningsventil. Trycket i bromsledningen minskas via en kolv så att hjulet åter kan snurra. Bränsle som går via avlastningsventilen förs tillbaka till huvudcylinderns behållare via modulatorns returledningar. Samtidigt tvingar trycket i huvudcylindern en pumpkolv i kontakt med en excentrisk kam på modulatoraxeln. Svänghjulet bromsas sedan av svänghjulets friktionskoppling. Då modulatoraxel och svänghjul åter har samma varvtal, stänger avlastningsventilen och processen upprepas. Detta sker åtskilliga gånger per sekund tills bilen stannar eller bromsningen upphör.
5 Bromskraftfördelningsventilerna sitter på bakre tvärbalken och är förbundna med bakfjädringen via länkar. Ventilerna styr hydraultrycket till bakbromsarna i förhållande till bilens last och fjädringsläge så att bromskraften på framhjulen hela tiden är större än på bakhjulen.
6 En varningskontakt för rembrott sitter i kåpan som omger modulatorernas drivremmar. Kontakten har en arm som i sin tur står i kontakt med drivremmen. Om remmen går av, eller om den är för slak, rör sig armen utåt och kontakten sluter. En varningslampa på instrumentbrädan tänds då som information till föraren.

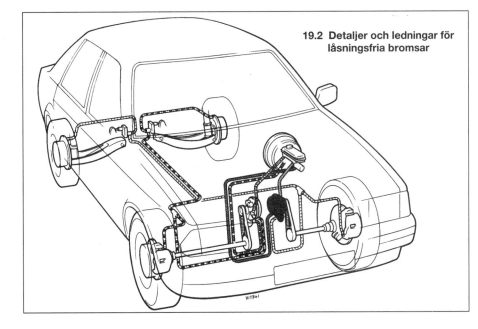

19.2 Detaljer och ledningar för låsningsfria bromsar

20.2 Demontering av remvarningskontakt från remkåpan

20 Modulatorrem (låsningsfria bromsar) - demontering och montering

Notera: *När helst ABS-modulatorns remjustering slackas eller tas bort, måste skruvgängorna smörjas lätt så att inte bultarna skär. Se till att inget fett kommer på kringliggande detaljer.*

Höger sida

Demontering

Notera: *Ny låsring för drivaxeln och ny saxpinne för styrleden krävs vid montering.*

1 Hissa upp framänden, stöd den på pallbockar (se *"Lyftning, bogsering och hjulbyte"*), ta bort hjulet.

2 Demontera varningskontakten från remkåpan genom att trycka den uppåt och försiktigt dra den utåt i underkant. Dra ner kontakten, ta bort kontaktarmen från öppningen i kåpan och placera kontakten så den är ur vägen **(se bild)**.

3 Lossa de två muttrarna och brickorna för remkåpan samt på senare modeller (från och med 1987), skruven **(se bilder)**.

4 Ta bort kåpan från skruvarna och sedan upp och förbi oljefiltret.

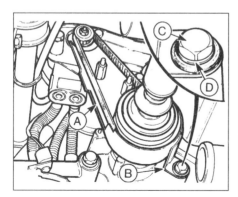

20.3c Remkåpa för höger modulator - modeller från och med 1987

A Skydd   C Skruv
B Fäste   D Bricka

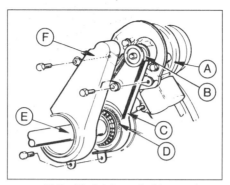

20.3a Modulator och drivrem

A Modulator   D Drivknut
B Drivhjul   E Drivaxel
C Drivrem   F Remkåpa

5 Lossa modulatorns justerskruv något, för undan modulatorn så att remspänningen avlastas, ta sedan remmen av modulatorns drivhjul **(se bild)**.

6 Ta bort saxpinnen och muttern och lossa styrleden från styrarmen med ett lämpligt verktyg.

7 Lossa undre kulleden från navet genom att ta bort mutter och klämskruv **(se bild)**. Notera att klämskruven har Torxhuvud, detta kräver ett speciellt verktyg. Verktyg kan fås från de flesta vektygsaffärer.

8 Ställ en lämplig behållare under drivaxelns inre knut.

9 För in en brytspak mellan drivknuten och växellådshuset. Slå ett kraftigt slag på brytspaken så att knuten lossar från differentialen.

10 Dra ut drivaxeln ur växellådan och ta bort remmen från knuten. Låt växellådsoljan rinna ned i behållaren.

11 Då drivaxeln är borta, häng upp den så att drivknuten inte får större vinkel än 45°.

Montering

12 Innan drivremmen monteras, montera ny låsring på drivaxelns splines vid inre knuten.

13 Se till att modulatorns drivhjul samt drivaxelns splines är rena och torra, sätt sedan drivremmen på plats över knuten.

20.5 Justerskruv för modulator (vid pilen)

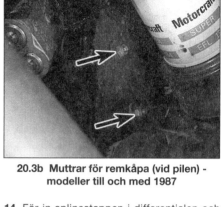

20.3b Muttrar för remkåpa (vid pilen) - modeller till och med 1987

14 För in splinestappen i differentialen och tryck den ordentligt på plats.

15 Sätt tillbaka undre kulleden på navet, sätt i Torx-skruven med huvudet bakåt. Sätt tillbaka muttern och dra till angivet moment.

16 Sätt tillbaka styrleden i styrarmen, sätt på muttern och dra till angivet moment, säkra sedan med saxpinnen.

17 För drivremmen över modulatorns drivhjul så att den sitter med kuggarna i kuggluckorna.

18 Flytta modulatorn så att remmen spänns, remmen ska kunna tryckas in 5 mm med lätt fingertryck. Kontrollera med hjälp av en linjal halvvägs mellan drivhjulen **(se bild)**.

19 Då remmen är korrekt spänd, dra åt modulatorns justerskruv. Innan åtdragningen ska skruvgängorna smörjas - se tidigare anvisning i detta avsnitt.

20 Sätt tillbaka remkåpan och fäst med de två muttrarna och brickorna samt i förekommande fall skruven.

21 För in armen till varningskontakten uppåt genom öppningen i remkåpan, placera sedan kontakten i läge. Dra kontakten nedåt för att fästa den.

22 Sätt tillbaka hjulet och sänk ned bilen.

23 Fyll på växellådsolja enligt beskrivning i kapitel 1.

Vänster sida

24 Arbetet går till på samma sätt som för höger sida utom beträffande följande.

25 Ta bort motorns stänkplåt från inre hjulhuset.

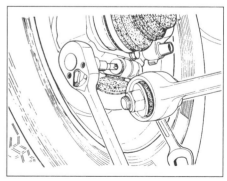

20.7 Demontering av klämskruv för kulled

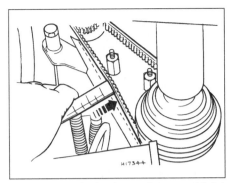

20.18 Remspänning kontrolleras med linjal

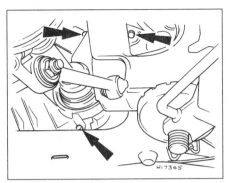

20.26 Skruvar för vänster remkåpa (vid pilarna)

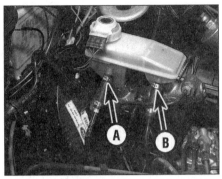

21.3 Returledningar från modulator vid bromsvätskebehållaren

A Till höger modulator
B Till vänster modulator

26 Ta bort drivremkåpan, notera att den sitter med tre skruvar, två upptill och en undertill **(se bild)**.

27 Vid spänning av remmen, använd en lämplig träbit genom öppningen för styrstaget i innerflygeln, tryck med träbiten modulatorn i den riktning som erfordras.

21 Modulator (låsningsfria bromsar) - demontering och montering

Notera: *När helst ABS-modulatorns remjustering slackas eller tas bort, måste skruvgängorna smörjas lätt så att inte bultarna skär. Se till att inget fett kommer på kringliggande detaljer.*

Notera: *Innan arbetet påbörjas, se varningstexten i början av avsnitt 3 rörande bromsvätska.*

Höger sida

Demontering

1 Lossa kontaktstycket från varningskontakten på huvudcylinderns bromsvätskebehållare. Ta bort locket.

2 Sug ut så mycket vätska från behållaren som möjligt med lämplig anordning. Spill inte vätska på lacken, bromsvätska är ett effektivt färgborttagningsmedel.

3 Lossa slangklamman och returledningen för höger modulator vid bromsvätskebehållaren (närmast vakuumservoenheten) **(se bild)**.

4 Hissa upp framänden, stöd den på pallbockar (se *"Lyftning, bogsering och hjulbyte"*).

5 Demontera varningskontakten för remkåpan genom att trycka den uppåt och försiktigt dra den utåt i underkant. Dra ner kontakten, ta bort kontaktarmen från öppningen i kåpan och placera kontakten så den är ur vägen.

6 Lossa de två muttrarna och brickorna för remkåpan samt på senare modeller (från och med 1987), skruven.

7 Ta bort kåpan från skruvarna, sedan upp och förbi oljefiltret.

8 Lossa de två bromsledningarna och slangarna med gula band vid fästet på växellådsbalken **(se bild)**. Låt bromsvätskan rinna ner i en lämplig behållare.

9 Lossa modulatorns justerskruv, för sedan undan modulatorn så att remspänningen avlastar och remmen kan tas av drivhjulet **(se bild)**.

10 Lossa och ta bort justerskruven och modulatorns ledskruv, ta sedan bort modulatorn från motorrummet.

11 Vid behov, lossa bromsslangarna från modulatorn efter demontering. Plugga eller tejpa över alla öppna ledningar och anslutningar så att inte smuts kommer in.

Montering

12 Om ny modulator monteras, kontrollera att den har en gul pil på locket samt ett detaljnummer som slutar på A vilket visar att den är för höger sida. Notera att enheterna inte är lika för höger och vänster sida.

13 Anslut slangarna till modulatorn vid behov.

14 Placera modulatorn i fästet, sätt i ledskruv och dra till angivet moment.

15 Lägg drivremmen över modulatorns drivhjul, se till att kuggarna går i kuggluckorna.

16 För modulator så att remmen spänns, remmen ska gå att tryckas in 5 mm med lätt fingertryck. Kontrollera med linjal halvvägs mellan drivhjulen.

17 Då remmen är riktigt spänd, dra åt modulatorns justerskruv. Innan åtdragning ska skruvens gängor smörjas in - se notering i början av avsnittet.

18 Anslut modulatorns bromsledningar och slangar.

21.8 Bromsrör och slangar (vid pilarna) samt fäste på växellådsbalken

19 Sätt tillbaka remkåpan och fäst med muttrarna och brickorna, samt skruven (i förekommande fall).

20 För kontaktarmen upp genom öppningen i remkåpan, sätt sedan kontakten på plats, dra kontakten nedåt så att den fastnar.

21 Sänk ned bilen.

22 Anslut modulatorns returledning till bromsvätskebehållaren, fyll sedan behållaren med ren bromsvätska av angiven typ.

23 Lufta bromsarna enligt beskrivning i avsnitt 23.

Vänster sida

Demontering

24 För in armen till varningskontakten uppåt genom öppningen i remkåpan, placera sedan kontakten i läge. Dra kontakten nedåt för att fästa den .

25 Evakuera så mycket vätska som möjligt från behållaren med lämpligt verktyg. Spill inte bromsvätska på lacken, bromsvätska är ett effektivt färgborttagningsmedel.

26 Lossa slangklamman och vänster returledning från bromsvätskebehållaren på huvudcylindern (den som sitter längst från bromsservon).

27 Hissa upp framänden, stöd den på pallbockar (se *"Lyftning, bogsering och hjulbyte"*).Ta bort vänster hjul.

28 Ta bort stänkplåten från inre hjulhuset.

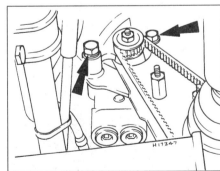

21.9 Juster- och ledskruv för höger modulator (vid pilarna)

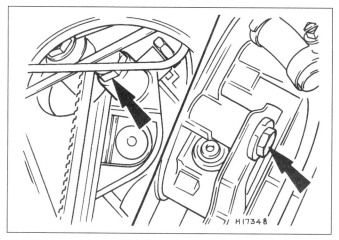

21.32 Juster- och ledskruv för vänster modulator (vid pilarna)

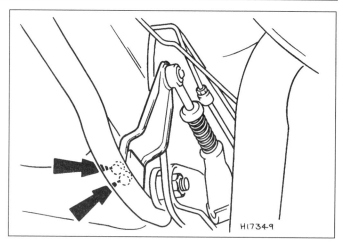

22.5 Fäste för lastavkännande ventil, skruvar (vid pilarna)

29 Demontera varningskontakten från remkåpan genom att trycka den uppåt och försiktigt dra den utåt i underkant. Dra ner kontakten, ta bort kontaktarmen från öppningen i kåpan och placera kontakten så den är ur vägen.
30 Lossa de tre skruvarna, två upptill och en undertill som håller remkåpan till modulatorfästet. Ta bort kåpan.
31 Lossa de två bromsledningarna och slangarna med vita band vid fästet på växellådsbalken. Låt bromsvätskan rinna ner i lämplig behållare.
32 Lossa modulatorns justerskruv, för undan den så att remspänningen avlastas och remmen kan tas av drivhjulet (se bild).
33 Ta bort fördelarlock, rotor och sköld. Lossa kontaktstycket för vänster remvarningskontakt.
34 Lossa och ta bort justerskruven och modulatorns ledskruv, ta sedan bort generatorn uppåt ut ur motorrummet.
35 Vid behov, lossa bromsslangarna vid modulatorn efter demontering. Plugga eller tejpa för alla ledningar och öppningar så inte smuts kommer in.

Montering

36 Om ny enhet monteras, se till att den har en vid pil på locket och ett delnummer som slutar på C vilket visar att den är för vänster sida. Notera att enheterna inte är lika på höger och vänster sida.
37 Anslut modulatorns bromsledningar om dessa lossats.
38 Placera modulatorn i fästet, sätt i ledskruven och dra till angivet moment.
39 Lägg drivremmen över modulatorns drivhjul, se till att kuggarna går i kuggluckorna.
40 Justera remspänningen enligt beskrivning i punkterna 16 och 17, men använd en lämplig träbit genom hålet för styrleden i innerflygeln, tryck undan modulatorn.
41 Anslut de två bromsledningarna och slangarna.
42 Montera remkåpan och fäst med de tre skruvarna.

43 Sätt tillbaka varningskontakten enligt beskrivning i punkt 20.
44 Sätt tillbaka stänkplåten.
45 Sätt tillbaka hjulet och sänk ned bilen.
46 Anslut kontaktstycket för remvarningskontakten, sedan sköld, rotor och fördelarlock.
47 Anslut modulatorns bromsledning vid bromsvätskebehållaren, fyll sedan behållaren med ren bromsvätska av angiven typ.
48 Lufta bromsarna enligt beskrivning i avsnitt 23.

22 Lastavkännande ventil (låsningsfria bromsar) - demontering och montering

Notera: Innan arbetet påbörjas, se varningstexten i början av avsnitt 3 rörande bromsvätska.

Demontering

1 Hissa upp bilen på en lyft, eller kör upp bakänden på ramper. Bakhjulen får inte hänga fritt.

2 Vid demontering av höger lastavkännande ventil på bränsleinsprutade modeller, lossa muttern och skruven som håller bränslepumpfästet till karossen. För pumpen åt sidan så att ventilen blir lättare att komma åt.
3 Lossa bromsledningarna vid ventilen, plugga sedan rör och öppningar så att inte vätska rinner ut eller smuts kommer in.
4 Som hjälp vid monteringen, märk ordentligt ut läget för ventilens justerfäste på bärarmen. Detta garanterar att inte ventilens justering ändras vid monteringen.
5 Lossa muttrarna och ta bort plåten som håller justerfästet till bärarmen (se bild).
6 Lossa muttrarna för bägge bärarmarnas inre infästning, ta sedan bort fästplattan för de lastavkännande ventilerna.
7 Lossa skruvarna som håller ventilen till plåten, ta sedan bort ventil och justerfäste från bilen (se bild).
8 Vid behov kan tryckstången lossas från justerfästet om man bryter loss leden med en skruvmejsel (se bild). Smörj ledens gummibussning för att underlätta demonteringen.

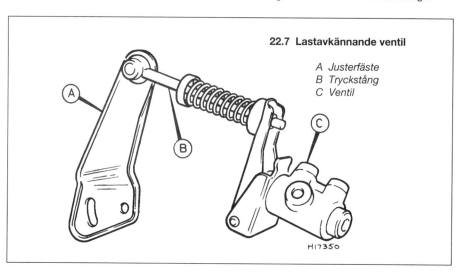

22.7 Lastavkännande ventil

A Justerfäste
B Tryckstång
C Ventil

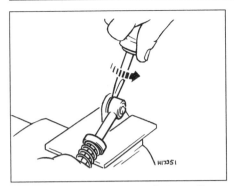

22.8 Tryckstången lossas från justerfästet

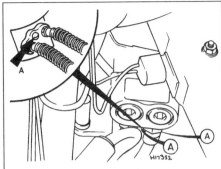

23.5 Placering av modulatorns överströmningsventil (A)

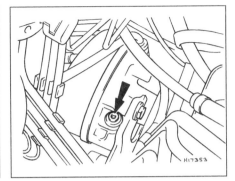

23.6 Placering av modulatorns luftningskolv (vid pilen)

Montering

9 Om ny ventil monteras kommer den komplett med distanser i nylon så att den kan monteras i rätt läge. Låt dessa sitta kvar tills ventilen är på plats.
10 Sätt tillbaka leden för tryckstången på justerfästet med hjälp av en lämplig hylsa och ett skruvstycke.
11 Placera den nya ventilen i fästet och säkra med skruvarna.
12 Placera fästet över bärarmens fästskruvar, sätt på muttrarna och dra till angivet moment.
13 Anslut bromsledningarna till ventilen.
14 Sätt tillbaka plåten och justerfästet på bärarmen, se till att de tidigare gjorda märkena överensstämmer. Sätt på muttrarna och dra till angivet moment.
15 Om ny ventil monteras, ta bort distanserna i nylon.
16 Sätt tillbaka bränslepumpens fäste om detta lossats.
17 Sänk ner bilen.
18 Lossa bromssystemet enligt beskrivning i avsnitt 23.
19 Den lastavkännande ventilens justering bör kontrolleras av en auktoriserad verkstad om den gamla ventilen satts tillbaka. Speciella mätdon krävs för detta arbete, det är inte lämpligt att göra på egen hand.

23 Hydraulsystem - luftning (låsningsfria bromsar)

Notera: *Innan arbetet påbörjas, se varningstexten i början av avsnitt 11 rörande bromsvätska.*
1 På bilar med låsningsfria bromsar finns två metoder att lufta bromsarna beroende på vilken del av systemet som har öppnats.
2 Om någon av följande förutsättningar gäller, följ metod A:
  a) *Någon modulator har demonterats.*
  b *Returledning för modulator till huvudcylinder har öppnats.*
  c) *De två bromsledningarna till modulatorn har lossats.*
3 Om någon av följande förutsättningar följer, lufta enligt metod B:
  a) *Då huvudcylindern har tappats på vätska men det fortfarande finns vätska kvar i modulatorns returledning.*
  b) *Demontering av någon huvudkomponent dvs bromsok, bromsslang eller rör, hjulcylinder, lastavkännande ventil.*

Luftning med metod A

4 Fyll bromsvätskebehållaren till "MAX" märket, med rätt typ bromsvätska, håll den sedan fylld under arbetet.

5 Använd en Torxnyckel, öppna överströmningsventilen på den berörda modulatorn ett och ett halvt varv. Överströmningsventilen är placerad mellan de två slangarna på sidan av modulatorn **(se bild)**.
6 Tryck ner och håll luftningskolven på modulatorn helt nedtryckt så att låsringen går mot huset **(se bild)**.
7 Låt någon trampa på bromspedalen åtminstone 20 ggr, kontrollera samtidigt vätskan som går tillbaka till huvudcylindern. Fortsätt på detta sätt tills vätskan är fri från luftbubblor.
8 Släpp luftningskolven, se till att den går helt tillbaka. Dra ut den för hand om det visar sig nödvändigt.
9 Dra åt överströmningsventilen på modulatorn.
10 Fortsätt sedan enligt metod B.

Luftning med metod B

11 Denna metod är samma som för konventionella bromsar, se därför avsnitt 11. Notera dock att hjulen måste vila på marken, de får inte hänga fritt, annars går det inte att lufta de lastavkännande ventilerna.

Kapitel 10
Fjädring och styrning

Innehåll

Svårighetsgrad

Enkelt, passar novisen med lite erfarenhet		Ganska enkelt, passar nybörjaren med viss erfarenhet		Ganska svårt, passar kompetent hemmamekaniker		Svårt, passar hemmamekaniker med erfarenhet		Mycket svårt, för professionell mekaniker	

Specifikationer

Framfjädring

Typ . . . . Individuell upphängning, fjäderben av MacPherson typ med spiralfjädrar och inbyggda stötdämpare. Krängningshämmare på alla modeller utom 1,1 liters versioner före 1983

Bakfjädring

Typ:
  Sedan och Kombi . . . . Individuell upphängning med spiralfjädrar, teleskopstötdämpare och reaktionsstag
  Express . . . . Röraxel med bladfjädrar och teleskopstötdämpare
Lagerfett . . . . Enl Ford specifikation SAM-1C-9111A

Styrning

Typ . . . . Kuggstång
Smörjmedel, styrväxel:
  Typ:
    Olja . . . . Enl Ford specifikation SQM-2C9003-AA
    Halvflytande fett . . . . Enl Ford specifikation SAM1C-9106-AA
  Mängd:
    Modeller före maj 1983 . . . . 95 cc halvflytande fett
    Modeller fr o m maj 1983 . . . . 120 cc olja och 70 cc halvflytande fett (fyll fett genom styrväxelrörets ändar)

Framhjulsinställning

Toe:
Modeller före maj 1983:
  Vid kontroll . . . . 1,5 mm toe-in till 5,5 mm toe-ut
  Vid justering . . . . 1,0 mm toe-in till 3,0 mm toe-ut
Modeller fr o m maj 1983:
  Vid kontroll . . . . 0,5 mm toe-in till 5,5 mm toe-ut
  Vid justering . . . . 1,5 mm till 3,5 mm toe-ut

Fälgar

Dimension:
Stålfälg 13x4,50, 13x5, 14x6
Lättmetallfälg 14x5,50, 14x6, 15x6

Däck

Dimension:
Sedan och Kombi . . . . 145 SR 13,155 SR/TR 13, 175/70 SR/HR 13, 175/65 HR 14, 185/60 HR 13, 185/60 HR 14, 195/50 VR 15
Express . . . . 155 SR 13, 165 RR 13

Åtdragningsmoment

Nm

Framfjädring

	Nm
Drivaxelmutter (gängorna lätt anoljade)	205 till 235
Bärarm, inre infästning	51 till 64
Bärarm, klämskruv vid kulled	48 till 60
Bromsokets fäste	50 till 66
Fjäderben till spindel	80 till 90
Reaktionsstag till bärarm (1,1 liters modeller före 1983)	75 till 90
Reaktionsstag till fäste (1,1 liters modeller före 1983)	44 till 55
Krängningshämmare till bärarm	90 till 110
Krängningshämmarinfästning, muttrar och skruvar	45 till 56
Reaktionsstag till bärarm (1985 års RS Turbo modeller)	90 till 110
Reaktionsstag till krängn hämmarinfästn (1985 års RS Turbo modeller) .	22 till 26
Reaktionsstag, mutter för främre led (1985 års RS Turbo modeller) . . .	70 till 90
Övre fjäderbensinfästning (modeller före maj 1983)	20 till 24
Övre fjäderbensinfästningens mutter (modeller fr o m maj 1983)	40 till 52
Kolvstångsmutter, fjäderben	52 till 65

Bakfjädring (Sedan och Kombi)

	Nm
Bärarm, inre infästning	70 till 90
Bärarm till nav, genomgående skruv	60 till 70
Stötdämpare, övre fästmutter	42 till 52
Stötdämpare, undre infästning	70 till 90
Reaktionsstag, främre infästning	70 till 90
Reaktionsstag, bakre infästning	70 till 90
Bromssköld	45 till 55

Bakfjädring (Express)

	Nm
Fjäderkrampor, muttrar	36 till 45
Fjäderhänken, muttrar	40 till 50
Fjäder, muttrar för öglebult	70 till 90
Övre stötdämparfäste (till kaross)	20 till 25
Övre stötdämparinfästning	40 till 50
Bromssköld	45 till 55

Styrning

	Nm
Styrväxelinfästning	45 till 50
Styrled till styrarm	25 till 30
Styrled, låsmutter på styrstag	57 till 68
Rattstångsknut, klämskruv	45 till 56
Rattmutter	27 till 34
Styrväxellock (modeller före maj 1983)	6 till 9
Pinionglagerlock (modeller före maj 1983)	17 till 24
Styrväxelplugg (modeller fr o m maj 1983)	4 till 5
Styrstag, inre kulled till kuggstång	68 till 90

Hjul

	Nm
Hjulbultar (alla modeller)	70 till 100

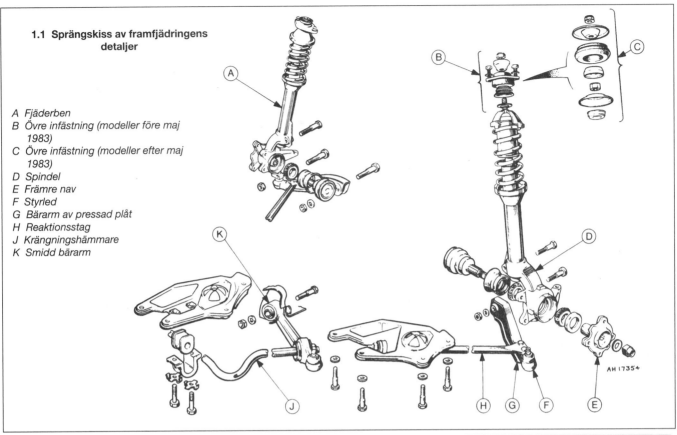

1.1 Sprängskiss av framfjädringens detaljer

A Fjäderben
B Övre infästning (modeller före maj 1983)
C Övre infästning (modeller efter maj 1983)
D Spindel
E Främre nav
F Styrled
G Bärarm av pressad plåt
H Reaktionsstag
J Krängningshämmare
K Smidd bärarm

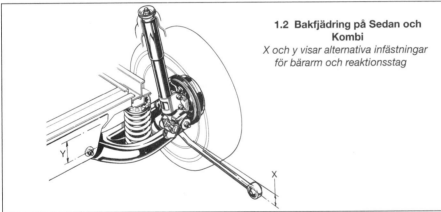

1.2 Bakfjädring på Sedan och Kombi
X och y visar alternativa infästningar för bärarm och reaktionsstag

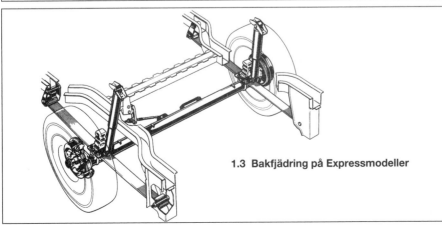

1.3 Bakfjädring på Expressmodeller

1 Allmänt

Den individuella framhjulsfjädringen är av MacPherson typ, med spiralfjädrar och fjäderben. I tvärled styrs fjädringen av en bärarm i smide eller pressad plåt med gummibussning i inneränden och kulled i den yttre. På 1,1 liters modeller före maj 1983 styrs bärarmen i pressad plåt av ett reaktionsstag. På 1,1 liters modeller från och med 1983, samt alla andra varianter, styrs den smidda bärarmen i längled av krängningshämmaren. 1985 års RS Turbo modeller har dessutom ett justerbart reaktionsstag. Naven som innehåller framhjulslager, bromsok och bromsskivor är skruvade till fjäderbenet och förbundna med undre länkarmen via en kulled **(se bild)**.

På Sedan och Kombimodeller används separat bakhjulsfjädring med pressade undre bärarmar, spiralfjädrar och teleskopstötdämpare. Fjäderarmarna är infästa med gummibussningar i de yttre och inre ändarna. Stötdämparna är skruvade till axeltapparna där även bromssköldar och bromsskivor/-trummor är monterade. Styrning i längsled sker med ett reaktionsstag, och en krängningshämmare är också monterad på vissa modeller med bränsleinsprutning **(se bild)**.

Bakfjädringen på Expressmodellen består av en stel axel med bladfjädrar på varje sida samt teleskopstötdämpare. Axeltappen är svetsad i änden på axelröret och där är även bromssköldar och skivor/trummor infästade **(se bild)**.

Styrväxeln är av typ kuggstång monterad bakom framhjulen. Rattaxeln har två universalknutar. Styrarmarna och styrväxeln förbinds av två styrstag med kulleder i båda änder.

2 Framhjulslager - byte

Notera: *Ny mutter för drivaxel samt ny saxpinne för styrleden måste användas vid montering.*

1 Demontera navkapseln, lossa sedan stukningen på muttern med lämplig dorn.
2 Lossa drivaxelmuttern samt hjulbultarna.
3 Hissa upp framänden, stöd den på pallbockar (se *"Lyftning, bogsering och hjulbyte"*), ta sedan bort hjulet.
4 Lossa de två skruvarna som håller bromsokets fäste till navet.
5 Ta bort fäste och bromsok komplett med belägg, häng upp det på lämpligt ställe i hjulhuset.
6 Demontera drivaxelmutter och bricka.
7 Lossa fästskruven och ta bort bromsskivan från navet.
8 Använd en tvåbent avdragare för att dra av navet **(se bild)**.
9 Ta bort saxpinnen och lossa kronmuttern från styrleden.
10 Lossa styrleden från styrarmen med en kulledsavdragare.
11 Lossa den undre kulleden från navet genom att ta bort mutter och klämskruv **(se bild)**. Notera att klämskruven har Torxhuvud vilket kräver speciellt verktyg (tillgängligt från verktygsaffärer).
12 Lossa skruven som håller den undre delen av fjäderbenet.
13 Använd ett lämpligt brytverktyg, lossa navet från fjäderbenet genom att bända upp infästningen **(se bild)**.
14 Stöd drivaxeln så att den inte hänger ner mer än 20° från horisontalplanet då navet dras bort.
15 Sätt upp navet i ett skruvstycke med skyddsbackar.

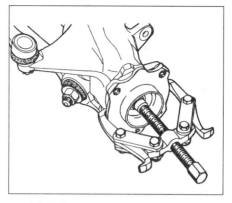

2.8 Tvåbent avdragare används för demontering av navet

16 Använd en tång, ta bort dammkåpan från spåret i navet.
17 Bänd ut den yttre och inre tätningen.
18 Ta bort lagren.
19 Knacka ut de yttre lagerbanorna med lämplig dorn. Se till att lagerläget inte skadas vid demonteringen, eftersom detta kan medföra att det nya lagret inte går att montera ordentligt.
20 Ta bort allt gammalt fett från navet.
21 Knacka de nya lagerbanorna på plats ordentligt med en lämplig rörbit.
22 Packa lagren med riklig mängd litiumbaserat fett, arbeta in fettet mellan rullarna. Notera att utrymmet mellan lagren inte ska packas med fett eftersom detta kan leda till att övertryck bildas och tätningarna därför läcker.
23 Montera lagret på ena sidan av navet, fyll sedan tätningsläpparna på den nya tätningen med fett och knacka den försiktigt på plats **(se bild)**.
24 Montera lager och tätning på andra sidan på samma sätt.
25 Montera dammskyddet genom att knacka det på plats med en träbit.
26 Smörj drivaxelns splines med fett, sätt sedan navet på plats över änden på drivaxeln.

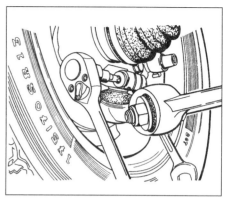

2.11 Demontering av klämskruv med Torxhuvud för kulled

27 Anslut navet till fjäderbenet och dra skruven till angivet moment.
28 Fäst undre kulleden i navet och säkra med klämskruven i spåret på kulledens tapp. Skruvskallen ska vara vänd bakåt.
29 Anslut styrstaget till styrarmen, dra kronmuttern till angivet moment, säkra med ny saxpinne.
30 Montera nav och skiva, tryck dem på drivaxeln så långt det går för hand.
31 Den gängade delen på drivaxeln ska nu sticka fram så mycket att navet kan dras helt på plats med hjälp av den gamla drivaxelmuttern och brickorna. Om detta inte låter sig göras måste ett speciellt Fordverktyg 14-022 eller motsvarande användas **(se bild)**.
32 Då navet är på plats, montera ny drivaxelmutter och bricka men dra endast åt för hand så länge.
33 Montera bromsok och okfäste, dra skruvarna till angivet moment.
34 Montera hjulet och sänk ner bilen på marken.
35 Dra drivaxelmuttern till angivet moment, stuka sedan in den i spåret på drivaxeln med en liten dorn **(se bild)**.
36 Dra hjulbultarna till angivet moment, sätt tillbaka navkapseln.

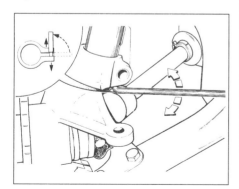

2.13 Brytspak används för att vidga fjäderbensinfästningen

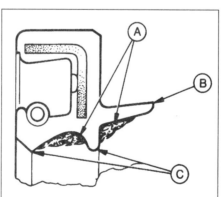

2.23 Genomskärning av framhjulslager och tätning
A *Fett anbringat mellan tätningsläpparna*
B *Axiell tätningsläpp*
C *Radiella tätningsläppar*

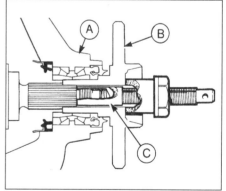

2.31 Specialverktyg 14-022 vid montering av nav och drivaxel

A *Spindel*
B *Nav*
C *Verktyg 14-022*

2.35 Stukning av drivaxelmutter

3.3 Bärarmen lossad i inre änden

3.4a Demontering av mutter för kulledens klämskruv

3 Främre bärarm (smidd) - demontering, renovering och montering

1 Den smidda bärarmen är monterad på alla modeller utom 1,1 liters versioner före maj 1983.

Demontering

2 Hissa upp framänden, stöd den på

3.4b Kulleden lossas från spindeln

pallbockar (se *"Lyftning, bogsering och hjulbyte"*).
3 Lossa muttern och ta bort skruven för den inre bärarmsinfästningen **(se bild)**.
4 Lossa kulleden från navet genom att ta bort mutter och klämskruv. Notera att klämskruven har Torxhuvud, ett speciellt verktyg krävs, tillgängligt från verktygsaffärer **(se bilder)**.
5 Lossa och ta bort mutter, bricka och bussning från änden på krängningshämmaren enligt beskrivning i avsnitt 5 (eller reaktionsstaget på 1985 års RS Turbo modeller) **(se bild)**. Ta bort bärarmen.

Renovering

6 Byte av den inre bussningen kan göras med hjälp av skruvstycke och rörbitar av lämplig diameter **(se bild)**. Smörj den nya bussningen ordentligt med gummifett vid montering.
7 Kulleden kan inte bytas, är den sliten måste bärarmen bytas ut.

Montering

8 Montering sker i omvänd ordning. Dra alla muttrar och skruvar till angivet moment då bilen vilar på hjulen. Vid montering av klämskruven med Torxhuvud, notera att huvudet ska vara vänd bakåt.

4 Främre bärarm (pressad) - demontering, renovering och montering

1 Bärarm av pressad plåt förekommer endast på 1,1 liters modeller före maj 1983 **(se bild)**.

Demontering

2 Hissa upp bilen, stöd den på pallbockar (se *"Lyftning, bogsering och hjulbyte"*).
3 Lossa muttern och skruven till bärarmens inre infästning.
4 Lossa de två muttrarna som håller reaktionsstaget samt kulleden. Ta bort bärarmen från reaktionsstaget.

Renovering

5 Byte av bussning sker enligt beskrivning i avsnitt 3.
6 Om kulleden är sliten kan den bytas sedan den demonterats från navet enligt beskrivning i avsnitt 3.

Montering

7 Montera i omvänd ordning. Dra alla muttrar och skruvar till angivet moment med bilen vilande på hjulen. Om kulleden demonterats, montera Torxskruven med huvudet bakåt.

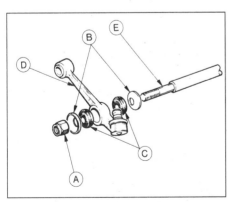

3.5 Krängningshämmarens infästning i bärarmen

A Mutter
B Kupad bricka
C Bussningar
D Bärarm
E Krängningshämmare

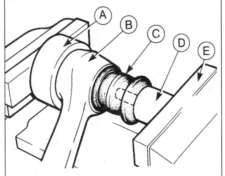

3.6 Ett sätt att montera inre bärarmsbussning

A Rörformad distans
B Bärarm
C Bussning
D Rörbit eller hylsa
E Skruvstycke

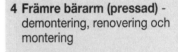

4.1 Bärarm av pressad plåt

A Bärarm
B Reaktionsstag
C Skruv
D Kulled
E Muttrar

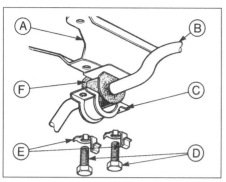

5.3a Krängningshämmarinfästning - modeller före 1986

A Karossfäste   D Skruvar
B Krängningshämmare   E Låsbleck
C Krampa   F Bussning

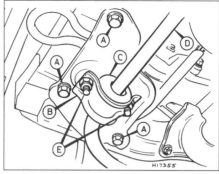

5.3b Krängningshämmarinfästning - modeller efter 1986

A Skruv, karossfäste   D Krängningshämmare
B Krampa   E Muttrar
C Bussning

5.4 Mutter för krängningshämmarinfästning i bärarm (vid pilen)

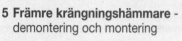

5 Främre krängningshämmare - demontering och montering

Demontering

1 Krängningshämmaren används tillsammans med smidd bärarm.
2 Hissa upp framänden, stöd den på pallbockar (se *"Lyftning, bogsering och hjulbyte"*).
3 I förekommande fall, lossa låsblecken och ta bort de två skruvarna och muttrarna på varje sida som håller krängningshämmarens krampa till karossen **(se bilder)**.
4 Lossa krängningshämmarens ändar genom att ta bort muttrar, brickor och bussningar **(se bild)**. Notera att muttern på höger sida är vänstergängad, den måste då lossas moturs.
5 På 1985 års RS Turbo modeller, lossa krängningshämmaren från bärarmen genom att ta bort muttrarna och skruvarna **(se bild 6.12)**.
6 På övriga modeller, lossa muttern och skruven för inre bärarmsinfästningen.

7 Ta bort krängningshämmaren från bärarmarna.
8 Ta bort den återstående bussningen och brickan från änden på krängningshämmaren. Stryk lite gummifett på krängningshämmaren för att underlätta demonteringen.

Montering

9 Kontrollera bussningarna noggrant, byt dem om de visar tecken på sprickor eller andra defekter. Bussningens material har ändrats under årens lopp, bussningarna ska därför alltid bytas i satser om fyra så att alla är av samma typ.
10 Montera i omvänd ordning, notera dock följande:
   a) *Smörj bussningarna med gummifett för att underlätta monteringen.*
   b) *Kontrollera att änden med vänstergänga kommer på höger sida i bilen.*
   c) *Montera brickorna med den konkava sidan vänd från bussningarna.*
   d) *Dra alla muttrar och skruvar då bilen vilar på hjulen.*
   e) *Då låsbleck används, böj upp dessa så att skruvarna säkras då de dragits åt.*

6 Främre reaktionsstag - demontering och montering

1,1 liters modeller före maj 1983

Demontering

1 Hissa upp bilen, stöd den på pallbockar (se *"Lyftning, bogsering och hjulbyte"*).
2 Lossa och ta bort muttern som håller reaktionsstaget till infästningen av pressad plåt **(se bild)**. Ta bort den kupade brickan och gummibussningen.
3 Lossa kulleden från navet genom att ta bort mutter och klämskruv. Notera att klämskruven har Torxhuvud, ett speciellt verktyg krävs därför (tillgängligt från verktygsaffärer).
4 Lossa andra änden på reaktionsstaget från bärarmen.
5 Ta bort reaktionsstaget från infästningen och ta bort återstående brickor, bussning och stålhylsa.

Montering

6 Då så erfordras kan bussning i fästet av pressad plåt bytas om man drar ut den gamla bussningen med en skruv, mutter och lämpligt distansstycke.

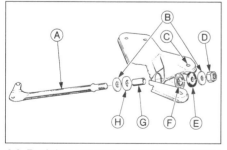

6.2 Reaktionsstagens infästning - modeller före maj 1983

A Reaktionsstag   F Bussning
B Planbrickor   G Stålhylsa
C Fäste   H Bakre
D Mutter   gummibussning
E Gummibussning

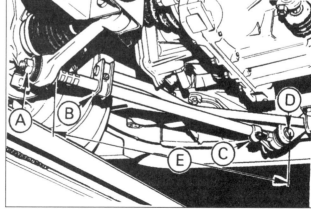

6.12 Infästning för främre reaktionstag - 1985 års RS Turbo modeller

A Mutter
B Krampa, krängningshämmare
C Justerkrampa
D Främre fästskruv
E Grundinställning = 565 ± 1,5 mm

7.3 Bromsslang och genomföring på fjäderben (A) samt klämskruv för fjäderben/spindelanslutning (B)

7.4a Fästskruvar för fjäderbensinfästning på modeller före 1983

7.4b Skyddslocket tas bort . . .

7 Montera annars i omvänd ordning. Dra alla skruvar och muttrar till angivet moment då bilen vilar på hjulen. Montera Torxskruven med huvudet bakåt.

1985 års RS Turbo

Demontering

8 Hissa upp framänden, stöd den på pallbockar (se *"Lyftning, bogsering och hjulbyte"*).
9 Lossa muttern, ta bort brickan och bussningen som håller reaktionsstaget till bärarmen.
10 Lossa muttern och skruven, ta sedan bort krängningshämmarens krampa.
11 Lossa den främre muttern till reaktionsstaget samt skruven, ta sedan bort reaktionsstaget.

Montering

12 Ändra inte reaktionsstagets längd eftersom detta påverkar castervinkeln som i sådana fall måste justeras. Om längden ändrats, eller om nytt reaktionsstag monterats, ställ in längden så som visas **(se bild)**. Längden kan justeras genom att man lossar den främre klämskruven och sedan vrider den gängade delen. Dra åt krampan efter justering.
13 Montera i omvänd ordning, dra alla muttrar och skruvar till angivet moment då bilen vilar på hjulen.

---

7 Främre fjäderben - demontering, renovering och montering

Demontering

1 Lossa hjulbultarna, hissa upp bilen och stöd den på pallbockar (se *"Lyftning, bogsering och hjulbyte"*), ta sedan bort hjulet.
2 Stöd drivaxeln med klossar eller genom att binda upp den mot styrväxelhuset.
3 I förekommande fall, lossa bromsslang och infästning från fjäderbenet, lossa sedan och ta bort klämskruven som håller undre delen av fjäderbenet mot spindeln **(se bild)**. Bryt isär infästningen med lämpligt verktyg så att fjäderbenet släpper.
4 På modeller före 1983, lossa de två

skruvarna som håller fjäderbenet till innerflygeln. På senare modeller, ta bort skyddslocket och lossa fjäderbenets fästmutter. Se till att kolvstången inte vrider sig genom att använda en 6 mm insexnyckel **(se bilder)**.
5 Lossa fjäderbenet från innerflygeln.

Renovering

Notera: *Fjäderkompressor krävs för detta arbete.*
6 Rengör fjäderbenet utvändigt.
7 Om fjäderbenet demonterats på grund av oljeläckage eller dålig dämpförmåga, ska det ersättas med ett nytt eller renoverat. Isärtagning av fjäderbenet rekommenderas inte, dessutom är de invändiga detaljerna vanligen inte tillgängliga.
8 Innan fjäderbenet byts måste spiralfjädern demonteras. Till detta krävs en fjäderkompressor. Dessa finns i flera utföranden från verktygsleverantörer och kan anskaffas hos de flesta reservdelsaffärer.
9 Fäst kompressorn över fyra fjädervarv och tryck sedan ihop fjädern tillräckligt mycket så att spänningen på den övre infästningen avlastas **(se bild)**.
10 Då fjädern är sammantryckt, lossa och ta bort muttern i änden på kolvstången som håller övre infästningen. Då kolvstången vill gå runt, använd en 6 mm insexnyckel som mothåll.
11 Ta bort övre infästningen, sedan fjäder och fjäderkompressor.
12 Fjäderkompressorn behöver inte lossas om fjädern ska flyttas över till ett nytt fjäderben. Om kompressorn lossas, gör det

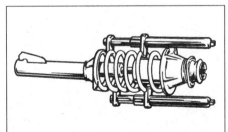

7.9 Fjäderkompressor på spiralfjädern

7.4c . . . och muttern lossas på modeller efter 1983
Notera insexnyckeln som hindrar kolvstången att vrida sig

långsamt och lite i taget så att all fjäderspänning avlastas.
13 Den övre infästningen kan tas isär genom att man tar bort trycklagret och drar bort det övre fjädersätet, damaskfjädern och i förekommande fall gummifästet. Ta också bort eventuella genomslagsgummin från kolvstången **(se bild)**.
14 Byt slitna eller skadade detaljer. Om fjäderben och/eller fjäder byts, bör detta även göras på andra sidan.

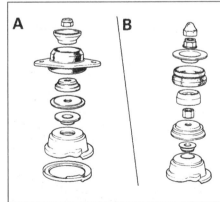

7.13 Sprängskiss på övre fjäderbensinfästning
A Modeller före maj 1983
B Modeller efter maj 1983

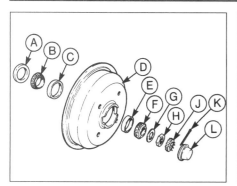

9.3 Sprängskiss över bakhjulslager

A Oljetätning
B Inre lager
C Yttre lagerbana
D Nav och trumma
E Yttre lagerbana
F Yttre lager
G Tryckbricka

H Mutter
J Mutterlåsning
K Saxpinne
L Dammkåpa

15 Montera fjäderbenet, se till att fjäderändarna kommer i rätt läge mot fjädersätena.
16 Montera de övre detaljerna, se till att de kommer i rätt ordning.
17 Avlasta fjäderkompressorn försiktigt. Kontrollera att fjäderändarna ligger i uttagen på fjädersätena.

Montering

18 Montera i omvänd ordning. Sänk ner bilen så att den vilar på hjulen innan de övre skruvarna dras till angivet moment.

8 Bakhjulslager - justering

Notera: Ny saxpinne måste användas vid monteringen.
1 Hissa upp bilen, stöd den på pallbockar, släpp handbromsen.
2 Denna justering erfordras endast då man kan konstatera ett glapp i lagret då hjulet vickas fram och tillbaka. Håll då i övre och undre kanten. Ett litet glapp måste finnas.
3 Demontera hjulet. Använd en hammare och huggmejsel, lossa sedan dammkåpan från navet.
4 Ta bort saxpinnen och mutterlåsningen.
5 Dra muttern till mellan 20 och 25 Nm, snurra samtidigt på bromstrumman moturs.
6 Lossa muttern ett halv varv och dra sedan åt den endast med fingrarna.
7 Montera mutterlåsningen så att två av dess spår står i linje med hålet för saxpinnen. Sätt i en ny saxpinne, böj änden runt muttern, inte över änden på axeltappen.
8 Knacka tillbaka dammkåpan.
9 Kontrollera spelet enligt beskrivning i punkt 2. Ett mycket litet spel måste finnas.
10 Gör på samma sätt med lagret på andra sidan, sätt tillbaka hjulen och sänk ner bilen.

9.6 Demontering av yttre bakhjulslager

9 Bakhjulslager - byte

1 Hissa upp bakänden, stöd den på pallbockar (se *"Lyftning, bogsering och hjulbyte"*). Ta bort hjulet och släpp handbromsen.
2 På bränsleinsprutade modeller och Expressversioner, lossa skruven och ta bort trumman från navet.
3 Knacka loss dammkåpan från navet **(se bild)**.
4 Ta bort saxpinnen och sedan mutterlåsningen.
5 Lossa och ta bort mutter och tryckbricka.
6 Dra nav/trumma av axeltappen något, tryck sedan tillbaka det igen. Det yttre lagret kan nu tas bort från axeltappen **(se bild)**.
7 Ta bort nav/trumma.
8 Ta bort tätningen från navet, ta sedan bort det inre lagret **(se bild)**.
9 Knacka ut de yttre lagerbanorna med en lämplig dorn, se till att lagersätena inte skadas.
10 Om nya lager monteras i bägge naven, blanda inte ihop detaljerna, håll dem åtskilda tills de ska monteras.
11 Knacka de nya yttre lagerbanorna på plats ordentligt.
12 Packa bägge lagren med fett enligt angivelse i specifikationen, arbeta in det mellan rullarna. Använd rikligt med fett, men utrymmet mellan lagren ska inte fyllas.
13 Montera det inre lagret, smörj in

10.3 Övre stötdämparinfästning bak

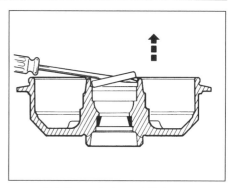

9.8 Demontering av tätningen

tätningsläpparna på den nya tätningen, knacka den sedan på plats.
14 Montera navet på axeltappen, se till att tätningsläpparna inte skadas.
15 Montera det yttre lagret och tryckbrickan, skruva sedan på muttern.
16 Justera lagret enligt beskrivning i avsnitt 8.
17 På bränsleinsprutade modeller och Expressversioner, sätt tillbaka trumman och fästskruven.
18 Montera hjulet, sänk ner bilen på marken.

10 Bakre stötdämpare (Sedan och Kombi) - demontering, kontroll och montering

Demontering

1 Lossa hjulbultarna, hissa upp bakänden och stöd den på pallbockar (se *"Lyftning, bogsering och hjulbyte"*), ta bort hjulet.
2 Stöd bärarmen med en domkraft.
3 Öppna bakluckan och ta bort bagagehyllan så att stötdämparnas övre infästning blir åtkomlig **(se bild)**.
4 Ta bort locket, lossa sedan muttern från kolvstången. För att hindra att kolvstången rör sig kan man använda en insexnyckel i änden **(se bild)**.
5 Ta bort infästning och bussning.
6 Lossa bromsslangen från stötdämparen genom att lossa den mittre låsmuttern något och sedan föra slang och rör nedåt och ut ur spåret i fästet **(se bild)**. På höger sida finns

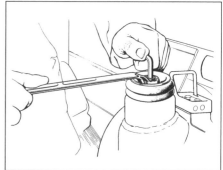

10.4 Demontering av mutter för övre stötdämparinfästning - Sedan och Kombi

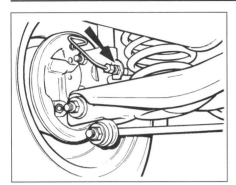

10.6 Bromsslangens anslutning vid stötdämparinfästningen (vid pilen) - Sedan och Kombi

dålig plats för en nyckel och det kan därför vara lättare att fjädern demonteras enligt beskrivning i avsnitt 13.
7 Lossa de två skruvarna som håller stötdämparen till navet, ta sedan bort stötdämparen tillsammans med kopp och genomslagsgummi från hjulhuset.

Kontroll

8 Vid kontroll av stötdämparen, spänn upp undre änden i ett skruvstycke så att stötdämparen står vertikalt.

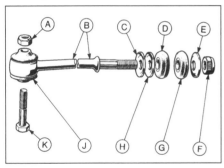

12.3 Sprängskiss över bakre reaktionsstag - Sedan och Kombi

A Mutter
B Stag
C Bricka (flera kan förekomma)
D Bussning
E Bricka

F Mutter
G Bussning
H Bricka (flera kan förekomma)
J Bussning
K Ledskruv

9 Dra ut stötdämparen helt och tryck ihop den tio till tolv gånger. Om motståndet är lågt i någon riktning erfordras byte eftersom stötdämparen då läcker.

Montering

10 Montera i omvänd ordning, men om ny dämpare monteras, fylls först systemet genom att göra på samma sätt som vid provning.

11 Bakre stötdämpare (Express) - demontering, kontroll och montering

Demontering

1 Hissa upp och stöd bakänden på pallbockar (se "Lyftning, bogsering och hjulbyte"). Ställ en domkraft under bakaxelröret och lyft det något.
2 Lossa stötdämparens undre infästning genom att ta bort skruv och mutter.
3 Lossa den övre infästningen från karossen och ta sedan bort stötdämparen (se bild).
4 Lossa muttern och ta bort skruven för fästet från stötdämparen.

Kontroll

5 Se beskrivning i avsnitt 10.

Montering

6 Montera i omvänd ordning, men om ny detalj monteras, fyll den först genom att göra på samma sätt som vid kontroll.

12 Bakre reaktionsstag (Sedan och kombi) - demontering och montering

Demontering

1 Innan reaktionsstaget demonteras, notera hur alla brickor och bussningar sitter. Dessa reglerar bakhjulsinställningen och måste monteras i ursprungligt läge.
2 Hissa upp bakänden och stöd den på pallbockar (se "Lyftning, bogsering och hjulbyte").
3 Lossa och ta bort skruven i framänden på reaktionsstaget (se bild).

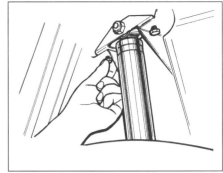

11.3 Demontering av övre stötdämparinfästning - Expressmodeller

4 Lossa muttern i bakänden på reaktionsstaget, ta bort brickor och bussningar då reaktionsstaget tas bort, förvara dem i rätt ordning för montering (se bild).

Montering

5 Byte av bussningar kan lätt göras med hjälp av hylsor och distansrör samt ett skruvstycke.
6 Montera i omvänd ordning.

13 Bakfjäder (Sedan och Kombi) - demontering och montering

Demontering

1 Hissa upp bakänden och stöd den på pallbockar (se "Lyftning, bogsering och hjulbyte"). Ta bort hjulet.
2 Stöd bärarmen genom att ställa en domkraft under fjädersätet.
3 På modeller med krängningshämmare bak, lossa krängningshämmarna från länkarna genom att bryta isär dem med en skruvmejsel (se bild).
4 Lossa muttern och ta bort ledskruven vid bärarmens inre infästning (se bild).
5 Sänk sakta ner domkraften, ta bort fjäder och gummimellanlägg.

Montering

6 Montera i omvänd ordning. Då sådan förekommer måste fjäderände med plasthylsa monteras uppåt. Dra alla muttrar och skruvar till angivet moment då bilen vilar på hjulen.

12.4 Mutter för reaktionsstagets infästning i bärarmen (vid pilen) - Sedan och Kombi

13.3 Undre infästning för krängningshämmarlänk (vid pilen)

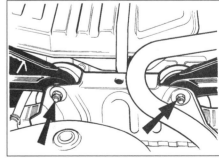

13.4 Muttrar och skruvar för inre bärarmsinfästning (vid pilarna) - Sedan och Kombi

14 Bakfjäder (Express) - demontering och montering

Demontering

1 Vid demontering av fjäderbladet på Expressmodeller, hissa upp bakänden och stöd den på pallbockar säkert placerade under karossen (se *"Lyftning, bogsering och hjulbyte"*). Stöd axelröret med en domkraft eller pallbockar.
2 Lossa muttrarna för fjäderns U-krampor, ta bort genomslagsgummit komplett med stötdämparens undre infästning **(se bild)**.
3 Lossa fjäderhänket baktill på fjädern, dra sedan fjädern nedåt.
4 Lossa och ta bort skruven från främre fjäderöglan **(se bild)**.
5 Ta bort fjädern.

Montering

6 Montera i omvänd ordning, men dra inte muttrar och skruvar till angivet moment innan bilen vilar på hjulen.
7 Justera efteråt bromskraftregulatorn enligt beskrivning i kapitel 9.

15 Bakre bärarm (Sedan och Kombi) - demontering och montering

Demontering

1 Hissa upp bakänden och stöd den på pallbockar (se *"Lyftning, bogsering och hjulbyte"*).
2 På bilar med låsningsfria bromsar, se kapitel 9, ta sedan bort justerfästet för bromskraftsfördelningsventilen från bärarmen.
3 Om krängningshämmare förekommer, lossa länkarna från bärarmen genom att bryta loss dem med en skruvmejsel **(se bild 13.3)**.
4 Stöd den undre bärarmen med en domkraft under fjädersätet.
5 Lossa muttern, ta sedan bort skruven för bärarmens inre infästning.
6 Lossa muttern, ta bort skruven för yttre infästningen, sänk sedan domkraften så att fjäder och mellanläggsgummi kan tas bort.
7 Ta bort bärarmen från bilen.

Montering

8 Montera i omvänd ordning, notera dock följande.
a) Om ena fjäderänden har plasthylsa ska den änden monteras uppåt.
b) Dra alla muttrar och skruvar till angivet moment då bilen vilar på hjulen.
c) På bilar med låsningsfria bromsar, sätt tillbaka justerfästet för lastfördelningsventilen enligt beskrivning i kapitel 9.

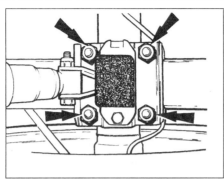

14.2 Muttrar för bakfjäderns U-krampor - Expressmodeller

16 Axeltapp bak (Sedan och Kombi) - demontering och montering

Demontering

1 Hissa upp bakänden och stöd den på pallbockar (se *"Lyftning, bogsering och hjulbyte"*). Ta bort hjulet.
2 Demontera baknavet enligt beskrivning i avsnitt 9.
3 Demontera bromsbackarna enligt beskrivning i kapitel 9. Man måste också lossa bänsledningen från anslutningen till hjulcylindern. Plugga rör och cylinder så att inte vätska rinner ut eller smuts kommer in.
4 Dra ut handbromsvajern genom bromsskölden, lossa sedan de fyra fästskruvarna och ta bort skölden.
5 Stöd undre bärarmen med en domkraft.
6 Lossa de två muttrarna, ta sedan bort skruvarna som håller stötdämparen till axeltappen **(se bild)**.
7 Lossa muttern och ta bort skruven för yttre bärarmsinfästningen.
8 Notera placering och antal brickor vid infästningen för reaktionsstaget, ta bort muttern och sedan axeltappen.

Montering

9 Om axeltappen är skadad eller mycket sliten måste den bytas.

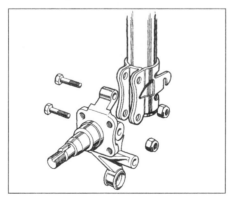

16.6 Bakre axeltapp och stötdämparinfästning - Sedan och Kombi

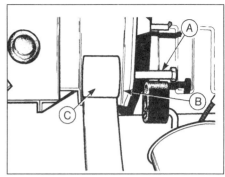

14.4 Främre fjäderögla - Expressmodeller

A Ledskruv   C Fjäderögla
B Fäste

10 Montera i omvänd ordning, notera dock följande.
a) Då reaktionsstaget monteras, se till att distanser, brickor och bussningar kommer på rätt ställe, enligt notering vid demonteringen.
b) Dra inte muttrar och skruvar för fjädringen till angivet moment innan bilen vilar på hjulen.
c) Sätt tillbaka och anslut bromsdetaljerna enligt anvisning i kapitel 9. Spara luftning av systemet tills nav och bromstrumma monterats.
d) Justera lagren enligt beskrivning i avsnitt 8.

17 Bakaxelrör (Express) - demontering och montering

Demontering

1 Hissa upp bakänden och stöd den på pallbockar (se *"Lyftning, bogsering och hjulbyte"*). Ta bort hjulen.
2 Stöd axelröret med en domkraft, helst av verkstadstyp.
3 Demontera baknavet enligt beskrivning i avsnitt 9.
4 Lossa bränslerör och slangar från fästet på axelröret. Plugga öppna rör och slangar.
5 Lossa anslutningarna vid bakre hjulcylindrarna, sedan de fyra skruvarna på var sida, ta därefter bort bromssköldarna.
6 Lossa muttrarna för U-kramporna, ta sedan bort kramporna.
7 Sänk ned axelröret till marken, dra samtidigt lättlastventilens länkstång från distansröret. Ta bort länkstång och bussning från axelröret.
8 Ta bort axeln.

Montering

9 Montera i omvänd ordning, notera dock följande:
a) Justera hjullagren enligt beskrivning i avsnitt 8.
b) Dra muttrarna för U-kramporna till angivet moment då bilen vilar på hjulen.
c) Lufta bromssystemet, justera lättlastventilen enligt beskrivning i kapitel 9.

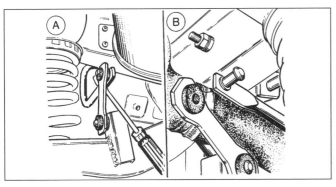
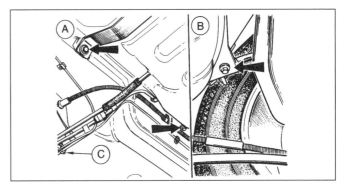

18.2 Krängningshämmarlänkarna lossas - Sedan och Kombi

A Vänster sida   B Höger sida

18.4 Bränsletankens infästning

A Fästskruvar (vid pilarna)   C Klamma för bränsleledning
B Fästskruvar (vid pilarna)

18 Bakre krängningshämmare (Sedan och Kombi) - demontering och montering

Demontering

1 Lossa hjulbultarna på vänster hjul, hissa upp och stöd bakänden på pallbockar (se *"Lyftning, bogsering och hjulbyte"*). Demontera hjulet.
2 Lossa länkarna på höger och vänster sida från bärarmarna **(se bild)**.
3 Lossa krängningshämmaren från karossen, notera infästningspunkternas läge i förhållande till varandra.
4 Lossa bränsleledningarna från klammorna. Stöd bränsletanken och ta bort de tre fästskruvarna. Sänk försiktigt ner tanken på stödet **(se bild)**.
5 Dra bort krängningshämmaren åt vänster från bilen.
6 Vid demontering av gummibussningar från krängningshämmaren, bänd helt enkelt upp bussningarna med en skruvmejsel. Tryck ihop hållarna så att fästhålen står mitt för varandra vid montering.

Montering

7 Montering sker i omvänd ordning. Bränsletanken måste skruvas på plats innan krängningshämmaren monteras. Kontrollera att infästningen mot karossen är monterade på ursprunglig plats.
8 Smörj länkbussningarna med tvållösning innan de ansluts till bärarmarna.

19 Bakhjulsinställning - allmänt

Bakhjulens toe- samt cambervinklar ställs in vid produktionen och behöver inte kontrolleras under normala förhållanden. Endast toe-inställningen kan justeras, cambervinkeln styrs av konstruktion och toleranser.

De enda tillfällen då hjulvinklarna måste kontrolleras är efter olycka då bakänden har skadats eller då man genom sladd fått en kraftig sidobelastning på bakhjulen.

Mycket slitna detaljer i bakfjädringen kan också orsaka fel vinklar, i detta fall bör byte av de slitna detaljerna rätta till problemen.

Inställningsvärdena har ändrats under produktionen vid ett flertal tillfällen beroende på ändrade detaljer samt för att förbättra riktningsstabiliteten. Inställningarna varierar beroende på modell, motorstorlek och utrustning. Att ange alla inställningsvärden ligger utanför målet för denna bok. Vid tvivel om bakaxelvinklar, eller då bakdäcken slits snabbt, bör man anlita en Fordverkstad för riktig uppmätning.

20 Styrväxeldamasker - byte

1 Så snart en spricka upptäcks i en styrväxeldamask, byt den.
2 Lossa hjulbultarna, hissa upp framänden och stöd den på pallbockar (se *"Lyftning, bogsering och hjulbyte"*). Ta bort hjulen.
3 Mät och notera hur långt gängan på styrstaget sticker ut **(se bild)**. På detta sätt kan framhjulsvinklarna bevaras vid monteringen.
4 Lossa muttern för yttre styrleden.
5 Ta bort saxpinnen och därefter muttern från kulledens koniska tapp.
6 Använd en kulledsavdragare och lossa styrleden från styrarmen **(se bild)**.
7 Lossa styrleden från änden på styrstaget, ta också bort låsmuttern. För att underlätta monteringen, räkna antalet varv som åtgår för att lossa styrleden från styrstaget.
8 Lossa klamman i änden på damasken och dra bort den från styrväxelhus och styrstag **(se bild)**.
9 Vid beställning av nya damasker och klammor, ange också styrstagets diameter vilken varierar beroende på tillverkning, mät med skjutmått eller liknande. Det är viktigt, eftersom fel dimension på damasken kan orsaka dålig tätning eller till och med göra att damasken skadas.

20.3 Styrstagets yttre ände med fria gängor (A)

20.6 Styrleden demonteras med kulledsavdragare

20.8 Trådklamma för damask vid styrväxelhus (vid pilen)

10 Om smörjmedel förlorats genom läckande damask, måste återstående mängd tappas av och systemet fyllas på nytt. Vrid då ratten försiktigt fram och tillbaka så att så mycket smörjmedel som möjligt rinner ur huset. Om den andra damasken inte byts samtidigt, bör man lossa den från styrväxelhuset så att man kan få ut allt det gamla smörjmedlet.

11 Stryk in den smala halsen på damasken med fett och för den i läge över styrstaget, se till att damasken är rätt placerad i styrstagets spår i den yttre änden (i förekommande fall) **(se bild)**.

12 Om ny damask monteras i den ände på styrväxeln där rattstången sitter, dra inte åt klamman ännu.

13 Om damasken i styrväxelns andra ände byts, fäst den inre änden på damasken nu.

14 Använd alltid nya skruvbara klammor, återanvänd inte de gamla trådklammorna.

15 Skruva låsmuttern i läge på styrstaget följt av styrleden. Skruva in styrleden exakt de antal varv som åtgick för att skruva bort den.

16 Anslut styrleden till styrarmen, dra muttern till angivet moment samt sätt i ny saxpinne och säkra.

17 I förekommande fall, fyll på rätt mängd smörjmedel av rekommenderad typ i änden på styrväxeln (för in fettet i damasken), vrid sedan ratten till fulla rattutslag så att smörjmedlet arbetas in i styrväxeln.

18 I förekommande fall, kontrollera att smörjmedlet har gått in i styrväxeln, fäst sedan damaskens klamma (-or).

19 Montera hjulen och sänk ner bilen på marken. Se till att fjädringen sätter sig genom att gunga framvagnen.

20 Dra åt styrledens låsmutter och kontrollera hur många varv på gängan som syns. Det ska vara lika många som innan demonteringen, för att inte äventyra toe-inställningen. Trots detta bör man kontrollera framvagnsinställningen så fort som möjligt enligt beskrivning i avsnitt 27 eller hos en fackman.

21 Styrled - byte

1 Om styrlederna visar sig slitna, demontera dem enligt beskrivning i avsnitt 20.

2 Då muttrarna lossas händer det ibland att

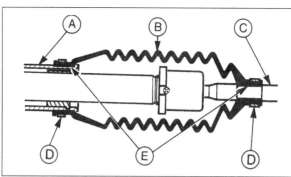

20.11 Styrväxeldamask

A *Styrväxelhus*
B *Damask*
C *Styrstag*
D *Klamma*
E *Smörj här vid montering*

den koniska tappen vrider sig i styrarmen, vilket medför att muttern inte lossnar. Om detta händer, tryck styrleden in i styrarmen med en träbit som hävarm så att den koniska tappen fastnar och muttern kan lossas. I detta fall behövs förmodligen inte någon avdragare för att frigöra kontappen från styrarmen.

3 Då styrleden tagits bort, borsta gängorna rena med en stålborste, smörj sedan in dem.

4 Skruva på den nya styrleden så den kommer i samma läge som den gamla. På grund av tillverkningstoleranser måste säkerligen framvagnsinställningen korrigeras sedan nya detaljer monterats. Kontrollera enligt beskrivning i avsnitt 27.

5 Anslut styrleden till styrarmen enligt beskrivning i avsnitt 20.

22 Ratt - demontering och montering

Demontering

1 Beroende på modell, dra loss täckplattan, ta bort Fordemblemet i mitten eller bryt försiktigt upp och ta bort signalhornsplattan följt av kontaktplattan **(se bilder)**.

2 Sätt i nyckeln och vrid till läge I.

3 Lossa rattaxelns mutter med en hylsa och förlängning. Se till att hjulen står i läge rakt fram och att inte ratten ändrar sig då muttern lossas.

4 Ta bort ratten från rattaxeln. Det bör inte krävas någon större kraft eftersom ratten styrs av en sexkant som normalt inte orsakar att ratten fastnar så som ett splinesförband gör. Skulle det gå tungt kan man använda en

avdragare - se bara till att detaljerna inte skadas.

5 Notera, i förekommande fall, kammen för blinkersåtergången vars tapp ska sitta överst.

Montering

6 Montera i omvänd ordning. Kontrollera att blinkersspaken står i neutralläge (på så sätt undviks skada på återgångsmekanismen). Kontrollera att hjulen fortfarande står i läge rakt fram, sätt sedan ratten på plats med det större utrymmet mellan ekrarna överst. Dra muttern till angivet moment.

23 Ratt - inställning

1 På grund av att ratten sitter på en sexkant kan det vara svårt att få exakt rätt läge eftersom ingen möjlighet till finjustering finns.

2 Man måste därför kanske justera styrstagen för att centrera ratten.

3 Kontrollera att hjulen står i läge rakt fram, samt att hjulen har rätt toe inställning.

4 Om ratten sitter mer än 30° fel, ta bort den och centrera läget så gott det går.

5 Vid justering av mindre vinklar, gör på följande sätt.

6 Lossa styrledernas låsmuttrar.

7 Vrid ena styrstaget medurs, det andra moturs lika mycket. För varje grad ratten står fel, vrid vardera styrstaget 30°.

8 Då ratten centrerats (hjulen ska fortfarande stå rakt fram), dra åt styrledernas låsmuttrar.

9 Även om toevärdet inte bör ha ändrats, kontrollera ändå framhjulsinställningen enligt beskrivning i avsnitt 27.

22.1a Demontering av täckplatta på ratten

22.1b Demontering av signalhornsplatta . . .

22.1c . . . och sedan kontaktplatta

24 Rattlås - demontering och montering

Notera: *Beträffande demontering av tändningslås se kapitel 5. Nya skruvar erfordras vid montering.*

Demontering

1 Vid demontering av tändnings-/rattlås, måste skruvarna borras ut då skallarna dragits av vid monteringen.
2 Man kan endast komma åt att borra om rattaxeln sänks ner. Ta därför bort kåporna vid stångens övre ände genom att ta bort skruvarna. Lossa sedan batteriets jordkabel.
3 Lossa skruven för huvlåsspaken och för spaken åt sidan.
4 Lossa rattstångens klamma. Den undre har skruv och mutter medan den övre har pinnbult och mutter.
5 Sänk ner rattstången försiktigt tills den vilar mot sätet.
6 Märk ut centrum med körnslag i änden på skruvarna som håller rattlåset, borra sedan bort dem. Ta bort tändnings-/rattlås **(se bilder)**.

Montering

7 Kontrollera då låset monteras att funktionen är riktig, dra sedan åt skruvarna tills skallarna går av.
8 Sätt upp rattstången i läge och dra fast den med klammorna.
9 Sätt tillbaka huvlåsarmen och kåporna.
10 Anslut batteriet.

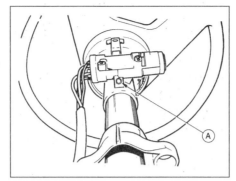

24.6a Fästskruv för rattlås (skallen avdragen) (A)
Version före 1986 visad

25 Rattaxel - demontering, renovering och montering

Demontering

1 Lossa batteriets jordkabel.
2 Vrid om rattlåset så att hjulen kan ställas i läge rakt fram.
3 I motorrummet, lossa och ta bort klämskruven som håller rattaxeln till ingående axeln på styrväxeln.
4 Demontera ratten enligt beskrivning i avsnitt 22.
5 Demontera körriktningsvisarkammen upptill på rattaxeln (i förekommande fall)
6 Ta bort fästskruvarna och sedan övre och

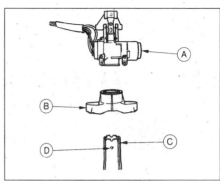

24.6b Rattlås - modeller efter 1986

A Lås
B Övre klamma
C Rattstångsrör
D Fördjupning för fästskruv

undre kåpa från rattstångens övre del **(se bilder)**.
7 Demontera isoleringspanelen från undre delen av instrumentbrädan **(se bild)**.
8 Ta bort skruven, ta sedan bort huvlåsspaken och för den åt sidan **(se bild)**.
9 Ta bort fästskruvarna och sedan kontakten från rattstången **(se bilder)**.
10 Lossa kontaktstycket på sidan av rattstången.
11 Lossa övre och undre klammor för rattstången, dra sedan rattstången in i bilen. Om det är svårt att lossa infästningen vid styrväxelns axel, bryt försiktigt upp anslutningen något med en skruvmejsel.

25.6a Demontera övre . . .

25.6b . . . och undre kåpor på modeller före 1986 . . .

25.6c . . . och på modeller efter 1986

25.7 Demontering av isolering under instrumentbräda

25.8 Demontering av huvlåsspak

25.9a Demontering av kontakt på modeller före 1986 . . .

25.9b ... och placering av fästskruvar (vid pilarna) på modeller efter 1986

25.11a Fästskruvar för undre rattstångsinfästning (vid pilarna)

Notera att på vissa modeller (alla Cabrioletmodeller), förekommer en extra förstärkning mellan rattstångsfäste och kaross (se bilder).

Renovering

12 Slitna lager i rattstången kan bytas. De är åtkomliga sedan man tagit bort distansringen i övre änden på rattstången och dragit bort axeln från den undre delen av röret. Det undre lagret och fjädern lossar tillsammans med stången. Se till att rattlåset är i friläge innan rattstången dras bort.
13 Ska det övre lagret bytas, ta först bort rattlåset genom att borra ur skruvarna. Det övre lagret kan nu brytas loss ur sätet.
14 Börja ihopsättningen genom att knacka det övre lagret på plats. Sätt tillbaka rattstångens övre klamma och bussning.
15 Placera rattlåset på röret och dra i nya skruvar tills skallarna går av.
16 Sätt den koniska fjädern i röret så att den större diametern vilar mot det understa vecket på rattstångens sammantryckbara del.
17 För det undre lagret på axeln så att den fasade kanten går mot motsvarande ansats på rattstången då den är monterad.
18 För in axeln i den undre delen av röret. Se till att rattlåset är i friläge och för upp stången genom övre lagret.
19 Montera distansring och vågbricka.

Montering

20 Montera återgångsarmen för körriktningsvisaren upptill på axeln, se till att tappen är

25.11b Förstärkning för rattstång på 1987 års Cabrioletmodeller

A Stag   D Stödfäste
B Specialskruv   E Distansbricka
C Mutter   F Kaross

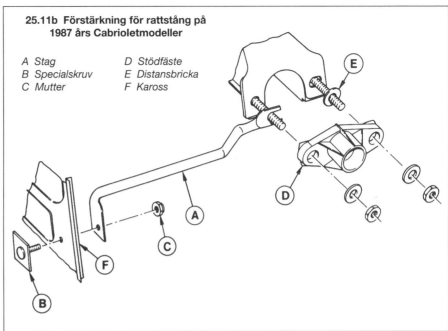

vänd uppåt då rattstången är monterad (i förekommande fall).
21 Montera ratten, dra skruven så mycket att undre lagret går på plats i röret och spåren i lagret mot tapparna i röret.
22 Montera rattstången, se till att undre delen går över styrväxelaxeln.
23 Skruva fast övre och undre klammor.
24 Anslut kontaktstycket.
25 Montera kombinationskontakterna på rattstången.
26 Sätt fast huvlåsspaken.
27 Montera kåporna.
28 Kontrollera att ratten står rakt (med hjulen i läge rakt fram). Justera i annat fall läget (se även avsnitt 23).
29 Dra rattmuttern till angivet moment, sätt sedan tillbaka kåpan på ratten.
30 Sätt tillbaka isoleringen under instrumentbrädan.
31 Dra klämskruven för anslutningen vid styrväxelaxeln.
32 Anslut batteriet.

26.6a Styrväxelns infästning mot torpedväggen, visande skruv och låsbleck (vid pilen)

26 Styrväxel - demontering, renovering och montering

Demontering

Notera: *Nya saxpinnar för styrlederna krävs vid montering.*
1 Ställ hjulen i läge rakt fram.
2 Hissa upp framänden och stöd den på pallbockar (se *"Lyftning, bogsering och hjulbyte"*). Demontera framhjulen.
3 Under huven, ta bort klämskruven från anslutningen vid styrväxelaxeln.
4 Ta bort saxpinnarna vid muttrarna för styrledernas kontappar, lossa muttrarna och ta bort dem.
5 Lossa styrlederna från styrarmarna med lämpligt verktyg.
6 Frigör låsblecket för styrväxelns fästskruvar, lossa sedan och ta bort skruvarna. Ta bort styrväxeln nedåt så att rattstången släpper från ingående axeln, ta sedan bort styrväxeln (se bilder).

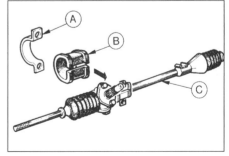

26.6b Styrväxelns infästningsdetaljer

A Krampa   C Styrväxel
B Bussning

Renovering

7 Kontrollera styrväxeln beträffande tecken på skador eller slitage, kontrollera också att kuggstången rör sig fritt mellan ändlägena. Det ska inte finnas tecken på kärvning eller stort spel mellan drev och kuggstång. Man kan renovera styrväxeln, men detta arbete bör överlåtas åt en fackman. Det är förmodligen billigare att skaffa en utbytesenhet, som då levereras komplett med styrstag, än att renovera en sliten eller skadad enhet. De enda detaljer som lätt kan bytas är damasker och styrleder. Dessa arbeten beskrivs i avsnitten 20 respektive 21.

Montering

8 Om en ny styrväxel monteras kan man vara tvungen att flytta över styrlederna från den gamla till ungefär samma läge på den nya. Om man inte noterade läget innan demonteringen, kan man studera gängorna och se var den suttit. Under alla omständigheter ska styrlederna skruvas på lika långt på de nya styrstagen.

9 Se till att styrväxeln är centrerad. Vrid därför ingående axeln till fullt utslag åt ena hållet, räkna sedan antalet varv den måste vridas till stopp åt andra hållet. Vrid sedan tillbaka ingående axeln halva totala utslaget.

10 Kontrollera att hjul och ratt står i läge rakt fram, för sedan upp styrväxeln och anslut rattstången utan att sätta i klämskruven.

11 Skruva fast styrväxeln och lås skruvarna med låsblecken.

12 Anslut styrlederna till styrarmarna. Dra muttrarna till angivet moment, sätt i saxpinnarna och säkra.

13 Dra klämskruven för rattstångsanslutningen till angivet moment. Sätt tillbaka hjulen och sänk ner bilen på marken.

14 Om styrstagen åtgärdats eller om ny styrväxel monterats, kontrollera hjulinställningen enligt beskrivning i avsnitt 27.

27 Styrvinklar och hjulinställning

1 Riktig hjulinställning är viktig för bästa styrverkan och jämnt däckslitage. Innan någon justering företas, kontrollera att däcken har rätt lufttryck, att inte fälgarna är skadade samt att lagren inte är slitna eller feljusterade samt att styrlederna är i gott skick.

2 Hjulinställning kan indelas i fyra vinklar **(se bild)**:

Camber är den vinkel som hjulen intar mot vertikalplanet sett fram- eller bakifrån. Positiv camber (vinkeln i grader) är då hjulen pekar utåt i överkant.

Caster är vinkeln mellan styraxeln och vertikalplanet sett från sidan. Positiv caster är då styraxeln lutar bakåt i övre änden.

Styraxellutning är vinkeln, sedd fram- eller bakifrån, mellan vertikalplanet och en tänkt linje mellan spindellederna (kulleder eller undre kulled och övre fjäderbensinfästning).

Toe är skillnaden i avstånd mellan fram och bakkant på fälgen, mätt i hjulcentrum. Om

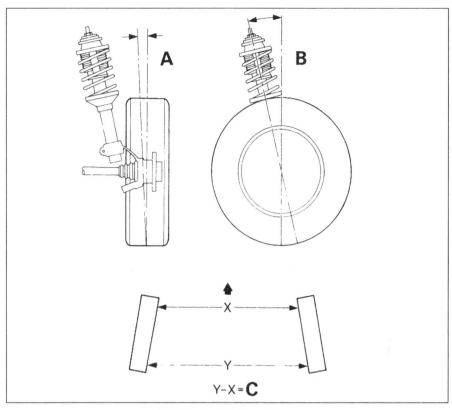

27.2 Hjulinställningsvinklar

A Camber *B Caster* *C Toe*

avståndet framtill är mindre än baktill, har hjulen toe-in. Om avståndet framtill är större än baktill, har hjulen toe-ut.

3 På grund av de precisionsinstrument som krävs och de små ändringar det rör sig om, bör arbetet överlåtas åt en fackman. Camber- och castervinklar ställs in i produktionen och kan sedan inte justeras. Om dessa vinklar kontrolleras och visar sig vara utanför specifikationen, är antingen framvagnsdetaljerna skadade eller slitna i bussningar och infästningspunkter.

4 Om man ändå vill kontrollera inställningen, se först till att styrlederna sitter i samma läge på styrstaget. Detta kan man mäta tillfredsställande genom att räkna antalet fria gängor innanför styrleden (se också avsnitt 23).

5 Justera, om så erfordras, genom att lossa låsmuttern och klamman för styrleden vid damaskens mindre ände **(se bild)**.

6 Skaffa ett mätverktyg. Dessa kan man köpa i verktygsaffärer, de kan också tillverkas av en bit stålrör, bockad så att den går fri från oljetråg och kopplingskåpa.

7 Mät med verktyget avståndet mellan hjulens inre fälgkanter (vid navhöjd) baktill på hjulet. Knuffa sedan fordonet framåt så att hjulet rör sig 180° (ett halvt varv) och mät på samma sätt avståndet mellan fälgkanterna men nu framtill på hjulet. Skillnaden mellan dessa mått skall vara det specificerade toevärdet (toe-in eller toe-ut) (se specifikationer).

8 Då toe-värdet är felaktigt, lossa styrledernas

låsmuttrar och vrid stagen lika mycket. Vrid bara ett kvarts varv i taget och kontrollera på nytt inställningen. Grip inte om gängan på styrstaget vid justering och se till att damaskernas yttre klammor har lossats, annars kommer damaskerna att vrida sig med staget. Om man tittar från styrväxelsidan kommer en vridning medurs att öka toe-ut. Vrid alltid stagen åt samma håll sett från mitten av bilen, annars får de olika längd. Detta kommer då att ändra rattens inställning.

9 Då justeringen avslutats, dra åt styrledernas låsmuttrar utan att styrstagens läge ändras. Håll styrleden i mittläge, nyckelgrepp finns, då låsmuttrarna dras åt.

10 Dra till slut åt damaskernas klammor.

11 Beträffande bakhjulsinställning, se avsnitt 19.

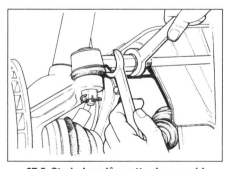

27.5 Styrledens låsmutter lossas vid justering

Kapitel 11
Kaross och detaljer

Innehåll

Svårighetsgrad

Enkelt, passar novisen med lite erfarenhet	Ganska enkelt, passar nybörjaren med viss erfarenhet	Ganska svårt, passar kompetent hemmamekaniker	Svårt, passar hemmamekaniker med erfarenhet	Mycket svårt, för professionell mekaniker

Specifikationer

Åtdragningsmoment   **Nm**
Säkerhetsbälten, alla infästningar .... 29 till 41

1 Allmänt

Karossen är en helsvetsad stålkonstruktion och finns som 3 eller 5 dörrars Kombi-Kupé, 3 eller 5 dörrars Kombi, Cabriolet samt en Expressversion.

Karossen är självbärande med energiupptagande zoner.

Alla nya bilar rostskyddas, vilket bl a omfattar doppning i zinkfosfat och sprutning av vax i hålrum och dörrar.

Alla detaljer är svetsade, inklusive framflyglarna, större karossarbeten bör därför överlåtas till en fackman.

2 Underhåll - kaross och underrede

Karossens tillstånd är det som mest påverkar fordonets värde. Underhåll är enkelt men måste utföras regelbundet. Försummas detta, särskilt efter mindre skada, kan detta leda till större angrepp och stora reparationskostnader. Det är också viktigt att man håller kontroll på delar som inte är direkt synliga, t ex undersidan, insidan på hjulhusen samt undre delen av motorrummet.

Grundläggande underhåll för kaross är tvättning – företrädesvis med mycket vatten från en slang. Det är viktigt att smuts spolas bort så att inte ev partiklar skadar lacken.

Hjulhus och underrede kräver tvättning på samma sätt för att ta bort smutsansamlingar, som kan hålla kvar fukt och utgöra risk för rostangrepp. Paradoxalt nog är det bäst att tvätta underrede och hjulhus då de redan är våta och leran fortfarande är genomblöt och mjuk. Vid mycket våt väderlek rengörs ofta underredet automatiskt och detta är ett bra tillfälle för kontroll.

Det är också lämpligt att periodiskt, utom på fordon med vaxbaserat rostskydd, rengöra underredet med ånga, inklusive motorutrymme. Detta underlättar kontroll beträffande skador. Ångtvätt kan fås på många ställen och tvättar effektivt bort oljeansamlingar o dyl. Om ångtvätt inte är tillgänglig finns en del utmärkta avfettningsmedel på marknaden, som kan läggas på med borste. Smutsen kan sedan helt enkelt spolas av. Notera att dessa metoder inte skall användas på bilar med vaxbaserat rostskydd eftersom detta då löses upp. Sådana fordon skall inspekteras årligen, helst just före vintern, då underredet bör tvättas rent och alla ev skador på rostskyddet bättras. Helst skall ett helt nytt lager läggas på, och vaxbaserade produkter för hålrum bör också övervägas som extra säkerhet mot rostangrepp, om sådant skydd inte ombesörjes av tillverkaren.

Då lacken tvättats, torka den torr med sämskskinn för bästa finish. Ett lager vax ger ökat skydd mot kemiska föroreningar. Om glansen har mattats eller oxiderats, använd rengörings-/polermedel i kombination, för att återställa glansen. Detta kräver lite arbete, men den matta ytan är ofta resultatet av försummad tvättning. Särskild omsorg bör ägnas åt metallack, eftersom polermedel utan slipmedel måste användas. Kontrollera att alla ventilationshål i dörrar och på andra ställen är öppna så att ev vatten kan rinna ut. Blanka detaljer bör behandlas på samma sätt som lacken. Vind- och andra rutor kan hållas rena genom användning av ett speciellt glasrengöringsmedel. Använd aldrig vax, eller annat polermedel för lack eller kromglans, på glas.

3 Underhåll - klädsel och mattor

Mattorna bör borstas eller dammsugas regelbundet för att hållas fria från smuts. Är de mycket fläckiga, ta bort dem från bilen för rengöring och se till att de är torra innan de läggs tillbaka. Säten och klädsel kan hållas rena genom att man torkar med fuktig trasa eller använder speciellt rengöringsmedel. Blir de fläckiga (vilket ofta händer på ljusa färger), använd lite rengöringsmedel och mjuk nagelborste. Glöm inte att hålla taket rent på samma sätt som klädseln. Då rengöringsmedel används inuti bilen, använd inte för mycket. Överskott kan gå in i sömmar och stoppade detaljer och då orsaka fläckar, lukt eller till och med röta. Blir bilen blöt invändigt av någon anledning, kan det vara värt att torka ut den ordentligt, särskilt mattorna. Lämna inte kvar elektriska värmare i fordonet för detta ändamål.

4 Skador på kaross (mindre omfattande) - reparation

Reparation av mindre repor i lacken

Om repan är ytlig och inte tränger ner till metallen, är reparationen enkel. Gnugga området med vax som innehåller färg, eller en mycket fin polerpasta, för att ta bort lös färg från repan. Rengör kringliggande partier från vax och skölj sedan området med rent vatten.

Lägg på bättringsfärg eller lackfilm med en fin borste; fortsätt att lägga på tunna lager färg tills repan är utfylld. Låt färgen torka minst två veckor, jämna sedan ut den mot kringliggande partier med hjälp av vax innehållande färg eller mycket fint polermedel, s k rubbing. Vaxa till sist ytan.

Då repan gått igenom färgskiktet i plåten och orsakat rost, krävs annan teknik. Ta bort lös rost från botten av repan med en pennkniv, lägg sedan på rostförebyggande färg för att förhindra att rost bildas igen. Använd en gummi- eller nylonspackel för att fylla ut repan med lämplig produkt. Vid behov kan denna förtunnas enligt tillverkarens anvisningar. Innan spacklet härdar, linda en bit mjuk bomullstrasa runt fingertoppen. Doppa fingret i cellulosathinner, och stryk snabbt över repan; detta gör att toppen på spacklet blir något urholkat. Repan kan sedan målas över enligt beskrivning tidigare i detta avsnitt.

Reparation av bucklor i karossen

Då en djup buckla uppstår i karossen, är den första uppgiften att trycka ut den, så att karossformen blir nästan den ursprungliga. Metallen är skadad och området har sträckt sig, det är därför omöjligt att återställa karossen helt till sin ursprungliga form. Räta ut plåten tills den är ca 3 mm lägre än omgivande partier. Om bucklan är mycket grund från början, lönar det sig inte alls att försöka få ut den. Om undersidan på bucklan är åtkomlig kan den hamras ut försiktigt från baksidan med hjälp av en plast- eller träklubba. Håll samtidigt ett lämpligt trästycke på utsidan som mothåll så att inte större del av karossen trycks utåt.

Är bucklan på ett ställe där plåten är dubbel, eller den av annan anledning inte är åtkomlig bakifrån, måste man förfara på annat sätt. Borra flera små hål genom plåten inom det skadade området, speciellt i den djupare delen. Skruva sedan i långa självgängande skruvar så att de får gott grepp i plåten. Nu kan bucklan rätas ut genom att man drar i skruvarna med en tång.

Nästa steg är att ta bort färgen från det skadade området och några cm runt omkring. Detta gör man bäst med hjälp av en stålborste eller slipskiva i en borrmaskin, även om det kan göras för hand med hjälp av slippapper. Förbered ytan för spackling genom att repa den med en skruvmejsel eller liknande. Man kan också borra små hål i området; detta ger gott fäste för spacklet.

Se vidare avsnitt om spackling och sprutning.

Reparationer av rost- och andra hål i karossen

Ta bort all färg från det berörda området och några cm runt omkring med hjälp av slippapper eller en stålborste i en borrmaskin. Några slippapper och en slipkloss gör annars jobbet lika effektivt. Är färgen borttagen kan man bedöma skadans omfattning; avgör om en ny detalj behövs (om det är möjligt) eller om den gamla kan repareras. Nya karossdetaljer är inte så dyra som man många gånger tror och det går oftast snabbare och bättre att sätta på en ny detalj än att försöka laga stora områden med rostskador.

Ta bort alla skadade detaljer i det skadade området utom sådana som erfordras för att återställa ursprunglig form på den skadade detaljen (dvs strålkastare, sarg etc). Klipp eller såga sedan bort lös eller kraftigt korroderad metall. Knacka in hålkanten lite för att åstadkomma en fördjupning för spacklet. Stålborsta för att få bort rostrester från ytan runt omkring. Måla sedan med rostskyddande färg; om baksidan av det angripna området är åtkomligt, behandla även den.

Innan utfyllnad kan göras måste stöd läggas i hålet på något sätt. Detta kan göras med hjälp av aluminium- eller plastnät, eller aluminiumtejp.

Aluminium- eller plastnät, eller glasfibermatta, är förmodligen det bästa materialet för stora hål. Klipp ut en bit som täcker hålet, placera den sedan så att kanterna är under den omgivande karossplåtens nivå. Den kan hållas på plats med flera klickar spackel.

Aluminiumtejp kan användas för mycket små och mycket smala hål. Forma en bit till ungefär samma storlek och form som hålet, dra loss skyddspapperet (om sådant finns) och placera tejpen över hålet; flera lager kan användas om inte ett är tillräckligt. Tryck till kanten på tejpen med skruvmejsel eller liknande, så att den fäster ordentligt.

Karossreparationer – spackling och sprutning

Innan detta avsnitt används, se tidigare anvisningar beträffande reparation av bucklor, djupa repor, rost- och andra hål.

Många typer av spackel förekommer, men generellt fungerar de reparationssatser som består av grundmassa och en tub härdare bäst. En bred, flexibel spackel av plast eller nylon är ovärderlig för att forma spacklet efter karossens konturer.

Blanda lite spackel på en skiva – mät härdaren noggrant (följ tillverkarens anvisningar), annars kommer spacklet att härda för snabbt. Det finns också enkomponentsprodukter, men för dessa krävs dagsljus för härdning.

Stryk på spacklet; dra spackelspaden över ytan så att spacklet antar samma kontur som den ursprungliga. Så snart formen någorlunda överensstämmer med den tänkta, avbryt bearbetningen – arbetar man för länge blir massan kletig och fastnar på spackelspaden. Stryk på tunna lager med 20 min mellanrum tills området har byggts upp så att det är något för högt.

Så snart spacklet har härdat kan överskottet tas bort med en fil eller annat lämpligt verktyg. Sedan skall allt finare slippapper användas. Starta med nr 40 och sluta med nr 400 våtslippapper. Använd alltid någon form av slipkloss, annars blir ytan inte plan. Under det avslutande skedet skall våtslippapperet då och då sköljas i vatten. Detta garanterar en mycket jämn yta.

Området kring bucklan bör nu bestå av ren metall, som i sin tur skall omgivas av den uttunnade lackeringen. Skölj ytan med rent vatten tills allt damm från slipningen har försvunnit.

Spruta hela området med ett tunt lager

grundfärg – då framträder ev ojämnheter i ytan. Åtgärda dessa ojämnheter med filler eller finspackel och jämna på nytt ut ytan med slippapper. Om finspackel används kan det blandas med förtunning, så att man får en riktigt tunn massa, perfekt för att fylla små hål. Upprepa sprutnings- och spacklings-proceduren tills du är nöjd med ytan och utjämningen runt om skadan. Rengör området med rent vatten och låt det torka helt.

Området är nu klart för slutbehandling. Sprutning av färgskikt måste ske i en varm, torr, drag- och dammfri omgivning. Dessa villkor kan uppfyllas om man har en stor arbetslokal, men om man tvingas arbeta utomhus måste man välja tidpunkt omsorgsfullt. Arbetar man inomhus kan man binda dammet genom att hälla vatten på golvet.

Om den reparerade ytan begränsar sig till en panel, maskera omkringliggande partier; detta hjälper till att begränsa effekten av nyansskillnad. Detaljer som kromlister, dörrhandtag etc måste också maskeras. Använd riktig maskeringstejp och flera lager tidningspapper.

Innan sprutningen påbörjas, skaka flaskan omsorgsfullt, gör sedan ett sprutprov (t ex på en gammal konservburk) tills du behärskar tekniken. Täck området med grundfärg; lagret skall byggas upp av flera tunna lager, inte av ett tjockt. Slipa ytan med nr 400 våtslippapper tills den är helt slät. Under slipningen skall området sköljas över med vatten och papperet emellanåt sköljas i vatten. Låt ytan torka helt innan den sprutas igen. Spruta på färglagret, bygg på nytt upp tjockleken med flera tunna lager.

Börja spruta mitt i området, arbeta sedan utåt genom att röra burken från sida till sida. Fortsätt arbeta utåt tills hela området och ca 50 mm utanför har täckts. Ta bort maskeringen 10 till 15 min efter sprutning.

Låt det nya färgskiktet torka minst två veckor, bearbeta sedan ytan med vax innehållande färg eller mycket fin polerpasta, s k rubbing. Jämna ytorna mot den gamla lackeringen. Vaxa slutligen bilen.

Plastdetaljer

Allt fler detaljer av plast används vid tillverkningen (t ex stötfångare, spoiler och i vissa fall hela karossdetaljer). Reparation av omfattande skada på sådana detaljer har inneburit att man antingen överlåter arbetet till en specialist eller byter detaljerna. Sådan reparation är i regel inte lönsam att göra själv, då utrustning och material är dyra. Den grundläggande tekniken innebär att man gör ett spår längs sprickan i plastdetaljen med hjälp av en roterande fil i borrmaskinen. Den skadade detaljen svetsas sedan samman med hjälp av en varmluftspistol som värmer och smälter ihop plasten, eventuellt med tillsatsmaterial i spåret. Överskottsplast kan sedan tas bort och området poleras till en jämn yta. Det är mycket viktigt att man använder tillsatsmaterial av rätt plast, eftersom dessa detaljer kan tillverkas av olika material (som polykarbonat, ABS, polypropylen). Mindre omfattande skador (skavning,

mindre sprickor etc.) kan repareras med en två-komponents epoxyprodukt, eller en motsvarande en-komponentsprodukt. Dessa produkter används efter blandning, eller i vissa fall direkt från tuben, på samma sätt som spackel. Produkten härdar inom 20-30 min och är då redo för slipning och målning.

Om man byter en hel detalj, eller har reparerat med epoxy, återstår problemet att hitta en lämplig färg som kan användas på den plast det är fråga om. Tidigare var det omöjligt att använda en och samma färg till alla detaljer p g a skillnaden i materialets egenskaper. Standardfärg binder inte tillfredsställande till plast eller gummi, men specialprodukter kan fås från återförsäljaren. Det är nu också möjligt att köpa en speciell färgsats, bestående av förbehandling, en grundfärg och färg, och normalt medföljer kompletta instruktioner. Metoden går i korthet ut på att man först lägger på förbehandlingen, låter den torka i 30 min innan grundfärgen läggs på. Denna får torka i drygt 1 timme innan till sist färglagret läggs på. Resultatet blir en korrekt finish där färgen överensstämmer och skikten kan böja sig med plast- eller gummidetaljer. Detta klarar normalt inte en standardfärg.

5 Skador på kaross (omfattande) - reparation

Där större skador har inträffat, eller stora partier måste bytas p g a dåligt underhåll, måste hela paneler svetsas fast; detta överlåts bäst åt fackmannen. Om skadan beror på en kollision, måste man också kontrollera att kaross och chassi inte har blivit skeva. På grund av konstruktionen kan styrka och form hos hela bilen påverkas av en enstaka detalj. Reparation ska endast utföras av en fackman med tillgång till speciella jiggar. Om karossen inte riktas upp kan det vara farligt att köra bilen (eftersom den inte uppför sig riktigt), det kan också orsaka ojämn belastning på styrning, motor och växellåda. Onormalt slitage, speciellt på däcken, eller haveri blir följden.

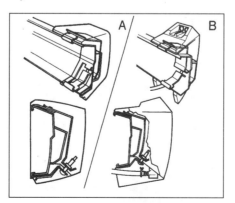

6.1 Stötfångarlist - modeller före 1986
A Utan strålkastarspolare
B Med strålkastarspolare

6 Stötfångare - demontering och montering

Stötfångarlister

Demontering

1 På modeller före 1986 hålls stötfångarlisten av en klämskruv på undersidan av stötfångaren. Lossa den och ta bort listen (se bild). Om strålkastarspolare finns, lossa vätskeslangen då listen tas bort.
2 På modeller från och med 1986 måste stötfångaren först demonteras. Då detta gjorts, lossa den två muttrarna (eller den enda skruven på XR3i modeller), ta sedan bort listen.

Montering

3 Montera i omvänd ordning.

Stötfångarpanel (modeller före 1986)

Demontering

4 Ta bort stötfångarlisterna enligt beskrivning ovan, om sådana finns.
5 Lossa panelen från stötfångaren genom att trycka ihop käftarna på fästklammorna inuti stötfångaren.
6 Dra bort panelen från kanthållarna. Notera att panelen är i två stycken för främre stötfångaren.

Montering

7 Vid montering, tryck panelen i läge och sätt tillbaka klammorna.

Främre stötfångare

Modeller före 1986

Demontering

8 Vid montering av komplett stötfångare, öppna huven och lossa stötfångarnas fästmuttrar i ändarna (se bild).
9 Ta bort stötfångaren från bilen.
10 Lossa låsblecken med en tång och dra loss sidoskenan med hjälp av en träbit så att

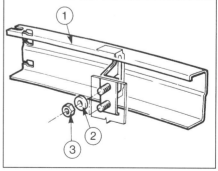

6.8 Främre stötfångarinfästning - modeller före 1986

1 Stötfångarskena   3 Mutter
2 Bricka

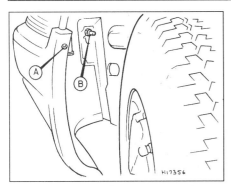

6.13 Främre stötfångarens infästning i hjulhuset, skruv (A) och mutter (B) - modeller fr o m 1986

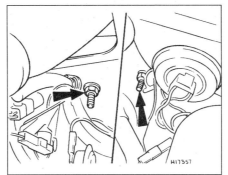

6.14 Främre stötfångarinfästning i motorrum - modeller från och med 1986

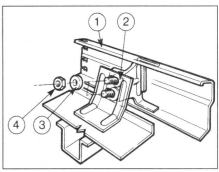

6.17 Bakre stötfångarinfästning - modeller före 1986

1 Stötfångarskena   3 Bricka
2 Fäste   4 Mutter

den inte skadas. Man kan även demontera sidoskenans fästklammer om man vrider huset 90° och drar loss det.

Montering

11 Montera i omvänd ordning.

Modeller från och med 1986

Demontering

12 Lossa skruven som håller stötfångaren till kanten på hjulhuset.
13 Lossa muttern inuti hjulhuset på varje sida (se bild). På modeller med skärmbreddare kan man ta bort dessa samt vindrute-spolarbehållaren, så att åtkomligheten för muttrarna blir bättre.
14 Lossa i motorummet muttern på varje sida som håller stötfångaren till frontstycket (se bild).

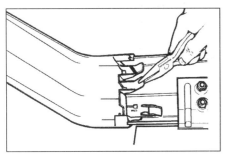

6.19 Demontering av låsbleck för bakre stötfångarens sidoskena - modeller före 1986

15 Ta försiktigt bort stötfångaren.

Montering

16 Montera i omvänd ordning.

Bakre stötfångare

Modeller före 1986 utom Express

Demontering

17 Vid demontering av komplett stötfångare, öppna bakluckan och lossa muttrarna i änden av stötfångaren (se bild).
18 Ta bort stötfångaren, lossa kontaktstycket för nummerskyltbelysningen.
19 Lossa låsblecken med en tång, dra eller knacka sedan bort sidoskenorna med en träbit så att de inte skadas (se bild). Klammorna kan även tas bort från sidostyckena om man vrider dem 90° och drar loss dem.

Montering

20 Montera i omvänd ordning.

Modeller från och med 1986 utom Express

Demontering

21 Lossa de tre skruvarna på varje sida som håller stötfångaren till kanten på hjulhuset.
22 Lossa muttrarna på var sida inuti bagageutrymmet (se bild).
23 Lossa kablarna till nummerskylt-belysningen, dra sidoskenorna något utåt på stötfångaren och ta bort det från bilen.

Montering

24 Montera i omvänd ordning.

Expressmodeller

25 Vid demontering av de bakre sidoskenorna, ta bort nummerskylt-belysningen, lossa lamphållaren och ta bort de två Torxskruvarna. Montera i omvänd ordning.

7 Huv - demontering och montering

Demontering

1 Öppna huven och stöd den med staget.
2 Lossa spolarslangen på undersidan av huven (se bild).
3 Lossa även jordledningen, då sådan är monterad, från huven.
4 Rita runt gångjärnen på undersidan av huven för att underlätta monteringen.
5 Ta hjälp av någon som stöder ena sidan av huven, lossa sedan gångjärnen och lyft bort huven från bilen.

Montering

6 Montera i omvänd ordning. Om en ny huv monteras, ställ in den så att spalten runt huven är lika på alla sidor då huven är stängd.
7 Huven ska stängas mjukt och säkert utan att stort tryck krävs. I annat fall kan man utföra följande justering.
8 Skruva in anslaget som sitter på den främre tvärbalken (se bild). Stäng huven och justera

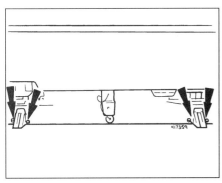

6.22 Bakre stötfångarens infästning i bagageutrymmet - modeller före 1986

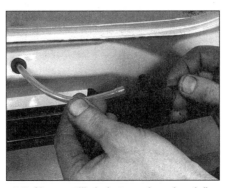

7.2 Slangen till vindrutespolare dras isär

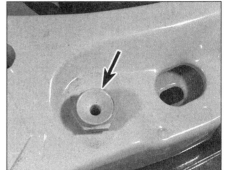

7.8 Huvanslag (vid pilen)

8.3 Huvvajerns infästning med spärr och fäste (vid pilarna)

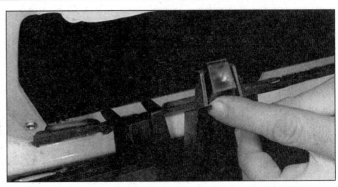

10.1 Fjäderklamma för kylargrillen på modeller före 1988

sedan anslaget tills huven går jäms med flyglarnas översida.

9 Justera spärrhaken så den passar rätt i spärren. Lossa den genom att skruva ut låsmuttern i pressad plåt.

10 Skruva spärrhaken in eller ut tills huven stänger helt av sin egen tyngd då den får falla ca 30 cm.

8 Huvvajer - demontering och montering

Demontering

1 Lossa de tre skruvarna inuti bilen och ta bort rattstångskåpan. Öppna huven. Om vajern är trasig måste spärren manövreras med en lämplig stång genom öppningen i grillen.

11.2a Bryt loss täcklocket . . .

2 Lossa skruven och ta bort kabelfästet från rattstången.

3 Dra genomföringen från fästet för huvspärren i motorummet, lossa sedan vajern från spärren **(se bild)**.

4 Lossa vajern från upphängningen på sidan av motorummet.

5 Dra in vajern i kupén genom torpedväggen.

Montering

6 Montera i omvänd ordning.

9 Huvlås - demontering och montering

Demontering

1 Ta bort de tre skruvarna från låset och sänk ned det tills vajern kan lossas.

2 Ta bort låset.

Montering

3 Montera i omvänd ordning.

10 Kylargrill - demontering och montering

Modeller före 1988

Demontering

1 Grillen hålls på plats av fyra fjäderklammor **(se bild)**.

2 När klammorna lossats kan grillen demonteras.

Montering

3 Montera genom att sätta tillbaka fjäderklammorna.

Modeller från och med 1988

4 Kylargrillen ingår i stötfångarpanelen och demonteras tillsammans med stötfångaren.

11 Dörrklädsel - demontering och montering

Modeller före 1986

Demontering

1 Endast på Ghia versioner, ta bort täcklocket genom att försiktigt bryta loss klammorna med ett gaffelformat verktyg. Verktyget kan lätt göras av en metallbit.

2 Demontera fönsterveven. Lossa täcklocket på handtaget och sedan skruven som nu blir åtkomlig **(se bilder)**.

3 På bilar med elektriska fönsterhissar, ta loss kontakterna och demontera förvaringsfacket.

4 Demontera stängningshandtaget/ armstödet. Detta har två skruvar **(se bild)**. På basmodeller som endast har stängnings-handtag måste täcklocken i ändarna lossas så att skruvarna blir åtkomliga.

5 Tryck sargen på dörrhandtaget bakåt så att den släpper från hakarna **(se bild)**.

11.2b . . . och lossa fönsterveven

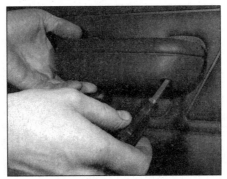

11.4 Skruva bort armstödet

11.5 Demontering av sarg för innerhandtag

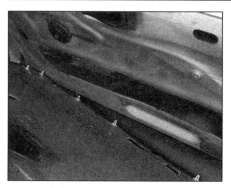

11.6 Demontering av dörrklädsel

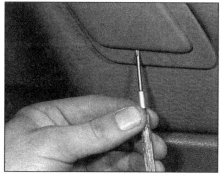

11.9a Bryt loss täcklocket för stängningshandtaget . . .

11.9b . . . lossa skruvarna . . .

11.9c . . . och ta bort handtaget

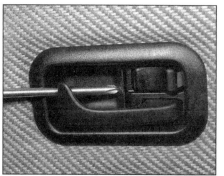

11.10a Ta bort skruven för innerhandtagets sarg . . .

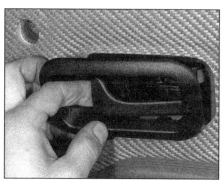

11.10b . . . och ta bort sargen

6 Använd på nytt gaffelverktyget, för det runt kanten på klädseln mellan klädsel och dörr och lossa var och en av klammorna. Ta sedan bort dörrklädseln (se bild).

Montering

7 Montera i omvänd ordning.

Modeller från och med 1986

Demontering

8 Demontera fönsterveven. Ta bort plastlocket från handtaget och sedan skruven som då blir åtkomlig. Ta bort brickan bakom veven.
9 Ta loss täcklocket för stängningshandtaget, lossa de tre skruvarna och sedan handtaget (se bilder). På modeller med elfönsterhissar, dra ut kontakten och lossa kablaget.

11.11a Ta bort täcklocket och lossa skruven . . .

10 Lossa fästskruven för handtagssargen, ta sedan bort sargen (se bilder).
11 Ta bort täcklocket och skruva bort den undre fästskruven, lossa sedan de tre återstående skruvarna, en i övre främre hörnet och två baktill på klädseln (se bilder).
12 Lossa försiktigt fästklammorna upptill och lyft sedan klädseln uppåt så den hakar loss från den undre infästningen.
13 Från och med 1989 finns en ny fuktspärr på baksidan av klädseln, den hålls på plats av en butylremsa.
14 Vid demontering av fuktspärr får inte butylremsan röras med händerna, eftersom den då inte kommer att fästa ordentligt.
15 Om fuktspärren är skadad kan den inte användas; ta bort alla rester av den och butylremsan från dörrens inre plåt. Man kan

11.11b . . . sedan sidoskruvarna

demontera genom att "rulla" butylremsan till en boll.
16 En ny remsa kan sedan monteras och därefter fuktspärr. Använd en rulle för att pressa fuktspärren ordentligt in i butylremsan.

Montering

17 Montera i omvänd ordning.

12 Dörrar - demontering och montering

Framdörr

Modeller före 1986

Demontering

1 Öppna dörren helt och stöd undre kanten med en domkraft eller träklossar, lägg en bit tyg emellan så att dörren inte repas.
2 Lossa de två skruvarna till dörrstoppets fäste och lossa armen.
3 Ta bort skyddsplåten för dörrtröskeln.
4 Lossa sidopanelerna under instrumentbrädan, ta också bort högtalaren där sådan finns (kapitel 12).
5 Demontera värmekanalen.
6 På bilar med elfönsterhissar, elspeglar eller centrallås, lossa kontaktstycket inne i bilen, mata sedan ledningarna genom öppningen i dörrstolpen.
7 Skruva loss undre gångjärnet från stolpen (se bilder).
8 Skruva loss övre gångjärnet från stolpen, lyft sedan bort dörren.

12.7a Muttrar för framdörrens undre gångjärn (vid pilarna)

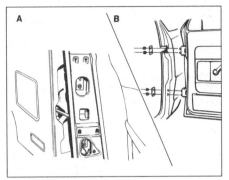

12.7b Dörrgångjärn - modeller före 1986

A Bakdörr   *B Framdörr*

12.10a Främre gångjärnssprint (vid pilen) på modeller från och med 1986

Montering

9 Montera i omvänd ordning, men dra inte åt skruvarna innan dörren justerats mot dörröppningen.

Modeller från och med 1986

10 Arbetet går till på samma sätt som tidigare beskrivits, men man måste här dra ut gångjärnssprinten från övre gångjärnet. Till detta använder man helst ett specialverktyg 41-018, men man kan göra ett eget verktyg av en metallbit som har ett u-format uttag som kan haka fast under sprintens skalle **(se bilder)**. Slå sedan verktyget nedåt för att ta bort sprinten. Vid montering, knacka i sprinten underifrån.

Bakdörr

Sedan och Kombimodeller

11 Arbetet tillgår enligt tidigare beskrivning för modeller före 1986, utom att klädseln för mittstolpen måste demonteras så att gångjärnens skruvar blir åtkomliga.

Expressmodeller

Demontering

12 Börja med att öppna dörren helt och stödja den på en domkraft eller träklossar, lägg en bit tyg emellan så att dörren inte repas.
13 Lossa dörrstoppet i undre kanten.
14 Skruva loss gångjärnen från dörren och ta bort dörren från bilen.

Montering

15 Montera i omvänd ordning, dra inte åt skruvarna helt inan dörren justerats mot dörröppningen.

13 Dörrhandtag och lås - demontering och montering

Yttre handtag

Demontering

1 Demontera dörrklädseln enligt beskrivning i kapitel 11.
2 Dra bort fuktspärren så att berörda detaljer blir åtkomliga **(se bild)**.
3 Lossa de två skruvarna, ta sedan bort handtaget **(se bild)**.
4 Lossa tryckstången och ta bort handtaget.

Montering

5 Montera i omvänd ordning.

Innerhandtag

Demontering

6 Demontera dörrklädseln enligt beskrivning i avsnitt 11.
7 Ta bort innerhandtagets fästskruv, ta sedan bort handtaget från dörren och lossa dragstången **(se bild)**.

Montering

8 Montera i omvänd ordning, kontrollera att

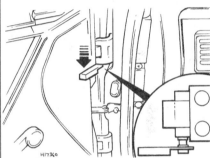

12.10b Demontering av framdörrens övre gångjärnssprint med specialverktyg - modeller från och med 1986

dragstången är rätt ansluten. Sätt tillbaka dörrklädseln enligt beskrivning i avsnitt 11.

Dörrlås och cylinder

Alla modeller utom Cabriolet

Demontering

9 Demontera dörrklädseln enligt beskrivning i avsnitt 11.
10 Dra bort fuktspärren så att berörda detaljer blir åtkomliga.
11 På modeller från och med 1986, demontera ytterhandtaget enligt tidigare beskrivning i avsnittet.
12 Lossa dragstängerna från låset.
13 Vid demontering av låscylinder, dra loss låsblecket och tätningen, ta sedan bort cylindern **(se bild)**.

13.2 Dra loss fuktspärrfolien så att handtaget blir åtkomligt

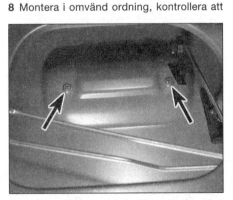

13.3 Fästskruvar för yttre dörrhandtag (vid pilarna)

13.7 Fästskruv för inre dörrhandtag (vid pilen)

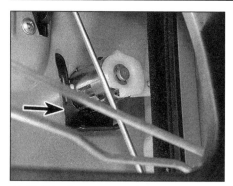

13.13 Dörrlåscylinderns låsbleck (vid pilen)

13.14 Fästskruvar för dörrlås (vid pilarna)

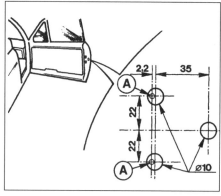

13.25 Borra dessa hål i dörren vid montering av nytt lås på tidigare Cabrioletmodeller
A Befintligt hål
Notera: mått i millimeter

14 Ta bort låset genom att lossa de tre skruvarna och sänka ner låset så mycket att låsstången från cylindern går fri från låshuset **(se bild)**. Vrid spärren runt dörramen och ta ut låset genom den bakre öppningen i dörren.
Montering
15 Montering sker i omvänd ordning.

Cabriolet
Demontering
16 Sent under 1984 fick Cabrioletmodellerna ändrade dörrlås. Ska lås bytas på en tidigare modell, måste det senare låset användas och monteras enligt följande.
17 Om bilen har centrallås, lossa batteriets minuskabel.
18 Demontera dörrklädseln enligt beskrivning i avsnitt 11.
19 Dra bort fuktspärren så att berörda detaljer blir åtkomliga.
20 Lossa dragstängerna från låset.
21 Vid demontering av låscylinder, dra loss låsblecket och tätningen, ta sedan bort cylindern.
22 På vissa modeller är låset nitat i dörren. Borra då ut nitarna, eller ta bort skruvarna, vilket som gäller.
23 Ta bort låset, ta även bort solenoiden för centrallås då sådant är monterat.
24 Ta bort plattan på insidan av dörrkanten.
Montering
25 Om låset varit nitat måste dörren borras enligt beskrivning så att fästskruvarna för det nya låset passar **(se bild)**. Rostskydda bearbetade plåtytor, måla också runt hålen.

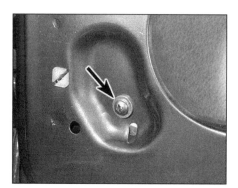

14.5 Fästskruv för rutstyrningens förlängning

26 Ta bort det skuggade området på den nya gängade plattan enligt beskrivningen **(se bild)**.
27 I förekommande fall, montera lås-solenoiden på det nya låset, sätt sedan den gängade plattan i dörren och montera låset. Dra skruvarna med fingrarna.
28 Anslut dragstängerna till låset.
29 Om lås av senare utförande monteras som ersättning för tidigare utföranden, måste man också använda ny gängad platta. Montera i sådant fall den nya plattan, dra skruvarna endast med fingrarna så länge.
30 Stäng dörren och kontrollera att lås och spärrhake passar mot varandra, öppna sedan dörren och dra åt lås och spärrhake ordentligt.
31 Montera fuktspärren samt dörrklädseln enligt beskrivning i avsnitt 11.
32 I förekommande fall, anslut batteriet.

14 Dörruta och fönsterhiss - demontering och montering

Dörruta - modeller med manuell fönsterhiss

Sedan, Kombi och Express
Demontering
1 Demontera dörrklädseln enligt beskrivning i avsnitt 11.
2 Dra försiktigt bort fuktspärren från dörren.

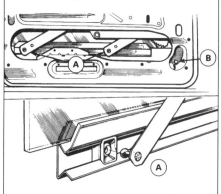

14.6a Rutfästets förbindelse med fönsterhissen (A) samt skruven för rutstyrningens förlängning (B)

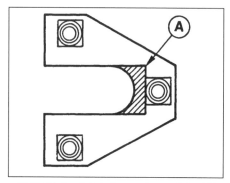

13.26 Ta bort det skuggade området (A) vid montering av ny, gängad platta på tidiga Cabrioletmodeller

3 Ta bort yttre och inre tätningslist för rutan.
4 Sänk ner rutan så att hissanslutningen går jäms med undre öppningen i dörren.
5 Ta bort skruven som håller rutstyrningens förlängning (åtkomlig genom det lilla hålet i undre kanten på dörren) **(se bild)**.
6 Lossa rutfästet från hissens kulleder, lyft sedan och ta bort rutan utåt från dörren **(se bilder)**.
Montering
7 Montera i omvänd ordning. Kontrollera sedan att fönsterhissen fungerar normalt innan fuktspärr och klädsel sätts på plats.

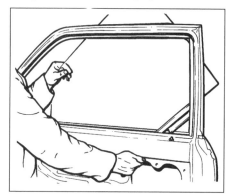

14.6b Demontering av ruta

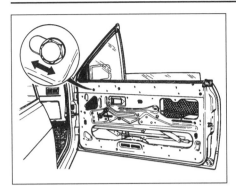

14.14 Justerskruv för rutans stoppklack - Cabrioletmodeller

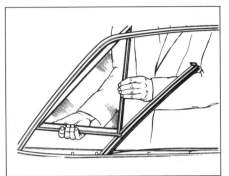

14.35 Demontering av hörnruta på bakdörr

14.38 Bakdörrens fuktspärr lossas

Cabrioletmodeller

Demontering

8 Demontera dörrklädseln enligt beskrivning i avsnitt 11.
9 Dra försiktigt bort fuktspärren från dörren.
10 Demontera tätningslisten och gummiklossarna i ändarna.
11 Sänk ner rutan, arbeta sedan genom öppningen, lossa länkarmarna från undre banan.
12 Lyft upp rutan från dörren.

Montering

13 Montering sker i omvänd ordning, justera rutstoppet enligt följande.
14 Lossa justerskruven, hissa sedan upp rutan så att övre kanten på glaset vidrör tätningen för övre styrningen **(se bild)**. Ställ in stoppet på fönsterhissen och dra åt skruven. Kontrollera att, då dörren är stängd och rutan helt upphissad, främre övre hörnet på rutan går under tätningslistens läpp. Justera på nytt vid behov.

Dörruta - modeller med elfönsterhissar

Demontering

15 Sänk ner rutan helt på den dörr det gäller.
16 Lossa batteriets minuskabel.
17 Demontera dörrklädseln enligt beskrivning i avsnitt 11.
18 Lossa kontaktstycken för motor samt fästklammorna.
19 Demontera fästskruvar för motor och fönsterhiss - tre var.
20 Ta bort skruven vid rutfästet. Lossa fästet från dörren.
21 Demontera rutan enligt beskrivning i föregående avsnitt gällande modeller med manuella fönsterhissar.

Montering

22 Montering sker i omvänd ordning, se dock till att kablarna går fria från hissmekanismen, kontrollera att fästet fungerar innan fuktspärr och klädsel sätts på plats.

Bakrutor - modeller med manuella fönsterhissar

Demontering

23 Följ beskrivningen i punkterna 1 till och med 4.

24 Demontera de övre och undre skruvarna som håller mellanlist och hörnruta på plats. Demontera hörnrutan.
25 Lossa rutfästet från hissens kulled, dra sedan upp rutan och ta bort den utifrån.

Montering

26 Montera i omvänd ordning. Kontrollera efteråt att fönsterhissen fungerar ordentligt innan fuktspärr och klädsel sätts på plats.

Bakrutor - modeller med elfönsterhissar

Demontering

27 Följ beskrivningen i punkterna 15 till och med 20.
28 Ta bort rutan enligt tidigare beskrivning i avsnittet för modeller med manuell fönsterhiss.

Montering

29 Montera i omvänd ordning. Kontrollera att fönsterhissen fungerar normalt innan fuktspärr och klädsel sätts på plats.

Fasta bakre dörrutor

Demontering

30 Demontera dörrklädseln enligt beskrivning i avsnitt 11.
31 Dra försiktigt bort fuktspärren från dörren.
32 Dra loss yttre och inre tätningslister.
33 Sänk ner rutan så att anslutningen går jäms med undre uttaget i dörren.
34 Ta bort övre och undre skruvar som håller rutstyrning och hörnruta på plats.

14.40a Demontering av hissmekanismens skruvar

35 Demontera hörnrutan **(se bild)**.

Montering

36 Montera i omvänd ordning. Kontrollera sedan att fönsterhissen fungerar normalt innan fuktspärr och klädsel sätts på plats.

Manuell fönsterhiss (alla utom hörnruta bak för Cabriolet)

Notera: *Sju M6 x 10 mm skruvar krävs för att fästa hissen vid montering.*

Demontering

37 Demontera dörrklädseln enligt beskrivning i avsnitt 11.
38 Dra försiktigt bort fuktspärren från dörren **(se bild)**.
39 Hissa ner rutan så att rutfäste och hissmekanism blir åtkomliga genom öppningen i dörren. Lossa kullederna (två i framdörren, en i bakdörren).
40 Sänk ner rutan till botten av dörren, lossa sedan de sju skruvarna eller borra ur de sju nitarna på senare modeller, som håller hissmekanismen. På vissa modeller används endast fem nitar **(se bilder)**.
41 Med skruvar och nitar demonterade kan fönsterhissen tas bort genom öppningen i dörren **(se bild)**.

Montering

42 Montera i omvänd ordning. Placera hissmekanismen så att hålen överensstämmer innan skruvar eller popnitar fästs. Kullederna trycks in i rutfästet, men stöd fästet då de trycks på plats.

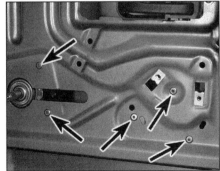

14.40b Placering av nitar för fönsterhiss (vid pilarna)

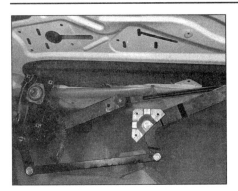

14.41 Demontering av fönsterhiss

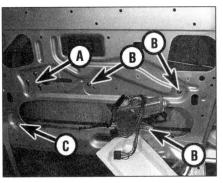

14.48 Elfönsterhiss
A Fästskruvar för mekanism
B Fästskruvar för motor
C Fästskruv för rutstyrning

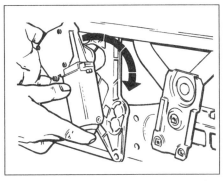

14.51 Vrid motorn medurs så att den går att ta ut ur dörren

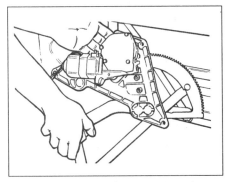

14.53 Demontering av motor och hissmekanism från dörren

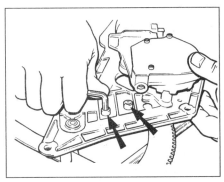

14.54a Demontering av elhissens stoppklack - insexskruvar vid pilarna

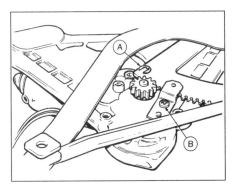

14.54b Spårryttare (A) för hissmotorns drivaxel samt fästskruv för drevstyrningen (B)

43 Eftersom den skruvade hissen inte längre tillverkas måste man, för att kunna montera en hiss av senare utförande på tidigare modeller, borra upp fästhålen till 7 mm. Speciella plåtmuttrar måste användas vid de sju hålen. Fönsterhissen kan sedan fästas med sju M6 x 10 mm skruvar. Använd inte några andra skruvar.

Elfönsterhissar

Alla modeller utom Cabriolet

Demontering
44 Sänk ner rutan helt.
45 Lossa en batterikabel.
46 Demontera dörrklädseln enligt beskrivning i avsnitt 11.
47 Lossa motorns kontaktstycken och fästklammer.
48 Demontera fästskruvarna för motor och fönsterhiss - tre var **(se bild)**.
49 Lossa skruven från rutfästet. Ta bort fästet från dörren och ta bort låset enligt tidigare beskrivning i avsnittet för modeller med manuella fönsterhissar.
50 Ta tag i motorns fästplatta med ena handen och hissen i den andra. Dra upp hissen, dra samtidigt motorn mot gångjärnssidan på dörren.
51 Vrid sakta motorn medurs, vik samtidigt hissen över motorn så att den vilar mot låssidan på dörren **(se bild)**.
52 Vrid motorfästet moturs tills ett hörn på infästningen blir synligt genom öppningen i dörren.

53 Flytta enheten så att hörnet sticker ut genom öppningen, vrid sedan hela enheten medurs och styr den ut ur öppningen **(se bild)**.
54 Ta bort de två insexskruvarna från stoppklack för hissen, samt skruven för drevstyrningen **(se bilder)**.
55 Ta bort spårryttaren från motoraxeln, ta sedan bort drevet.
56 Flytta hissen så att motorns fästskruvar blir åtkomliga. Ta bort skruvarna och sedan motorn från hissen **(se bild)**.
Montering
57 Montera i omvänd ordning. Kontrollera att kablarna inte är i vägen för hissmekanismen, innan dörrklädseln sätts på plats.

Cabrioletmodeller

Demontering
58 Följ beskrivningen i punkterna 44 till och med 47, sänk sedan ner rutan så att fästlisten är synlig genom undre öppningen i dörren. Det kan vara nödvändigt att tillfälligt ansluta kablarna för att göra detta.
59 Demontera hissens skruvar och muttrar **(se bild)**.
60 Lossa hissrullarna från fästlisten, ta sedan bort glaset från dörren (enligt tidigare beskrivning i avsnittet).
61 Lossa kabelhärvan, ta bort hissmekanismen från dörren (se tidigare beskrivning rörande icke Cabrioletmodeller).
Montering
62 Börja genom att föra in hissmekanismen i dörren.
63 Sätt tillbaka kabelhärvan.
64 Montera rutan och sätt hissrullarna på plats i fästlisten.

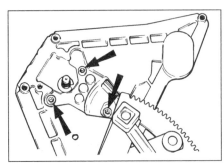

14.56 Placering av fästskruvar för hissmotor (vid pilarna)

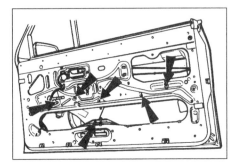

14.59 Muttrar och skruvar för elfönsterhiss (vid pilarna) - Cabrioletmodeller

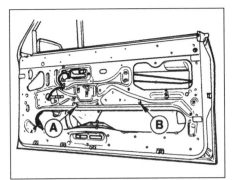

14.68 Justerskruvar (vid pilarna) på rutan för Cabrioletmodeller

A Höjdjustering   B Inriktning

65 Sätt i och dra åt skruvar och muttrar.
66 Montera yttre och inre tätningslister.
67 Hissa upp rutan helt och kontrollera att kanten på glaset går jäms med tätningen mot taket.
68 Justera höjd och riktning på rutan med hjälp av skruvarna **(se bild)**.
69 Resten av monteringen sker i omvänd ordning.

Bakre hörnruta och hissmekanism - Cabriolet

Demontering

70 Fäll ner suffletten och ta bort tätningslisten och rutstyrningen från mittstolpen.
71 Ta bort klamman och för undan klädseln så att övre infästning för säkerhetsbältet friläggs. Lossa skruven och lägg bältet åt sidan.
72 Sänk ner rutan och ta bort fönsterveven.
73 Fäll ryggstödet framåt.
74 Demontera yttre och inre tätningslister samt gummiklacken i änden.
75 Ta bort främre panelen för rutan.
76 Demontera knoppen på spaken för suffletten, samt sargen. Ta sedan bort panelen (tre skruvar) med spaken i låst läge, lossa även högtalarkablarna.
77 Dra loss fuktspärren, arbeta sedan genom

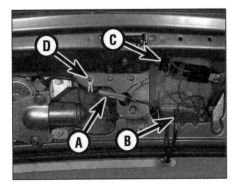

15.2 Elanslutningar i bakluckan (1986 års modell visad)

A Torkarmotor   C Matning samt
B Radioantenn   reläanslutningar
*   D Jordanslutning*

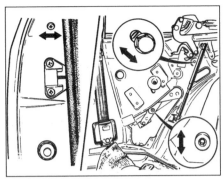

14.80 Justering av bakre hörnruta - Cabrioletmodeller

öppningen, lossa och ta bort rutfästet från hissen.
78 För rutan bakåt bort från hissen, ta sedan bort rutan från bilen.
79 Vid demontering av hiss, ta bort de sex skruvarna och ta ut hissens mekanism genom öppningen.

Montering

80 Montering sker i omvänd ordning, men justera rutan så att övre och bakre kanten går mot tätningslisten, justera med hjälp av skruvarna **(se bild)**.

15 Baklucka - demontering och montering

Demontering

1 Demontera klädseln enligt beskrivning i avsnitt 32.
2 Lossa kablarna till bakrutans värmeelement, radioantenn, torkarmotor, högtalare samt dörrlåsmotor, vilket som gäller **(se bild)**.
3 Bind ett starkt snöre i ena änden av vardera kabelhärvan. Dra loss genomföringarna och kabelhärvorna så att snörena kommer fram. Lossa kabelhärvorna men låt snörena sitta kvar i luckan.
4 Gör på samma sätt med ledningen för spolarvätska.
5 Låt en medhjälpare hålla i luckan, lossa låsblecken eller stiften, ta sedan bort gasfjädrarna från bakluckan **(se bild)**.

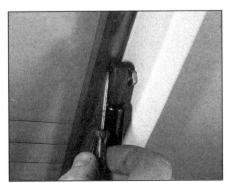

15.5 Låsbleck för bakluckans gasfjäder

6 Ta bort tätningslisten upptill vid öppningen för luckan. Ta sedan bort klämmorna för takklädseln i kanten.
7 Lossa skruvarna och ta bort klädseln vid sidostolparna, dra sedan ner takklädseln så mycket att gångjärnens skruvar blir åtkomliga.
8 Stöd luckan, lossa muttrarna för gångjärnen och ta bort bakluckan.

Montering

9 Montering sker i omvänd ordning. Justera luckans läge i öppningen med hjälp av gångjärnsinfästningen, samt spärrhaken.

16 Lås och låscylinder för baklucka - demontering och montering

Demontering

1 Demontera klädseln enligt beskrivning i avsnitt 32.
2 Lossa låscylinderns låsbleck, lossa sedan dragstängerna och ta bort cylindern.
3 Lossa de tre skruvarna och ta bort låset **(se bild)**.

Montering

4 Montering sker i omvänd ordning.

17 Baklucka (Cabriolet) - demontering och montering

Demontering

1 Öppna luckan och håll den öppen med en träbit.
2 Ta bort klämmorna som håller gasfjädrarna, ta sedan bort gasfjädrarna.
3 Lossa muttrarna som håller gångjärnen inuti bagageutrymmet.
4 Dra luckan bakåt så att gångjärnen lossnar, lyft sedan bort luckan.
5 Gångjärnen kan lossas från luckan om man tar bort plastlocken och sedan skruvarna. En tas bort utifrån och en inifrån.

Montering

6 Montering sker i omvänd ordning, dra inte åt skruvarna innan luckans läge justerats.

16.3 Fästskruvar för bakluckans lås (vid pilarna)

18 Centrallås - demontering och montering

Allmänt

1 På modeller före 1986 manövreras dörrlåsen, utom för förardörren, av solenoider **(se bild)**. På modeller från och med 1986 manövreras dörrlåsen av elektriska motorer.

Kontakt (förardörr)

Demontering

2 Lås upp förardörren ordentligt.
3 Lossa en batterianslutning.
4 Demontera dörrklädseln enligt beskrivning i avsnitt 11.
5 Lossa kontaktstyckena inuti dörren och kablarna från klammorna.
6 Ta bort låsstängerna och låsets fästskruvar.
7 Ta bort låset från dörren genom att styra det runt rutlisten.
8 Ta bort de två skruvarna och sedan kontakten från låset.

Montering

9 Montering sker i omvänd ordning, men innan dörrklädseln monteras, kontrollera att kablarna inuti dörren inte kommer i vägen för hissmekanismen och sitter ordentligt fast i klammorna.

Styrrelä

Demontering

10 Lossa en batterianslutning.
11 Ta bort panelen under instrumentbrädan på passagerarsidan.
12 Dra loss relät från klammern **(se bild)**.
13 Lossa kontaktstycket, ta sedan bort relät.

Montering

14 Montering sker i omvänd ordning.

Solenoider - modeller före 1986

Framdörr

Demontering

15 Lossa en batterianslutning.
16 Demontera dörrklädseln enligt beskrivning i avsnitt 11.
17 Lossa låsstängerna och ta bort de tre fästskruvarna **(se bild)**.

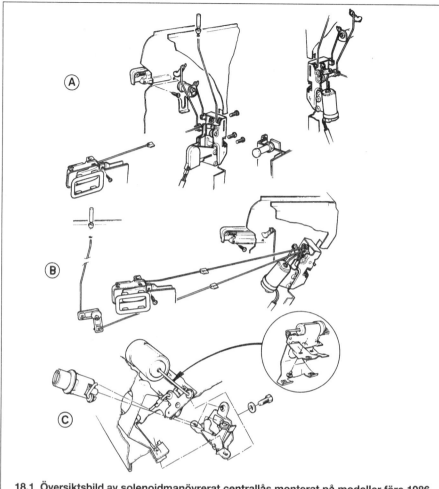

18.1 Översiktsbild av solenoidmanövrerat centrallås monterat på modeller före 1986

A Framdörr B Bakdörr C Baklucka

18 Lossa kablarna från klammorna, ta sedan ut låset runt rutstyrningen och ut ur öppningen i dörren **(se bild)**.
19 Ta bort skruvarna och sedan solenoiden från låset.

Montering

20 Montering sker i omvänd ordning, notera dock följande.
a) Vid montering av låssolenoider, ställ

låsstyrningen i läge, dra inte åt skruvarna innan hävarm, gummistyrningar samt inre låsstänger är monterade.
b) Kontrollera att, då solenoiden är i olåst läge, damasken inte är sammantryckt och har en längd av 20 mm.
c) Innan montering av dörrklädsel, kontrollera att kablarna inuti dörren inte kommer i vägen för hissmekanismen och sitter ordentligt fast i klammorna.

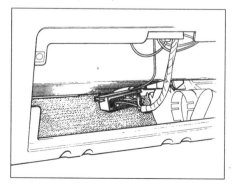

18.12 Relä för solenoidstyrt centrallås, bakom handskfacket - modeller före 1986

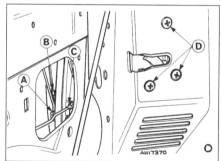

18.17 Anslutning av låsstänger - modeller före 1986
A, B och C Låsstänger
D Fästskruvar för lås

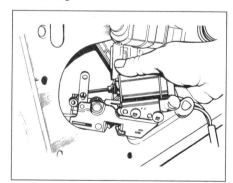

18.18 Demontering av dörrlåssolenoid - modeller före 1986

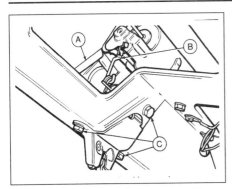

18.33 Bakluckans lås och solenoid - modeller före 1986

A Låsbleck för låscylinder
B Låsbleck för låsstång
C Fästskruvar för lås

Bakdörr

Demontering

21 Lossa en batterianslutning.
22 Demontera dörrklädseln enligt beskrivning i avsnitt 11.
23 Demontera arm och manöverstång genom att ta bort skruvarna.
24 Ta bort manöverstångens gummi-genomföringar från dörren, lossa sedan kablarna.
25 Lossa skruvarna för låset, tryck in låset i dörren och ta bort lås och låsstänger genom öppningen i dörren.
26 Ta bort skruvarna och sedan solenoiden från låset.

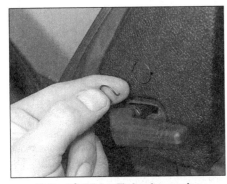

19.5a Låsfjäder för backspegelns justerhandtag

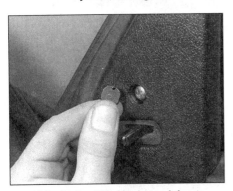

19.6a Ta bort täcklocket och lossa skruven . . .

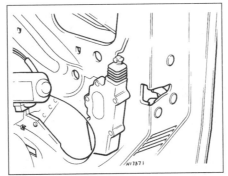

18.42 Placering av dörrlåsmotor - modeller från och med 1986

Montering

27 Se punkt 20.

Baklucka

Demontering

28 Lossa en batterianslutning.
29 Öppna bakluckan och ta bort klädseln (se avsnitt 32).
30 Ta bort klamman för låsstången, bryt sedan loss cylinderns låsbleck. Ta bort cylindern.
31 Sänk bakluckan något, arbeta sedan genom hålen för låscylindern, för undan låsarmen från fjädern så att låset aktiveras.
32 Lossa kablarna från solenoiden.
33 Ta bort låsets fästskruvar och sedan låset (se bild).
34 Sätt in en skruvmejsel genom öppningen där låset satt och lossa de två skruvarna för solenoiden. Ta bort solenoiden.

19.5b Demontering av handtag

19.6b . . . och sedan panelen

Montering

35 Montering sker i omvänd ordning.

Baklucka (Cabriolet)

Demontering

36 Lossa en batterianslutning.
37 Demontera låsenheten enligt beskrivning i avsnitt 16, lossa sedan kablarna till solenoiden.
38 Lossa och ta bort de två solenoid-skruvarna, haka loss manöverstången och ta bort solenoiden.

Montering

39 Montering sker i omvänd ordning.

Motorer - modeller från och med 1986

Fram- och bakdörrar

Demontering

40 Lossa en batterianslutning.
41 Demontera dörrklädseln enligt beskrivning i avsnitt 11.
42 Lossa de två skruvarna, borra ur nitarna, ta sedan bort motorn (se bild).
43 Lossa motorn från manöverstången, lossa kontaktstycket och ta bort motorn.

Montering

44 Montering sker i omvänd ordning.

Baklucka

Demontering

45 Lossa en batterianslutning.
46 Öppna bakluckan och ta bort klädseln där sådan finns (se avsnitt 32).
47 Lossa motorns kontaktstycke.
48 Lossa motorns fästskruvar, haka sedan loss manöverstången och ta bort motorn.

Montering

49 Montering sker i omvänd ordning.

19 Yttre backspeglar - demontering och montering

Utan inre justering

Demontering

1 Använd en skruvmejsel, lossa den triangelformade panelen på insidan.
2 Lossa de tre skruvarna och ta bort spegeln.

Montering

3 Montering sker i omvänd ordning.

Med inre justering

Demontering

4 Två typer av spegel med inre justering förekommer. På den ursprungliga versionen krävs en specialnyckel för att lossa sargen till justerhandtaget, man kan dock använda en öppen nyckel i nödfall. Då sargen tagits bort kan spegeln demonteras på samma sätt som för modeller utan inre justering.
5 På det senare utförandet, ta bort låsfjädern och sedan handtaget (se bilder).
6 Lossa täcklocket, ta sedan bort skruven och panelen (se bilder).

7 Lossa de tre skruvarna och ta bort spegeln **(se bild)**.

Montering

8 Montering sker i omvänd ordning.

Elmanövrerade backspeglar

Demontering

9 Lossa till att börja med batteriets minuskabel eller ta bort säkringen för bakrutevärmen.
10 Demontera dörrklädseln enligt beskrivning i avsnitt 11, lossa kontaktstycket. Spegeln demonteras sedan på samma sätt som för övriga modeller.

Montering

11 Montering sker i omvänd ordning, men kontrollera att spegeln fungerar inan klädseln sätts tillbaka.

Spegelglas, byte

Demontering

12 Två utföranden finns på modeller med fasta speglar. På den ena bryter man glaset utåt så att det lossar från kulleden i spegelhuset.
13 På den andra modellen, lossa höljet, ta bort skruven och sedan glaset.
14 På modeller med invändigt justerbara speglar, för in en tunn skruvmejsel i hålet undertill på spegelhuset, stöd sedan glaset och för mejselskaftet i riktning mot dörren så att låsringen lossar.

Montering

15 Tryck in glaset i kulleden, se till att kulleden hakar i ordentligt; eller fäst glaset med skruven och sätt tillbaka locket.
16 På modeller med invändigt justerbara speglar, kontrollera att låsringen är på plats, tryck sedan försiktigt glaset i läget.

20 Vindruta och övriga fasta rutor - demontering och montering

Vindruta

Notera: *Detta arbete överlåts bäst åt en glasmästare. Följande beskrivning gäller för dig som ändå själv vill utföra arbetet.*

Demontering

1 Vindrutan är laminerad, vilket innebär att även om den endast är spräckt så får den förmodligen demonteras i ett stycke.
2 Täck huven framför vindrutan med en gammal filt för att skydda mot repor.
3 Demontera torkararmar och blad (se kapitel 12).
4 Arbeta sedan inifrån bilen, tryck läppen på rutlisten under öppningen upptill och på sidan i karossen.
5 Låt en medhjälpare stå på utsidan och hålla mot rutan, tryck sedan rutan komplett med tätning ut ur ramen.

19.7 Ta bort fästskruvarna för spegeln

6 Där sådan är monterad, ta bort den blanka listen i tätningen, dra sedan bort tätningen från glaset.
7 Om inte tätningslisten är i gott skick bör den bytas.
8 Även om tätningsmedel normalt inte används tillsammans med rutorna, kontrollera att spåret för rutan i listen är fritt från tätningsmedel eller glassplitter.

Montering

9 Börja genom att sätta tätningen på rutan. Placera ett snöre av nylon eller terylen i listens spår mot karossen så att ändarna på snöret kommer ut undertill och överlappar ca 150 mm.
10 Sätt rutan mot karossen och för undre delen av listen över flänsen. Låt någon trycka lätt på rutan utifrån, dra sedan snörändarna jämnt vinkelrätt mot glaset; detta kommer att vika tätningsläppen över flänsen. Fortsätt tills snöret släpper mitt på i överkant, rutan är sedan monterad.
11 Om tätningslisten har en blank list, sätt tillbaka den nu. Detta kan vara det svåraste arbetet utan specialverktyg. Listen ska pressas in i spåret precis efter det att spåret vidgats för att ta emot den. Se till att tätningslisten inte skadas om man arbetar med hemmagjorda verktyg.

Bakruta (ej Cabriolet)

12 Arbetet går till på samma sätt som beskrivits för framruta.
13 Lossa kablarna till bakrutans värme-element/radioantenn eller torkarmotor (i förekommande fall).
14 Bakrutan är en härdad ruta, så om den har splittrats, ta bort glassplitter med en dammsugare.

Bakruta - Cabriolet

Demontering

15 Lossa kablarna till värmeelementet för bakrutan, dra sedan bort kablarna från tätningslisten.
16 Låt en medhjälpare stöda rutramen utifrån, tryck sedan ut glaset inifrån.
17 Demontera tätningslisten från glaset och rengör från tätningsmedel.

Montering

18 Montera enligt beskrivning för vindruta, lägg slutligen lämpligt tätningsmedel på yttre läppen för listen.

Fast hörnruta bak

Demontering

19 Rutan demonteras komplett med list genom att man trycker ut den inifrån bilen.
20 Tätningslistens läpp måste lossas upptill och nedtill från öppningen med ett lämpligt verktyg innan rutan trycks ut.

Montering

21 Montera med hjälp av ett snöre enligt beskrivning för vindruta.

21 Solluckans detaljer - demontering, montering och justering

Lucka

Demontering

1 Vid demontering av glasluckan, dra solskyddet till öppet läge och se till att luckan är stängd.
2 Vrid veven moturs ett helt varv.
3 Ta bort de tre skruvarna och klämmorna som förbinder undre ramen med glaset.
4 Vrid veven så att luckan stängs, ta sedan bort de tre skruvarna på varje sida som håller glaset till glidskenorna.
5 Demontera glasluckan genom att lyfta ut den.

Montering

6 Montering sker i stängt läge, placera luckan och fäst de tre skruvarna på varje sida. Då skruvarna är åtdragna, vrid veven ett varv medurs.
7 Ställ in glaset mot taket och sätt de undre fästena på plats. Sätt i klämmorna igenom fästet.
8 Sätt i skruvarna i den ordning bilden visar **(se bild)**.

Justering

9 Luckan kan justeras i öppningen så att den går jäms med taket, på följande sätt.

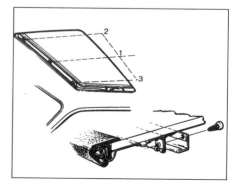

21.8 Ordningsföljd vid montering av takluckans skruvar

10 Vid justering av spalt mellan lucka och tak, böj tätningslistens kant.
11 För justering av luckans höjd i framkant, lossa hörnskruvarna, höj eller sänk luckan och dra åt skruvarna.
12 Vid justering av höjden i bakkant, lossa de två skruvarna på varje sida på länkarna, tryck sedan länkarna upp eller ned i de avlånga hålen. Dra åt skruvarna då inställningen är riktig.

Glidskenor

Demontering

13 Demontera luckan enligt tidigare beskrivning.
14 Vrid veven medurs till helt stängt läge. Ta bort de tre skruvarna och sedan vev och bricka.
15 Ta bort de fyra skruvarna på varje sida som håller glidskenorna till taket **(se bild)**. Lyft upp främre delen och dra sedan bort enheten från taket.

Montering

16 Montering sker i omvänd ordning, justera vid behov luckans läge enligt tidigare beskrivning.

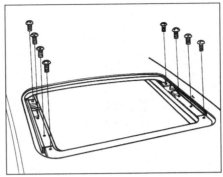

21.15 Fästskruvar för glidskenor till tak

Montering

13 Montera i omvänd ordning, men dra inte åt fästskruvar eller muttrar för reglerstycken förrän taket är låst i framkant och den bakre kanten på plats i skenan **(se bild)**. Man kan vara tvungen att peta ned vajern helt i skenan. Stryk litet tätningsmedel på de punkter vajern passerar genom tyget.

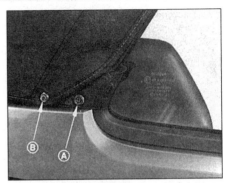

22.5 Skruv för skydd (A) samt reglerskruv (B) - Cabrioletmodeller

22.13 Mutter för vajerspänning (vid pilen) - Cabrioletmodeller

---

22 Sufflett (Cabriolet) - demontering and montering

Demontering

1 Demontera baktill paneler för hjulhus och sufflettförvaring.
2 Lossa anslutning för bakrutans värmeelement, lossa även kablarna från listen.
3 Lossa sufflettens främre spärrar.
4 Lossa muttrarna och ta bort styrningarna för bakrutan.
5 Ta bort skruven för skyddet samt reglerskruven på bägge sidor **(se bild)**.
6 Ta bort muttrarna vid bägge reglerstyckena.
7 Dra loss sufflett och vajer från skenan, lossa sedan vajern.
8 Ställ sufflettramen upprätt, lossa sedan fästena för bandet.
9 Lossa skruven för klädsen, ta sedan bort tråden.
10 Lossa gasfjädrarna.
11 Sänk ned suffletten i framkant, skruva sedan bort de tre fästskruvarna på varje sida.
12 Lyft bort suffletten från bilen.

23 Servoassisterad sufflett - kontroll av vätskenivå samt luftning

Allmänt

1 Från och med 1987 infördes en servoassisterad sufflett som tillval för Cabrioletmodellerna.
2 Taket manövreras hydrauliskt med hjälp av en eldriven pump på vänster sida i bagageutrymmet. Hydraulkolvar, monterade på var sida av bilen vid de bakre hjulhusen, manövrerar mekanismen. Ett reglage är monterat på mittkonsolen. Om systemet slås ut kan suffletten manövreras om man öppnar en överströmningsventil på sidan av pumpen.
3 Systemet är helt slutet och fordrar inget underhåll förutom regelbunden kontroll av vätskenivån.

Kontroll av vätskenivå

4 Nivån ska kontrolleras med suffletten nedfälld. Då suffletten är uppfälld blir nivån lägre på grund av vätskemängden i kolvarna.

5 Dra undan skyddet för pumpen på vänster sida i bagageutrymmet.
6 Kontrollera att vätskenivån i behållaren på pumpens gavel är mellan "MIN" och "MAX" markeringarna på siktglaset **(se bild)**.
7 Om vätska måste fyllas på, ta bort pluggen upptill på behållaren, fyll sedan på vätska till "MAX" nivån **(se bild)**.
8 Sätt tillbaka plugg och skydd.

Luftning

9 Öppna överströmningsventilen på sidan av pumphuset **(se bild)**.
10 Fäll ned, fäll upp och fäll sedan ned suffletten för hand.
11 Fyll på behållaren till "MAX" nivå, sätt sedan tillbaka pluggen löst och stäng överströmningsventilen på sidan av pumpen.
12 Öppna och stäng taket flera gånger med hjälp av servosystemet.

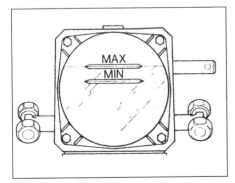

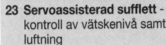

23.6 Siktglas för vätskenivå, servoassisterat tak

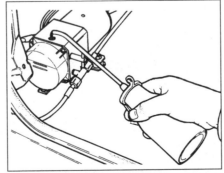

23.7 Påfyllning av vätska i pumpbehållaren

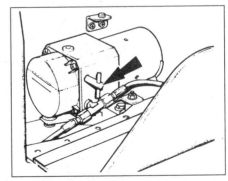

23.9 Överströmningsventil (vid pilen) på sidan av pumphuset

13 Då luften försvunnit ur systemet arbetar systemet mjukt och utan ryck, ljudnivån från pumpen kommer också att vara jämn.
14 Fyll på systemet, dra åt påfyllningspluggen och sätt tillbaka paneler som tagits bort.

24 Servoassisterad sufflett - demontering och montering

Hydraulkolvar

Demontering

1 Demontera skydden för de bakre hjulhusen enligt anvisning i avsnitt 32.
2 Märk ut hur slangarna sitter på hydraulkolven så att de kan sättas tillbaka på samma sätt, ta sedan bort låsringarna som håller kolven vid de två tapparna i karossen.
3 Avlasta trycket genom att öppna påfyllningspluggen på pumphuset.
4 Lossa hydraulledningarna på kolven, ta sedan bort kolven från tapparna och placera den i lämplig behållare i bagageutrymmet. Skruva sedan bort hydraulanslutningarna och samla upp vätskan i behållaren **(se bild)**.
5 Om anslutningarna kommer att vara öppna någon tid, täck över ändarna så att inte smuts kommer in.

Montering

6 Montera i omvänd ordning, notera att den större låsringen sitter på den nedre tappen.
7 Fyll till slut på och lufta systemet enligt beskrivning i avsnitt 23.

Övre ledtapp för hydraulkolv

Demontering

8 Om tappen för hydraulkolven skulle gå av kan den bytas enligt följande.
9 Öppna kranen på hydraulpumpen, fäll sedan ner suffletten halvvägs för hand.
10 Använd en polygriptång, ta bort tappen från ramen. Om tappen är för kort för att få tag på, kan den kanske tas bort med en pinnbultavdragare.

Montering

11 Avfetta gängorna på den nya tappen, stryk på låsvätska, dra sedan åt tappen ordentligt.
12 Sätt tillbaka kolven enligt beskrivning i föregående avsnitt.

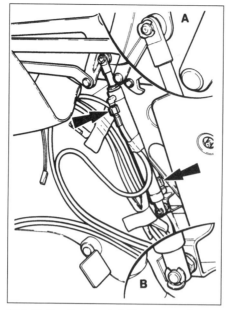

24.4 Hydraulkolvsenhet för servoassisterat tak, anslutningar vid pilarna
A och B övre och undre spårryttare

Pump

Demontering

13 Lossa en batterikabel, ta sedan bort skyddet för pumpen i bagageutrymmet och öppna överströmningsventilen 90 till 180°. Öppna den inte mer.
14 Fäll ner suffletten för hand.
15 Ta bort golvpanelen samt panelen för vänster hjulhus i bagageutrymmet. Detta innebär att man måste stötta bagageluckan och lossa gasfjädern från undre kulleden.
16 Släpp ut trycket i systemet genom att öppna påfyllningspluggen på pumpen. Dra åt pluggen då trycket avlastats.
17 Lossa pumpens elektriska anslutning.
18 Ta bort muttrarna som håller pumpen, placera sedan pumpen i lämplig behållare så att vätskan kan samlas upp då ledningarna lossas.
19 Märk ut hur slangarna sitter, lossa sedan anslutningarna **(se bild)**. Täck över ändarna om de kommer att förbli öppna någon tid.

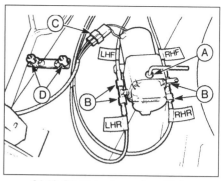

24.19 Pumpen demonterad från infästningen, slangarna märkta

A Påfyllningsplugg   C Kontaktstycke
B Hydraulanslutningar   D Pumpinfästning

Montering

20 Montering sker i omvänd ordning.
21 Fyll till sist på systemet och lufta enligt beskrivning i avsnitt 23.

Hydraulslangar

Demontering

22 Då man byter slangar måste man lossa anslutningarna vid pump eller cylinder (se tidigare punkter), notera hur de sitter och hur de är fastsatta vid andra detaljer **(se bild)**.

Montering

23 Montera i omvänd ordning.
24 Fyll till sist på systemet och lufta enligt beskrivning i avsnitt 23.

25 Yttre karossdetaljer - demontering och montering

Spoiler och skärmbreddare

Demontering

1 Spoiler och skärmbreddare monterade på XR3, XR3i, Cabriolet och RS Turbo är fästa med skruvar, nitar och klammer, eller en kombination av alla typerna.
2 Skruvar och nitar täcks av pluggar som kan bändas ut så att skruv eller nit blir åtkomlig **(se bilder)**. Skruvarna kan sedan lossas, nitarna kan borras ut så att detaljen kan demonteras.

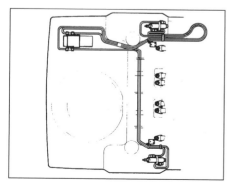

24.22 Dragning av slangar för servoassisterat tak

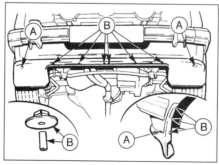

25.2a Infästning av spoiler fram - XR3 modeller
A Fästskruvar   B Styrstift

25.2b Infästning av skärmbreddare - RS Turbo modeller
A och B Nitar   D Täcklock
C Skruvar

25.5 Demontering av limmat märke på bakluckan

Montering

3 Montering sker i omvänd ordning.

Limmade emblem och märken

Demontering

4 Emblemet i kylargrill, framflygel, baklucka och på sidostycken är alla limmade.
5 Vid demontering kan man använda en bit nylonlina för att lossa dem från underlagret (se bild).

Montering

6 Nya emblem har lim på baksidan och en skyddsfilm. Innan de limmas på plats, rengör ytorna från gammalt lim på bilen.

26 Stolar - demontering och montering

Framstol

Demontering

1 Skjut stolen så långt framåt det går.
2 Lossa och ta bort skruvarna som håller bakänden på skenorna till golvet.
3 Skjut stolen så långt bakåt det går och ta bort skruvarna som håller främre delen av skenorna till golvet.
4 Ta bort stolen från bilen.
5 Om skenorna måste lossas från stolen, vänd stolen upp och ner och ta bort de två skruvarna på varje sida. Ta bort tvärstag och klips.

Montering

6 Montering sker i omvänd ordning. Dra åt de främre skruvarna före de bakre så att stolen kommer rätt mot underlaget.

Sittdyna bak

Demontering

7 Lossa och ta bort Torxskruvarna från dynans gångjärn placerade på varje sida.
8 Lyft bort dynan.

Montering

9 Montering sker i omvänd ordning.

Ryggstöd bak

Demontering

10 Fäll dynan framåt, sedan ryggstödet så att gångjärnen är åtkomliga.
11 Ta bort skruvarna som håller ryggstödet till gångjärnen.
12 Demontera ryggstödet.

Montering

13 Montering sker i omvänd ordning.

27 Säkerhetsbälten - demontering och montering

Fram - 3-dörrarsmodeller

Notera: *Notera ordningen på plåtar, brickor och distanser då bältets infästningar lossas.*

Demontering

1 Dra skyddet över bandstyrningen uppåt så att bulten blir synlig.
2 Lossa vänster styrning.
3 Lossa den undre skenan, dra änden på infästningen bort från panelen och dra sedan bältet från den.
4 Dra locket från infästningen i mittstolpen och ta bort skruven.
5 Ta bort bältesstyrningen från bakre panelen och dra styrningen från bältet.
6 Ta bort den bakre panelen (avsnitt 32).
7 Lossa rulle/bälte från karossen.

Montering

8 Montering sker i omvänd ordning, men kontrollera att alla distanser, plåtar och brickor kommer rätt, dra alla skruvar till angivet moment.

Fram - 5-dörrarsmodeller

Notera: *Notera ordningen på plåtar, brickor och distanser då bältets infästningar lossas.*

Demontering

9 Följ beskrivningen i punkterna 1 och 2.
10 Ta bort locket från infästningen på mittstolpen och ta bort skruven.
11 Ta bort den undre panelen (avsnitt 32).
12 Lossa rullen och infästningen från mittstolpen.

Montering

13 Montering sker i omvänd ordning, men kontrollera att alla distanser, plåtar och brickor kommer rätt, dra alla skruvar till angivet moment.

Fram - Cabriolet

Notera: *Notera ordningen på plåtar, brickor och distanser då bältets infästningar lossas.*

Demontering

14 Lossa den mittre infästningen.
15 Ta bort klamman och dra tillbaka klädseln så att övre infästningen blir åtkomlig. Lossa skruven.
16 Lossa och dra bort den undre skenan. Dra sedan bältet från skenan.

17 Demontera bakre panelen, dra sedan bältet genom spåret och genom styrningen vid stolpen.
18 Lossa rullen.

Montering

19 Montering sker i omvänd ordning, men kontrollera att alla distanser, plåtar och brickor kommer rätt, dra alla skruvar till angivet moment.

Bak - Sedan

Notera: *Notera ordningen på plåtar, brickor och distanser då bältets infästningar lossas.*

Demontering

20 Fäll upp sätet och ta bort bulten från golvet.
21 Lossa den töjbara remmen från det undre spännet.
22 Lossa rullens infästning i golvet.
23 Ta bort bältet från övre delen på stolpen.
24 Bryt ut bältesstyrningen från bagagehyllan, dra sedan styrningen bort från bältet.
25 Fäll upp locket för rullen, lossa infästningen och ta bort rulle och distans.

Montering

26 Montering sker i omvänd ordning, men kontrollera att alla distanser, plåtar och brickor kommer rätt, dra alla skruvar till angivet moment.

Bak - Kombi

Notera: *Notera ordningen på plåtar, brickor och distanser då bältets infästningar lossas.*

Demontering

27 Följ beskrivningen i punkterna 20 till och med 22
28 Fäll upp skyddet för stödets infästning, dra fästplattan åt sidan så att det stora hålet står över skruvskallen och stödet kan tas bort.
29 Lossa lock och skruv.
30 Fäll upp locket för rullen, lossa sedan fästskruven.

Montering

31 Montering sker i omvänd ordning, men kontrollera att alla distanser, plåtar och brickor kommer rätt, dra alla skruvar till angivet moment.

Bak - Cabriolet

Notera: *Notera ordningen på plåtar, brickor och distanser då bältets infästningar lossas.*

Demontering

32 Fäll upp baksätet.
33 Lossa spännarna från banden.
34 Lossa säkerhetsbältena från golvet.

Montering

35 Montering sker i omvänd ordning, men kontrollera att alla distanser, plåtar och brickor kommer rätt, dra skruvarna till angivet moment.

28 Inre backspegel - demontering och montering

Demontering

1 Backspegeln är limmad mot vindrutan. Om den måste tas bort, ta ett stadigt tag i spegeln och tryck den framåt så att limmet lossnar.
2 Vid montering måste först följande arbete utföras.
3 Ta bort gammalt lim från vindrutan med lämpligt lösningsmedel. Låt lösningsmedlet dunsta. Spegelns placering på glaset utmärks av en svart fläck, så den bör inte kunna sättas fel.

Montering

4 Om originalspegeln monteras, rengör infästningen från gamla limrester, stryk sedan nytt lim på den.
5 Om ny vindruta monteras, ta bort skyddsfilmen från den svarta fläcken, den består av lim.
6 Ta bort skyddsfilmen från limmet på spegelfästet, placera sedan spegeln exakt över den svarta fläcken på rutan. Håll den på plats i minst 2 minuter.
7 Bästa resultatet får man om temperaturen är ca 70°C. Man kan försiktigt använda en värmepistol på både glas och spegel för att åstadkomma detta.

29 Bagagehylla - demontering och montering

Demontering

1 Öppna bakluckan helt och lossa öglorna på remmarna från knopparna på bakluckan.
2 Dra ledstiften ur spåren och ta sedan bort hyllan.
3 Ta bort remmarna från bakdelen på hyllan genom att lossa övre och undre krage.
4 Fästena på hyllan sitter med popnitar som måste borras bort om fästena ska demonteras.

Montering

5 Montering sker i omvänd ordning.

30.3a Mittkonsolens undre fästskruvar (vid pilarna)

30 Mittkonsol - demontering och montering

Demontering

1 Demontera växelspaksknoppen.
2 Dra växelspaksdamasken upp över spaken.
3 Lossa de fyra skruvarna och ta bort konsolen (se bilder).

Montering

4 Montering sker i omvänd ordning.

31 Handskfack - demontering och montering

Modeller före 1986

Demontering

1 Öppna luckan och ta bort skruvarna som håller handskfacket vid instrumentbrädan.
2 Ta bort spärren (två skruvar).
3 Ta bort skruven inuti och upptill i handskfacket som håller fästet. Ta sedan bort handskfacket.

Montering

4 Montering sker i omvänd ordning.

Modeller från och med 1986

Demontering

5 Lossa de två skruvarna och ta bort luckan.
6 Ta bort spärren (två skruvar) och lossa

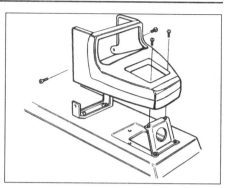

30.3b Infästning av mittkonsol

kabeln för lampan (i förekommande fall).
7 Lossa de tre skruvarna och ta bort handskfacket.

Montering

8 Montering sker i omvänd ordning.

32 Inre klädselpaneler - demontering och montering

Bakre sidopaneler

Demontering

1 Lossa säkerhetsbältet från infästningen i golvet.
2 För bältesstyrningen genom öppningen i panelen.
3 Fäll säte och ryggstöd framåt.
4 Ta bort skruven från panelen, använd sedan ett lämpligt gaffelverktyg för att lossa klammorna och ta bort panelen (se bild).
5 Klammor och askkopp kan tas bort då panelen demonterats.

Montering

6 Montering sker i omvänd ordning, men dra fästskruven för säkerhetsbältet till angivet moment.

Sidopanel under instrumentbrädan

Demontering

7 Ta bort de två skruvarna från tröskelskyddet (se bild).

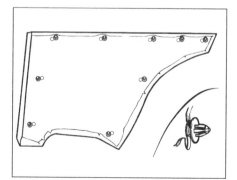

32.4 Placering av fästklammer för bakre sidopaneler

32.7 Demontering av skruv för tröskelskydd

32.8 Demontering av sidopanel under instrumentbrädan

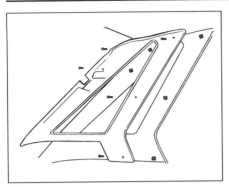

32.22 Placering av skruvar för bakre stolpens klädsel

8 Ta bort klammorna och sedan panelen genom att dra loss de två styrstiften **(se bild)**.

Montering

9 Montering sker i omvänd ordning.

Främre stolpens panel

Demontering

10 Demontera vindrutan enligt beskrivning i avsnitt 20.
11 Lossa listen för dörröppningen.
12 Vik tillbaka kanterna på panelen och ta bort den.

Montering

13 Montering sker i omvänd ordning, vindrutan ska monteras enligt beskrivning i avsnitt 20.

Mittstolpens paneler

Demontering

14 Demontera säkerhetsbältets två infästningar i stolpen.
15 Ta bort tätningslisterna från dörröppningarna.
16 Demontera den övre panelen från stolpen.
17 På 3-dörrarsmodeller måste bakre sidopanelen först demonteras innan panelen kan tas bort.
18 Den undre panelen kan demonteras från stolpen sedan de fyra skruvarna tagits bort.

Montering

19 Montering sker i omvänd ordning, dra säkerhetsbältets infästning till angivet moment.

Bakre stolpens panel

Demontering

20 Demontera bakre infästningen för säkerhetsbältet.
21 Fäll ner ryggstödet.
22 Ta bort de fem skruvarna och sedan panelen **(se bild)**.

Montering

23 Montering sker i omvänd ordning, dra säkerhetsbältets infästning till angivet moment.

32.25 Demontering av fästnit för bakluckans panel

Klädsel på baklucka

24 Detta är en plan panel som hålls av klammer. Om bakre torkare finns har torkarmotorn ett lock fäst med snabblås som ska vridas ett kvarts varv.
25 Vid demontering av locket, vrid skallarna på infästningarna 90° **(se bild)**.

Skydd för bakre hjulhus

26 Dessa finns på vissa modeller. På Ghia versioner är de klädda, på 5-dörrarsversioner finns en övre klädsel som hålls av två skruvar.

Klädsel, bagageutrymme

27 Dessa är formade paneler på vissa modeller. Panelerna hålls på plats av klammor.

Dörrklädslar

28 Se avsnitt 11 i detta kapitel.

33 Instrumentbräda - demontering och montering

Modeller före 1986

Demontering

1 Lossa batteriets minuskabel.
2 Demontera panelerna under instrumentbrädan.
3 Se kapitel 10 före demontering av rattstång.
4 Se kapitel 12 för demontering av instrumentpanel.
5 I förekommande fall, se kapitel 12 och ta sedan bort styrenheten för varningssystemet samt, i förekommande fall, bränsledatorn.
6 Lossa värmereglage, kontakter och kontaktstycken enligt kapitel 3.
7 Demontera panelen för askkopp och cigarettändare.
8 Demontera radio och fäste (kapitel 12).
9 Lossa kabeln från högtalaren och sedan högtalaren (fyra skruvar).
10 Demontera handskfacket (avsnitt 31).
11 Ta bort chokevajern då sådan finns (kapitel 4).
12 Lossa ventilationskanaler och defrosterslangar från värmeaggregatet.
13 Ta bort fästskruvar och klammor, ta sedan bort instrumentbrädan komplett med skyddspanel **(se bilder)**.
14 Skyddspanelen, stoppningen, kan tas bort om man först avlägsnar infästning och låsfäste

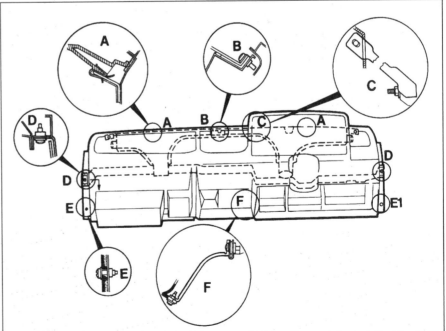

33.13a Infästning för skyddspanel och instrumentbräda - Bas- och L-modeller före 1986

A Klamma	D Skruv	E1 Skruv (endast L-modeller)
B Skruv	E Skruv	F Skruv
C Mutter		

för handskfacket. Ta bort sido- och mittmunstyckena för ventilation och sedan alla klammorna.

Montering

15 Montering sker i omvänd ordning.

Modeller från och med 1986

Demontering

16 Lossa batteriets negativa anslutning.
17 Se kapitel 10 för demontering av rattstång.
18 Se kapitel 12 för demontering av instrumentpanel.
19 I förekommande fall, se kapitel 12 och ta sedan bort styrenheten för varningssystemet samt bränsledatorn.
20 Ta bort chokevajern då sådan finns (kapitel 4).
21 Demontera knapparna för värmereglagen.
22 Demontera skruvarna för reglagepanelen, dra ut panelen och lossa kontaktstycket. Ta bort panelen.
23 Ta bort askkoppen.
24 Se kapitel 12 beträffande montering av radio eller radio/kassettspelare.
25 Lossa skruvarna för panelen till radio/askkopp, ta bort panelen och lossa kablarna från cigarettändaren om sådan finns. Ta bort panelen.
26 Demontera handskfacket enligt beskrivning i avsnitt 31.
27 Lossa de nio skruvarna och den enda muttern, ta sedan bort instrumentbrädan **(se bild)**.
28 Stoppningen kan tas bort om man lossar skruvarna på baksidan av brädan.

Montering

29 Montering sker i omvänd ordning.

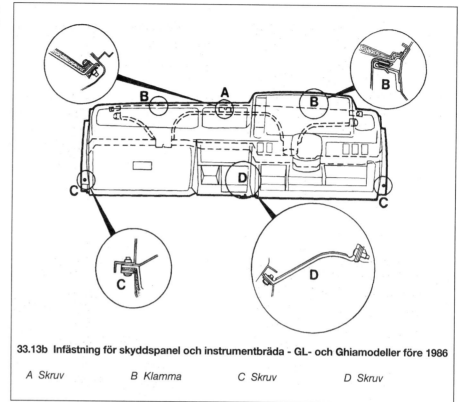

33.13b Infästning för skyddspanel och instrumentbräda - GL- och Ghiamodeller före 1986

A Skruv   B Klamma   C Skruv   D Skruv

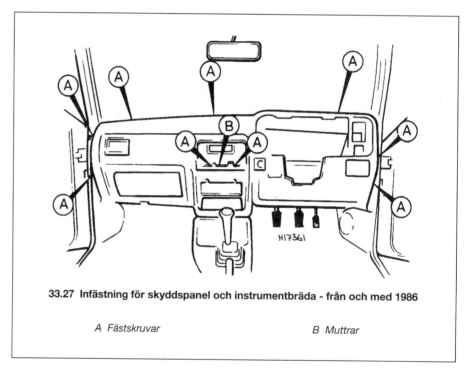

33.27 Infästning för skyddspanel och instrumentbräda - från och med 1986

A Fästskruvar   B Muttrar

Kapitel 12
Elsystem

Innehåll

Svårighetsgrad

Enkelt, passar novisen med lite erfarenhet	Ganska enkelt, passar nybörjaren med viss erfarenhet	Ganska svårt, passar kompetent hemmamekaniker	Svårt, passar hemmamekaniker med erfarenhet	Mycket svårt, för professionell mekaniker

Specifikationer

System . . . . 12 volt, negativ jord

Glödlampor	Effekt
Strålkastare (halogen)	60/55
Parkering, fram	4W
Blinkers, fram	21W
Broms-/bakljus	21/5W
Backljus	21W
Dimbakljus	21W
Blinkers, bak	21W
Nummerskyltbelysning	5W
Extraljus (Halogen)	55W
Dimljus (Halogen)	55W
Varningslampor	1,3W
Instrumentbelysning	2,6W
Cigarettändare belysning	1,4W
Handskfackbelysning	2W
Bagagerumsbelysning	10W
Innerbelysning	10W

Åtdragningsmoment	Nm
Signalhorn till kaross	25 till 35
Vindrutetorkararm	15 till 18
Bakrutetorkararm	12 till 15
Backljuskontakt	16 till 20
Fönsterhissmotor	4 till 5
Fönsterhiss, fästskruvar	4 till 5

1 Allmän information och föreskrifter

Allmän information

Elsystemet som behandlas här omfattar all belysning, torkare/spolare, övrig elutrustning (utom för motor som behandlas separat) samt tillhörande kontakter och kablage.

Systemet arbetar med 12 V och negativ jord. Ström fås från en 12 V blyackumulator (batteri) som laddas av generatorn (se kapitel 5).

Motorns elsystem (batteri, generator, startmotor, tändsystem) behandlas i kapitel 5.

Föreskrifter

 Varning: Innan något arbete utförs på elsystemet, läs igenom de föreskrifter som finns i avsnittet "Säkerheten främst" samt i kapitel 5.

Innan man gör något ingrepp i elsystemet måste batteriet kopplas bort för att förhindra att kortslutning och brand uppstår.

2 Elektrisk felsökning - allmänt

Notera: *Se föreskrifterna i "Säkerheten främst" samt i avsnitt 1 i början av detta kapitel innan arbetet påbörjas. Följande beskrivning gäller kontroll av systemets strömkretsar och skall inte användas för känslig utrustning (som låsningsfria bromsar), i synnerhet inte där elektroniska styrdon används.*

Allmänt

1 En typisk strömkrets består av någon elektrisk komponent, samt eventuella kontakter, relän, motorer, säkringar, huvudsäkringar eller kretsbrytare. Dessutom de kontaktstycken och kablar som krävs för att förbinda kretsen med batteri och chassi. Som hjälp att fastställa och isolera ett problem i någon krets, finns elscheman i slutet av denna bok.

2 Innan man försöker hitta ett elektriskt fel bör man studera kopplingsschemat. Schemat ger information om funktion och detaljer i kretsen. Man kan då begränsa de möjliga orsakerna genom att kontrollera funktionen hos andra komponenter i kretsen. Om flera detaljer slås ut samtidigt tyder detta på fel i en gemensam säkring eller jordanslutning.

3 Elektriska problem har vanligtvis enkla orsaker, t ex lösa eller korroderade anslutningar, dålig jord, trasig säkring eller huvudsäkring eller ett defekt relä (se avsnitt 3 för information om kontroll av relä). Kontrollera därför alla säkringar, kablar och anslutningar i kretsen innan komponenterna kontrolleras. Studera kopplingsschemat för att se vilka anslutningar som måste kontrolleras för att felet skall kunna isoleras.

4 Grundläggande utrustning för elektrisk felsökning består bl a av kretsprovare eller voltmeter (en 12 V lampa med ett par kablar kan också användas för vissa tester); en ohmmeter (för att mäta resistans); ett batteri och testkablar; en kabel, helst med kretsbrytare eller säkring, som man kan använda för att koppla förbi misstänkta kablar eller komponenter. Innan något försök görs att lokalisera ett problem med hjälp av testinstrument, kontrollera kopplingsschemat så att lämpliga inkopplingar kan göras.

5 Intermittenta fel (oftast orsakade av dålig kontakt eller skadad isolering) kan man ibland lokalisera genom att "vicka" på kablar och komponenter. Man får då dra och bryta försiktigt i kablar och komponenter för att se om man kan provocera felet att uppstå. Det brukar vara möjligt att isolera felet till en viss del av kretsen. Metoden kan användas tillsammans med alla kontroller i följande punkter.

6 Förutom problemet med dålig kontakt finns det två huvudsakliga orsaker till fel i en elektrisk krets - avbrott och kortslutning.

7 Avbrott i en ledning hindrar naturligtvis strömflödet. Ett avbrott medför att någon komponent inte fungerar, men säkringen för kretsen är vanligtvis hel.

8 Kortslutning innebär att strömmen söker andra vägar än vad som är tänkt. Strömmen vill alltid gå den minst besvärliga "kortaste" vägen; kan den "smita" en genväg gör den alltid det. Orsaken till kortslutning beror därför oftast på dålig isolering mellan strömmatning och jord, eller mellan olika strömkretsar. Detta inträffar oftast där kablar passerar genom en plåt eller förbi vassa ytor samt där kablarna ligger tätt tillsammans. Kortslutning medför också att någon detalj inte fungerar, i detta fall utlöses däremot oftast säkringen för kretsen. Kortslutning betyder inte alltid ett fel. Kortslutna kontakter i t ex en strömställare betyder bara att strömställaren är i läge "till".

Hur man hittar ett avbrott

9 Då man söker efter ett avbrott, anslut ena kabeln på en kretsprovare eller voltmeter till antingen batteriets negativa pol eller till en god jordpunkt.

10 Anslut den andra kabeln till kretsen som ska provas, börja nära batteri eller säkring.

11 Slå på kretsen, tänk på att vissa kretsar endast är i funktion med tändningslåset i rätt läge.

12 Om spänning finns (detta visar sig antingen som att lampan lyser eller att voltmätaren ger utslag) betyder detta att den provade delen av kretsen är hel mellan batteri och det ställe där provaren är ansluten.

13 Fortsätt att kontrollera resten av kretsen på samma sätt.

14 Då man kommer till en punkt där ingen spänning finns, måste problemet ligga mellan denna punkt och den föregående där spänning fanns. De flesta problem beror på trasiga, korroderade eller lösa anslutningar.

Hur man hittar en kortslutning

15 Då man letar efter en kortslutning, koppla förs bort belastningen i kretsen (belastning är de komponenter som drar ström i en krets såsom lampor, motorer, värmeslingor, etc).

16 Ta bort säkringen för kretsen, anslut sedan kretsprovaren eller voltmetern till säkringshållarens anslutningsbleck.

17 Slå på kretsen, tänk på att vissa kretsar endast är i funktion med tändningsläget i rätt läge.

18 Om spänning finns, vilket visar sig som att lampan tänds eller voltmetern ger utslag, betyder detta att kretsen är kortsluten till jord.

19 Om det inte finns någon spänning, men säkringen fortfarande går då den belastas, tyder detta på internt fel i belastningen (-arna).

Hur man hittar ett jordfel

20 Batteriets minuspol är ansluten till jorddvs motor/växellåda samt karosseriet. De flesta system är så kopplade att de får ström via en kabel medan returströmmen går genom metallen i bilens kaross. Det betyder att komponentens infästning samt karossen är en del av kretsen. Lösa eller korroderade infästningar kan därför orsaka en mängd olika elektriska fel, från totalt bortfall av en krets, till en förbryllande felfunktion. Särskilt kan man märka om ljusen lyser dåligt (speciellt när någon annan krets som också är i funktion delar samma jord) - motorer (t.ex. torkarmotorer eller kylfläktens motor) kan gå sakta, och då funktionen hos en krets är beroende av någon annan krets den egentligen inte har något samröre med. Man bör notera att många bilar har jordkablar mellan diverse komponenter, så som motor/växellåda och kaross, därför att det vanligtvis inte finns någon metallisk kontakt mellan detaljerna beroende på gummiupphängningar etc.

21 För att kontrollera om en komponent är ordentligt jordad, lossa batteriet, anslut sedan ena kabeln på en ohmmeter till en god jordpunkt. Anslut den andra kabeln till den ledning som ska testas. Resistansen ska vara 0; kontrollera i annat fall enligt följande.

22 Om man misstänker att någon jordanslutning är felaktig, lossa anslutningen och rengör anslutningen och karossen så att detaljerna kan få ordentlig kontakt. Se till att all smuts och korrosion tas bort, använd sedan en kniv för att ta bort färg så att metallytorna är rena. Dra sedan fast detaljen ordentligt; om det är en kabel som dras fast, använd taggbrickor mellan anslutningen och karossen så att förbindelsen blir så bra som möjligt. Då anslutningen är fastdragen, hindra vidare korrosion genom att stryka på vaselin eller silikonbaserat fett, eller genom att med regelbundna intervall, spraya på något isolerande medel, eller fuktbortträngande smörjmedel.

3.2a Säkring- och relädosa, demontering av lock (2), demontering av säkring (3) och relä (4). Kontrollera säkringen vid den punkt som pilen visar

H16318

3.2b Placering av säkringsdosa (vid pilen) på torpedväggen - locket borttaget för att visa säkringar och relän

3 Säkringar, relän och kretsbrytare - allmänt

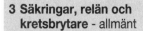

Modeller före 1986

1 Säkringarna och de flesta av reläerna är placerade i en plastdosa ovanpå torpeden vid förarsidan i motorrummet.
2 Säkringarna är numrerade för att visa vilken krets de skyddar och kretsarna visas symboliskt i dosans lock (se bilder).
3 Då någon elektrisk krets slås ut, kontrollera alltid säkringen först. Säkringarna är färgmärkta, röd (10A), blå (15A), gul (20A), ofärgad (25A) och grön (30A). Byt alltid en säkring mot en med samma strömtålighet. Byt inte säkringen mer än en gång innan du tagit reda på orsaken till att den går sönder. Reservsäkringar finns i dosans lock.
4 Radio och i förekommande fall elantenn, har egna sladdsäkringar, eller har säkringen på radions bakstycke.
5 Reläna har snabbkoppling och finns i säkringsdosan med en symbol på locket som visar vilken krets de betjänar. Övriga relän samt strålkastarspolare, bränsleinsprutning och hastighetsgivare (i förekommande fall) är placerade under instrumentbrädan på förarsidan, ett relä för centrallås är placerat under instrumentpanelen bredvid handskfacket.
6 Kretsbrytarna finns endast på bilar med elfönsterhissar och centrallås. Kretsbrytarna är också placerade i säkringsdosan.

Modeller från och med 1986

7 Säkringsboxen och dess placering är samma som på tidigare modeller, men säkringarnas placering och kretsarna har ändrats. Övriga säkringar sitter som på tidiga modeller. Ett relä för centrallåsen finns inte längre.
8 Reläna i säkringsdosan är märkta med en symbol. Upp till sex ytterligare reläer finns under instrumentbrädan på förarsidan. Dessa används i förening med hastighetsgivare, diodenhet, bränsleinsprutning, vindrute-uppvärmning samt dimdip ljussystem (ej för

Sverige). På viss RS Turbo modeller, finns ett relä som ska förhindra radiostörningar från tändsystemet, placerat bredvid bränsle-insprutningens modul bakom luftintaget i motorrummet.
9 Blinkersrelät är placerat baktill på körriktningsvisarkontakten på rattstången.

4 Kontakter - demontering och montering

Allmänt

1 Lossa batteriets minuskabel innan någon kontakt demonteras.

Modeller före 1986

Intervallkontakt, torkare

2 Demontera knappen och fästmuttern.
3 Ta bort kontakten genom pakethyllan, lossa den från kablarna.
4 Montera i omvänd ordning.

Kontakter för dimbakljus, bakrutevärme, bakrutetorkare/spolare

5 Lossa försiktigt kontakten från instrument-brädan med hjälp av en skruvmejsel (se bild).
6 Lossa kontaktstycket och ta bort kontakten.

7 Montera i omvänd ordning.

Flerfunktionskontakt på rattstång

8 Lossa skruvarna och ta bort övre och undre rattstångskåpa.
9 Lossa kontaktens fästskruvar, ta bort kontaktstycket och därefter kontakten (se bild).
10 Montera i omvänd ordning.

Bagagerumskontakt - alla modeller utom Cabriolet

11 Öppna bakluckan och ta bort klädselns infästningar.
12 Lossa kabeln från kontakten och ta bort kontaktens skruvar.
13 Montera i omvänd ordning.

Belysningskontakt, bakre utrymmen - Cabriolet

14 Öppna bakluckan och ta bort kontaktens fästskruv.
15 Ta bort kontakten och lossa kablarna. Tejpa kontakten mot luckan så att den inte försvinner in i hålet.
16 Montera i omvänd ordning.

Kontakt för innerbelysning

17 Ta bort skruven som håller kontakten i dörrstolpen.
18 Ta bort kontakten från gummiskyddet och

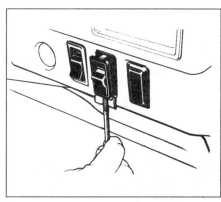

4.5 Demontering av kontakt för bakrutespolare/torkare - modeller före 1986

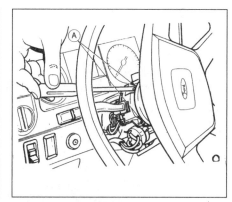

4.9 Demontering av flerfunktionskontakt på rattstång - modeller före 1986
A Fästskruvar

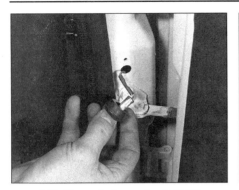

4.18 Demontering av kontakt för innerbelysning på dörrstolpe

lossa ledningen. Tejpa kontakten till stolpen så den inte försvinner in i hålet **(se bild)**.
19 Montera i omvänd ordning.

Tändningslås
20 Se Kapitel 5.

Backljuskontakt
Manuell växellåda
21 På modeller med manuell växellåda är kontakten placerad på växellådans framsida under urkopplingsarmen.
22 Lossa kontaktstycket från kontakten, skruva sedan bort den.
23 Montera i omvänd ordning.

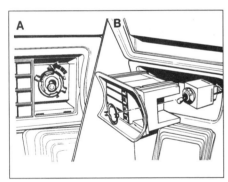

4.35 Demontering av balanskontroll för högtalare - modeller före 1986
A Låsring
B Balanskontrollen tas bort från förvaringsfacket

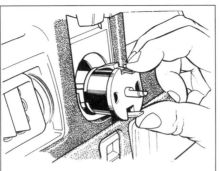

4.27 Demontering av kontakt för värmefläkt - modeller före 1986

Automatväxellåda
24 På modeller med automatväxellåda är backljuskontakten kombinerad med startspärrkontakten, se vidare kapitel 7, del B.

Stoppljuskontakt, varningskontakt för handbroms
25 Se kapitel 9.

Kontakt för värmefläkt
26 Ta bort knappen genom att försiktigt dra den utåt.
27 Tryck in låsblecken och ta bort kontakten från instrumentbrädan **(se bild)**.
28 Lossa kontaktstycket, ta sedan bort kontakten.
29 Montera i omvänd ordning.

Kontakt för elfönsterhiss
30 Bryt försiktigt loss kontakten från armstödet, lossa sedan kontaktstycket.
31 Montera i omvänd ordning

"Joystick" för högtalarbalans
32 Lossa batteriets anslutning.
33 Bryt försiktigt loss sargen med hjälp av en skruvmejsel **(se bild)**.
34 Ta bort kassettförvaringsfacket.
35 Vrid låsringen moturs, ta sedan bort den och balanskontrollen från lådan **(se bild)**. Ta bort kontaktstycket.
36 Montera i omvänd ordning.

Modeller från och med 1986
Notera: *Förutom de kontakter som omnämns här nedan, sker demontering och montering av kontakter enligt beskrivning tidigare i avsnittet för modeller före 1986.*

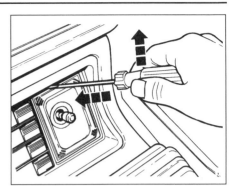

4.33 Demontering av sarg för högtalarbalans - modeller före 1986

Kontakter för bakrutevärme och dimbakljus
37 Lossa de två skruvarna, ta sedan bort sargen på instrumentpanelen, bryt därefter försiktigt loss kontakten med en skruvmejsel **(se bild)**.
38 Lossa kontaktstycket och ta bort kontakten.
39 Montera i omvänd ordning.

Flerfunktionskontakt på rattstången
40 Demontera ratten enligt beskrivning i kapitel 10.
41 Lossa skruvarna, ta sedan bort övre och undre rattstångskåpa **(se bilder)**.
42 Lossa fästskruvarna och ta bort kontakten från rattstången.
43 Lossa kontaktstycket.
44 Vid demontering av körriktningsvisarkontakten, ta bort varningsblinkerskontakt och relä vid behov.
45 Montera i omvänd ordning, montera sedan ratten enligt anvisning i kapitel 10.

Kontakt för värmefläkt
46 Dra försiktigt bort knapparna för de tre värmereglagen.
47 Lossa de två fästskruvarna och sedan panelen **(se bild)**.
48 Lossa de två fästskruvarna för kontakten och ta bort panelen.
49 Tryck in de två låsblecken på varje sida av kontakten, ta sedan bort den.
50 Lossa kontaktstycket.
51 Montera i omvänd ordning.

4.37 Demontering av kontakt för dimbakljus - modeller fr o m 1986

4.41a Lossa fästskruv för övre rattstångskåpan . . .

4.41b . . . och för den undre

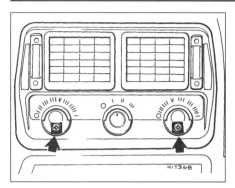

4.47 Fästskruvar för värmepanelen -
modeller från 1986

Kontakt för dörrbackspegel

52 Använd en tunn skruvmejsel, bryt sedan
försiktigt loss kontakten från instrument-
brädan.
53 Lossa kontaktstycket och ta bort
kontakten.
54 Montera i omvänd ordning.

"Joystick" för högtalarbalans

55 Lossa batterianslutningarna och ta bort
instrumentpanelen enligt beskrivning i avsnitt
9.
56 Lossa försiktigt sargen med hjälp av en
skruvmejsel.
57 Vrid låsringen moturs och ta bort den.
58 Lossa sedan kontaktstycket under
instrumentpanelen och ta bort enheten.
59 Montera i omvänd ordning.

5.2 Fjäderklamma för strålkastarlampa
lossas

5 Glödlampor (ytterbelysning) - byte

Strålkastare

1 Lossa kontaktstycket från glödlampan i
motorrummet.
2 Ta bort gummidamasken och vrid lampans
fästring eller lossa fjäderklamman, beroende
på typ **(se bild)**.
3 Ta bort lampan, se till att inte vidröra glaset
med fingrarna **(se bild)**. Råkar du vidröra
glaset, torka lampan med en trasa fuktad med
sprit.
4 Montera ny lampa i omvänd ordning, se till
att inte vidröra glaset.

5.3 Demontering av strålkastarlampa

Främre parkeringslampor

5 Lamphållaren är placerad på sidan av
strålkastarenheten, den lossar om man vrider
den moturs **(se bild)**.
6 Ta bort lampan som är instucken i hållaren.
7 Montera ny lampa i omvänd ordning.

Blinkerslampa fram

8 Arbeta genom uttaget i innerflygeln i
motorrummet, vrid lamphållaren moturs och ta
bort den från glaset **(se bild)**.
9 Tryck in och vrid lampan moturs så lossar
den från hållaren.
10 Montera ny lampa i omvänd ordning.

Främre sidoblinkers

11 Sträck upp armen framtill i hjulhuset för att
komma åt baksidan på lamphållaren.
12 Tryck in de två klammorna på huset och
tryck ut enheten genom flygeln.
13 Vrid lamphållaren moturs så att den lossar
från glaset.
14 Dra loss lampan från sockeln.
15 Tryck i en ny lampa och montera sedan i
omvänd ordning.

Extraljus och dimljus, fram

16 Lossa fästskruven undertill och ta bort
enheten **(se bild)**.
17 Lossa jordledningen, ta sedan bort glaset
(se bild).
18 Lossa fjäderklamman och ta bort
lamphållaren, lossa sedan lampan **(se bild)**.
Vidrör inte glaset med fingrarna, om glaset
vidrörs, torka med en trasa fuktad med sprit.

5.5 Parkeringslampans placering (vid pilen)
vid sidan av strålkastarlampan

5.8 Lamphållare för blinkerslampa
åtkomlig genom hålet i innerflygeln

5.16 Skruv för glas till extraljus

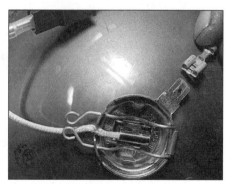

5.17 Jordledning för extraljus

5.18 Extraljusets lamphållare tas bort

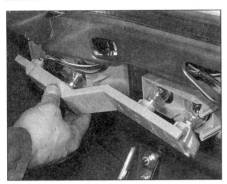

5.20 Demontering av bakre lamphållare så att glödlamporna blir åtkomliga

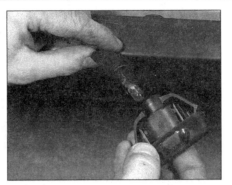

5.35 Demontering av lamphållare för nummerskyltbelysning

6.7 Byte av indikatorlampa för varningsblinkers - modeller före 1986

19 Montera ny lampa i omvänd ordning, vidrör inte glaset.

Baklykta - Sedan

20 Öppna bakluckan, för ned handen och tryck in låsblecket på sidan av lamphållaren. Sväng lamphållaren utåt så att haken lossar **(se bild)**.
21 Ta bort berörd lampa genom att trycka den inåt och vrida moturs.
22 Montera ny lampa i omvänd ordning.

Baklykta - Cabriolet

23 Öppna huven och öppna skyddet för baklyktan.
24 Tryck isär de övre och nedre låsblecken, ta sedan bort lamphållaren.
25 Ta bort berörd lampa genom att trycka inåt och vrida moturs.
26 Montera ny lampa i omvänd ordning.

Baklykta - Kombi

27 Öppna bakluckan och lossa klädseln genom att vrida de fyra skruvarna ett kvarts varv med ett mynt.
28 Tryck isär de övre och nedre låsblecken, ta sedan bort lamphållaren.
29 Ta bort berörd lampa genom att trycka inåt och vrida moturs.
30 Montera ny lampa i omvänd ordning.

Baklykta - Express

31 Öppna bakdörrarna och ta bort klädseln så att lamphållarna blir åtkomliga.
32 Demontera den berörda lamphållaren genom att vrida moturs, ta bort lampan genom att rycka in och vrida moturs.
33 Montera ny lampa i omvänd ordning.

Nummerskyltbelysning bak

34 Bryt försiktigt loss belysningen från stötfångaren med hjälp av en skruvmejsel.
35 På modeller före 1986, vrid lamphållaren moturs och ta bort den från glaset. Lampan trycks på plats **(se bild)**.
36 På modeller från 1986, tryck isär låsblecken och ta bort lamphållaren. Ta bort lampan genom att trycka inåt och vrida moturs.
37 Montera i omvänd ordning.

6 Glödlampor (innerbelysning) - byte

Modeller före 1986

Handskfackbelysning

1 Dra försiktigt loss lampan från hållaren.

Belysning för värmereglagepanel

2 Ställ reglagen i deras översta lägen.
3 Dra loss knappen från fläktreglaget, haka sedan loss panelen från instrumentbrädan.
4 Lossa lampan från hållaren.
5 Montera i omvänd ordning.

Indikatorlampa för varningsblinkers

6 Ta tag i kontaktens lock och dra bort det.
7 Dra försiktigt lampan från sockeln **(se bild)**.
8 Montera i omvänd ordning.

Innerbelysning

9 Lossa försiktigt lampan från infästningen, ta sedan bort glödlampan från fjäderkontakterna i lamphuset.
10 Montera i omvänd ordning.

Lampa för bagagerumsbelysning

11 Bryt loss lampan från infästningen med hjälp av en tunn skruvmejsel **(se bild)**.
12 Lossa lampan från kontakterna.
13 Montera ny lampa i omvänd ordning.

Bagagerumsbelysning (Cabriolet)

14 Öppna Bakluckan och lossa lampan med

6.11 Demontering av lampa för bagagerumsbelysning

hjälp av en tunn skruvmejsel.
15 Tryck in och vrid lampan så att den lossar från hållaren.
16 Montera i omvänd ordning.

Belysning för takmonterad klocka

17 Demontera klockan enligt beskrivning i avsnitt 13.
18 Ta bort bakre locket genom att trycka in de två klammorna i det övre yttre hörnet.
19 Lampan har bajonettfattning.
20 Montera i omvänd ordning.

Modeller från och med 1986

Notera: *Förutom de lampor som nämns här nedan, sker demontering och montering enligt tidigare beskrivning för modeller före 1986.*

Handskfackbelysning

21 Lossa de två fästskruvarna för kontakten inne i handskfacket, ta sedan försiktigt bort kontakten.
22 Använd en tunn skruvmejsel, lossa kontakten och sedan lampan genom att trycka in och vrida moturs.
23 Montera i omvänd ordning.

Belysning för värmereglage

24 Dra försiktigt loss knapparna för de tre reglagen.
25 Lossa de två fästskruvarna och ta bort panelen.
26 Tryck in och vrid loss lampan baktill på panelen.
27 Montera i omvänd ordning.

Varningslampa för manuell choke

28 Demontera chokeknappen genom att trycka in stiftet på undersidan av knappen.
29 Ta bort hylsan, sedan lampan genom att trycka den nedåt, och sedan hållaren med en tunn skruvmejsel.
30 Montera i omvänd ordning.

Belysning för bränsledator

31 Demontera bränsledatorn enligt beskrivning i avsnitt 14.
32 Använd en spetstång, vrid lamphållaren moturs, ta sedan bort lampan som är tryckt på plats.
33 Montera i omvänd ordning.

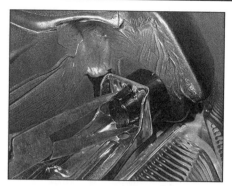

7.3a Demontering av strålkastarens infästning av plast

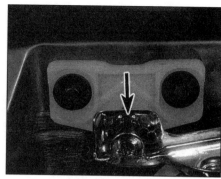

7.3b Strålkastarens övre infästning av plast (vid pilen)

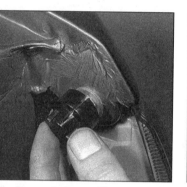

7.8a Demontering av fäste ...

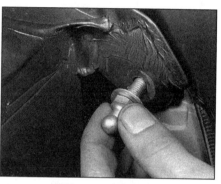

7.8b ... och kultapp

7 Yttre lampenheter - demontering och montering

Strålkastare

Demontering

1 På modeller före 1986, demontera kylargrillen enligt beskrivning i kapitel 11.
2 Lossa lampans kontaktstycke inifrån motorrummet samt lamphållaren för parkeringsljus.
3 Vrid låsningarna upptill och på sidorna 90° så att infästningen släpper (se bilder).
4 Då strålkastaren lossat, dra den framåt så den lossar från den nedre kulleden.

Montering
5 Montera i omvänd ordning.

Främre blinkerslyktor

Demontering
6 Lossa blinkerslamphållaren från lamphållaren inifrån motorrummet.
7 Ta bort strålkastaren enligt tidigare beskrivning.
8 Demontera strålkastarens övre infästningar, skruva sedan loss kultappen (se bilder).
9 Demontera den undre justeringen genom att vrida kragen (se bilder).
10 Lossa fjäderklamman på sidan, dra sedan ut underdelen och haka loss de övre hakarna (se bild).

Montering
11 Montera i omvänd ordning.

Baklykta

Demontering
12 Demontera lamphållaren (-na) enligt beskrivning i avsnitt 5.
13 Demontera fästskruvar eller muttrar och ta sedan bort lyktan.

Montering
14 Montera i omvänd ordning.

8 Strålkastare och extraljus - inställning

1 Strålkastarna kan justeras individuellt både horisontellt och vertikalt inifrån motorrummet. Extraljusen justeras genom att man lossar infästningen och ställer in ljuset.
2 Riktig justering kan endast erhålls med hjälp av instrument, överlåt detta arbete åt en fackman.

9 Instrumentpanel - demontering och montering

Modeller före 1986

Demontering
1 Lossa batteriets minuskabel.
2 Ta bort skruvarna och sedan instrumentpanelens sarg. De två klammorna undertill på sargen lossar om man drar dem utåt (se bilder).
3 Lossa de två skruvarna som håller panelen till instrumentbrädan (se bild).
4 Demontera panelen under instrumentbrädan, lossa hastighetsmätarvajern genom att trycka in plastringen.
5 Dra försiktigt enheten framåt och åt sidan så att kontaktstycket kan lossas. Ta sedan bort panelen.

Montering
6 Montera i omvänd ordning.

7.9a Demontera justeringen genom att vrida kragen (vid pilen) ...

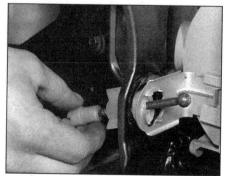

7.9b ... ta sedan bort justeringen

7.10 Lossa fjäderklamman för blinkerslyktan

9.2a Ta bort sargskruvarna för instrumentpanelen - modeller före 1986

9.2b Demontering av panelens sarg - modeller före 1986

9.3 Demontering av fästskruv för instrumentpanel - modeller före 1986

9.8 Undre fästklamma (vid pilen) för sarg - modeller fr o m 1986

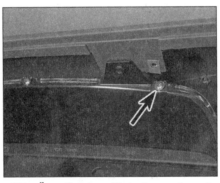

9.9a Övre fästskruv för instrumentpanel (vid pilen) . . .

9.9b . . . samt undre fästskruv - modeller fr o m 1986

Modeller från och med 1986

Demontering

7 Se kapitel 10 och demontera ratten.
8 Ta bort skruvarna och sedan intrument-panelens sarg. De två klammorna undertill på sargen lossar om man drar dem utåt (se bild).
9 Lossa de fyra skruvarna som håller panelen till instrumentbrädan (se bilder).
10 Dra panelen bort från instrumentbrädan och lossa kontaktstycket samt hastig-hetsmätarvajern baktill på instrumentet. Man kan behöva föra hastighetsmätarvajern genom torpedväggen för att få bort den. Ta sedan bort panelen (se bild).

Montering

11 Montera i omvänd ordning.

10 Instrument och övriga detaljer - demontering och montering

Instrumentbelysning och varningslampor

Demontering

1 Demontera instrumentpanelen enligt beskrivning i avsnitt 9.
2 Vrid lamphållarna moturs, ta bort dem från baksidan av panelen (se bild).
3 Lampor och lamphållare byts komplett, lamporna kan inte tas bort från hållarna.

Montering

4 Montera genom att trycka inåt och vrida medurs.

Tryckta kretsar

Demontering

5 Demontera instrumentpanelen enligt beskrivning i avsnitt 9.
6 Demontera alla lamphållare för belysning och varningslampor.
7 Lossa alla muttrar och ta bort brickorna från anslutningarna på kretskortet.
8 Demontera infästning för kontaktstycke, dra sedan försiktigt kretskortet från stiften baktill på panelen.

Montering

9 Montera i omvänd ordning.

Hastighetsmätare

Demontering

10 Demontera instrumentpanelen enligt beskrivning i avsnitt 9.
11 Lossa fästskruvarna runt panelen baktill, dela sedan de två halvorna (se bilder).
12 Lossa de två skruvarna och ta bort hastighetsmätaren (se bilder).

Montering

13 Montera i omvänd ordning.

Varvräknare

14 Arbetet tillgår på samma sätt som för hastighetsmätare, varvräknaren är dock fäst med tre muttrar.

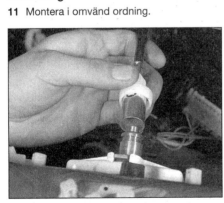

9.10 Hastighetsmätarvajern lossas

10.2 Byte av glödlampa i instrumentpanel

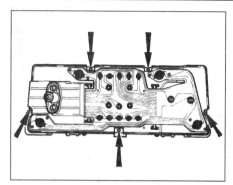

10.11a Skruvar för instrumentpanel på modeller före 1986

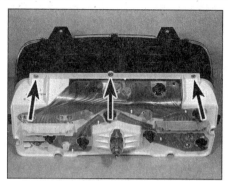

10.11b Övre fästskruvar (vid pilarna) för instrumentpanel - modeller från 1986

10.12a Fästskruvar för hastighetsmätaren

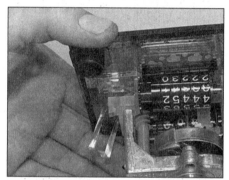

10.12b Hastighetsmätaren demonteras

Bränsle- och tempmätare

15 Gör på samma sätt som vid demontering av hastighetsmätare, detta kombinerade instrument sitter dock med fyra muttrar.

11 Cigarettändare - demontering och montering

Demontering

1 Lossa batteriets minuskabel.
2 Ta bort askoppen på modeller före 1986, lossa sedan skruvarna och ta bort huset för askoppen. På modeller fr o m 1986, se avsnitt 21, demontera därefter radio/kassettspelare.
3 Lossa kontaktstycket från cigarettändarhuset.
4 Dra ut själva tändaren.
5 Tryck loss huset och belysningsringen, ta sedan bort ringen från huset.

Montering

6 Montera i omvänd ordning.

12 Hastighetsmätarvajer - demontering och montering

Demontering

1 Lossa batteriets anslutning, ta sedan bort instrumentpanelen enligt beskrivning i avsnitt 9.
2 Lossa vajern från växellådan och från infästning och genomföring.
3 Dra vajern genom torpedväggen.

Montering

4 Montera i omvänd ordning. Ytter- och innervajer byts som en enhet.

13 Klocka - demontering och montering

Klocka monterad på instrumentbräda

Demontering

1 Demontera instrumentpanelen enligt beskrivning i avsnitt 9.
2 Lossa skruvarna runt kanten, baktill på instrumentpanelen och dela de två halvorna.
3 Lossa muttrarna och ta bort klockan.

Montering

4 Montera i omvänd ordning.

Takmonterad klocka

Demontering

5 Lossa batteriets jordkabel.
6 Ta bort de två skruvarna som håller klockan till panelen.
7 Lossa klockan och kontaktstycket för innerbelysningen.
8 Ta bort lampan från klockan.

Montering

9 Montera i omvänd ordning. Då batteriet är anslutet måste klockan ställas på nytt.

14 Bränsledator - demontering och montering

Dator

Demontering

1 Lossa batteriets minuskabel.
2 Lossa de två skruvarna för instrumentpanelens sarg, lossa sedan försiktigt de två undre klammorna.
3 Ta bort datorn från instrumentbrädan till höger om instrumentpanelen.
4 Lossa kontaktstycket och ta bort datorn.

Montering

5 Montera i omvänd ordning.

Hastighetsgivare

Demontering

6 Lossa fästmuttern och hastighetsmätarvajern från givaren (se bild).
7 Lossa och ta bort kontaktstycket.
8 Lossa muttern och ta bort givaren från växellådan.

Montering

9 Montera i omvänd ordning.

Flödesgivare

Demontering

10 Flödesgivaren används tillsammans med datorn på bränsleinsprutade modeller och är placerad på bränslefördelaren till vänster i motorrummet.
11 Lossa kontaktstycket, sedan de två banjoanslutningarna på sidan av enheten. Notera tätningsbrickornas placering.
12 Lossa de två fästskruvarna och ta sedan bort flödesgivaren.

Montering

13 Montera i omvänd ordning. Kontrollera att tätningsbrickorna kommer rätt.

15 Varningslampor och -system - demontering och montering

Allmänt

1 Detta system övervakar vätskenivåer samt slitaget hos de främre bromsklossarna. Då någon vätskenivå blir för låg, eller då klossarna är slitna till gränsen, får föraren en varning via en varningslampa.

Kontakt för låg spolvätskenivå

Demontering

2 Tappa av eller töm på annat sätt behållaren, lossa sedan kontaktstycket för kontakten. Bryt loss kontakten från tätningshylsan, använd en bredbladig skruvmejsel. Låt inte vätskan komma i kontakt med anslutningarna.

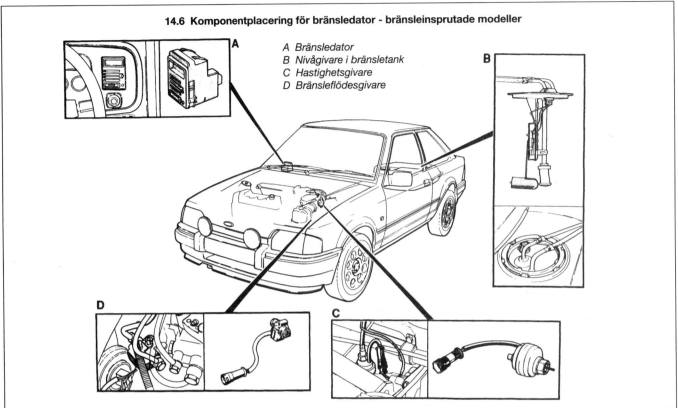

14.6 Komponentplacering för bränsledator - bränsleinsprutade modeller

A Bränsledator
B Nivågivare i bränsletank
C Hastighetsgivare
D Bränsleflödesgivare

Montering

3 Montera i omvänd ordning, kontrollera att tätningen kommer rätt. Kontrollera sedan att kontakten fungerar normalt och att inget läckage förekommer.

Kontakt för låg kylvätskenivå

Demontering

4 Tappa av kylvätskan från expansionskärlet (se kapitel 1), se till att avlasta trycket vid behov.
5 Lossa kontaktstycket, skruva sedan loss hållaren. Kontakten kan lossas från tätningen med hjälp av en bredbladig skruvmejsel. Låt inte kylvätska komma i kontakt med anslutningarna.

Montering

6 Montera i omvänd ordning, kontrollera sedan att kontakten fungerar. Fyll på kärlet till rätt nivå, kontrollera sedan att inget läckage förekommer.

Varningslampenhet

Demontering

7 Demontera högtalargrill och högtalare från instrumentbrädan.
8 Lossa kontaktstycket från lampenheten, ta sedan bort de två nylonmuttrarna som håller den mot instrumentpanelen. Se till att inte slå i enheten då den tas bort, den interna elektroniken kan skadas.

Montering

9 Montera i omvänd ordning. Kontrollera sedan att alla varningslampor fungerar under fem sekunder sedan tändningen slagits på.

Givare för låg bränslenivå

10 Denna är sammanbyggd med nivågivaren i tanken, demontering beskrivs i kapitel 4.

Slitagevarnare för bromsklossar

11 Slitagevarnarna är inbyggda i bromsklossarna. Se kapitel 9 beträffande demontering och montering.

Övriga varningslampor

12 Övriga varningslampor är sammanbyggda med instrumentpanelen och svetsade på plats. De kan inte bytas var för sig. Se avsnitt 9 beträffande demontering av instrumentpanel.

16 Signalhorn - demontering och montering

Demontering

1 Signalhorn et (-en) är placerade i det vänstra främre hörnet på motorrummet. Innan demontering, lossa batteriets anslutning.
2 Lossa kabeln från signalhornet.
3 Ta bort fästskruven och sedan signalhorn med fäste.

Montering

4 Montera i omvänd ordning.

17 Torkarblad och -armar - demontering och montering

Demontering

1 För torkararmen bort från glaset tills den spärrar.
2 Tryck in den lilla spärren på bladet och dra bladet ut ur haken på armen **(se bild)**.
3 Innan torkararmarna demonteras bör man markera deras läge på rutan med maskeringstejp så de kan sättas tillbaka rätt. Fäll sedan upp locket över muttern.
4 Lossa muttern som håller armen till axeln, dra sedan loss armen från axelns splines.

Montering

5 Montera i omvänd ordning.

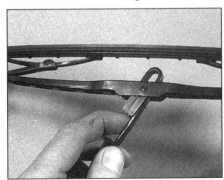

17.2 Torkarblad lossas från arm

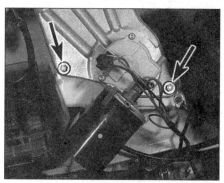

18.5 Fästskruvar för vindrutetorkarmotor (vid pilarna)

18 Vindrutetorkarmotor och länkage - demontering och montering

Demontering

1 Demontera torkararmarna och bladen enligt beskrivning i avsnitt 17.
2 Lossa batteriets minuskabel.
3 Demontera locken för muttrarna, brickorna och distanserna från axlarna.
4 Lossa torkarmotorns kontaktstycken.
5 Lossa de två fästskruvarna och ta bort motorn komplett med länkage från motorrummet **(se bild)**.
6 Ta bort distanserna från axlarna.
7 Motorn kan tas bort från länkaget om man först tar bort muttern från vevarmen och sedan lossar motorn från infästningen.

Montering

8 Montera i omvänd ordning, men anslut vevarmen då den har det läge som visas **(se bild)**.

19 Bakrutetorkarmotor - demontering och montering

Demontering

1 Lossa batteriets anslutning, demontera torkararm/-blad.

19.4 Bakrutetorkarmotorns fästskruvar (vid pilarna)

---

2 Demontera muttern på axeln, distansen och de yttre tätningarna.
3 Öppna bakluckan och ta bort klädseln (se kapitel 11).
4 Lossa jordledningen och skruva bort de två, på senare modeller tre, fästskruvarna **(se bild)**.
5 Lossa kontaktstycket och ta bort motorn från luckan.
6 Ta bort axeltätning, distans och fäste från motorn.

Montering

7 Montera i omvänd ordning.

20 Torkare/spolare - demontering och montering

Vindrutespolarpump

Vätskebehållare i motorrummet

Demontering
1 Tappa av spolvätskan.
2 Lossa kabel och spolarslang.
3 För överdelen på pumpen bort från behållaren, ta sedan bort den.
Montering
4 Montera i omvänd ordning; kontrollera att tätningen blir riktig.

Vindrutespolarpump - behållare i flygel

Demontering
5 På vissa modeller är spolarpump och behållare monterad framtill under vänster flygel. Här finns också spolarpumpen för strålkastarna som använder samma behållare.
6 Vid demontering av behållare och pumpar, dra ut mätstickan och sug ut vätskan igenom påfyllningsröret.
7 Lossa och ta bort de två övre fästskruvarna i motorrummet.
8 Lossa sedan de två undre fästskruvarna i hjulhuset.
9 Ta bort behållaren, dra försiktigt tillbaka påfyllningsröret igenom innerflygeln. Lossa pumpslangarna.
10 Pump och nivågivare kan försiktigt brytas loss från behållaren.
Montering
11 Montera i omvänd ordning; kontrollera att tätningar för pump och nivågivare är i god kondition. Kontrollera beträffande läckage.

Bakrutespolarpump

Sedan

Demontering
12 Demontera klädseln i bagageutrymmet enligt beskrivning i kapitel 11.
13 Lossa pumpens kontaktstycke.
14 Lossa de tre fästskruvarna för behållaren, ta sedan bort behållaren så att ledningen kan lossas från pumpen.
15 Då behållaren är borttagen, dra loss pumpen från tätningen.
Montering
16 Montera i omvänd ordning

Kombi

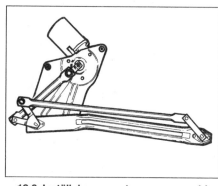

18.8 Inställning av motorns vevarm vid montering

Demontering
17 Öppna bakluckan, lyft locket för reservhjulet, lossa sedan ledningar och vätskerör från pumpen.
18 Ta bort de två fästskruvarna och sedan pumpen **(se bild)**.
Montering
19 Montera i omvänd ordning.

Vindrutespolarmunstycke

Enkelt munstycke - modeller före 1986

Demontering
20 Öppna huven och lossa spolledningen från munstycket.
21 Om anslutningsstosen på munstycket nu trycks åt sidan, kommer låsblecket att lossa och munstycket kan demonteras från spåret i huven.
Montering
22 Montera i omvänd ordning. Änden på spolledningen ska värmas i mycket hett vatten så att den blir enklare att trä på munstycket.
23 Justering av sprutbilden kan göras med en nål i munstyckets hål.

Dubbla munstycken - modeller före 1986

24 Senare modeller har två separata munstycken i stället för ett kombinerat som på tidigare modeller.
25 Munstyckena är placerade som visats, en på varje sida på huvens innerpanel **(se bild)**.

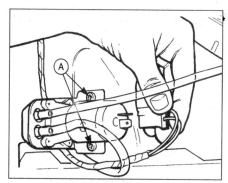

20.18 Fästskruvar för bakrutespolarpump (A) - Kombi

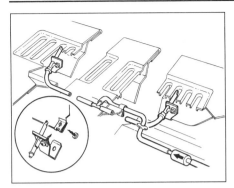

20.25 Dubbla spolarmunstycken - modeller före 1986

Spolledningen är ansluten till ett centralt T-stycke som leder vätskan till varje munstycke.
26 De dubbla munstyckena kan justeras på samma sätt som de tidigare. De ska ställas in så att vätskan träffar vindrutan ca 250 mm från överkanten.

Dubbla munstycken - modeller från 1986

27 Modeller från 1986 är försedda med dubbla munstycken men av samma typ som av det tidigare utförandet.
28 Demontering, montering och justering sker därför enligt tidigare beskrivning.

Bakrutespolarmunstycke

Demontering

29 Demontera bakrutetorkarmotorn enligt beskrivning i avsnitt 19.
30 Dra loss spolarmunstycket från bakrutetorkarens arm, lossa slangen och ta bort munstycket.

Montering

31 Montera i omvänd ordning.

Strålkastarspolarpump

Demontering

32 Tappa av vätskan i behållaren på lämpligt sätt, lossa den elektriska anslutningen för pumpen.
33 Lossa vätskeledningen från pumpen.
34 Lossa behållarens klämskruv.
35 Bryt försiktigt övre delen på pumpen bort från behållaren, ta sedan bort pumpen uppåt.

Montering

36 Montera i omvänd ordning.

Strålkastarspolarmunstycke

37 Spolarmunstyckena är gjorda i en enhet med stötfångarens överdel och kan inte demonteras separat. Då ett munstycke måste bytas måste hela överstycket anskaffas (se kapitel 11).
38 Justering av munstyckena görs med specialverktyg 32-004. Är inte detta verktyg tillgängligt, låt en Fordverkstad utföra operationen.

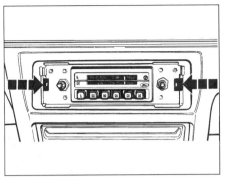

21.11 Senare utförande på låsbleck för radio

21 Radio/kassettspelare och grafisk equalizer - demontering och montering

Notera: Informationen i detta avsnitt rör Ford originalutrustning.

Radio

Tidiga modeller

Demontering
1 Lossa batteriets anslutning.
2 Dra loss reglageknapparna, knappen för stationsinställning samt armen för tonkontroll. Demontera täckpanelen.
3 Ta bort de fyra skruvarna framtill på radion.
4 Dra ut radion så mycket från instrumentbrädan att man kan lossa antennledning, matnings- och jordledningar samt högtalarens ledningar.
5 Lossa de två muttrarna som håller apparaten till fästplåten. Ta sedan bort fästplåten.
6 Ta bort bakre stöd och fäste.
Montering
7 Montera i omvänd ordning.

Senare modeller

Demontering
8 Lossa batteriets anslutning.
9 Ta bort radions reglageknappar, dra bort knappen för stationsinställning och armen för tonkontroll.
10 Lossa och ta bort frontplåtens muttrar och brickor, ta sedan bort frontplåten.
11 Radions låsbleck kan nu föras inåt (mot

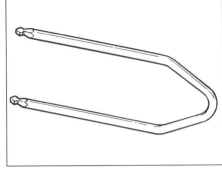

21.17 Verktyg för utdragning av radio/kassettspelare

mitten av radion), radion dras sedan ut ur öppningen. Man kan behöva tillverka lämpliga stänger med krokar i ändarna (svetstråd går bra) och dra låsblecken inåt så att radion släpper **(se bild)**.
12 Då radion dragits ut, lossa matarledning, högtalarkontakt, jordledning, samt antennledning.
13 Demontera plastförstärkning och fäste baktill på radion, ta sedan bort radion från det främre fästet.
Montering
14 Montera i omvänd ordning.

Radio/kassettspelare

Tidiga modeller

15 Arbetet följer beskrivning för tidiga modeller.

Senare modeller

Demontering
16 Lossa batteriets anslutning.
17 För att ta bort radion måste man tillverka två u-formade verktyg av lämplig tråd som kan föras in i spåren på varje sida om radion (frontplåten) **(se bild)**.
18 För in verktygen som visats, tryck sedan bägge verktygen utåt samtidigt, dra dem jämnt för att få ut radio/kassettspelare **(se bild)**. Det är viktigt att trycket är lika på bägge verktygen då radion dras ut.
19 Då radion är borta från öppningen, lossa antennkabel, matarledning, antennmatning, högtalarkontakt, jordledning samt ledningar för belysning och minne (i förekommande fall).
20 Tryck fästhakarna inåt och ta bort verktygen **(se bild)**.

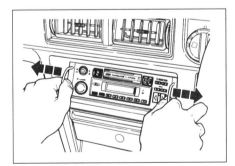

21.18 Demontering av radio/kassettspelare med verktyg

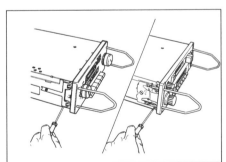

21.20 Lossa verktygen efter demontering

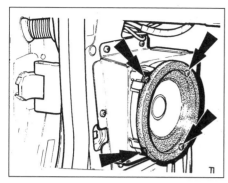

22.7 Högtalare i sidopanel, fästskruvar vid pilarna - modeller före 1986

Montering
21 Montera i omvänd ordning. Verktygen behövs inte vid montering, tryck helt enkelt in apparaten i öppningen så att den hakar fast.

Grafisk equalizer

22 Arbetet sker enligt beskrivning för radio/kassettspelare för senare modeller.

22 Högtalare - demontering och montering

Högtalare i instrumentbräda

Demontering
1 Lossa försiktig högtalargallret med en liten skruvmejsel. Ta bort det från instrumentbrädan.
2 Ta bort högtalarens fästskruvar.
3 Lyft högtalaren uppåt så att sladdarna kan lossas från anslutningarna. Anslutningarna har olika utformning så de kan inte sättas fel.

Montering
4 Montera i omvänd ordning.

Högtalare i sidopanel

Modeller före 1986 (utom Cabriolet)
Demontering
5 Lossa gallrets fästklamma.
6 Ta bort skruvarna så att panelen kan tas bort.
7 Ta bort de fyra skruvarna som håller högtalaren, ta sedan bort högtalaren så att ledningarna kan lossas baktill **(se bild)**.
Montering
8 Montera i omvänd ordning.

Modeller från 1986 (utom Cabriolet)
Demontering
9 Ta bort skruvarna för tröskelpanelen så att sidopanelen kan tas bort.
10 För in en skruvmejsel i hållarna, vrid dem sedan 90° moturs så att de lossar. Ta bort panelen **(se bild)**.
11 Ta bort de tre skruvarna för högtalarna, lossa ledningarna och ta bort högtalaren **(se bild)**.
Montering
12 Montera i omvänd ordning.

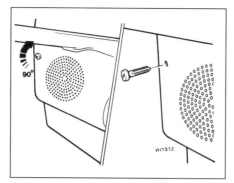

22.10 Demontering av plastnit för högtalargaller i sidopanel - modeller fr o m 1986

Cabriolet modeller
Demontering
13 Ta bort de skruvar från tröskelpanelen som behövs.
14 Lossa yttre skruven från instrumentbrädan.
15 Ta bort dörrens tätningslist från sidopanelen.
16 Ta bort sidopanelen, haka vid behov bort högtalargallret.
17 Ta bort de fyra fästskruvarna, sedan högtalaren så att ledningarna kan lossas.
Montering
18 Montera i omvänd ordning.

Högtalare i hatthylla

Demontering
19 På modeller före 1986, lossa gallret genom att föra in ett skruvmejselblad i spåren på sidan **(se bild)**.
20 På alla modeller, lossa de fyra fästskruvarna för högtalaren, dra sedan bort högtalaren från hyllan och ta bort kablarna.

Montering
21 Montera i omvänd ordning.

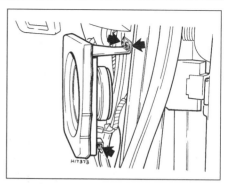

22.11 Högtalare i sidopanel, fästskruvar vid pilarna - modeller fr o m 1986

Högtalare i täcklucka, bak

Demontering
22 Lossa kragen och ta bort ledningen från högtalaren.
23 Ta bort hyllan, lossa sedan de fyra fästskruvarna, ta bort högtalaren.

Montering
24 Montera i omvänd ordning.

Högtalare i bakre sidopanel - Cabriolet

Demontering
25 Öppna taket helt och lås det.
26 Ta bort knoppen för takspärren och fönsterveven.
27 Dra tillbaka sidopanelen, ta sedan bort de tre skruvarna och sedan panelen tillsammans med högtalare.
28 Lossa kablarna, ta sedan bort skruvarna och högtalaren med galler från panelen. Notera gummibrickornas placering.

Montering
29 Montera i omvänd ordning, placera högtalaren så att anslutningarna är vända framåt.

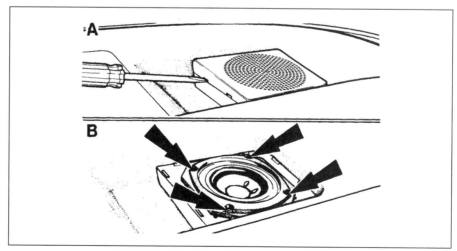

22.19 Högtalare i hatthylla - modeller före 1986

A Ta loss gallret   *B Fästskruvar*

23 Antenn - demontering och montering

Manuell - alla modeller utom Cabriolet

Demontering

1 Demontera radion enligt beskrivning i avsnitt 21, så att antennledningen kan lossas från kontaktstycket.
2 Lossa sedan antennfästet under framflygeln **(se bild)**.
3 Lossa tätningen och dra antennledningen genom hålet i innerflygeln.
4 Lossa antennens fästmutter.
5 Ta bort antenn, distans och tätning **(se bild)**.

Montering

6 Montera i omvänd ordning.

Manuell - Cabriolet modeller

Demontering

7 Öppna bakluckan och lossa stödet från sidopanelen.
8 Lossa fästblecken och ta bort panelen.
9 Under den bakre panelen, lossa skruven till antennfästet **(se bild)**.
10 Lossa antennens fästmutter, ta bort distanser och tätning. Ta bort antennen sedan sladden lossats.

Montering

11 Montera i omvänd ordning.

Elantenn - alla modeller utom Cabriolet

Demontering

12 Utför arbetena angivna i punkt 1.

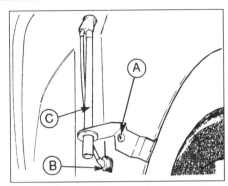

23.2 Infästning för manuell antenn - alla modeller utom Cabriolet

A Skruv i innerflygel   *C Antenn*
B Gummigenomföring

13 Ta ner panelen under instrumentbrädan, lossa den röda och vita matarledningen till antennen.
14 Ta bort den självgängande skruven som håller undre antennfästet under framflygeln **(se bild)**.
15 Dra loss tätningen och antennledningen genom hålet i innerflygeln.
16 Lossa antennens övre fästmutter, sänk sedan ner antennen. Ta bort tätningar och distanser.

Montering

17 Montera i omvänd ordning.

Elantenn - Cabriolet modeller

18 Arbetet går till på samma sätt som för den manuella antennen, men man måste också lossa matarledningens kontaktstycke innan antennledningen lossas **(se bild)**.

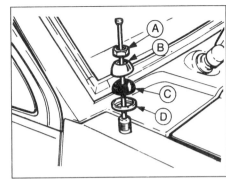

23.5 Övre infästning för manuell antenn - alla modeller utom Cabriolet

A Mutter   *C Distans*
B Krage   *D Tätning*

24 Förstärkarantenn för elbakruta - demontering och montering

Demontering

1 På vissa modeller från 1986, är radioantennen inbyggd i bakrutan tillsammans med värmeslingan. För att förbättra mottagningen har antennen en förstärkare. Den är placerad i bakluckan bredvid torkarmotorn. Demontering och montering sker som följer.
2 Demontera bakrutetorkarmotorns panel samt den omgivande klädseln.
3 Lossa de två skruvarna som håller förstärkaren.
4 Lossa kablarna och ta bort förstärkaren.

Montering

5 Montera i omvänd ordning.

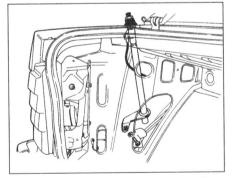

23.9 Placering av manuell antenn på Cabrioletmodeller

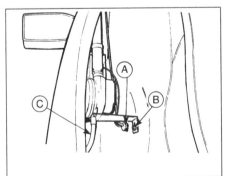

23.14 Elantennens infästning - alla modeller utom Cabriolet
A Genomföring
B Skruv för undre fäste
C Dräneringsrör

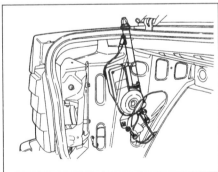

23.18 Elantenn på Cabrioletmodeller

Komponentförteckning till kopplingsscheman

Nr	Beskrivning	Placering
1	ABS varningsrelä	1a/C1
2	ABS varningskontakt	1a/B2
3	Luftflödespotentiometer	4a/D7, 4b/D7
4	Lufttempgivare	4a/B7, 4b/B7
5	Generator	1/A3, 1a/A3
6	Antennmodul	3a/M2, 5/F2
		5/F5, 5/F8
7	Startspärrelä (auto)	1/D7, 1a/D7
		2/B7, 2a/B7
8	Automatlåda. Relä 1980-86	1/E1
9	Automatlåda. Relä fr o m 86	1a/E1
10	Automatlåda växelväljarbelysning	2/J5
		2a/J5
11	Tillsatsluftslid	4/F4, 4a/C7, 4b/C7
12	Varningssystemmodul	1/K3
13	Batteri	1/F8, 1a/F8
14	Slitagegivare bromskloss vä	1/C8
15	Slitagegivare bromskloss hö	1/C1
16	Chokekontakt	1/K5, 1a/K5
17	Cigarettändare	2/K6, 2a/K6
18	Klocka	2/G5, 2a/G5
19	Kallkörningsventil	1a/D5
20	Kallstartventil	4/F3, 4a/F3, 4b/F3
21	Kylvätsketempgivare	1/B7, 1a/B7
22	Kylfläkt	1/A6, 1a/A6
23	Kylfläktkontakt	1/A7, 1a/A7
24	Dim dip-relä V	2a/D1
25	Dim dip-relä D	2a/E1
26	Dim dip-relä L4/L5	2a/F1
27	Diodblock	4/J6
28	Halvljusrelä	2a/A5, 3a/A2
29	Fördelare	1/D4, 1/D6, 1a/D4, 4/C3
		4/C6, 4a/C4, 4b/C4
30	Dörrlås höger fram	3/J1
31	Dörrlåsmanövrering vänster fram	3/J8
32	Dörrlåsmanövrering vänster bak	3/L8
33	Dörrlåsmanövrering höger bak	3/L1
34	Dörrlåsmotor vänster fram	3a/K8
35	Dörrlåsmotor vänster bak	3a/M8
36	Dörrlåsmotor höger fram	3a/K1
37	Dörrlåsmotor höger bak	3a/M1
38	Dörrlåsrelä	3/K6
39	Dörrkontakt	2/H1, 2/H8, 2/K1
		2/K8, 2a/H1, 2a/H8
40	"Econolight" kontakt (gul)	1/F3
41	"Econolight" kontakt (röd)	1/F3
42	Elektrisk choke	1/F5
43	Elspegel	3a/F1, 3a/F8
44	Elspegel kontrollkontakt	3a/H2
45	Elfönsterhissmotor vä	3/G8, 3a/G8
46	Elfönsterhissmotor hö	3/G1, 3a/G1
47	Elfönsterhissrelä	3/E1
48	Elfönsterkontakt vä 1980-86	3/H8
49	Elfönsterkontakt vä fr o m 1986	3a/H8
50	Elfönsterkontakt hö 1980-86	3/H1
51	Elfönsterkontakt hö 1980-86 (vä fönster förarstyrd)	3/K1
52	Elfönsterkontakt hö fr o m 1986	3a/H1
53	Tryckomvandlare	4a/E3
54	Högtalarreglering (4-vägs)	5/B4
55	Kontakt blinkers/varn.blinkers	2a/K3
56	Blinkerslampa vänster	2/A8, 2a/A8
57	Blinkerslampa höger	2/A1, 2a/A1
58	Blinkers sidoljus vänster	2/C8, 2a/C8
59	Blinkers sidoljus höger	2/C1, 2a/C1
60	Blinkersrelä 1980-86	2/D1
61	Blinkersrelä fr o m 1986	2a/J3
62	Dimljuskontakt 1980-86	2/K6
63	Dimljuskontakt fr o m 1986	2a/K6
64	Bränsledator	1a/L3
65	Bränsleflödesgivare	1a/C8
66	Bränsleinsprutarmodul	4a/J5, 4b/J5
67	Relä, bränsleinsprutarmodul	4a/J3
68	Bränsleinsprutarrelä	4/J2, 4b/J2
69	Bränsleinsprutarrelä (KE-Jetronic 1984-86)	4a/J2
70	Bränslepump	4/L6, 4a/L6, 4b/L6
71	Bränslegivare	1/L7, 1a/L7
72	Bränsleavstängningsventil	1/C7, 1a/C7
73	Handskfack lampa/kontakt	2/G7
		2a/G7
74	Grafisk equalizer	5/B7
75	Handbromsvarningskontakt	1/K7
		1a/K7
76	Strålkastarenhet vänster	2/A7, 2a/A7
77	Strålkastarenhet höger	2/A2, 2a/A2
78	Strålkastarspolarpump	3/A7, 3a/A7
79	Strålkastarspolarrelä	3/C6, 3a/B4
80	Uppvärmd bakruta	3/L4, 3a/M3
81	Relä bakrutevärme 1980-86	3/C3
82	Relä bakrutevärme fr o m 1986	1a/B1
		3a/C1
		4/B1
83	Kontakt bakrutevärme 1980-86	3/H3
84	Kontakt bakrutevärme fr o m 1986-	3a/J6
85	Uppvärmd vindruta	3a/F6
86	Relä uppvärmd vindruta	1a/H1, 3a/E1
87	Kontakt uppvärmd vindruta	3a/J6
88	Belysning värmefläkt	2/G6, 2a/G6
89	Värmefläktmotor	3/G6, 3a/G6
90	Värmefläktkontakt	3/G5, 3a/G4
91	Helljusrelä	2a/A6
92	Signalhorn	3/A6, 3a/A6
93	Signalhornsrelä	3a/B1
94	Signalhornskontakt	3a/K5
95	Tomgångshastighetsrelä	1a/D1
96	Tomgångshastighetsventil	1/F6, 1a/F6
		4/E3
97	Tändspole	1/D4, 1/D6, 1a/C4, 4/B3
		4/B5, 4a/B4, 4b/B4
98	Tändningsmodul	4a/J7, 4b/J7
99	Tändningsrelä	1/D1, 1a/D1, 2a/C1
100	Tändningslås	1/K1, 1a/K1, 3/K2
		5/D1, 5/D4, 5/E7
101	Instrumentpanel 1980-86	1/K4
		2/F4, 4/K4
		4a/K4
102	Instrumentpanel fr o m 1986	1a/K4
		2a/F4, 4/L3
		4b/K4
103	Innerbelysning lampa/kontakt	2/G4
		2/K4, 2a/G4
104	Detonationssensor	4b/C3
105	Nummerskyltbelysning	2/M4, 2/M5
		2a/M5
106	Lyktenhet vänster bak	2/M8
		2a/M8
107	Lyktenhet höger bak	2/M1, 2a/M1
108	Ljus/dimmer kontakt	2a/K4
109	Ljus/torkare kontakt	2/J3, 3/J3
110	Givare låg bromsvätskenivå	1/E7
		1a/E7
111	Givare låg kylvätskenivå	1/B1
112	Givare låg oljenivå	1/F4
113	Givare låg spolvätskenivå	1/B8
114	Lampa bagageutrymme	2/L3, 2a/L3
115	Kontakt bagageutrymmesbelysn	2/M3
		2a/M3
116	Kontakt/lampa bagageutrymme (cargo)	2/L2, 2a/L2
117	Multifunktionskontakt	2/J4, 3/J4
118	Oljetryckkontakt	1/F5, 1a/F5
119	Överspänningsskydd	4b/J3
120	Avstängningsventil, övervarv	4/C7
121	Tryckomvandlare	4b/F2
122	Radio	3/H6, 5/D3
		5/D5, 5/D8
123	Spolar-/torkarmotor bak	3/M5
		3a/M5
124	Spolar-/torkarpump bak	3/M6, 3a/M6
125	Spolar-/torkarkontakt bak	3/G4
126	Backljuskontakt	2/C7, 2a/C7
127	Tändstift	1/E4, 1/E6, 1a/E4
		4/D3, 4/D6, 4a/D5, 4b/D5
128	Högtalare vänster fram	5/A2
		5/A5, 5/A8
129	Högtalare vänster bak	5/F5, 5/F8
130	Högtalare höger fram	5/A1, 5/A4
		5/A6
131	Högtalare höger bak	5/F3, 5/F6
132	Hastighetsgivare	1a/D8
133	Hastighetsgivarrelä	4/J3
134	Spotlight	2/A3, 2/A6, 2a/A3
		2a/A6
135	Spotlight relä	2/E1
136	Startmotor	1/B5, 1a/A5
137	Bromsljuskontakt	2/C5, 2a/C4
138	Avstörning	1a/D5, 3a/B8
		4/D2, 4b/H4
139	Låsmotor baklucka	3a/M5
140	Låsreglage baklucka	3/M4
141	Temperaturgivare	4a/D6, 4b/C3
		4b/D6
142	Termotidkontakt	1a/C5, 4/D5
		4a/D5, 4b/D5
143	Gasspjällägeskontakt	4a/F5, 4b/F5
144	Gasspjällkontakt	4/E6
145	Uppvärmningsregulator	4/F5
146	Wastegate solenoid	4a/C6, 4b/C6
147	Vindrutespolarpump	3/C7, 3aC7
148	Torkarintervallrelä 1980-86	3/C1
149	Torkarintervallrelä fr o m 1986	3a/D1
150	Torkare intervallhastighets-kontroll	3/F3
151	Torkarmotor	1/E2, 1a/E2
		3/C4, 3a/C4
152	Torkarkontakt 1980-86	3a/K4
153	Torkarkontakt fr o m 1986	3a/K4

Modeller 1983-1986

Säkring nr	Märkström	Krets
1	20A	Varningsblinkers, signalhorn
2	15A	Innerbelysning, Vindrutespolare
		Klocka
3	25A	Strålkastarspolare
4	15A	Spotlights
6	10A	Höger helljus
7	10A	Vänster helljus
8	10A	Höger halvljus
9	10A	Vänster halvljus
10	10A	Innerbelysning, höger sida
11	10A	Nummerskyltbelysning, vänster
12	25A	Kylfläkt
13	10A	Blinkers, backljus
14	20A	Värmefläkt
15	20A	Uppvärmd bakruta
16	15A	Bromsljus, torkare
17	30A	Dörrlås, låsreglage baklucka
18	30A	Elfönsterhissar
R1	25A	Bränsleinsprutning

Modeller fr o m 1986

Säkring nr	Märkström	Krets
1	15A	Varningsblinkerslampor, signalhorn
2	15A	Cigarettändare, Innerbelysning
3	30A	Uppvärmd bakruta, elspeglar
4	30A	Strålkastarspolare
5	15A	Centrallås
6	10A	Spänningsskydd insprutarmodul
7	20A	Bränslepump
8	15A	Spotlights
9	10A	Helljus vänster
10	10A	Helljus höger
11	20A	Värmefläkt
12	25A	Kylfläkt
13	10A	Blinkers, backljus
14	10A	Halvljus vänster
15	10A	Halvljus höger
16	20A	Torkarmotor, spolarpump
17	10A	Bromsljus, instrumentbelysning
18	30A	Elfönsterhissar
19	10A	Sidolampor vänster
20	10A	Sidolampor höger

Färgkoder

B	Blå	Rs	Rosa
Bk	Svart	S	Grå
Bn	Brun	V	Lila
Gn	Grön	W	Vit
R	Röd	Y	Gul

Säkringar och färgkoder

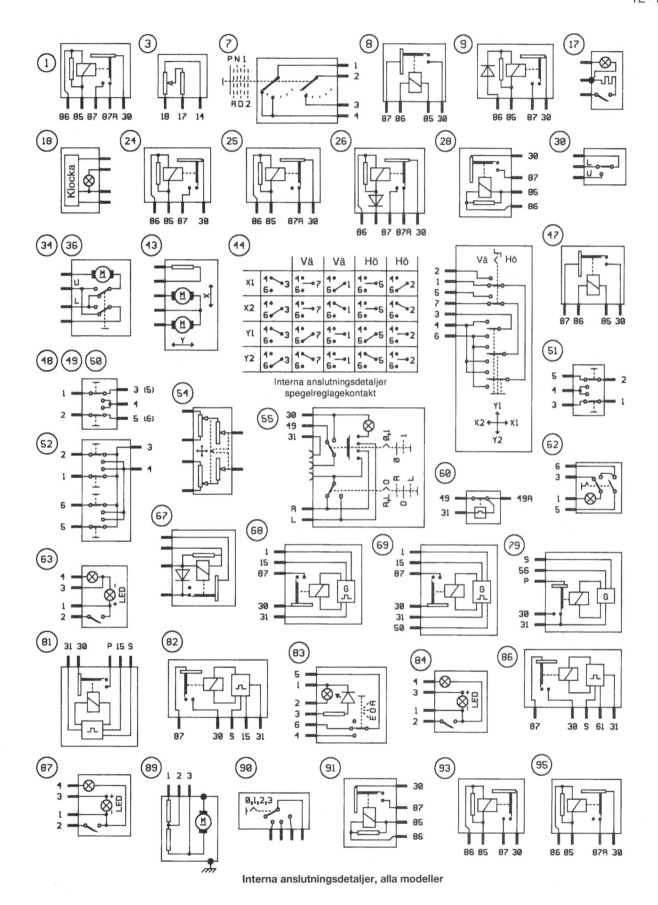

Interna anslutningsdetaljer, alla modeller

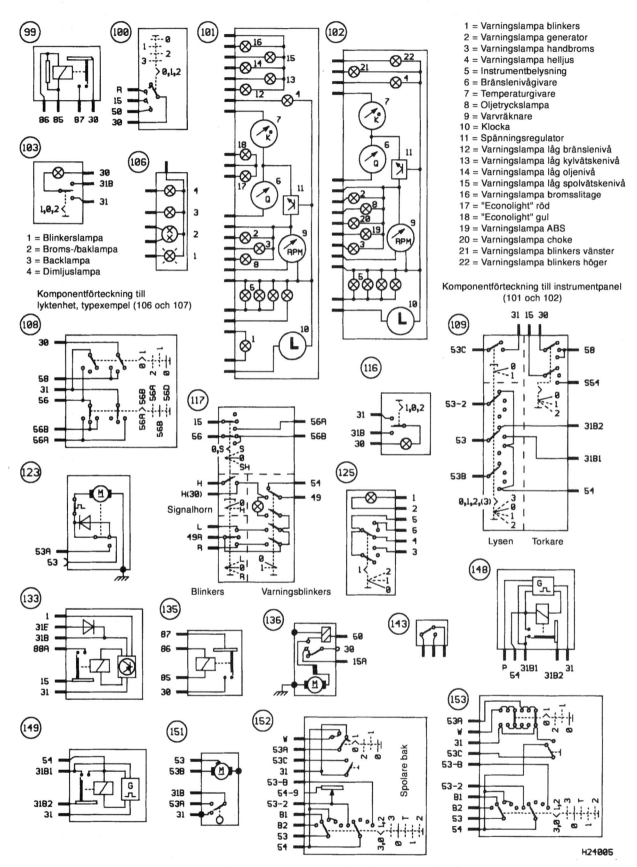

1 = Varningslampa blinkers
2 = Varningslampa generator
3 = Varningslampa handbroms
4 = Varningslampa helljus
5 = Instrumentbelysning
6 = Bränslenivågivare
7 = Temperaturgivare
8 = Oljetryckslampa
9 = Varvräknare
10 = Klocka
11 = Spänningsregulator
12 = Varningslampa låg bränslenivå
13 = Varningslampa låg kylvätskenivå
14 = Varningslampa låg oljenivå
15 = Varningslampa låg spolvätskenivå
16 = Varningslampa bromsslitage
17 = "Econolight" röd
18 = "Econolight" gul
19 = Varningslampa ABS
20 = Varningslampa choke
21 = Varningslampa blinkers vänster
22 = Varningslampa blinkers höger

Komponentförteckning till instrumentpanel (101 och 102)

Komponentförteckning till lyktenhet, typexempel (106 och 107)

1 = Blinkerslampa
2 = Broms-/baklampa
3 = Backlampa
4 = Dimljuslampa

Interna anslutningsdetaljer, alla modeller (forts)

H24005

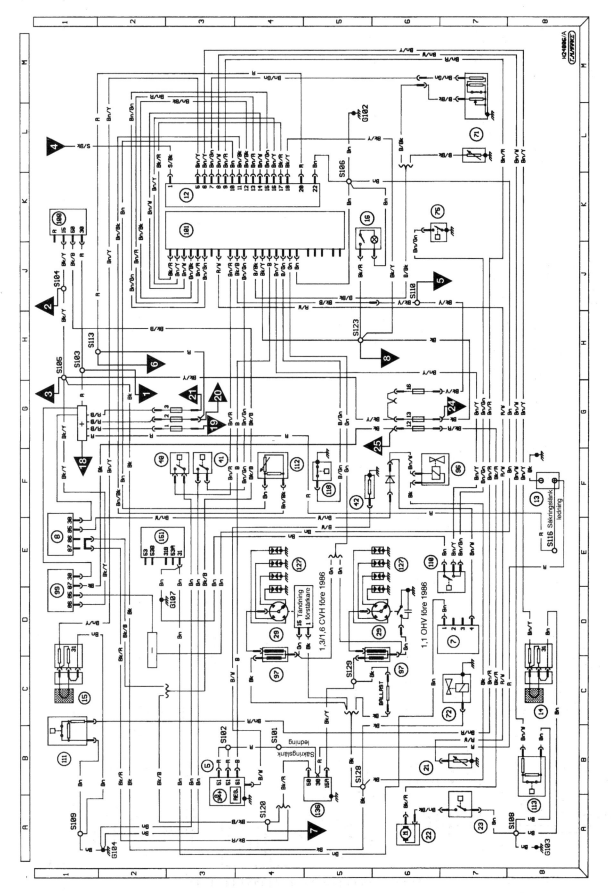

Kopplingsschema 1: 1980-86 Start, laddning och tändning
(utom bränsleinsprutning) alla modeller

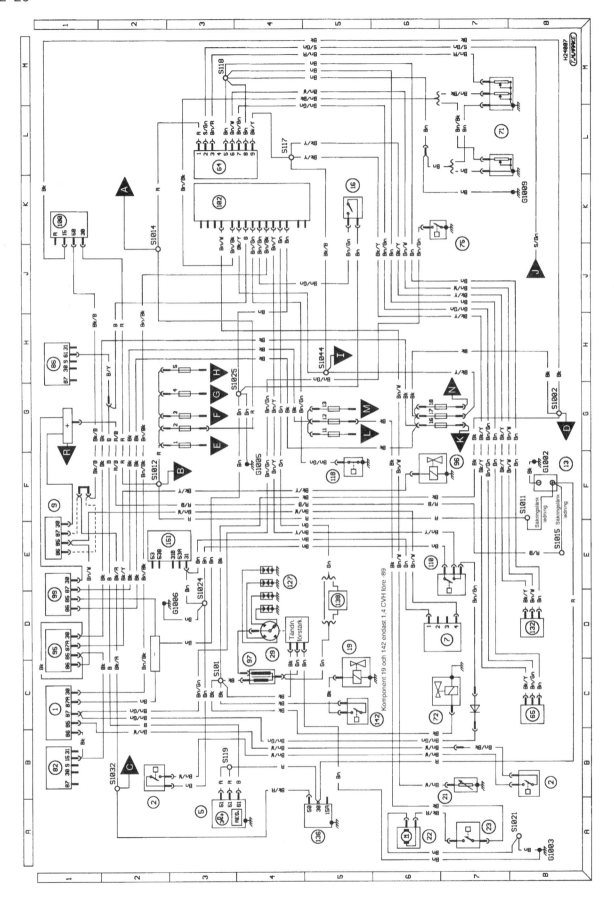

Kopplingsschema 1a: 1986 och framåt Start, laddning, och tändning (utom bränsleinsprutning) alla modeller

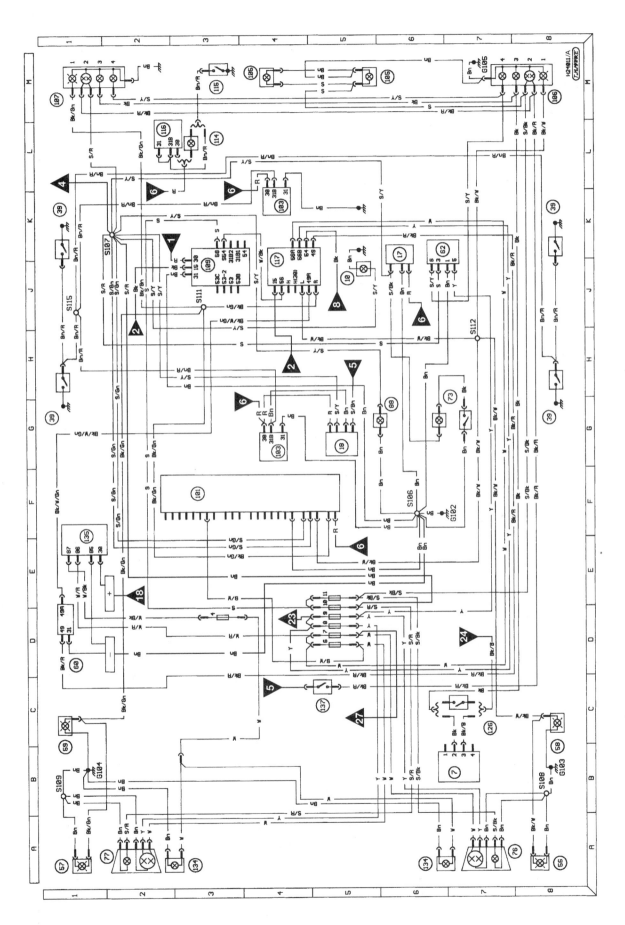

Kopplingsschema 2: 1980-86 Belysning alla modeller

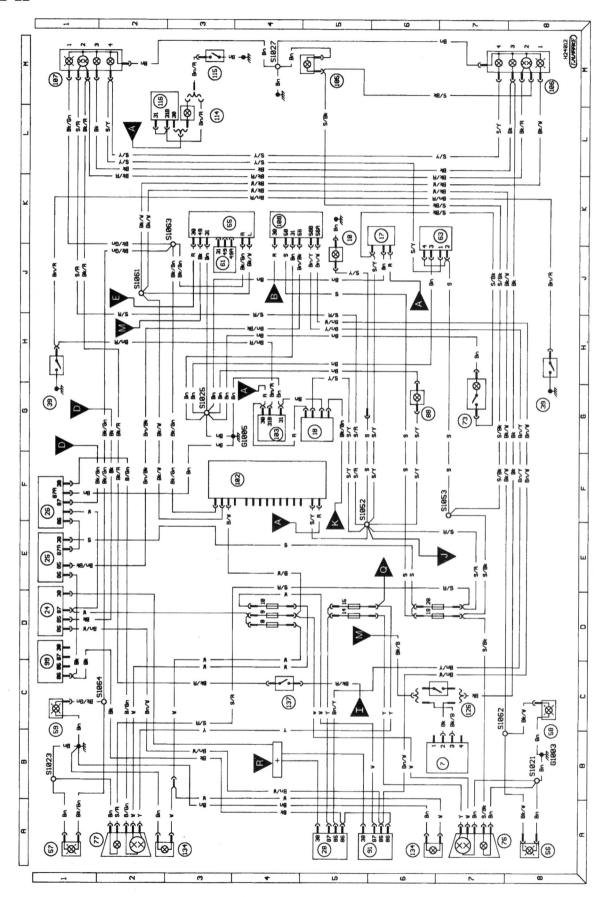

Kopplingsschema 2a: 1986 och framåt Belysning alla modeller

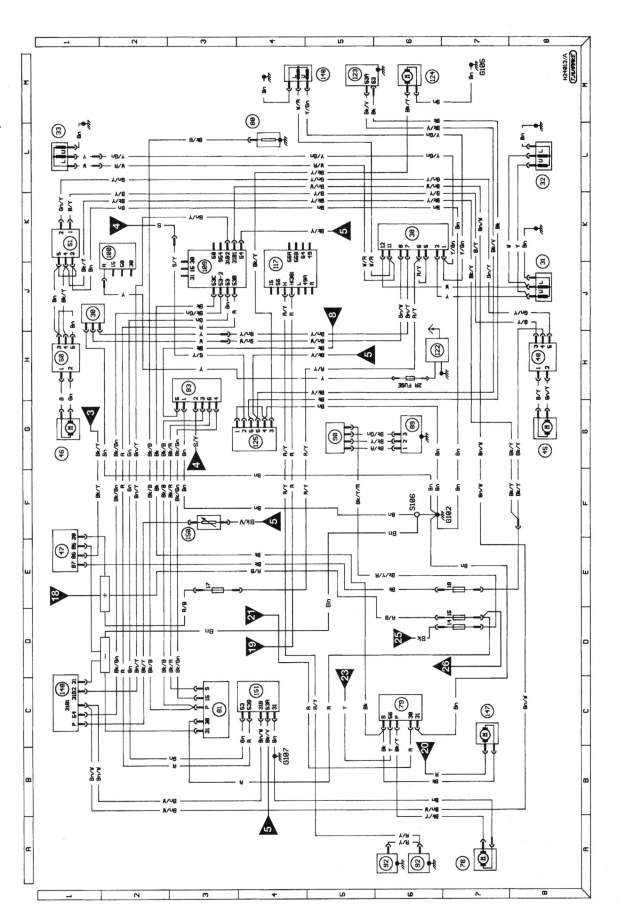

Kopplingsschema 3: 1980-86 Hjälpkretsar alla modeller

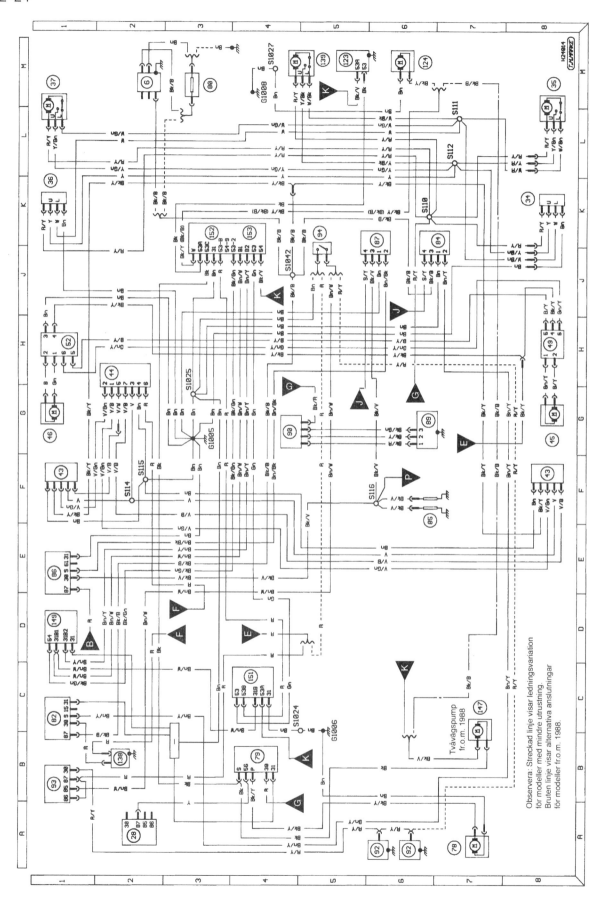

Kopplingsschema 3a: 1986 och framåt Hjälpkretsar alla modeller

Observera: Streckad linje visar ledningsvariation
för modeller med mindre utrustning.
Bruten linje visar alternativa anslutningar
för modeller fr.o.m. 1988.

Tvåvägspump
fr.o.m. 1988

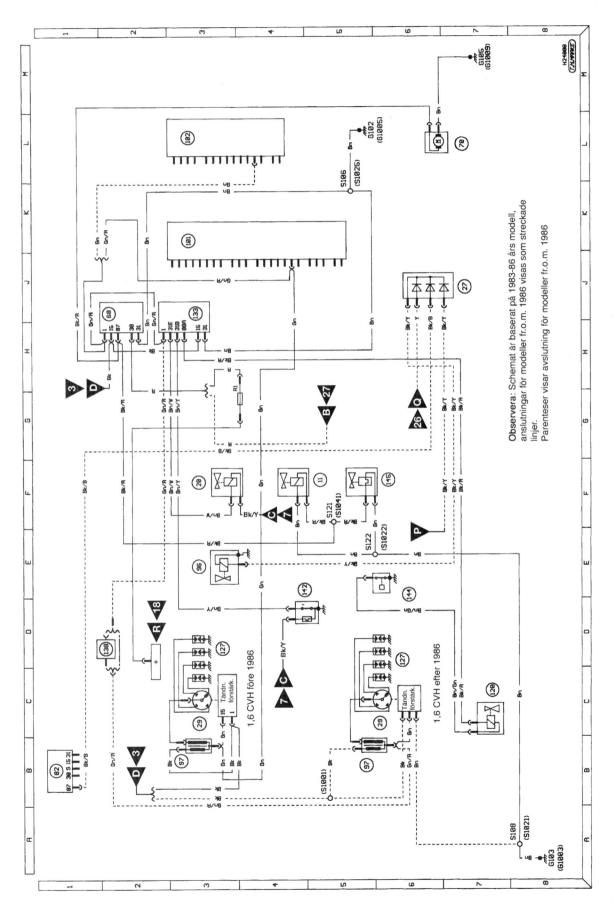

Kopplingsschema 4: 1983 och framåt K-Jetronic bränsleinsprutning. För start och laddning, se kopplingsschema 1

Observera: Schemat är baserat på 1983-86 års modell, anslutningar för modeller fr.o.m. 1986 visas som streckade linjer.
Parenteser visar avslutning för modeller fr.o.m. 1986

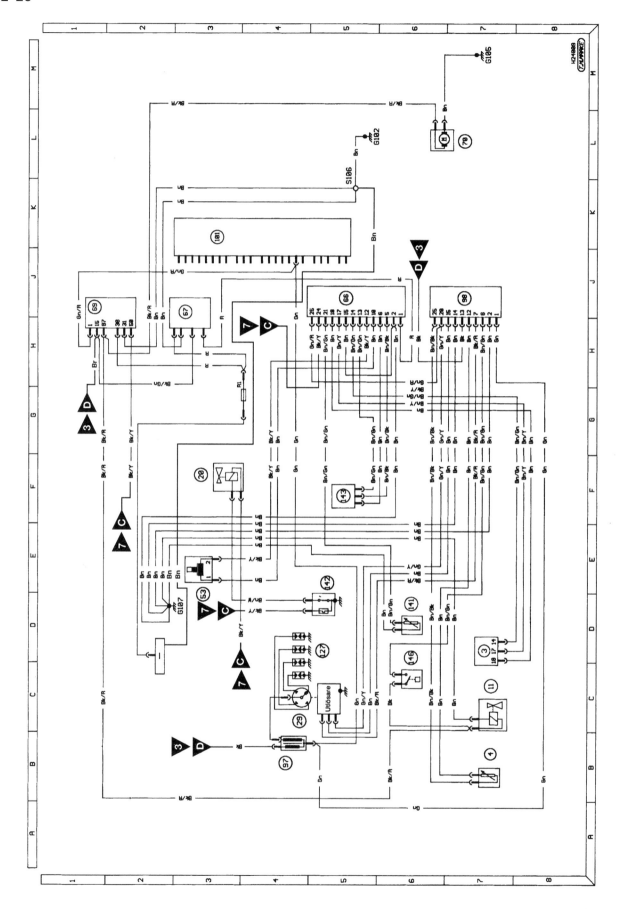

Kopplingsschema 4a: 1984-86 KE-Jetronic bränsleinsprutning.
För start och laddning, se kopplingsschema 1

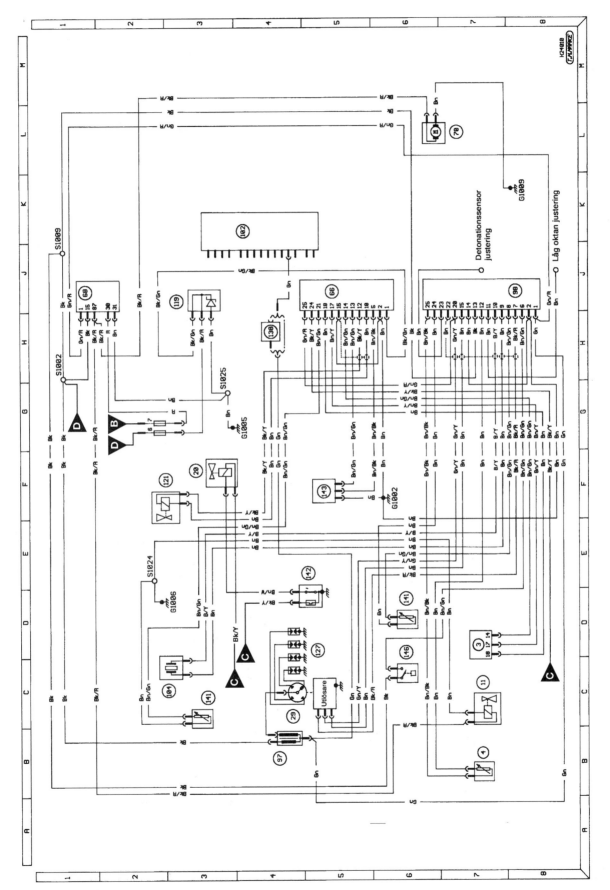

Kopplingsschema 4b: 1986 och framåt KE-Jetronic bränsleinsprutning
För start och laddningskretsar, se kopplingsschema 1

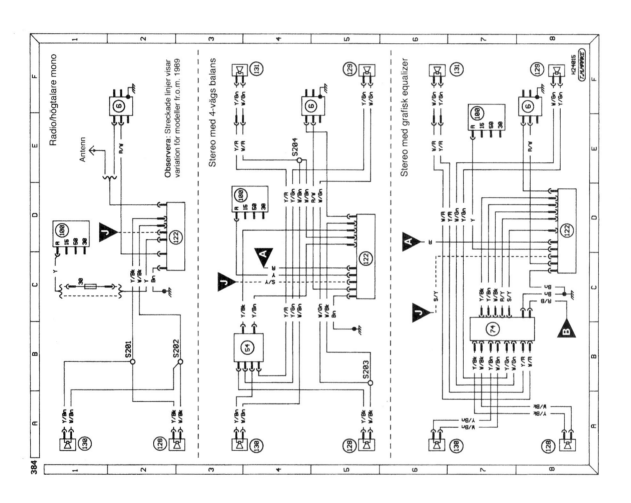

Kopplingsschema 5: 1986 och framåt Radio/stereo

384

REGISTER